电力电子新技术系列图书
电力电子应用技术丛书

电力电子装置中的信号隔离技术

李维波　编著

U0171541

机械工业出版社

本书把电力电子装置研发过程中涉及的信号隔离技术整合起来，涵盖了传感器输出信号、通信模块、I/O 端口、触发脉冲、状态反馈信号在内的全部弱信号的安全隔离技术，并以一个刚刚从事这方面研发工作的硬件工程师视角出发，进行素材遴选、内容编排，避免晦涩难懂而影响学习效果。本书内容包括模拟信号的隔离处理技术、数字信号的隔离处理技术和通信信号的隔离处理技术以及它们在应用过程中的电磁兼容性技术等，阐释典型信号隔离器的选型方法和分析步骤，尤其是隔离器件的外围电路设计技巧、参数计算理论等，并结合工程实践，根据入门基础、经验技巧、设计案例和心得体会等不同层面，进行归类、凝练和拓展。理论与实践相结合，既有理论设计、分析与计算（含仿真验证），又有实践与实战的拔高。

本书适合刚刚从事电力电子装置研发的工作者及相关专业的本科生和研究生阅读。

图书在版编目（CIP）数据

电力电子装置中的信号隔离技术/李维波编著 . —北京：机械工业出版社，2020.5

（电力电子新技术系列图书．电力电子应用技术丛书）

ISBN 978-7-111-65449-0

Ⅰ.①电… Ⅱ.①李… Ⅲ.①电力装置—信号处理—研究 Ⅳ.①TN911.7

中国版本图书馆 CIP 数据核字（2020）第 068706 号

机械工业出版社（北京市百万庄大街 22 号　邮政编码 100037）

策划编辑：罗　莉　责任编辑：罗　莉　杨　琼

责任校对：王　延　封面设计：马精明

责任印制：张　博

三河市国英印务有限公司印刷

2020 年 7 月第 1 版第 1 次印刷

169mm×239mm·22.25 印张·459 千字

0001—1900 册

标准书号：ISBN 978-7-111-65449-0

定价：89.00 元

电话服务　　　　　　　　　网络服务

客服电话：010-88361066　　机 工 官 网：www.cmpbook.com

　　　　　010-88379833　　机 工 官 博：weibo.com/cmp1952

　　　　　010-68326294　　金 书 网：www.golden-book.com

封底无防伪标均为盗版　　机工教育服务网：www.cmpedu.com

电力电子新技术系列图书
序言

1974 年美国学者 W. Newell 提出了电力电子技术学科的定义，电力电子技术是由电气工程、电子科学与技术和控制理论三个学科交叉而形成的。电力电子技术是依靠电力半导体器件实现电能的高效率利用，以及对电机运动进行控制的一门学科。电力电子技术是现代社会的支撑科学技术，几乎应用于科技、生产、生活各个领域：电气化、汽车、飞机、自来水供水系统、电子技术、无线电与电视、农业机械化、计算机、电话、空调与制冷、高速公路、航天、互联网、成像技术、家电、保健科技、石化、激光与光纤、核能利用、新材料制造等。电力电子技术在推动科学技术和经济的发展中发挥着越来越重要的作用。进入 21 世纪，电力电子技术在节能减排方面发挥着重要的作用，它在新能源和智能电网、直流输电、电动汽车、高速铁路中发挥核心的作用。电力电子技术的应用从用电，已扩展至发电、输电、配电等领域。电力电子技术诞生近半个世纪以来，也给人们的生活带来了巨大的影响。

目前，电力电子技术仍以迅猛的速度发展着，电力半导体器件性能不断提高，并出现了碳化硅、氮化镓等宽禁带电力半导体器件，新的技术和应用不断涌现，其应用范围也在不断扩展。不论在全世界还是在我国，电力电子技术都已造就了一个很大的产业群。与之相应，从事电力电子技术领域的工程技术和科研人员的数量与日俱增。因此，迫切需要组织出版有关电力电子新技术及其应用的系列图书，以供广大从事电力电子技术的工程师和高等学校教师和研究生在工程实践中使用和参考，促进电力电子技术及应用知识的普及。

在 20 世纪 80 年代，电力电子学会曾和机械工业出版社合作，出版过一套"电力电子技术丛书"，那套丛书对推动电力电子技术的发展起过积极的作用。最近，电力电子学会经过认真考虑，认为有必要以"电力电子新技术系列图书"的名义出版一系列著作。为此，成立了专门的编辑委员会，负责确定书目、组稿和审稿，向机械工业出版社推荐，仍由机械工业出版社出版。

本系列图书有如下特色：

本系列图书属专题论著性质，选题新颖，力求反映电力电子技术的新成就和新经验，以适应我国经济迅速发展的需要。

理论联系实际，以应用技术为主。

　　本系列图书组稿和评审过程严格，作者都是在电力电子技术第一线工作的专家，且有丰富的写作经验。内容力求深入浅出，条理清晰，语言通俗，文笔流畅，便于阅读学习。

　　本系列图书编委会中，既有一大批国内资深的电力电子专家，也有不少已崭露头角的青年学者，其组成人员在国内具有较强的代表性。

　　希望广大读者对本系列图书的编辑、出版和发行给予支持和帮助，并欢迎对其中的问题和错误给予批评指正。

电力电子新技术系列图书

编辑委员会

前　　言

电力电子装置及其系统包括电力电子器件及其驱动系统组建的强电拓扑，还包括由多种传感器及其调理电路、通信电路、控制电源和保护电路等构建的主控制系统。这对硬件设计工程师的要求很高，必须具备广泛的知识架构，特别是与电力电子装置密切相关的电子学、电工原理、电路理论、传感器技术、自动控制技术、通信技术和计算机技术等多学科知识。既要开展理论研究与设计计算，还要结合工程背景与应用实践的历练，这对于刚刚从事这方面研发工作的硬件工程师来讲，难度还是非常大的。

鉴于电力电子装置及其系统的工作环境的特殊性，伴随高压、雷击和大电流等工况是非常常见的。如果直接把强电拓扑与主控制系统连在一起的话，传送到主控制系统的幅值仅为几伏的弱信号极有可能被强电干扰所掩盖，尤其是噪声电压的高电平可能会由外部电流或电压源［如：强电（功率部件）和闪电］耦合到弱信号收发模块中，造成信号畸变、信息错乱，严重时会对整个控制系统造成极大的伤害。所以我们在做电力电子装置及其系统的设计时，一定要把包括传感器输出信号、通信模块、I/O端口、触发脉冲和状态反馈信号在内的全部弱信号的安全隔离考虑在内，确保可靠保护敏感电路，使其免受现场应用中因偶尔出现的高电压击穿而损伤。

运行实践与设计经验告诉我们，电力电子装置及其系统的开发，涉及的隔离器件种类非常繁多，需要选择包括反馈信号的采集、强电回路中的状态（如电流、电压和温湿度等）检测、数字I/O接口、PWM驱动脉冲、电源管理和通信接口等众多具有隔离特性的关键性器部件。这对设计工程师的要求势必陡然增加，虽然市面上也有单独介绍这些知识的书籍，不过与电力电子装置的设计紧密结合起来的还是鲜有出版。因此，迫切希望有这样一本书：它将电力电子装置中的弱信号隔离处理技术以及电磁兼容性设计技术综合起来，有针对性地对刚刚从事电力电子装置及其系统研发工作的读者进行专门的培训与指导；为了避免因读不懂而影响他们的学习兴趣，因此该书不需进行过多的理论分析，而是尽量"直奔主题"，在种类繁多、品牌繁杂的不同器部件"海洋"中，有针对性地将最具代表性的器件拎出来并结合具体实例电路进行讲述，由浅入深地引导和启发读者朋友学到专业知识和科研方法，提高工作能力。

作者正是出于这方面的考虑，特编写本书，旨在帮助我们的工程师学习应用于电力电子装置的有关信号隔离处理方面的知识，包括模拟信号的隔离处理技术、数字信号的隔离处理技术和通信信号的隔离处理技术以及应用过程中的电磁兼容性技术等，阐释典型信号隔离器的选型方法和分析步骤，尤其是隔离器件的外围电路设计技巧、参数计算理论等。

由于作者水平有限，本书未必能够达到预期效果，敬请读者朋友不吝赐教！恳请同行批评指正！

疫情无情人有情。本书能够较顺利地成稿，得到高佳俊、邹振杰、刘玄、詹锦皓、陈健豪、赵雪亭、张忠田、曾溶涛、杨进之、卢月、李齐和孙万峰等许多同志的无私帮助，也得到了审稿专家的悉心指导与热忱帮助，还得到了机械工业出版社各位编辑的鼎力帮助，在此，一并对大家的辛勤付出，表示最诚挚的谢意！

编著者
2020 年 2 月于馨香园

目 录

电力电子新技术系列图书序言

前 言

第1章 隔离处理技术基础知识 …… 1

1.1 隔离技术概述 ………………… 1

  1.1.1 电气隔离基本概念 ………… 1

  1.1.2 电气隔离的作用 …………… 4

1.2 电气隔离的重要方法 ………… 5

  1.2.1 应用概述 ………………… 5

  1.2.2 电子电路隔离环节 ………… 7

  1.2.3 测量系统隔离环节 ………… 8

  1.2.4 供电系统隔离环节 ……… 10

1.3 应用于 PEE 中的典型隔离技术 … 13

  1.3.1 隔离驱动技术 …………… 13

  1.3.2 多路数据采集系统的隔离

     技术 ……………………… 17

第2章 典型隔离器件基础知识 …… 22

2.1 光耦隔离技术 ………………… 22

  2.1.1 基本原理 ……………… 22

  2.1.2 关键性参数 …………… 23

  2.1.3 光耦典型拓扑及其选型

     方法 ……………………… 26

2.2 磁变压器隔离技术 …………… 32

  2.2.1 基本原理 ……………… 32

  2.2.2 关键参数 ……………… 36

2.3 机电隔离技术 ………………… 38

  2.3.1 概述 …………………… 38

  2.3.2 基本原理 ……………… 38

  2.3.3 继电器接线方法 ……… 42

  2.3.4 继电器的关键参数 …… 44

  2.3.5 继电器选型方法 ……… 44

  2.3.6 数字隔离技术对比 …… 50

2.4 隔离放大器技术 ……………… 51

  2.4.1 概述 …………………… 51

  2.4.2 基本原理 ……………… 52

2.4.3 关键性参数 ……………… 53

2.4.4 隔离放大器对比 ………… 54

2.5 隔离电路设计示例 …………… 55

  2.5.1 概述 …………………… 55

  2.5.2 光耦驱动继电器示例分析 … 56

2.6 状态反馈信号的数字式隔离

  设计 ……………………………… 60

  2.6.1 概述 …………………… 60

  2.6.2 状态反馈信号噪声产生机理

     分析 ……………………… 61

  2.6.3 隔离器总体方案分析 …… 61

第3章 应用于电力电子装置中的

    模拟信号隔离处理技术 …… 63

3.1 隔离放大器技术 ……………… 63

  3.1.1 光耦式放大器 …………… 63

  3.1.2 隔离栅式放大器 ……… 76

  3.1.3 变压器式放大器 ……… 86

  3.1.4 隔离放大器关键性参数

     指标 ……………………… 91

  3.1.5 使用隔离放大器的注意

     事项 ……………………… 91

  3.1.6 隔离放大器的选择方法 … 93

3.2 隔离 A/D 转换器技术 ……… 94

  3.2.1 概述 …………………… 94

  3.2.2 变压器式隔离型 A/D

     转换器 …………………… 95

  3.2.3 光耦式隔离型 A/D

     转换器 ………………… 104

  3.2.4 使用隔离型 A/D 转换器的

     注意事项 ……………… 109

3.3 模拟信号典型隔离处理示例 … 109

  3.3.1 概述 ………………… 109

  3.3.2 典型隔离电路分析 …… 111

  3.3.3 隔离式模拟电路设计

示例 ·············· 118

3.3.4 电机控制电流隔离式检测
电路设计示例 ·············· 122

3.4 测控系统抗干扰设计示例 ······· 124

3.4.1 概述 ·············· 124

3.4.2 测控系统中电磁干扰的主要
来源 ·············· 126

3.4.3 抑制电磁干扰的典型
措施 ·············· 127

3.5 典型综合应用示例 ·············· 134

3.5.1 三相逆变变换器中的隔离
器件 ·············· 134

3.5.2 伺服控制变换器中的隔离
器件 ·············· 137

3.5.3 光伏变换器中的隔离
器件 ·············· 141

3.5.4 配电系统中的隔离器件 ······ 147

**第4章 应用于电力电子装置中的
数字信号隔离处理技术** 153

4.1 概述 ·············· 153

4.2 光耦的典型应用 ·············· 155

4.2.1 基本应用 ·············· 155

4.2.2 基于光耦驱动交流负载的
实例分析 ·············· 157

4.2.3 基于光耦的晶闸管触发
电路 ·············· 158

4.2.4 基于光耦的 IGBT 触发
电路 ·············· 163

4.3 磁隔离器件典型应用 ·············· 181

4.3.1 通用型数字磁隔离器 ······ 181

4.3.2 集成 DC/DC 的数字磁
隔离器 ·············· 187

4.3.3 基于磁隔离器的触发
电路 ·············· 189

4.3.4 使用磁隔离器的注意
事项 ·············· 200

4.4 继电器件典型应用 ·············· 203

4.4.1 概述 ·············· 203

4.4.2 继电器使用技巧 ·············· 203

4.5 光纤连接器典型应用 ·············· 213

4.5.1 概述 ·············· 213

4.5.2 光纤收发器 HFBR-05XX 使用
技巧 ·············· 213

4.5.3 光纤收发器 HFBR-04XX 使用
技巧 ·············· 216

4.6 典型综合应用示例 ·············· 218

4.6.1 蓄电池充电器中的隔离
器件 ·············· 218

4.6.2 再生能源储存变换器中的
隔离器件 ·············· 221

4.6.3 数字电流环变送器设计
分析 ·············· 230

**第5章 应用于电力电子装置中的
通信隔离处理技术** 240

5.1 概述 ·············· 240

5.1.1 通信隔离处理的必要性 ······ 240

5.1.2 通信隔离设计的重要
内容 ·············· 242

5.2 串口 RS-232 通信及其隔离
措施 ·············· 243

5.2.1 概述 ·············· 243

5.2.2 隔离型 RS-232 收发器 ······ 247

5.2.3 RS-232 接口电路的防护
设计 ·············· 254

5.3 串口 RS-422/485 通信及其隔离
措施 ·············· 257

5.3.1 概述 ·············· 257

5.3.2 隔离型 RS-422/485 收
发器 ·············· 264

5.3.3 基于光耦的 RS-422/485
收发器设计 ·············· 273

5.3.4 RS-422/485 接口电路的防护
设计 ·············· 276

5.4 USB 通信及其隔离措施 ·············· 278

5.4.1 概述 ·············· 278

5.4.2 USB 总线隔离器 ·············· 282

5.4.3 USB 接口电路的防护
设计 ·············· 291

5.5 SPI 通信及其隔离措施 ………… 293
　5.5.1 概述 ……………………… 293
　5.5.2 SPI 总线磁隔离器基本
　　　　原理 ………………………… 298
　5.5.3 SPI 接口电路的防护方法 … 310
5.6 CAN 通信及其隔离措施………… 312
　5.6.1 概述 ……………………… 312
　5.6.2 CAN 总线磁隔离器基本
　　　　原理 ………………………… 316
　5.6.3 基于光耦的 CAN 收发器 … 320
　5.6.4 CAN 总线电磁兼容设计 …… 322
　5.6.5 CAN 接口电路的防护

方法 ………………………… 323
5.7 I²C 通信及其隔离措施 ………… 325
　5.7.1 概述 ……………………… 325
　5.7.2 I²C 总线磁隔离器基本
　　　　原理 ………………………… 328
　5.7.3 I²C 接口电路的防护方法 … 334
5.8 典型综合应用示例 ……………… 335
　5.8.1 概述 ……………………… 335
　5.8.2 电动汽车驱动系统示例
　　　　分析 ………………………… 338
参考文献 ………………………………… 346

第1章 隔离处理技术基础知识

电力电子装置（Power Electronic Equipment，PEE）是以满足用电要求为目标，以电力半导体器件为核心，通过合理的电路拓扑和控制方式，采用电路、控制、计算机和通信等技术对电能实现变换和控制的装置。电力电子装置和负载组成一个封闭控制系统，是典型的通过弱电控制强电设备，尤其是它的控制系统，根据运行指令和输入、输出的各种状态，产生控制信号，用来驱动对应的功率器件开断，以完成其能量变换功能。

因此，电力电子装置又称为变流装置，它既包括各种功率器件（例如电力二极管、晶闸管、电力晶体管、MOSFET 和 IGBT 等），还包括驱动模块（不控型器件除外）、吸收模块、输出与输入滤波模块等必要的辅助元件，除此之外，还需要选择合适的传感器，实时获取装置的运行状态，如电压、电流、温度、冷却水压力和风速等，以防装置内的功率器件因过电流、过电压而损坏。

理论研究与运行实践均表明，比如整流器、逆变器、直流变流器、交流变流器、各类电源和开关、电机调速装置、直流输电装置、感应加热装置、无功补偿装置、电镀电解装置和家用电器变流装置等，它们的电压等级一般都会超过数十 V 甚至更高，远远超过控制它们的处理器的电源电压（一般不超过 5V 且大多数为 3.3V）等级。因此，作为 PEE 设计工程师，除在设计 PEE 系统时需要合理选择器件的电压、电流等关键性参数外，还需专门采取一些电气隔离措施，将 PEE 在使用过程中的各项噪声干扰路径在最短时间内进行切断，继而对于噪声的产生进行抑制。随着现代数字化技术的不断发展，在 PEE 系统中的隔离措施也发展出了基于数字化手段的电气电路隔离技术，通过它们便可将电气设备（强电）和电子设备（弱电）之间进行有机结合，达到能量变换或者转移的特定目的。

1.1 隔离技术概述

1.1.1 电气隔离基本概念

图 1-1 所示为某高压大电流光控固体放电开关的组成框图，该系统主要由放电开关 [含驱动板，它受制于 MCU（微控制器）控制]、状态量采集板（模拟板）、数字 I/O 板、电源板、通信+显示板和电源板，以及存储模块、温湿度模块和编程口模块等。其中放电开关属于强电环节（GND_1 为其参考电位），数字 I/O 板、电源板、通信+显示板和电源板，以及存储模块、温湿度模块和编程口模块均属于弱

电环节（GND$_2$为其参考电位），而状态量采集板和驱动板却是连接于强电环节与弱电环节的中间环节。如果两者电位相差悬殊，就会形成接地环路，毕竟它们之间会存在两处或更多接地电阻不相等的位置，这势必会导致过程信号（如反应状态的模拟弱信号、部分控制信号等）的失真。

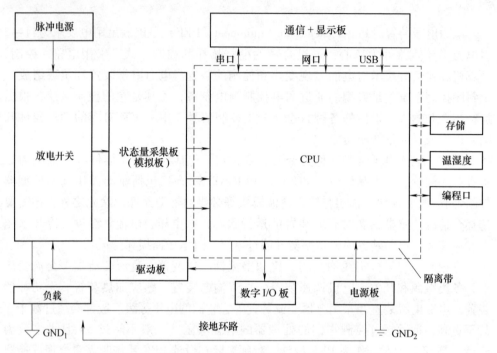

图 1-1　某高压大电流光控固体放电开关的组成框图

图 1-1 中所示的光控固体放电开关，为了要适应额定工作电压数十 kV、额定电流数十 kA 的工作要求，既要为放电开关发送驱动脉冲，还要实时获取放电开关的电压、电流和温度等关键状态，与此同时，还要随时上传状态给显示模块，这就是一个信息流（弱信号）控制功率流（强电）的典型装置。因此，就需要借助隔离器件（如光电耦合、继电器、变压器和光纤等方式），实现有效电气隔离，图 1-1 中的虚线框所示的隔离带，它是基于电气电路隔离技术。

当然，若系统中所有二次仪表、测试设备中的信号都采用共同参考点时，即各个部分有一个共同参考地（即 GND$_1$ 和 GND$_2$ 短接）时，信号的传输就不会失真，此时所有的设备、仪表的信号参考点之间电位差为零。然而，这只是理想状态下，因为对于不同的仪器和设备而言，要将它们的接地电阻做到全都相等那是几乎不可能的，由于传输距离的拉大，其接地电阻也随之增加，这时两个参考地之间的电位差有可能会增加并达到数百 V 甚至数千 V。解决该类问题最直接的方法就是采取电气隔离措施。因此，隔离已经成为 PEE 设计中必不可少的技术，如何选择隔离器件成为这类设备的工程师设计时需要面对的重要问题，所以开展这方面的研究工作就显得特别有意义。

电气隔离（Galvanic Isolation），就是将电源与用电回路做电气上的隔离，即将用电的分支电路与整个电气系统隔离，如图 1-2 所示，避免电流直接从 A 点区域流到 B 点区域的方式（或者相反方向流动），使之成为一个在电气上被隔离的、独立的不接地安全系统，以防止在裸露导体故障带电情况下发生间接触电危险。虽然电流无法直接流过，但能量或是信息仍可以经由其他方式传递，例如电磁感应或电磁波，或是利用光学、声学以及机械方式继续传输。

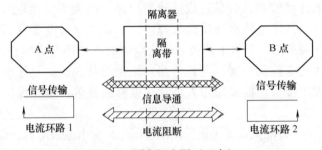

图 1-2　隔离概念图（双向）

一般在以下两种情况时会考虑采用电气隔离技术：

1) 在有可能存在损坏设备或危害人员的潜在电流浪涌场合，如电机控制、通信总线隔离和驱动脉冲等方面，就需要采取隔离手段。

2) 必须避免存在不同参考电位和分裂的接地回路互连的场合，它常用在两个电路的接地在不同电势，但彼此需要交换信息或是能量的情况。由于隔离措施让两个电路可以不共用接地导体，从而避免不需要的电流在两个电路之间流动，也就切断了接地回路。

上述两种情况都是采用隔离来避免电流流过，而允许两点之间有数据或功率传送。电路隔离的主要目的就是通过隔离元器件把噪声干扰的路径切断，从而达到抑制噪声干扰的效果，使电气设备、电子设备均符合电磁兼容要求。

在 PEE 系统里面，可控型功率器件的驱动信号，是唯一能够改变功率输出的因素。连接驱动信号的一侧为功率器件，相应的功率器件置于功率主电路中，承受高电压、大电流的连续冲击；连接驱动信号的另一侧为 MCU 模块（如由 DSP 或 ARM 及其外围电路等组成），由于 MCU 模块包括它的相应外围电路都是属于弱电范畴，高压侧的电压波动、PWM 斩波控制，都会不可避免地产生电磁干扰，如果不采取合理的措施，势必对 MCU 的程序正常运行产生影响，严重时会损坏它们。因此，在电力电子驱动电路设计过程中，往往采用隔离驱动技术，使得低压侧和高压侧不存在电气互联特性，切断高压侧电气干扰的途径，以保证微控制器在恶劣的电磁环境中稳定可靠地工作，提高电力电子装置系统的可靠性。

由此可见，电气隔离电路，就是通过使用隔离器件（如光电耦合、继电器、变压器、光纤、电流互感器、电压互感器、霍尔电流传感器和霍尔电压传感器等方式），实现有效电气隔离的一种电路。基于电气电路隔离技术，设计工程师可将输入、输出电气量在使用过程中的各项噪声干扰路径，在最短时间内进行有效切断，使电磁噪声最大限度得到抑制。

1.1.2 电气隔离的作用

电气隔离的重大作用旨在减少两个不同的电路之间的相互干扰。例如，某个实际电路工作的环境较差，容易造成接地等故障。如果不采用电气隔离，直接与供电电源连接，一旦该电路出现接地故障，整个装置就可能受其影响而不能正常工作。采用电气隔离后，当该电路接地出现故障时，并不会影响整个装置的工作，同时还可以通过绝缘监测装置检测该电路对地绝缘状况，一旦该电路发生接地故障，可以及时发出警报，提醒操作人员及时维修或处置，避免保护装置跳闸停电的现象发生。

图 1-3 所示为一种隔离式开关电源的原理框图，它由输入电源、EMI 模块、整流滤波、电力电子变压器、二次侧整流滤波、输出模块和电力电子开关等组成强电环节，由状态反馈模块、CPU 模块、PWM 控制模块和驱动模块等组成弱电环节。

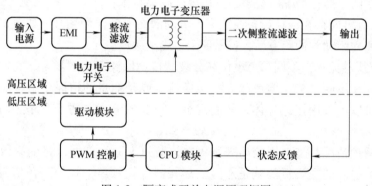

图 1-3　隔离式开关电源原理框图

图 1-3 中经由状态反馈模块实时采集输出模块（负载）的包括电流、电压和温度等状态信息，实时传给 CPU 模块，按照既定策略控制 PWM 控制模块依次产生触发脉冲给驱动模块，进而控制电力电子开关，实现电能变换。因此，图 1-3 所示的隔离式开关电源，借助变压器将一次侧（输入电源）与二次侧（负载）隔离开来。电力电子变压器靠磁通量互相耦合，一次侧和二次侧的线圈之间没有导体使电流可以直接流过，依照工业标准，两个线圈之间的电压差可以高达数千 V（隔离电压），而不会因绝缘破坏而出现严重危害的问题。变压器可以产生一组输出，其参考点相对于接地点的电压是浮动的，所以，功率级的隔离变压器可以提升设备的安全性，人员碰到设备后，不会有电流经由人体流到大地。若一次侧与二次

侧的电气系统有共同的接地点，这两个电气系统之间就没有电气隔离。

研究表明：类似于光伏充电之类的装置，它们的输入端与用户端（如蓄电池及其充电端）之间如果无电气隔离（如无变压器型拓扑），将会产生的对地漏电流，势必成为一个亟须解决的技术难题。光伏模块存在一个随外部环境变化且变化范围很大的对地寄生电容，其电容值为 $0.1 \sim 10nF$，所以由许多光伏模块串并联构成的光伏阵列对地寄生电容就变得更大，从而可能导致相当大的对地漏电流。较大的对地漏电流一方面会严重影响变流器的工作模式，另一方面也会给人身安全带来威胁。所以，根据系统中有无变压器，光伏变换装置可分为无变压器型（Transformer-less）、工频变压器型（Line-Frequency Transformer，LFT）和高频变压器型（High-Frequency Transformer，HFT）三种。采用工频变压器型的拓扑结构，变压器置于工频电网侧，可有效阻止电流直流分量注入电网。高频变压器型中的变压器一般可放置在两个地方，如 DC/AC 变换器内或者 DC/DC 变换器内，两种方式均可有效实现电气隔离功能。LFT 与 HFT 相比，体积大、重量重，并且价格上也无优势，因此，大多采用 HFT 来实现升压和隔离的功能，有效地将变换器中输出电源（如蓄电池输出端）的地线与输入电源（如光伏板）的地线可靠地隔离开来，抗共模干扰能力强。

1.2 电气隔离的重要方法

1.2.1 应用概述

在电力电子装置（PEE）中，隔离对象主要分为：模拟电路的隔离、数字电路的隔离和数字电路与模拟电路之间的隔离。所使用的隔离法主要有：电源变压器、脉冲变压器、继电器、光电耦合器（以下简称光耦）、线性隔离放大器（如光耦隔离法、电场隔离法和磁场隔离法）、光纤和隔离式 A/D 转换器等多种隔离方法。

以隔离变压器为例，隔离变压器与一般的变压器有着很大的区别，这点可从结构和功能两方面来说明。一般的变压器由于要变换电压、电流和阻抗，它的一次和二次绕组匝数比不会等于或近似为 1，而隔离变压器的一次和二次绕组匝数比却为 1 或近似为 1（考虑一、二次绕组的磁通及电压损耗时）；从功能上来说，普通变压器是用来实现电能或信号的传输和分配，达到变压、变流及阻抗匹配的目的，而隔离变压器的功能却是隔离电源、切断干扰的耦合通路和传输通道。

隔离变压器根据用途可分为两大类：

（1）隔离干扰：这类隔离变压器广泛用于电子电路中抑制噪声干扰，扮演"干扰隔离"的角色。该类变压器使两个互有联系的电路相互独立，不能形成回路，从而有效地切断干扰信号通路。通常使用的抗干扰隔离变压器的电压比为1∶1，一、二次绕组间加有屏蔽层。一些对质量要求较高的测量及信号放大器还要求变压器的一次侧和二次侧以及一、二次侧之间均分别加有屏蔽层的所谓"三重屏蔽"方式。只要屏蔽层接地良好，就能有效地抑制从一次绕组耦合到二次绕组的电容性耦合噪声。在电子电路中，隔离变压器还可用来断开共地环路，抑制噪声磁场的影响，切断公共阻抗耦合干扰通道。另外，由于工业电子设备（例如：模拟电子仪表、数字电子仪表及工业控制计算机等）接在公用电网上，各种用电设备的起停、大功率电力电子装置中晶闸管器件的快速导通与截止、在电网中产生冲击尖峰脉冲和高次谐波，对接于同一供电线路的工业电子设备都会产生干扰，使它们不能正常工作，因此，除了可敷设专用供电线路以外，还可以采用隔离变压器加以隔离。实践证明，采用隔离变压器是一种简便易行的抗干扰措施。在使用中，安装抗干扰隔离变压器时，应该尽量靠近负载侧，以降低二次回路再次拾取噪声的可能性。

（2）隔离电源：这类隔离变压器的主要功能是隔离电源，如在家用电器维修中修理彩色电视机时经常用到的就是这种。为了降低成本，很多电力电子装置中经常会使用不带电源变压器的开关式电源，220V 单相交流电与控制器底板有电的联系。因为在操作过程中稍有不慎就会发生触电事故，所以必须采用安全隔离措施来加以预防。此种用来隔离电源的隔离变压器就能起到"安全隔离"的作用。它的匝数比亦为 1∶1，但在大多数情况下，考虑到变压器中存在着各种损耗，故常将二次绕组匝数设计得比一次绕组匝数多 3%~5%。一次绕组与二次绕组之间绝缘应良好、不漏电，从而起到安全隔离的作用。这种隔离变压器就其额定使用电压来看，除 220V/220V 最为常见之外，还有 380V/380V 和超低电压级的 36V/36V、24V/24V 等。

在电力电子装置中需要重视的是，我国 AC 380/220V 供电系统多为中性点直接接地系统，即 TN 系统。在使用电源隔离变压器时，由于规定其二次绕组的任一端绝不允许接地，因此它本质上是将中性点直接接地的 TN 系统的供电系统，转换成了不接地的供电系统。这样，由于隔离变压器二次绕组与大地没有直接电的连接，成为悬浮状态，维修人员即使不小心碰到隔离变压器二次绕组两端的任一端及其与之连接的导体时，也不会发生被电击的危险。因为在这样的情况下，没有构成可以通过人体的电流的完整通路。虽然隔离变压器的二次绕组及其两根引线，在理论上与大地之间会有相对绝缘电阻和对地分布电容的客观存在，但因其二次引线较短，由它们构成的绝缘阻抗相当大，实际上可通过人体的电流非常微小，不致引发电击危险。

为了阐释方便起见，对于 PEE 系统而言，它主要分为电子电路隔离、测量系统隔离和供电系统隔离 3 个环节。

1.2.2　电子电路隔离环节

就电子电路隔离环节而言，主要涉及数字电路系统，它主要包括：数字信号输入系统和输出系统。那么，在电子设备的电路隔离技术运用的过程，应当针对各个方面的特性，选择相对良好的隔离形式，如：光耦、继电器和脉冲变压器等典型隔离手段。

1. 光耦及继电器隔离技术

如图 1-4a 所示，光耦是目前在电子电路隔离技术中的典型代表，使用该技术进行隔离的过程中，可将电路自身和内部输入性之间进行分离。目前，光耦隔离技术的整体水平较为先进，在 2.5~8kV 电压环境下的隔离效果非常优秀。光耦隔离不仅仅拥有高压隔离，在一定程度上也具有高速高频率的功能，对噪声的抑制也会起到良好的效果。光耦隔离技术主要通过发光二极管和光电晶体管实现信号的无电气互联特性传输，且发光二极管和光电晶体管集成在同一个芯片中。在图 1-4a 中，借助于光耦、上拉电阻 R_2 和反相器，可以输出高、低电平指令。电阻 R_1 为光耦一次侧的限流电阻，用于防止发光二极管 VL 过电流产生损坏。在电路设计过程中，R_1 和 R_2 的电阻值需要设计者根据实际信号的需求，酌情选取。

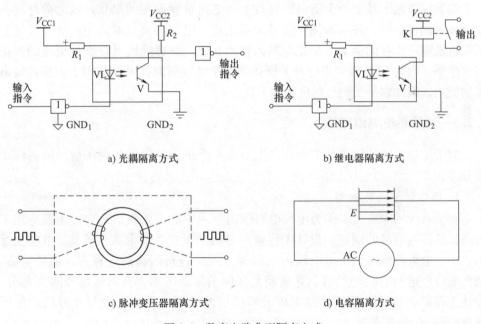

a) 光耦隔离方式

b) 继电器隔离方式

c) 脉冲变压器隔离方式

d) 电容隔离方式

图 1-4　数字电路典型隔离方式

2. 机电隔离技术

如图 1-4b 所示，继电器隔离技术是电子电路隔离技术中应用十分广泛的一种机电隔离技术。它主要是利用数字输出隔离器件的形式，对其噪声进行有效地消除和抑制，该项技术具有实用、简单和易于操作等方面的特点。同时，对于继电器隔离技术的引入，在价格方面也相对较为便宜，可以有效提升相关行业的经济效益。在应用中设计工程师需要对数字输出过程中的各个元器件进行全面的分析检查，然后再将继电器隔离元件融入其中。在具体的使用过程中可以将电路的高低压交流电隔离开，继而保障整个电路系统的运行稳定性。在图 1-4b 中，电阻 R_1 为限流电阻，K 为继电器线圈。

3. 脉冲变压器隔离技术

如图 1-4c 所示，脉冲变压器隔离技术也是现阶段在电路隔离中应用较为广泛的一种隔离技术，具有很好的应用效果。但是，在应用过程中需要注意的内容也较多，如：一次绕组和二次绕组必须分布在铁氧磁心的两侧，对于容量较大的电路适用性不高。此外，在向脉冲变压器输入内部信息的过程中，对于直流分量的隔离效果不佳。另外，在脉冲变压器隔离技术实施的过程中，信号传播的频率为 1kHz~1MHz，最新的脉冲变压器隔离可以达到百 MHz 级（如带输入禁用和 1 个反向通道的四通道隔离器 ADUM141D，数据速率高达 150Mbit/s），从而对其噪声进行有效隔离。

4. 电容隔离技术

电容隔离技术基于一个随电容极板上的电荷量而改变的电场，该电荷跨过一个隔离层而被检测，并与所测得信号值成正比。电容隔离技术的一个优势就是它抵抗电磁噪声干扰的能力。与光学隔离技术相比，电容隔离可以支持更高的数据传输速率，因为 LED 需要进行开关操作。由于电容隔离技术涉及用于数据传输电场的使用，因此它易受到外部电场的干扰。

1.2.3 测量系统隔离环节

对于测量系统的隔离环节而言，主要涉及低压信号隔离和高压信号隔离两个部分。

1. 低压信号隔离技术

测量系统的隔离技术作为电气电路隔离技术中的重要组成部分，主要应用于对高、低压电信号的隔离。设计工程师在对测量系统（如电流互感器、电压互感器、霍尔电流传感器和霍尔电压传感器等方式）进行隔离的过程中，需要将高、低压电信号进行有机地结合，才能满足实际的隔离需求。在低压信号隔离部分，设计工程师必须考虑到宽带频率以及精准度两个影响因素，做到全方位的低压隔离。

针对直流分量和共模噪声干扰比较严重的场所，可以采用将输入和输出模拟信号隔离的方式，当属线性隔离放大器，如：高稳定性隔离放大器 ADUM3190 [2.5kV（有效值）级] 和 ADUM4190 [5kV（有效值）级]，它们可以起到绝缘且消除噪声的作用。但是，在使用该方式的过程中，应当通过利用有效的手段避免模拟系统的干扰,尤其是在参考地接入逻辑系统时,经常会导致该系统发生混淆。与此同时,该方式在精密测量系统消除噪声的过程中,应当避免数字系统的脉冲波耦合干扰信号,因为其会减弱信号幅值,甚至会掩埋有用信号。

图 1-5 所示为线性隔离放大器的封装与原理框图,在 ADuM3190 电路中,为 V_{DD1} 和 V_{DD2} 引脚提供 3~20V 外部电源电压,同时内部稳压器提供它们每一侧的内部电路工作所需的 3.0V 电压。内部精密 1.225V 基准电压源为隔离误差放大器提供±1% 精度。过、欠电压(UVLO)电路监控 V_{DDx} 电源,当达到 2.8V 的上升阈值时打开内部电路;当 V_{DDx} 下降至 2.6V 以下时,将误差放大器关闭至高阻抗状态。器件右侧的运算放大器具有同相引脚+IN 和反相引脚-IN,可用于隔离 DC/DC 转换器输出的反馈电压连接(通常使用分压器实现连接)。COMP 引脚为运算放大器输出,在补偿网络中可连接电阻和电容元件。COMP 引脚从内部驱动 Tx 发送器模块,将运算放大器输出电压转换为编码输出,用于驱动数字隔离变压器。

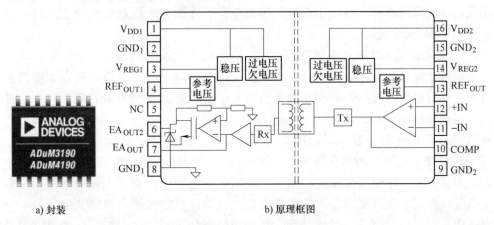

a) 封装　　　　　　　　　　　　　b) 原理框图

图 1-5　线性隔离放大器的封装与原理框图

在 ADuM3190 和 ADuM4190 的左侧,变压器输出 PWM 信号,通过 Rx 模块解码,将信号转换为电压,驱动放大器模块;放大器模块产生 EA_{OUT} 引脚上的误差放大器输出。EA_{OUT} 可提供±3mA 电流,并且电压电平范围为 0.4~2.4V,通常用于驱动 DC/DC 电路中 PWM 控制器的输入。

另外,在线性放大器的运用过程中,由于微电流系统具有一定的复杂性,那么此时建议采用仪表放大器(即仪用运放)等器件,实践表明,它们可以有效地隔离电磁噪声且效果非常突出。同时,针对测量精度相对较高的场合,建议选择一些精度更高、性能更稳定的运放。

2. 高压信号隔离技术

在高压信号的隔离上,设计工程师应当充分借助传感器(如霍尔电压传感器、电压互感器、霍尔电流传感器和电流互感器等)的隔离作用,以便对电路中较大频率的电压、电流信号进行有效的电气隔离。在具体的隔离操作中,由于相同类型的传感器，其在隔离方式上较为接近，但是隔离效果却存在显著的差异。因此在实际操作时，应当对高频电流信号的频率进行测试，然后再选择最为合适的隔离传感器，确保隔离的有效性。对设计工程师来讲，则是在电路的设计阶段就应该将高压信号隔离的因素考虑其中，结合电路的实际需求，全方位地进行电气隔离电路的设计，否则，一旦在调试阶段才发现不足就会全盘皆输。

1.2.4　供电系统隔离环节

在电力电子装置（PEE）中，对供电系统进行有效的隔离也是电子电路隔离中十分重要的组成部分。在直流系统的隔离中，必须找到一个合适的隔离方式，才可以将整个供电系统的各项电磁噪声进行有效的控制。随着整个供电系统在供电容量和复杂程度方面的不断提升，传统的电源模块已经难以满足隔离的需要。因此，需要设计工程师结合供电系统电源和信号的隔离需求进行综合研判，继而采用合适的隔离器件，设计出合理的隔离电路，才能有效地避免系统在运行中经常受噪声干扰的问题。

1. 直流供电系统的电气隔离

设计工程师应当充分利用直流供电系统内部的隔离技术，以达到有效隔离的效果。在对供电系统内各项电子设备进行安装时，就需要充分做好隔离工作，并且通过交流隔离方式，以便进一步增强隔离效果。图 1-6 所示为供电系统隔离方式示意图，图 1-6a 中采用的 DC/DC 均为隔离式 DC 电源模块。

2. 交流供电系统的电气隔离

对于供电系统中的交流电网而言，在供电全过程中会存在大量的谐波、高频干扰等噪声，也会遭受雷击浪涌的不良影响，因此必须采用电源隔离变压器，对电源中所产生的噪声进行有效抑制。在使用隔离变压器的过程中，应当对它的型号、容量、种类和接线方式（含屏蔽接地）等方面，进行详细的分析与合理的筛选，主要是虽然一次绕组和二次绕组可起到隔离作用，但是并不能很好地解决由于分布电容的存在而导致的电磁噪声耦合到二次侧的问题。所以，必须在传统隔离的基础上进一步在绕组之间设置合适的屏蔽层，通过此方式来进一步改善其隔离效果，提高该系统的电磁兼容性能。

我们将任何载流导体与参考地之间的不期望电位差称为共模电压。IT 设备的信号电压和逻辑电压仅为几 V，过大的共模电压会淹没它们导致其无法正常工作。在供电系统中，三相不平衡电流和 3 次及其整数倍谐波流过中性线时，均会导致中性线与 PE 线间产生电位差。例如，在舰船中由于视频监控等智能化系统的广泛使用，各舱室弱电间均需安装通信等重要设备，为保障此类设备的不间断可靠运行，通常就必须采用 UPS 为其供电。图 1-7 所示为基于工频变压器的 UPS 拓扑（弱电+传感部分省略）。虽然，在输出端增加了变压器使得装置笨重、效率低和成本增加，但工频机却起到了隔离和变压的双重作用，既提高了输出电压的质量，又改变了

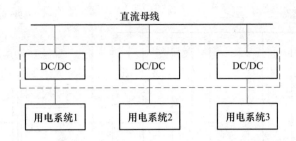

a) 直流供电系统的电气隔离方式

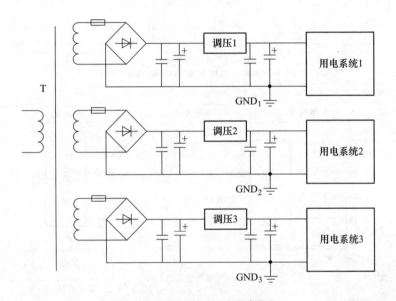

b) 交流供电系统的电气隔离方式

图 1-6 供电系统隔离方式示意图

配电制式。交流 220V/380V 的电压制式经整流后输出直流电压值无法满足逆变器不失真输出交流 220V/380V 正弦交流电压，且为了节约成本，一般不将电池电压做得太高，因此，工频机逆变器必须设置隔离变压器，以实现隔离和变压的双重作用。

同时为便于后期维护和管理便利，往往会分区域集中设置 UPS 机房，部分距离较远的弱电间电源线路过长，中性线压降过大，如图 1-8a 所示，使通信等重要设备会受共模干扰的影响。为了消除这种不利因素，如图 1-8b 所示，在受干扰的通信设备中设置隔离变压器，其二次绕组充当隔离电源的能量传输系统，则中性线与 PE（接地）线间的电位差以该 PE 为始点，共模电压会得到有效的抑制。

事实上，如何合理地设置隔离变压器，需要参照相关规范执行，如 GB 50174—2017《数据中心设计规范》第 8.1.10 节规定："当输出端中性线与 PE 线

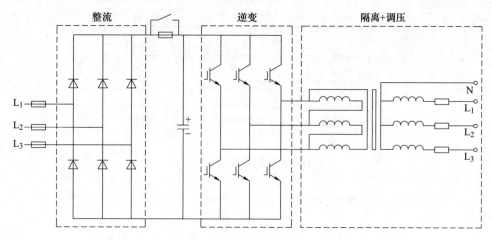

图 1-7　基于工频变压器的 UPS 拓扑图

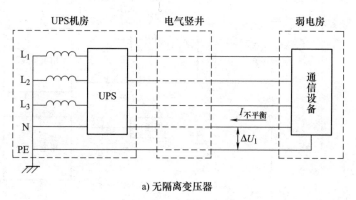

a) 无隔离变压器

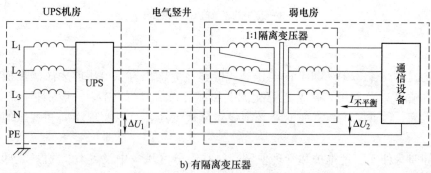

b) 有隔离变压器

图 1-8　共模电压隔离前后对比分析示意图

之间的电位差不能满足电子信息设备的使用要求时，配电系统可装设隔离变压器。"如果 PEE 系统的使用环境比较复杂（比如工业现场），或涉及多个不同电源供电系统之间的相互通信（比如 RS-232、RS-485 和 CAN 等），都需要（甚至是必须）进行电气隔离，一般会涉及下面 3 个方面的隔离内容：

　　1）电源的隔离，一般会选择 DC/DC 隔离电源模块；

　　2）信号与数据的隔离，一般采用专门的隔离通信器件；

　　3）地线的隔离，前侧（输入端）的参考地与后侧（输出端）的参考地是不可以连接在一起的，但有些场合却不得不连接在一起时，我们可以选用磁珠或 0Ω 电阻放在两个地之间。

1.3　应用于 PEE 中的典型隔离技术

1.3.1　隔离驱动技术

1. 应用概述

可控型功率器件驱动电路中，驱动信号的产生一般会采用微控制器（MCU），MCU 可选的类型较多，如单片机、DSP 和 ARM 等。MCU 产生驱动信号的方式，主要采用闭环的形式，对比给定信号和反馈信号，结合系统所采用的控制策略，以 PWM 信号形式进行输出，每个可控型功率器件对应一路 PWM 信号。为提高可控型功率器件电路的可靠性，驱动信号隔离技术经常被采用。图 1-9a 所示为带隔离变压器并网逆变器的拓扑图。需要实时采集电流 i_{Labc}、i_{pabc}；实时采集电压 u_{pabc}，还需要借助必要的隔离手段（如电流和电压传感器、隔离放大器和隔离 A/D 转换器等），方能满足在具有强电磁干扰环境中安全获取弱信号的工作需求。

图 1-9b 所示为隔离型驱动电路原理框图。考虑到 PWM 斩波控制的对象为高压信号，且电路中的电磁干扰较为严重，因此隔离芯片经常被采用，以提高电路的可靠性。隔离芯片主要用于实现高压侧和低压侧的电气隔离。另外，隔离芯片输入侧和输出侧的信号，在电源及地线方面不能共用，经常通过 DC/DC 隔离电源模块，实现电源和地线的电气不互连。对于可控型功率器件来说，其驱动信号存在诸多要求，如电压幅值、上升时间和下降时间等。在实际电路的设计过程中，通常采用专用的驱动芯片，实现驱动信号的放大，以满足驱动信号的不同需求。IR 系列芯片，如 IR2103、IR2104、IR2110、IR2130 和 IR21844 等，广泛应用于可控型功率器件的驱动信号的功率放大环节。可控型功率器件在 DC/DC、DC/AC、AC/DC 和 AC/AC 4 种电力电子变换器中，存在广泛的应用。依据被可控的程度，可分为半控型功率器件和全控型功率器件。前者的典型代表芯片为晶闸管；后者的典型代表芯片为 MOSFET 和 IGBT。基于硅的功率器件，几乎占据了整个电力电子装置市场。随着槽栅、FS 和 SJ 等半导体生产技术的提升，基于硅的可控型功率器件的制造技术遇到瓶颈。宽禁带半导体器件在耐压、过电流、开关速度、散热等方面的优势，使得该类器件具有较大的发展空间。目前，已有成熟的碳化硅 MOSFET 产品面世。

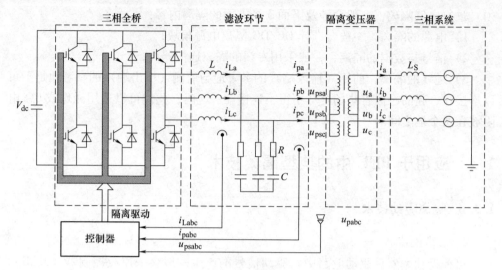

a) 带隔离变压器的并网逆变器拓扑图

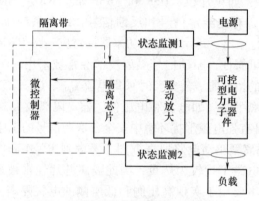

b) 隔离型驱动电路的原理框图

图 1-9 并网逆变器及其隔离驱动示意图

2. 基于光耦的隔离驱动技术

当前，应用于可控型电力电子装置的隔离驱动技术主要分为 3 大类：

1）光耦隔离；

2）磁变压器隔离；

3）光纤隔离。

光耦隔离驱动的典型代表就是输出高达 2A 且带过电流保护的 IGBT 驱动光耦 HCPL-316J。该光耦可驱动最高为 150A/1200V 级的 IGBT，具有光学隔离、带故障反馈输出、CMOS/TTL 兼容、500ns 开关速度、软关断技术、集成过电流、欠电压保护、15~30V 宽压工作环境以及-40~150℃工作温度等显著特点，图 1-10 所示为它的典型应用电路示意图。

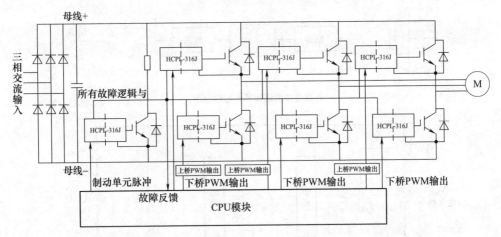

图 1-10　基于光耦 HCPL-316J 驱动 IGBT 三相逆变桥的典型电路示意图

如前所述，光耦隔离技术具有如下优缺点：

（1）光耦隔离驱动技术具有如下优点：

1）成本低；

2）芯片设计制造简单；

3）输入信号的频率可以高达数十 MHz。

（2）光耦隔离驱动技术具有如下缺点：

1）传输延迟较大；

2）开关速度较慢，对信号的前沿和后沿产生较大的延时；

3）多路应用中，各个光耦器件的参数需要一致，增加了电路设计的难度。

3. 基于磁变压器的隔离驱动技术

磁变压器隔离驱动技术的典型代表就是 ADUM 系列芯片，它们是 ADI 公司生产的 ADUM 系列芯片（称作 iCoupler 数字隔离器），该系列芯片将 CMOS 技术和芯片尺寸变压器有机地结合起来，其基本原理如图 1-11 所示，图中所示的变压器进行能量和信号传输时，无电气特性直接相连的情况。实现磁变压器隔离的典型器件具有高数据速率，能够适应于 DC~100Mbit/s 的数字信号，兼容 3.3V 和 5.0V 工作电压/电平转换，可作为光耦的替代产品使用。

从图 1-11a 和 b 可以看出，磁变压器隔离器的输入信号经过一个施密特触发器进行脉冲信号调整，使输入的波形为标准的矩形波。磁耦还独具直流校正功能，图中的两组线圈起到脉冲变压器的作用，输入端逻辑电平的变化会引起一个窄脉冲（2ns），经过脉冲变压器耦合到解码器，然后再经过一个施密特触发器的波形变换输出标准的矩形波。如果输入端逻辑电平超过 2μs 都没有任何变化，则校正电路会产生一个适当极性的校正脉冲，以确保变压器直流端输出信号的正确性；如果解码器一端超过 5μs 都没有收到任何校正脉冲，则会认为输入端已经掉电或

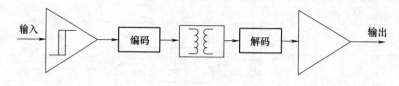

a) 磁变压器隔离芯片原理框图

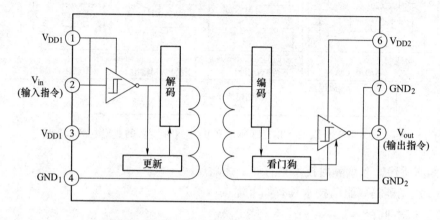

b) ADUM1100原理框图

图 1-11 典型磁变压器隔离芯片原理框图

不工作，由看门狗电定时器电路，将输出端强行置为高电平。并且磁变压器隔离产品的功耗仅为传统光耦的 1/10~1/60，速度最高可达 150MHz，最多可集成 4 个通道，且通道方向分布灵活，大大缩短了研发周期。磁耦数字隔离器的最高隔离电压是 5kV，最高绝缘电压是 600V，最低瞬态共模抑制能力（CMTI）是 25kV/μs。

采用磁变压器隔离驱动技术具有以下优点：

1）输入信号的频率可以高达百 MHz 级；

2）单个芯片可以实现多路信号的隔离，在多个可控型功率器件的联合控制过程中，具有独特的优势；

3）属于电压型器件，外围电路设计较简单。

磁变压器隔离驱动技术具有如下缺点：

1）芯片价格较高，目前主要采用国外的 ADUM 系列器件（如单通道 AD-UM1100，见图 1-11b）实现；

2）强电磁环境下应用的可靠性较低。

4. 基于光纤的隔离驱动技术

使用光纤隔离驱动技术时，安捷伦（Agilent）的 HFBR 系列器件就是典型代表。通过光纤进行驱动信号隔离时，一般由发射器和接收器两个部分构成。发射器和接收器由两个独立的部件构成，有别于光耦件的接收和发射在同一部件上。光纤隔离驱动技术的基本工作原理如图 1-12 所示。

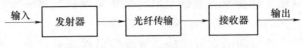

图 1-12　光纤隔离驱动技术的原理框图

图 1-12 所示的这种隔离技术在实现过程中，接收器借助内部集成的 LED 灯，发出 nm 量级波长的光波。借助于光纤，光波将会被传送到接收端。接收器在接收端将光波解码后，控制可控型功率器件执行开通和关断操作，进而输出高低电平。

当前，绝大多数光纤隔离，都采用安捷伦公司的 HFBR-0400 产品系列，发射器有 HFBR-1402、-1412、-1404、-1414 型；接收器有 HFBR-2402、-2412、-2406、-2416 型。如图 1-13 所示为 HFBR-1414TZ 和 HFBR-2412TZ 的实物图。

光纤隔离驱动技术具有以下优点：

1）输入信号的频率可以高达 MHz 级；

2）传输距离远；

3）抗电磁干扰性能好；

4）隔离电压等级高。

光纤隔离驱动技术具有以下缺点：

1）同时实现多个驱动信号的隔离，所需的外围部件较多；

2）光纤的机械强度较低，使得光纤易损坏；

3）光纤接口处理需要特殊的设备，制作较困难。

a) HFBR-1414TZ　　b) HFBR-2412TZ

图 1-13　光纤头 HFBR-0400 产品系列实物图

1.3.2　多路数据采集系统的隔离技术

1. 应用概述

电力电子装置中的数据采集系统（Data Acquisition System，DAS）是指 A/D 转换器在时钟控制下，将来自传感器（如电压、电流和温度等传感器）和其他待测设备产生的连续模拟信号（如电压、电流和温度等）转换成离散型的数字量信号，整个采集过程中结合计算机进行自动采集。由于计算机无法识别上述传感器输出的模拟信号，因此采集系统将模拟信号转换为数字信号，这样数字信号就可以与计算机进行数字通信，将采集到的数字信号送入计算机，从而实现在计算机上获得采集的信息。

常用的 PEE 设备在进行多个检测点同时采集数据时，由于多路采集信号的电势参考点不同，而输入信号之间会因存在电势差而引起相互干扰；采集过程中模拟部分与数字部分之间的参考点不同，也容易引起模拟信号和数字信号之间的相互干扰。为此，常规的做法就是：通过多通道信号隔离以及供电电源隔离等不同措施，实现各路激励电源和采集信号分别进行转换，就可以有效地抑制干扰成分，也就能够设计出满足实际要求、电路简单和采集精度高的带隔离型多路数据采集系统。有关这个方面的研发工作一直备受 PEE 设备的关注。

因此，为了保证信号间的有效传输，减少信号在传输过程中出现失真或干扰等不利影响，通常选用信号隔离技术。信号隔离就是需要将输入单路（多路）电压（或电流）信号，利用信号隔离器件变送输出原来输入前的信号，切断了信号输入、输出以及电源之间的电气干扰。信号隔离器是一种输入、输出设备，它接收输入信号，转化成一种与输入成一定线性关系的输出信号，然后传送给上位机或者其他通信设备。信号隔离器通常是利用光电隔离或电磁隔离方式，切断输入信号与输出信号之间的电气连接途径，从而实现信号间的电气隔离，同时也不会影响信号的可靠传输。且在实际工程实践中，常常还要在隔离技术中增加信号的运算、分配和滤波等调理功能。

2. 信号隔离技术

图 1-14a 所示为电机调速系统的典型拓扑，需要获取：

1）直流母线的电压 V_{DC}、电流 I_{DC}；

2）输出交流电压 V_U、V_V、V_W，电流 I_V、I_W；

3）位置（速度）；

4）冷板温度。

图 1-14b 所示为应用于电机调速系统中的多路信号调理电路的原理框图，它采用多个 A/D 转换器同步并行采集，即一路信号采用一个 A/D 转换器进行采集，然后将采集的数字量通过数字量隔离芯片传送给 CPU 模块（或多 CPU 协调系统）。该方案可以实现多个 A/D 转换器同步并行且隔离采集，但需要多个 A/D 转换器和多个独立电源供电才可以达到隔离的效果，成本较高且尺寸较大。

图 1-14b 所示的信号调理电路，它是将信号感知部分产生的电信号或电流信号进行信号调理放大以及由电阻电容组合滤波处理。信号调理放大电路，可以选择精密运放组成，如可以选择单电源（3~30V）、轨到轨、低功耗、FET 输入的运算放大器 AD824 进行信号调理处理。通过调理电路处理，信号可以达到 A/D 转换器采集电压的工作范围。作为信号转换部分的 A/D 转换器，是整个工作过程快慢的决定性环节，是由后续核心控制（CPU 模块）部分发送相应的控制时钟进行的，所以 A/D 转换器的采样速率和精度与后端核心控制单元密切相关。

当然，如果考虑到数据采集系统的体积和成本因素，可以采用多通道切换的设计思路。多路信号在隔离采集时，各个通道的选择可以采用电子开关（模拟开关）对它们依序进行切换。信号从模拟开关出来后，经过隔离芯片进行模拟量隔离，再传递给 A/D 转换器进行离散化处理，整个测试系统的原理框图如图 1-15 所示。

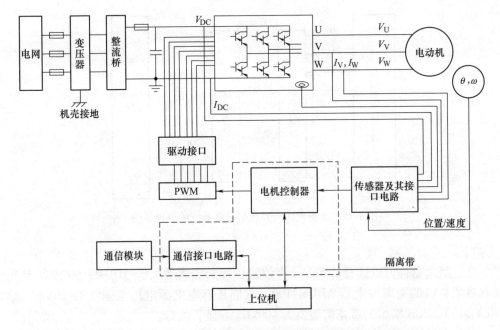

a) 电机调速系统的典型拓扑图

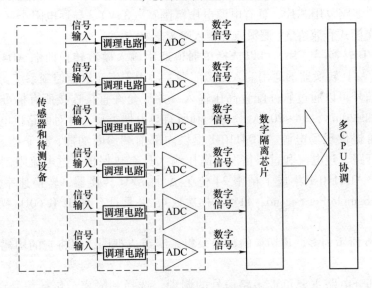

b) 多路信号调理电路的原理框图

图 1-14　应用于电机调速系统中的数据采集系统的原理示意图

信号调理部分包括信号的调理、多通道切换以及模拟信号隔离等。可以采用一个公共的差分 A/D 转换器，信号采集时使单路信号的正负端同时切换，在 A/D 转换器的前端可以采用多通道切换芯片进行通道选择。现将关键性器件的选择简

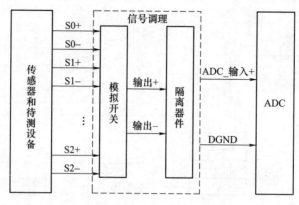

图 1-15　多通道切换的数据采集系统的原理框图

述如下：

1) 隔离器件可以选择 2.5kV（有效值）级的隔离放大器 ADUM3190 或者 5kV（有效值）级的隔离放大器 ADUM4190，它们具有宽电源电压范围（3~20V（V_{DD1} 和 V_{DD2}））、3dB 输出的带宽典型值为 400kHz 等显著优势。

2) 多通道切换芯片，可以选择 ADG1206，它是低电容、16 通道和 ±15V/12V 的 iCMOS™ 多路复用芯片，具有电源电压范围宽（33V）、导通电阻小（≤120Ω）、轨到轨工作模式和兼容 3V 逻辑兼容输入等显著特点。

3) A/D 转换器芯片，可以选择单通道通用输入模数转换前端 AD4110-1，它内置 24 位 A/D 转换器的通用输入模拟前端，适用于工业过程控制系统。它针对电流或电压信号可以通过软件配置高压输入，并且允许直接连接所有标准工业模拟信号源，如 ±20mA、±4~20mA、±10V 和所有热电偶类型。针对回路供电的电流输出传感器可提供现场电源。AD4110-1 提供内部前端诊断功能，用于指示过电压、欠电压、开路、过电流和过温情况。高压输入具有热保护、过电流限制和过电压保护功能。AD4110-1 集成了精密 24 位 Σ-Δ 的 A/D 转换器，转换速率为 5SPS~125kSPS（Sample Per Second，每秒采样次数），并且具有 50Hz 和 60Hz 噪声同时抑制的特性。

图 1-16 所示为多通道切换的数据采集系统组成框图，现将它的构建方法简述如下。

模拟部分电路主要负责多路信号的调理、选择和隔离，包括信号调理电路、模拟开关和隔离运放。数字部分电路主要包括 A/D 转换器、CPU 模块和数字信号处理等，用于完成模拟信号的离散化、数据运算处理和协调系统动作等工作。供电部分包括两个隔离型 DC/DC 和 EMI 滤波模块，DC/DC_1 模块为隔离前端电路系统的供电电源，DC/DC_2 模块为隔离后端电路系统工作的供电电源。多路模拟信号经过输入保护及信号调理模块后进入多路选择器，经过一个模拟信号隔离运放后传送到高速 A/D 转换器完成单路模拟信号的数字量化。CPU 模块经由高速 A/D 转

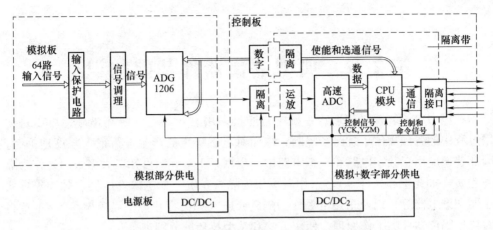

图 1-16　多通道切换的数据采集系统组成框图

换器的控制信号作用才能进行数据流的交互。虽然图 1-16 位并没有示意出来，为了读者方便理解，需要将高速 A/D 转换器的基本处理思路简单说明一下，即在高速 A/D 转换器量化后的数据进行数字滤波处理后，将该数据流回传给它的 FIFO 缓冲器输出，并经过串并转换编码模块后，才能进入 CPU 模块。在控制信号作用下，将储存于 CPU 模块中的数据通过接口电路从 CPU 模块中移出至输出端，经过通信接口电路输出至上位机。需要提醒的是，如果所选择的 CPU 内置有 A/D 转换器，且它的运算速度和精度都可以满足要求时，就可以省掉外置的 A/D 转换器。

第 2 章　典型隔离器件基础知识

在电力电子装置（PEE）系统中，通过采用有效的电气隔离措施，可以将使用过程中的各项噪声干扰路径隔断，继而对电磁噪声的产生进行最大限度地抑制，因此普遍应用于数字电路和模拟电路中。根据第 1 章介绍可知，大多采用光作为隔离介质（如光耦和光纤等）、采用磁场作为隔离介质（如电源变压器、脉冲隔离变压器和继电器等）以及采用电场作为隔离介质（如电容和势垒隔离栅等）。本章将对典型隔离器件的工作原理、使用方法和选型技巧等分别进行介绍。

2.1　光耦隔离技术

2.1.1　基本原理

在隔离方面，光电耦合器（以下简称光耦）可谓是我们最为熟知的隔离器件，比如 6N137，它在高速数字隔离方面运用广泛。

对于二极管型光耦，其原理如图 2-1a 所示，经由发光二极管和光电二极管组装在一起，它通过光线实现耦合构成电→光、光→电的变换器件。当电信号送入光耦的输入端时，发光二极管通过电流而发光，光敏器件受到光照后产生电流，光电二极管导通；当输入端无信号，发光二极管不亮，光电二极管截止。对于数字量而言，当输入为低电平"0"且发光二极管不亮时，光电二极管截止，输出端为开路状态；当输入为高电平"1"且发光二极管发光时，光电二极管导通，输出端为短路状态。

对于晶体管型光耦，如图 2-1b 所示，是把发光器件（如发光二极管）和光敏器件（如光电晶体管）组装在一起，它通过光线实现耦合构成电→光、光→电的变换器件。当电信号送入光耦的输入端时，发光二极管通过电流而发光，光敏器件受到光照后产生电流，光电晶体管的集射极（C、E）导通；当输入端无信号，发光二极管不亮，光电晶体管截止，集射极不通。对于数字量，当输入为低电平"0"且发光二极管不亮时，光电晶体管截止，输出为高电平"1"；当输入为高电平"1"且发光二极管发光时，光电晶体管饱和导通，输出为低电平"0"。若基极有引出线则可满足温度补偿、检测调制等要求，这种光耦的性能较好，价格便宜，因此应用非常广泛。

目前，大多数光耦器件的隔离电压都在 2.5kV（有效值）以上，有些器件高达 8kV（有效值）。当前市面上既有高压大电流的大功率光耦，又有高速高频光耦

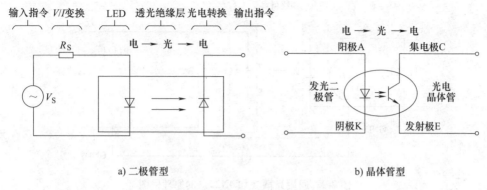

a) 二极管型　　　　　　　　　　　　　　　b) 晶体管型

图 2-1　光耦的原理示意图

（频率高达 10MHz）。常用的光耦有 4N25 和 6N137，其中，4N25 的隔离电压为 5.3kV（有效值）；6N137 的隔离电压为 3kV（有效值），它们的工作频率均在 10MHz 以上。

现将光耦器件的一般属性总结如下：

1）结构特点。输入侧一般采用发光二极管，输出侧采用光电晶体管、集成电路等多种形式，对信号实施电-光-电的变换与传输。

2）输入、输出侧之间有光的传输，而无电的直接联系。输入信号的有无和强弱控制了发光二极管的发光强度，而输出侧接收光信号激励，根据感光强度，输出电压或电流信号。

3）输入、输出侧有较高的电气隔离度，隔离电压一般达 2.5kV（有效值）以上。能对交、直流信号进行传输，输出侧有一定的电流输出能力，有的可直接拖动小型继电器。线性光耦器件能对 mV 级甚至 μV 级的交、直流信号进行线性隔离传输和放大处理。

4）因光耦的结构特性，输入、输出侧需要相互隔离且独立供电电源，即需两路无"共地"点的供电电源。

2.1.2　关键性参数

我们以 6 脚通用光耦 4N25 为例，如图 2-2 所示，一次电阻 R_L 为限流电阻，二次电阻 R_L 为上拉电阻，I_F、I_O 分别表示流过一次侧和二次侧的电流，V_S、V_{CC} 分别表示一次侧和二次侧的电源，V_{cm} 表示一次侧与二次侧地线之间的共模电压。

为方便读者选择光耦器件，现将它们的关键性参数及其含义总结如下：

（1）CTR（电流传输比）：光耦在规定的偏压下，输出电流 I_O 与输入电流 I_F 之比。

（2）I_{CEO}（集电极暗电流）：在标定的集电极电压、负载电阻和温度条件下，在暗环境中所测得的通过集电极的最大电流。

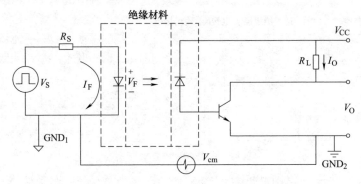

图 2-2 通用光耦（如 4N25）的原理框图

（3）I_{FT}（输入触发电流）：触发所耦合的晶闸管达到起动而必需的发射器电流。

（4）t_f（光电流下降时间）：在规定的集电极电压、负载电阻和环境温度条件下，将砷化镓（GaAs）脉冲光源移去之后，光感生电流从响应曲线 90% 点下降到 10% 点的响应时间。

（5）t_r（光电流上升时间）：在规定的集电极电压、负载电阻及环境温度条件下，在一定的砷化镓脉冲光源变化时，光感生电流从响应曲线的 10% 点上升到 90% 点的响应时间。

（6）t_{on}、t_{off} 分别叫作光电流导通时间和光电流截止时间。

（7）I_F（Forward Current，正向电流）：能够允许的发光二极管正向电流（连续）最大值。当正常工作的发光二极管的电流不超过该值时，一般在 25℃ 时，不会因为功耗而损坏。如 TLP521-1 的 I_F 最大值为 70mA。

（8）V_F（Forward Voltage，正向电压）：在标定的发光二极管电流和环境温度下，跨接在二极管两端的最大正向压降。V_F 和 I_F 构成发光二极管的功耗。一般温度一定时，I_F 越大，V_F 越大；I_F 一定时，温度越高，V_F 越低。

（9）V_{ISO}（Isolation Voltage，或 BV_S，隔离冲击电压）：在规定的条件和时间下，输入端与输出端之间可以承受的交流电压最大值，它表征光耦绝缘介质的耐压能力。一般情况下，只在有限的测试时间内（如 1min）才有保证。

（10）V_R（Reverse Voltage，反电压）：在标定温度条件下，能够承受加到器件上的最大 DC 反电压容许值，即发光二极管所能承受的最大反向电压。超过此电压，发光二极管会有突然增大的反向电流且无法发光，会导致光耦损坏。

（11）$V_{CE(sat)}$：在规定的正向电流和集电极电流值下，集电极与发射极之间的饱和压降。

（12）$V_{(BR)R}$（反向击穿电压）：在标定的发光二极管电流和环境温度下最小的反向直流击穿电压。

（13）V_{CEO}（集电极与发射极间电压）：在标定温度下，能够加到器件上的集电极与发射极间的最大电压容许值（基极开路）。

（14）$V_{(BR)CEO}$（集电极与发射极间击穿电压）：在标定的集电极电流和环境温度下，集电极与发射极之间的最小直流击穿电压（基极开路）。

（15）V_{TM}：在三端双向晶闸管输出的光耦中，在输出单元任何一个方向的通态峰值电压。

需要补充说明的是，光耦器件的绝缘耐压用以表征光耦保护相关电路及自身免受高压导致物理损坏的耐受能力。光耦损坏可能由于系统内的高压（比如电机尖峰电压）或者外来瞬时高压（比如雷电脉冲）。光耦的耐压能力主要是由输入输出器件间的绝缘材料和封装方法决定的。由于电气绝缘是确保安全的关键因素，因此，在不同地区和不同行业中，需要酌情选择该参数值。

另外，共模抑制比（CMR），是指在每微秒光耦能容许的最大共模电压上升或者下降速率，其单位为：$kV/\mu s$。这个参数在工业应用中至关重要，比如电机起动和制动过程中都会带来极大的共模噪声。在光耦内部，由于发光二极管和受光器之间的耦合电容很小（一般在2pF以内），所以共模输入电压通过极间耦合电容对输出电流的影响很小，因此共模抑制比都会很高。

读者需特别注意，对于光耦的电流传输比CTR，当作为输出管的工作电压为规定值时，即为输出电流和发光二极管的正向电流之比，通常用直流电流传输比来表示。当输出电压保持恒定时，它等于直流输出电流I_0和直流输入电流I_F的百分比。电流变换比有一定的范围，它与发光二极管驱动电流I_F、环境温度和输出型式都有关系，并且会随着使用时间的增加而有所衰减。举例说明：

1）采用一只光电晶体管，CTR的范围为20%~300%，如PC817就为80%~160%。

2）采用达林顿型光耦器，如4N30，CTR的范围为100%~5000%。

当然，在使用光耦时，还需要关注发光二极管驱动电流I_F及正向压降V_F的问题。采用高效率的发光二极管和高增益的接收放大电路，都可以降低驱动电流I_F的需求。较小的I_F可以降低发光二极管的功耗，并降低发光二极管的衰减（延长它的寿命），从而提高隔离系统的可靠性。发光二极管正向压降V_F，大于普通二极管的正向压降，大约为2V。

表2-1所示为几种典型光耦的驱动电流I_F值。

表2-1　几种典型光耦驱动电流 I_F 值

型号	I_F/mA（推荐值）	型号	I_F/mA（推荐值）	型号	I_F/mA（推荐值）
6N135/6 系列	5~16	6N137 系列	5~10	6N138/9 系列	1.6~10
HCPL-2530	5~16	HCPL-2531	5~16	HCPL-0530	5~16
HCPL-4503 系列	5~16	HCPL-4504 系列	5~16	HCPL-4506 系列	10~20
HCPL-261A/N 系列	3~10	HCPL-4701 系列	0.04~5	6N139 系列	0.5~10
HCPL-263A/N 系列	3~10	TLP152	10~15	TLP620	10~25

2.1.3　光耦典型拓扑及其选型方法

市面上常用的光耦包括以下几个主要类别：

1）通用型，如：PS2801-1、PS2801-4、TLP291-4 和 PC817 等。

2）数字逻辑输出型（高速、带输出控制脚），如：6N137 及其变种 HCPL-06XX 系列（如：HCPL-0600、HCPL-0601、HCPL-0611、HCPL-0630、HCPL-0631 和 CPL0661）等。

3）达林顿输出型，如：4N30、4N33 等。

4）推挽输出型（MOSFET、IGBT 驱动专用），如：TLP250、HCPL-316J、HCPL-3120 和 TLP5214A 等。

1. 典型拓扑

光耦具有多种不同的拓扑和封装形式，为了方便读者了解，现将它们分别进行介绍。

（1）图 2-3 所示为 4 脚封装的典型光耦，其中

1）图 2-3a 为晶体管输出型光耦（如 TLP521-1、ISP321-1、ISP621-1、ISP624-1、PS2501-1、SFH615A-1、SFH617A-1、SFH618-2、TIL191、TLP321、TLP421、TLP621、TLP624、LTV817、PC817、PS2701-1、TLP121）的 4 脚封装 1。

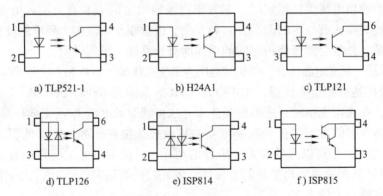

a) TLP521-1　　　　b) H24A1　　　　c) TLP121

d) TLP126　　　　e) ISP814　　　　f) ISP815

图 2-3　具有 4 脚的典型光耦拓扑及其封装

2）图 2-3b 为晶体管输出型光耦（如 H24A1～H24A4、IS357）的 4 脚封装 2。

3）图 2-3c 为晶体管输出型光耦（如 TLP121、TLP181）的 4 脚封装 3。

4）图 2-3d 为晶体管输出型光耦（如 TLP126）的 4 脚封装 4。

5）图 2-3e 为交流信号输入、晶体管输出型光耦（如 ISP620-1、ISP814、PS2505-1、SFH620A-1、SFH628-2、TIL194、TLP620、PC354、PS2705-1）的 4 脚封装。

6）图 2-3f 为达林顿管输出型光耦（如 ISP815、PS2502-1、TIL197、PC355NT、PS2702-1）的 4 脚封装。

（2）图 2-4 所示为 6 脚封装的典型光耦，其中：

1）图 2-4a 为晶体管输出类（如 4N25、4N26、4N27、4N28、4N35、4N36、4N37、H11A1、H11A2、H11A3、H11A4、H11A5、CNX62A、CNX72A、CNX82A、CNY17-1、CNY17-2、CNY17-3、CNY17-4、H11AV1、H11AV2、H11AV3、H11D1 ~ H11D4、IL2、IS201 ~ IS205）的 6 脚封装。

2）图 2-4b 为达林顿管输出类（如 4N29、4N30、4N31、4N32、4N33、H11B1、H11B2、H11B3）的 6 脚封装 1。

3）图 2-4c 为达林顿管输出型 6 脚光耦（如 H11G1、H11G2、H11G3、IS4N45、IS4N46、IS700）的 6 脚封装 2。

4）图 2-4d 为交流输入、晶体管输出型 6 脚光耦（如 H11AA1、H11AA2、H11AA3、H11AA4、CNY35、IS604）的 6 脚封装。

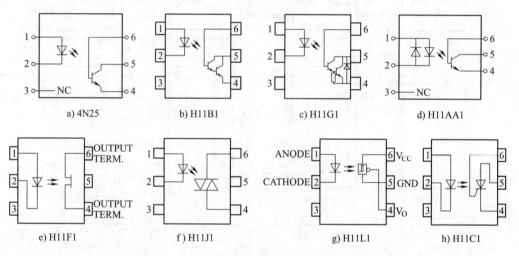

图 2-4　具有 6 脚的典型光耦拓扑及其封装

5）图 2-4e 为场效应晶体管对称输出型 6 脚光耦（如 H11F1 ~ H11F3、IS610、IS611）的 6 脚封装。

6）图 2-4f 为双向晶闸管非过零型 6 脚光耦（如 H11J1 ~ H11J5、IS6003、IS6005、IS6010、IS6015、IS6030、IS607、IS608）的 6 脚封装；也涉及如MOC3031M、MOC3032M 和 MOC3033M 等具有过零点触发的双向晶闸管型光耦。

7）图 2-4g 为施密特触发器输出型 6 脚光耦（如 H11L1 ~ H11L4、IS609）的 6脚封装。

8）图 2-4h 为单向晶闸管输出类（如 4N40、H11C1 ~ H11C6）的 6 脚封装。

（3）图 2-5 所示为 8 脚封装的典型光耦，其中：

1）图 2-5a 为晶体管输出类单通道光耦（如 6N135、6N136、HCPL-2503、HC-PL-4502）的 8 脚封装 1。

2）图 2-5b 为晶体管输出类双通道光耦（如 HCPL-2530、HCPL-2531）的 8 脚封装。

3）图 2-5c 为逻辑器件与晶体管混成输出兼容 TTL 的单通道光耦（如 HCPL-2601、HCPL-2611）的 8 脚封装。

4）图 2-5d 为逻辑器件与晶体管混成输出且兼容 TTL 的双通道光耦（如 HCPL-2601、HCPL-2630、HCPL-2631）的 8 脚封装。

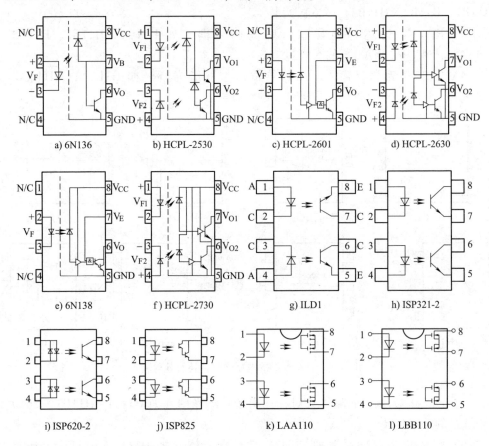

a) 6N136　　b) HCPL-2530　　c) HCPL-2601　　d) HCPL-2630

e) 6N138　　f) HCPL-2730　　g) ILD1　　h) ISP321-2

i) ISP620-2　　j) ISP825　　k) LAA110　　l) LBB110

图 2-5　具有 8 脚的典型光耦拓扑及其封装

5）图 2-5e 为达林顿管输出的单通道光耦（如 6N138、6N139）的 8 脚封装。

6）图 2-5f 为达林顿管输出的双通道光耦（如 HCPL-2730、HCPL-2731）的 8 脚封装。

7）图 2-5g 为晶体管输出双通道光耦（如 ILD1、ILD2、ILD5、ISD201、ISD202、ISD203、ISD204、ISD5、ISD74、MCT6、MCT61、MCT62、MCT66、PC829）高密度的 8 脚封装 1。

8）图 2-5h 为晶体管输出双通道光耦（如 ISP321-2、ISP827、ISP624-2、ISP621-

2、ISP521-2、ISP827、PS2501-2、TIL192、TLP321-2、TLP521-2、TLP621-2、TLP624-2）高密度的 8 脚封装 2。

9）图 2-5i 为交流信号输入且双通道晶体管输出光耦（如 ISP620-2、ISP824、PS2505-2、TIL195、TLP620-2）的 8 脚封装。

10）图 2-5j 为达林顿管输出的双通道光耦（如 ISP825、PS2502-2、TIL195、PS2702-2）的 8 脚封装。

10）图 2-5k 为双通道常开对称 N-MOS 晶体管输出光耦（如 LAA110）的 8 脚封装。

11）图 2-5l 为双通道常开对称 P-MOS 晶体管输出光耦（如 LBB110）的 8 脚封装。

（4）图 2-6 所示为 16 脚封装的典型光耦，其中：

1）图 2-6a 为晶体管输出类四通道光耦（如 ILQ1、ILQ2、ILQ5、ISQ201、ISQ202、ISQ203、ISQ204、ISQ5、ISQ74、PC849）的 16 脚封装 1。

2）图 2-6b 为晶体管输出类四通道光耦（如 ISP321-4、ISP521-4、PS2501-4、TIL193、TLP321-4、TLP521-4、TLP621-4、TLP624-4）的 16 脚封装 2。

3）图 2-6c 为交流信号输入且四通道晶体管输出光耦（如 ISP620-4、ISP621-4、ISP844、PS2505-4、TLP620-4、ISP847、TIL196）的 16 脚封装。

4）图 2-6d 为达林顿管输出的四通道光耦（如 ISP845、PS2502-4、PS2702-4、TIL199）的 16 脚封装。

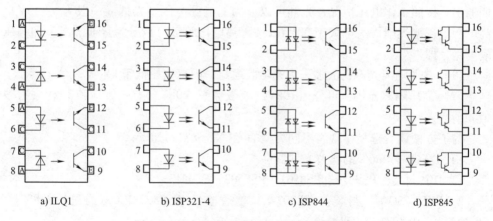

a) ILQ1　　　　b) ISP321-4　　　　c) ISP844　　　　d) ISP845

图 2-6　具有 16 脚的典型光耦拓扑及其封装

2. 选型方法

根据前面的分析得知，如果按照光耦的输出特性来看，光耦可以分为非线性光耦和线性光耦，其中：

（1）非线性光耦：适合开关（数字量）信号的传输，不适合模拟量传输。

（2）线性光耦：电流传输特性曲线接近直线，且小信号性能较好，如 HCPL-

7800、HCPL-7840。

光耦的速度单位为 Mbit/s，通常标识为 MBd，1MBd＝1Mbit/s。根据速度可以将光耦分为以下几种：

1）低速型号。10kbit/s 及以下；

2）中速型号。100k～1Mbit/s；

3）高速型号。1Mbit/s 以上。

根据光耦的特性与类别，主要应用于隔离控制与隔离驱动电路中，具体如下：

（1）隔离控制电路主要涉及的器件有：串行数字总线隔离，如使用 6N137 可以实现 SPI、UART 等隔离，如需要还可以增加晶体管；普通 I/O 数字信号隔离，如使用 PC817 实现测量板与主控板间普通 I/O 信号的隔离。

（2）隔离驱动电路，是指使用光耦器件实现隔离和驱动（如驱动继电器、发光体和功率开关管等）的硬件电路，如使用 4N33 实现主控板与继电器（开关量）板的隔离以及继电器的驱动。

在通信应用中，对于相对较低的数据速率如：125kbit/s、250kbit/s 和 500kbit/s，对传播延迟要求小于 40ns；CAN 总线规定了 125kbit/s 低速和 1Mbit/s 高速数据速率，但对传播延时没有严格的要求；Profibus 发送数据则要求在 12Mbit/s 以内，并规定了隔离器、收发器和连接本身的总时延。

如前所述，根据封装来看，光耦可以分为双列直插型、TO 封装型、扁平封装型、贴片封装型和光纤传输型等；根据通道数，光耦可以分为单通道、双通道和四通道。按照工作电压情况，光耦可以分为低电源电压型光耦（一般为 5～15V）、高电源电压型光耦（一般大于 30V）；按隔离电压等级可以分为普通隔离型和高压隔离型，即

（1）普通隔离光耦：大多采用光学胶灌封，隔离电压低于 kV 级；

（2）高压隔离光耦：可分为 10kV（有效值）、20kV（有效值）和 30kV（有效值）等。

为了方便读者选型，现将不同类型的光耦简单罗列如下：

（1）高速 1Mbit/s 的典型光耦器件

1）DIP 封装：PS9613、PS8501、PS8502、PS9513；

2）SOP（SO-8）封装：PS8802-1（单通道）、PS8802-2（双通道）PS8821-1（单通道）、PS8821-2（双通道）。

（2）超高速 10Mbit/s 的典型光耦器件

1）DIP 封装：PS9617、PS9587；

2）SOP（SO-8）封装：PS9817A-1（单通道）、PS9817A-2（双通道）PS9821-1（单通道）、PS9821-2（双通道）。

（3）超高速 15Mbit/s 的典型光耦器件

SOP（SO-8）封装：PS9851-1（单通道）、PS9851-2（双通道）。

（4）IGBT、MOSFET 驱动用典型光耦器件：

HCPL-3120、HCPL-316J、FOD3120、FOD3150、FOD3180、TLP700、TLP701、TLP701F、TLP702、TLP702F、TLP705、TLP705F、TLP706、TLP706F、TLP250、TLP251、TLP350、TLP351、TLP557、PS9552、PS9552L1、PS9552L2、PS9552L3、ACPL-331J、ACPL-332J、PS9613、PS9513、PS9113、PS9213、TLP102、TLP559。

（5）通用典型光耦器件

TLP280、TLP620、TLP281-4、TLP320、TLP628、TLP629、TLP330、TLP124、TLP126、TLP137、TLP624、TLP626、TLP331、TLP332、TLP531、TLP532、TLP630、TLP631、TLP632、TLP731、TLP320-2、TLP620-2、TLP626-2、TLP521-4、TLP621-4、TLP624-4、TLP628-4、TLP629-4、TLP320-4、TLP620-4、TLP570、TLP571、TLP572。

在电力电子装置中，光耦已广泛用于电气绝缘、电平变换、级间耦合、驱动电路、开关电路、斩波器、多谐振荡器、信号隔离、级间隔离、脉冲放大电路、数字仪表、远距离信号传输、脉冲放大、固态继电器（SSR）、仪器仪表、通信设备及计算机接口中。

图 2-7 所示为应用于电力电子装置的光耦隔离技术的典型框图。

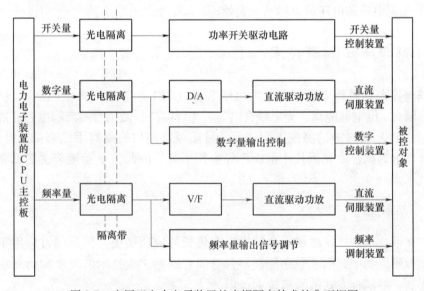

图 2-7　应用于电力电子装置的光耦隔离技术的典型框图

现将电力电子装置中经常用到的光耦器件及其用途总结如下：

1）常规速度的光耦，常用于控制指令的输入、输出隔离回路，也用于部分反馈状态的隔离回路，即用于开关量信号的隔离与传输。该类光耦结构最为简单，输入侧为发光二极管，如 HCPL-4701/-4731/-070A/-073A、FOD8480、4N29M、

4N30M、4N33VM 和 TLP785F。

2）高速光耦，输入侧发光二极管采用了延迟效应低微的新型发光材料，输出侧由门电路和肖基特晶体管构成，使工作性能大为提高。其频率响应速度要比晶体管型光耦高些，在故障检测、触发脉冲的隔离回路中经常得到应用，如 ACPL-M61M-000E、TLP2748、TLPN137、HCNW2611-300E、HCPL-0600-560E、HCPL-2601-020E、ACPL-061L-060E、HCPL0601V、HCNW137-000E、6N137、VO2601、VO2611、VO2630、VO2631 和 VO4661 等。

3）应用于 IGBT、MOSFET 驱动回路中的光耦，驱动能力较大（一般为1000mA 级别）、速度较快，也有些型号还具有状态反馈端子，如：HCPL-3140-000E、HCPL-J314-000E、HCPL-3180-300E、HCPL-3120、HCPL-316J、IX3120GS、FOD3180、FOD3125S 和 TLP351 等。

4）线性光耦，如 HCPL-7800、ACPL-C87B、ACPL-C87A、ACPL-C870 和ACPL-782T-300E 等，在电路中主要用于对 mV 级甚至更微弱的模拟信号进行线性传输，往往用于：

① 输入电流和电压的采样与放大处理；

② DC-LINK 回路直流电压和电流的采样与放大处理；

③ 输出电流和电压的采样与放大处理。

2.2 磁变压器隔离技术

隔离技术发展到今天，在电力电子装置（PEE）应用的典型隔离手段包括：变压器隔离、继电器隔离、光电耦合隔离、光纤隔离、磁耦合隔离和电容式隔离等方法。从 PEE 系统中的测控方面来看，目前经常使用的隔离手段有：光电耦合、磁耦合和电容耦合。光耦技术前面已经有所了解，因此，下面接着讲述磁和电容隔离技术。

2.2.1 基本原理

与光耦技术一样，磁场耦合技术也有较长的应用历史，但是通常应用于电源或者模拟隔离器中，而非数字隔离器件。随着制造工业技术的进步和研发水平的不断提高，磁耦合方式的隔离技术（以下简称磁变压器隔离）得到了迅猛发展和广泛应用。

磁变压器式隔离器采用平面结构，如图 2-8 所示，它是利用电磁感应原理，把需要传输的变化信号加在变压器的一次绕组，该信号在一次绕组中产生

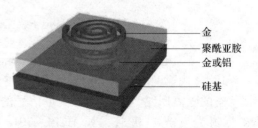

图 2-8 磁变压器式隔离器的原理示意图

变化的磁场，变化的磁场使二次绕组的磁通量发生变化，从而在二次侧感应出与一次绕组激励信号相关的变化信号输出，在整个信号的传输过程中，一次侧与二次侧之间没有发生电连接，从而达到隔离一次侧与二次侧的目的。磁变压器式隔离器根据对信号编解码的不同，主要有脉冲调制变压器隔离器（如 ADI 公司）和巨磁电阻隔离器（如 NVE 公司和安华高公司）。基于脉冲调制变压器的隔离器的基本原理，本节以 ADI 公司为例进行分析。

现将磁变压器式隔离器的工作原理简述如下：

1）如图 2-8 所示，在晶圆钝化层上使用 CMOS 金属和金构成。金层下有一个高击穿的聚酰亚胺层，将顶部的变压器绕组与底部的绕组隔离开来。连接顶部绕组和底部绕组（即为一次和二次绕组）的 CMOS 电路为每个变压器及其外部信号之间提供接口。晶片级信号处理提供了一种在单颗芯片中集成多个隔离通道以及其他半导体功能的低成本的方法。磁变压器隔离技术消除了与光电耦合器相关的不确定的电流传送比率、非线性传送特性以及随时间和温度漂移的问题，功耗降低了 90%，并且无须外部驱动器或分立器件。磁变压器隔离的顶部绕组采用金材料制成，底部绕组采用铝或金材料制成。磁变压器式隔离器是空心变压器，没有磁心。为了实现紧密互耦，将顶部绕组和底部绕组直接堆叠，空隙仅为 $20\mu m$，这使得耦合系数大于 0.8。

2）如图 2-9a 所示，ADI 公司的 iCoupler 数字隔离器使用传送到给定变压器一次侧的脉冲，对输入逻辑跳变进行编码，这些脉冲从变压器一次绕组耦合到二次绕组，并且由二次侧电路检测。然后，该电路在输出端重新恢复成输入数字信号。此外，输入端还包含一个刷新电路，保证即使在没有输入跳变的情况下，输出状态也与输入状态保持匹配。

如图 2-9b 所示，即为一种数据传输方法，它是将上升沿和下降沿编码为双脉冲或单脉冲，用以驱动变压器，这些脉冲在二次侧解码为上升沿或下降沿。这种方法的功耗比光电耦合器低 10~100 倍，因为不像光电耦合器，电源无须连续提供给器件。另外，器件中可以包括刷新电路，以便定期更新直流电平。

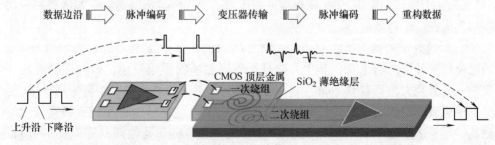

a) 耦合示意图

图 2-9　脉冲调制变压器隔离器原理图

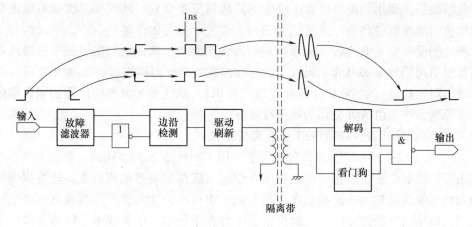

b) 脉冲传输的原理示意图

图 2-9　脉冲调制变压器隔离器原理图（续）

现将基于 iCoupler 技术的磁变压器式隔离器的技术特点总结如下：

（1）技术核心是发射与接收信号的芯片级平面变压器：iCoupler 的变压器完全由标准半导体制造工艺进行集成，磁耦由被聚酰亚胺层分开的两个绕组组成，聚酰亚胺层起到隔离阻障的作用。由于这种隔离器的目的是将输入和输出信号隔离开来，所以变压器一次侧电路与变压器二次侧电路必须在隔离的芯片上。变压器本身可以放置在任意芯片上，也可以放在第三个芯片上。由于采用金材料制作底部绕组与顶部绕组，并通过增加绕组绕线的直径降低阻抗，因此可以优化变压器，使其能跨越隔离阻碍传输能量，同时不会影响信号的隔离度。

（2）能够将发送和接收通道集成在同一个封装中：由于磁变压器式隔离器本身是双向的，所以只要将合适的电路放置在变压器的任意一边，信号就可以按照任意方向通过。根据这种工作方式，可采用多种收发通道配置来提供多通道隔离器。

（3）可用于隔离 DC/DC 变换器的变压器：允许将数据隔离和电源隔离两种功能都集成在一个封装内。

（4）抗外部磁场干扰能力极强：电磁耦合的主要缺点是对外部磁场（噪声）的磁化和受外部磁场干扰，其中，磁耦受外部磁场的影响较小，因为磁耦的尺寸极小，其直径大约只有 0.3mm。将一个频率为 1MHz 的电流置于距离磁耦 5mm 远处，要想破坏磁耦的性能，其电流必须达到 500A。这是一个频率较高强度较大的磁场，尽管采用磁耦的系统中包含了发电机、电动机和其他涉及强磁场的设备，但是目前还没有任何一个应用能达到甚至接近这么高的磁场。

（5）绝缘材料使用聚酰亚胺：磁变压器式隔离器件使用的聚酰亚胺涂层厚度为 20μm，介电击穿强度超过 400V/μm，这使得 iCoupler 隔离器能够在超过 8kV

（有效值）的瞬间交流电压条件下使用。由于积淀的聚酰亚胺薄膜没有空隙且不会受到电晕放电的影响，因此，基于 iCoupler 技术的隔离器还表现出良好的抗老化性能，可在连续的交流电压与直流电压下工作。

综上所述，基于 iCoupler 技术的隔离器具有如下显著优点：

（1）具有宽带宽特性：顶部与底部绕组的自激频率分别是 1GHz 与 400MHz，绕组之间的电容小于 0.3pF。高带宽与小电容使磁变压器隔离技术能够提供极高速度的数字隔离效果。

（2）磁隔离绕组具有低电感、高阻抗特性：每个绕组的电感大约是 110nH 级，顶部金绕组阻抗是 25Ω 级，底部铝绕组阻抗是 50Ω 级，这样的 L/R 比值使得低频信号无法直接通过。

（3）能传输直流和高频信号：由于采用编码电路通过变压器传输仅 1~2ns 宽的脉冲，而不管输入信号的频率，解码电路由这些 1~2ns 宽的脉冲重新恢复出输出信号。这种编码/解码方法，允许基于 iCoupler 技术的磁变压器隔离产品传输直流和高频信号。

（4）可以在低成本条件下，实现多通道及其他功能集成。

基于 iCoupler 技术的磁变压器隔离产品的功耗，仅为传统光耦的 1/10~1/60，速度最高可达 150MHz。可集成多个通道，且通道方向分布灵活。iCoupler 数字隔离器产品的最高隔离电压是 5kV（有效值），最高绝缘电压是 600V（有效值），最低瞬态共模抑制能力（CMI）是 25kV/μs，兼容 TTL/CMOS 电平，供电电压为 2.7~5.5V，最大驱动电流为 0.1A。

除了光耦隔离式数字隔离器和脉冲变压器式数字隔离器之外，还有基于电容的数字隔离器和基于半导体材料（如 SiO_2）隔离栅的数字隔离器。

几种典型数字隔离器件见表 2-2 所示。

表 2-2　几种典型数字隔离器件

器件型号	厂商	隔离介质	隔离通道	隔离电压（有效值）/kV	工作电压/V	输出电流/mA	封装
6N137	东芝	光电隔离	1	2.5	5	≤20	DIP-8
ADUM1200 ADUM1201	ADI	磁变压器式隔离器	2	2.5	2.7~5.5	≤35	SO-8
Si8410	SI	SiO_2 隔离栅	1	5	2.7~5.5	≤10	SO-8
Si8420 Si8421	SI	SiO_2 隔离栅	2	5	3.0~5.5	≤10	SO-8
Si8641 Si8642 Si8645	SI	SiO_2 隔离栅	4	5	2.5~5.5	≤10	SO-16

（续）

器件型号	厂商	隔离介质	隔离通道	隔离电压（有效值）/kV	工作电压/V	输出电流/mA	封装
ISO721 ISO721M ISO722 ISO722M	TI	电容隔离	1	2.5	3.15~5.5	≤4	SO-8
ISO7240CF ISO7240C ISO7240M ISO7241C ISO7241M ISO7242C ISO7242M	TI	电容隔离	4	2.5	3.15~5.5	≤4	SO-8

对比分析表 2-2 得知：

（1）性能方面：速度更高、瞬态共模抑制能力（CMI）更强（25kV/μs），时序精度高，通道间匹配程度均优于传统光耦，其额定隔离电压是高隔离度光耦的两倍，数据传输速率和时序精度是光耦的 10 倍。

（2）总成本方面：iCoupler 磁耦产品是用薄片加工技术制造的，集成度更高，最多一个芯片上可以集成 4 个通道，且多隔离通道能够有效地与其他半导体功能结合起来，采用了低成本、小体积的 SOIC 封装。因此，能够减少 40%~60% 的尺寸和成本。

（3）功耗方面：因为 iCoupler 磁耦产品不包含效率低的发光二极管和光电晶体管，它的功率只有光耦的 2%，最少只有 0.8mA，也因此减少了散热，改善了性能。

（4）使用方便性方面：所有的 iCoupler 磁耦产品都有标准的 CMOS 数字输入输出接口，没有外部组成部分需要通过其他数字设备连接到磁变压器中。此外，iCoupler 磁变压器产品的性能在温度、电压和整个寿命中是极稳定的。磁变压器因此能够被快速地应用到设计中而不需要复杂的光耦器件。当然，需要虑及它的电磁干扰及其处理方法，后面章节会进行介绍。

2.2.2 关键参数

一般情况下，选择磁变压器式隔离器件时，需要重点关注以下几个关键性参数：

（1）隔离电压（Isolation Voltage）：是一个短时间内系统抗共模电压的能力，指的是设备的输入与输出各自短接时所承受的电压值。通常根据 60Hz 的有效值（RMS）来衡量，是器件在 1min 内承受输入与终端输出之间高压的能力。一般隔离设备的隔离电压是 2.5kV（有效值），有的设备这个参数会达到 3.75kV（有效值）或者 5kV（有效值）。隔离电压不能衡量器件长时间承受安全电压的能力，而是通过绝缘电压来进行描述的。

（2）绝缘电压（Isolation Voltage）：定义了稳定工作状态下器件能够承受的一个长时间持续的最大电压，一般为 100~600V（有效值）。

（3）瞬态共模抑制能力（CMI）：衡量了当维持正确的信号传输的时候，输入和输出部分之间的瞬态共模影响。很多隔离器件对此参数没有相应的规定，有规定的范围一般为 5~25kV/μs。

（4）其他参数：

1）工作电流、输入信号电流和输出驱动电流。

2）传输延迟时间。

3）脉宽失真。即信号的输出脉冲宽度与输入脉冲宽度的差值。

4）传输速度。可以支持的最大信号数据传输速度。

5）工作电压范围。电源的工作电压范围。

6）工作温度。器件工作的温度范围。

以上的工作参数究竟哪个更重要，这要根据实际设计需求情况而定，往往有时在这个系统中重要的参数，反而在另一个系统中并不重要。还有其他的相对比较重要的工作情形：如随工作温度变化时器件功率的变化情况、输入信号的噪声、在直流输入情况或在掉电情况下的输出状态等。

现将磁变压器隔离与光耦隔离做如下对比，以加深理解：

（1）功耗：基于 iCoupler 技术的磁变压器隔离器件的功耗，仅为光耦的 1/10~1/60。

（2）速度：磁变压器隔离器件的工作速度更高，有些器件速度最高可达 150MHz。

（3）瞬态共模抑制能力（CMI）：磁变压器隔离器件更强，有些器件瞬态抗扰度可高达 25kV/μs。

（4）隔离电压等级：磁变压器隔离器件的额定隔离电压是高隔离度光耦的两倍。

（5）时序精度：在隔离电压等级、数据传输速率相同的情况下，磁变压器隔离器件是高时序精度光耦的 10 倍。

（6）总成本：磁变压器隔离器件采用薄片加工技术，其集成度更高，最多一个芯片上集成了 4 个通道，能够减少 40%~60% 的尺寸和成本，可以采用低成本、小体积的 SOIC 封装，每通道成本为传统高速光耦的 40%。

（7）功耗：磁变压器隔离器件不包含效率低的发光二极管和光电晶体管，工作电流最少仅为 0.8mA，功率只有光耦的 2% 左右。

2.3   机电隔离技术

2.3.1   概述

低压电器主要由配电电器（如开关、熔断器等）和控制电器（如接触器、继电器和起动器等）组成。在低压电器中，经常涉及机电隔离技术。所谓机电隔离技术，就是采用有触点的继电器来实现隔离的技术，即利用继电器线圈接收信号，机械触点发送信号。由于机械触点分断时，阻抗很大，电容很小，从而阻止了因电气性耦合而产生的电磁干扰信号传输。但是，继电器线圈的工作频率较低，不适用于工作频率较高的场合。另外，还存在继电器触点通断时的弹跳和火花干扰以及接触电阻等缺点，在工程实践中，需要通过认真分析和全面对比后权衡使用。

继电器（Relay）的专业概念：是一种电控制器件，当输入量或激励量（如电、光、磁和热等）满足某些规定条件时，能够在一个或多个电气输出电路中产生跃变（如接通或断开）的一种器件。简单来讲，继电器就是一个自动控制断续的元件（电子开关）。继电器具有控制系统（又称为输入回路或感应元件）和被控制系统（又称为输出回路或执行元件）之间的互动关系。通常应用于自动化控制电路中，它实际上是用小电流去控制大电流运作的一种"自动开关"，故在电路中起着自动调节、安全保护和变换电路等重要作用。

继电器可分为电气量（如电流、电压、频率和功率等）继电器和非电气量（如温度、压力和速度等）继电器两大类。继电器具有动作快（数 kHz 内）、工作稳定、使用寿命长和体积小等优点，被广泛应用于电力变换与保护、自动化操控、运动调控、远端遥控、自动测控以及远程通信等装置中。

2.3.2   基本原理

就经常使用到的电磁继电器、热敏干簧继电器、固态继电器（Solid State Relays，SSR）和磁簧继电器分别简述它们的工作原理。

1. 电磁继电器的工作原理和特性

电磁继电器一般由铁心、线圈、衔铁和触点簧片等组成。只要在线圈两端加上一定的电压，线圈中就会流过一定的电流，从而产生电磁效应，衔铁就会在电磁力吸引的作用下克服返回弹簧的拉力吸向铁心，从而带动衔铁的动触点与静触点（常开触点）吸合；当线圈断电后，电磁的吸力也随之消失，衔铁就会在弹簧的反作用力下返回原来的位置，使动触点与原来的静触点（常闭触点）吸合。这样吸合、释放，从而达到了在电路中的导通或切断的目的。对于继电器的"常开、常闭"触点，可以这样来区分：继电器线圈未通电时处于断开状态的静触点称为"常开触点"、继电器线圈未通电时处于接通状态的静触点称为"常闭触点"。

如图 2-10 所示，继电器由公共端（COM 端，图示"3"）、常闭触点（Normal Close，NC，图示"4"）和常开触点（Normal Open，NO，图示"5"）组成。图示"1"和"2"表示给继电器线圈通电的端子。

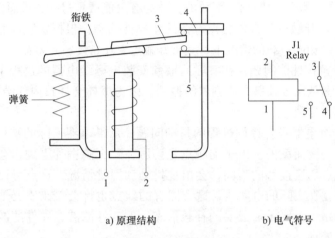

a) 原理结构　　　　　　　　　　　b) 电气符号

图 2-10　继电器结构示意图

现将电磁继电器使用时的注意事项总结如下：

（1）关于接触电阻的问题：电磁继电器的触点间的接触电阻一般都是 mΩ 级，容量小的电磁继电器一般不会大于 200mΩ，而大容量的电磁继电器则更小，一般不超过 20mΩ。对于使用环境通风不好的情况下，接触电阻当然要越小越好，因为热损耗少则有助于降低电磁继电器的温升。

（2）关于吸合释放电压问题：往往会被设计人员所忽略，吸合电压高好还是低好？其实很难说，不过读者可以通过做实际寿命测试得出结论。以某款 12V 的电磁继电器为例，实测吸合电压为 6.9~7.5V，继电器的寿命确实比其他范围的要好。但是这个结论并不适合任何一款 12V 的电磁继电器，所以，必须要高度重视这个吸合释放电压对电磁继电器实际寿命的影响问题。

（3）关于线圈两端的反电势问题：在给继电器线圈通电到断电的这一个动态过程中，线圈（俗称线包）会感应出一个反电动势，这可能会是一个干扰源，电路板布线与设计时要高度重视，必要时采取抑制措施，后面将会详细讲述。

（4）关于触点所带负载大小的问题：触点负载大小如果按照产品参数手册来使用是没有什么问题的，但是，在实际使用时，负载的类型可能会跟参数手册中不一致，所以要特别注意。大多数产品参数手册所规定的负载大小是按阻性负载计算的，不过，有些应用场合特别是电力电子装置中，经常会碰到感性或容性负载，因此就需要降额使用，以免继电器过早老化甚至损坏。

（5）关于触点并联使用的问题：在某些情况下，读者会想到用两个或多个相同继电器的相同触点并联来扩大整体容量，实际上，这样做是非常危险的。如果是电力电子开关器件，采取合理措施后并联使用是可以的，因为它们的开断时间大多是 ns 级或者 μs 级。但由于电磁继电器都有一个吸合释放时间且大多为 ms 级，与电力电子开关器件相差甚远。假如它们并联使用，有些继电器先吸合/释放，有些慢吸合/释放，那么，快吸合/释放的，就会有可能严重过载，进而损坏继电器。

（6）关于常开触点与常闭触点寿命的差异性问题：根据实践经验来看，同一个继电器，在带相同负载的情况下，其常开触点要比常闭触点寿命长。

（7）关于抗摔性能问题：在实际运输和安装电磁继电器的过程中，要注意不要让电磁继电器从高处掉落，或剧烈的振动，因为那样会导致内部结构出现越位，影响正常的工作参数。

（8）关于继电器吸合释放过程的抖动问题：从继电器实际的结构来看，触点的切换并不是一蹴而就的。由于动触点是铆压在一个磷铜片上的，会有一定的弹性，所以在触点切换接触的瞬间，会出现抖动和回跳情况，这点可以借助示波器来观察。所以，在实际的电路中，这个固有的缺点也许会带来不必要的干扰。因此，在二次回路中需要采取必要的补救措施，如软件滤波、硬件滤波或者两者相结合进行滤波处理。

2. 热敏干簧继电器的工作原理和特性

热敏干簧继电器（简称热继电器）是一种利用热敏磁性材料检测和控制温度的新型热敏开关。它由感温磁环、恒磁环、干簧管、导热安装片和塑料衬底及其他一些附件组成。热敏干簧继电器不用线圈励磁，而由恒磁环产生的磁力驱动开关动作。恒磁环能否向干簧管提供磁力是由感温磁环的温控特性决定的。

热继电器和热敏开关是存在区别的。热敏开关就是利用双金属片各组元层的热膨胀系数不同，当温度变化时，主动层的形变要大于被动层的形变，从而使双金属片整体朝向被动层一侧弯曲，它是利用这种复合材料的曲率发生变化从而产生形变的这个特性，来实现电流通断的一种装置。如开水煲的温控开关和荧光灯的辉光启动器就是典型的应用例子。

现将热继电器使用时的注意事项总结如下：

（1）复位方式：热继电器一般有手动复位和自动复位两种方式，在实际应用中，要根据具体情况灵活选取。从控制电路的情况而言，采用按钮控制的手动起动和停止的控制电路，热继电器可以设为自动复位形式；采用自动元件控制的自动起动电路，可将热继电器设为手动复位方式。对于重要设备和电动机过载可能性比较大的设备，在热继电器动作后，需检查电动机与拖动设备，为了防止热继电器自动复位，建议采用手动复位方式。

（2）热继电器电流的整定：对于星/三角控制运行设备，根据接线不同，有两种情况，如图 2-11 所示的热继电器 FR 的接线图。热继电器 FR 的整定值与被保护电动机额定电流值基本相等。图 2-11 中流过热继电器的电流是相电流，对于三角形接法的电动机，线电流（即额定电流值）是相电流的 $\sqrt{3}$ 倍，所以热继电器的整

定值应为电动机额定电流的 $1/\sqrt{3}$ 倍，约
等于 0.58 倍。

3. 固态继电器的工作原理和特性

固态继电器（SSR）是一种两个接
线端为输入端，另外两个接线端为输出
端的四端器件，中间采用隔离器件实现
输入输出的电气隔离。固态继电器按负
载电源类型的不同，可以分为交流型和
直流型两种；按开关型式可分为常开型
和常闭型；按隔离型式可分为混合型、
变压器隔离型和光电隔离型，尤以光电
隔离型为最多。固态继电器由光电耦合
接口电路、触发电路和开关电路等部分
组成。

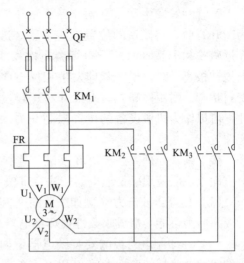

图 2-11 热继电器接线示意图

现将使用固态继电器的注意事项列举如下：

1）选择产品时，应根据负载的性质不同，在电流档次上留有不同的裕量，即
阻性负载时，可按 2~3 倍负载电流选取；感性或容性负载时，可按 3~5 倍负载电
流选取。

2）根据负载电流与环境温度的关系，当环境温度较高或散热条件欠佳时，应
增加电流容量。为防止使用时负载短路，要求在负载回路中串接与其相应的快速
断路开关或快速熔断器。

3）在接感性负载时，应在输出端并接压敏电阻，以防过电压时损坏晶闸管。
压敏电阻（MOV）的选配方法：240V 时选择 430~470V 档；440V 时选择 680~
750V 档；660V 时选择 1100~1200V 档。为稳妥起见，应适当地留有裕量。

4）在安装时，要求散热器与本产品接触面之间必须平整、光洁，并在其表面
均匀涂上一层导热硅脂，再将套上平垫圈、弹簧垫圈的螺钉对称拧紧、加固。

5）当固态继电器首次工作停机后，应趁其尚有余温再紧固一下固定螺钉，以
使固态继电器底板和散热器表面能够紧密接触，达到充分散热的目的。

6）不同型号固态继电器的标称电流是在环境温度为 40℃ 时的标称电流，所
以，在设计散热措施时，需要考虑全面且充分。

4. 磁簧继电器的工作原理和特性

磁簧继电器是以线圈产生磁场将磁簧管做动作的继电器，为一种线圈传感装
置，由永久磁铁和干簧管组成，其中，永久磁铁和干簧管固定在一个不导磁也不
带有磁性的支架上，以永久磁铁的南北极的连线为轴线，这个轴线应该与干簧管
的轴线重合或者基本重合。当整块磁铁金属或者其他导磁物质与之靠近时发生动
作，进而开通或者闭合相关电路。由远及近地调整永久磁铁与干簧管之间的距离，

当干簧管刚好发生动作（对于常开的干簧管，变为闭合；对于常闭的干簧管，变为断开）时，将磁铁的位置固定下来。这时，当有整块导磁材料，例如铁板同时靠近磁铁和干簧管时，干簧管会再次发生动作，恢复到没有磁场作用时的状态；当该铁板离开时，干簧管即发生相反方向的动作。磁簧继电器结构坚固，触点为密封状态，耐用性高，具有尺寸小、轻量、反应速度快和跳动时间短等特性，因此，可以作为机械设备的位置限制开关，也可以用以探测铁制门、窗等是否在指定位置。

接下来从处理方法、PCB安装、连接保护、电磁干扰和半导体器件驱动等几个方面来说明使用磁簧继电器的注意事项：

（1）处理：冲击力（例如跌落高度30cm以上）或应用程序的外部端子的高牵拉或扭曲力可能会造成永久性损坏继电器。

（2）在印制电路板的安装继电器：如果它是必要的中继端子，在插入后弯曲成的印制电路板的弯曲角度（PCB和终端之间的）应该小于或等于45°为宜，否则，可能会产生一个垂直分力，致使安装在PCB上的磁簧继电器的终端遭到损坏。

（3）焊接：如果手工焊接，必须保持焊接时间到最低限度，只有足够长的时间，才能达到一个良好的焊点，但过高的温度或钎焊时间可能会损坏磁簧开关。建议的步骤是：在280~300℃的温度下持续3s，最大自动焊接推荐的程序是在250~260℃的温度下持续5s。

（4）感性负载：如电机、继电器线圈和电磁阀等，使得正在使用的继电器触点遭受到很高的感应电压的影响。如此高的感应电压（瞬态）可能会损坏磁簧继电器的触点，并大幅度降低其使用寿命。因此，建议采用保护电路，如：RC（缓冲器）、压敏电阻和箝位二极管等。

（5）容性负载：如电容器、白炽灯或长电缆（线束），将受到高浪涌电流的影响。因此，建议采用浪涌抑制器或限流电阻等保护电路。

（6）半导体器件驱动继电器：如果磁簧继电器的线圈是由一个半导体器件（例如IC、晶体管等）直接驱动，将会由于继电器线圈上感应出的瞬变电压致使半导体器件损坏，在这种应用场合时，建议使用配备有一个内部线圈抑制二极管的磁簧继电器。

2.3.3 继电器接线方法

图2-12所示为继电器的典型接线示意图，其中：

1）图2-12a表示继电器单独控制的接线方式，建议将继电器线圈串接在NPN型晶体管的集电极端，而不要将它串接在NPN型晶体管的发射极端，将发射极接地。NPN晶体管驱动时：当晶体管V_1基极输入高电平时，晶体管饱和导通，集电极变为低电平，因此继电器线圈通电，触点J_1吸合；当晶体管V_1基极输入低电平时，晶体管截止，继电器线圈断电，触点J_1断开。这种接法的最大优点就在于：

要想晶体管完全饱和，不需要太大的基极电流。图中电阻 R_1 主要起限流作用，降低晶体管 V_1 的功耗。二极管 VD_1 充当续流作用。

2）图 2-12b 表示继电器与光耦共同控制的接线方式。利用光耦控制 NPN 型晶体管的基极，进而控制晶体管开通或者关断。当光耦为 NPN 晶体管输出型且用来驱动继电器时，必须将晶体管的发射极接地。电阻 R_1 主要起限流作用，降低发光二极管的功耗。二极管 VD_1 充当续流作用。

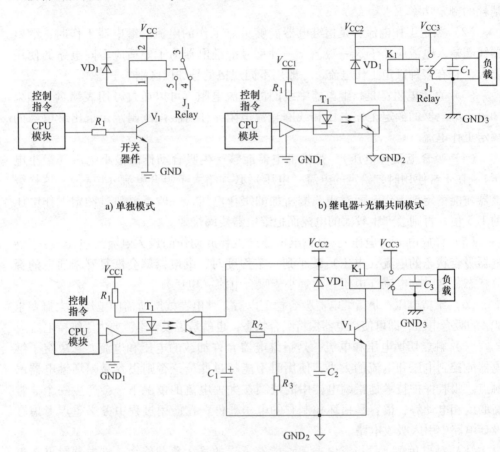

a) 单独模式

b) 继电器+光耦共同模式

c) 继电器+光耦+晶体管联合模式

图 2-12　继电器典型接线示意图

3）图 2-12c 表示继电器、光耦与 NPN 型晶体管联合控制的接线方式。当 NPN 型晶体管用来驱动继电器时，必须将晶体管的发射极接地。电阻 R_1 主要起限流作用，降低发光二极管的功耗。二极管 VD_1 充当续流作用。电阻 R_2 主要起限流作用，降低晶体管 V_1 的功耗。在晶体管 V_1 关断时电阻 R_3 主要起续流作用。

2.3.4　继电器的关键参数

为了方便选型，现将继电器的关键性参数列举如下：

（1）额定工作电压：是指继电器正常工作时线圈所需要的电压，也就是控制电路的控制电压。根据继电器的型号不同，可以是交流电压，也可以是直流电压。线圈使用的电源及功率，是指继电器使用的电源是直流电还是交流电，以及线圈消耗的额定功率。

（2）额定工作电流：是指继电器能够可靠工作的电流。继电器工作时，继电器线圈输入电流应等于这一数值。一种型号的继电器为了能适应不同电路的使用要求，它有多种额定工作电流，一般用不同规格型号加以区别。

（3）直流电阻：是指继电器中线圈的直流电阻，可以通过万用表测量。如果知道了继电器的额定工作电压和线圈直流电阻，便可根据欧姆定律求出继电器的额定工作电流。

（4）吸合电流（电压）：是指继电器能够产生吸合动作的最小电流（最小电压）。在正常使用时，给定的电流（电压）必须略大于吸合电流（电压），这样继电器才能稳定地工作。而对于线圈所加的工作电压，一般不要超过额定工作电压的 1.5 倍，否则会产生较大的电流而把继电器线圈烧毁。

（5）释放电流（电压）：是指继电器产生释放动作的最大电流（电压）。当继电器吸合状态的电流（电压）减小到一定程度时，继电器就会恢复到未通电的释放状态，这时的电流（电压）远远小于吸合电流（电压）。

（6）维持电压：是指继电器吸合稳定以后，继电器线圈所需的电压，大概要求80%的吸合电压，即可使继电器保持吸合状态，也就是说吸合电流要大于维持电流。

（7）触点切换电压和电流：是指继电器允许加载的电压和电流。它决定了继电器能控制电压和电流的大小，使用时不能超过此值，否则很容易损坏继电器的触点。吸收保护技术是指继电器中的线圈在失去电流的情况下，会产生一个非常高的反相电动势，很容易损坏控制它的电子器件，在使用过程中务必重点考虑在设计电路中引入吸收电路。

（8）触点负载：是指继电器触点能够承受的最大负载能力。继电器触点在工作时的电压或电流值不应超过该项的规定值，否则会将触点损伤。因此，一般用规格型号加以区别。

（9）动作时间：又称吸合时间，它是指继电器从通电到触点全部由释放状态到达工作状态所历经的时间。

2.3.5　继电器选型方法

1. 继电器分类

按继电器的作用原理或结构特征来分，有：

（1）时间继电器（Time Relay）：也称延时继电器，是一种利用电磁原理或机械原理实现延时控制的控制电器，当加入（或去掉）输入的动作信号后，其输出电路需经过规定的准确时间才产生跳跃式变化（或触点动作）。如图 2-13 所示为时间继电器实物图，它一般分为通电延时和断电延时两种类型。时间继电器的用途就是配合工艺要求，执行延时指令。时间继电器的新国标符号是 KT。

图 2-13　时间继电器实物图

时间继电器的选用主要是延时方式和参数配合问题，选用时要考虑以下几个方面：

1）延时方式的选择。时间继电器有通电延时或断电延时两种，应根据控制电路的要求选用。动作后复位时间要比固有动作时间长，以免产生误动作，甚至不延时，这在反复延时电路和操作频繁的场合，尤其重要。

2）类型选择。对延时精度要求不高的场合，一般采用价格较低的电磁式或空气阻尼式时间继电器；反之，对延时精度要求较高的场合，可采用电子式时间继电器。

3）线圈电压选择。根据控制电路电压选择时间继电器吸引线圈的电压。

4）电源参数变化的选择。在电源电压波动大的场合，采用空气阻尼式或电动式时间继电器比采用晶体管式好；而在电源频率波动大的场合，不宜采用电动式时间继电器；在温度变化较大处，则不宜采用空气阻尼式时间继电器。

（2）热继电器：热继电器是由流入热元件的电流产生热量，使有不同膨胀系数的双金属片发生形变，当形变达到一定距离时，就推动连杆动作，使控制电路断开，从而使接触器失电，主电路断开，实现负载（电动机）的过载保护。图 2-14 所示为热继电器实物图。热继电器的新国标符号是 FR。

图 2-14　热继电器实物图

由于热继电器经常与接触器配合使用，主要用于保护电动机的过载、断相保护及三相电源不平衡的保护，对电动机有着很重要的保护作用。因此，选用热继电器时必须了解电动机的情况，如工作环境、起动电流、负载性质、工作制和允许过载能力等。现简述如下：

1）原则上应使热继电器的安秒特性尽可能地接近甚至重合电动机的过载特性，或者在电动机的过载特性之下，同时在电动机短时过载和起动的瞬间，热继电器应不受影响（即不动作）。

2）当热继电器用于保护长期工作制或间断长期工作制的电动机时，一般按电动机的额定电流来选用。例如，热继电器的整定值可等于 0.95~1.05 倍的电动机的额定电流，或者取热继电器整定电流的中值等于电动机的额定电流，然后进行调整。

3）当热继电器用于保护反复短时工作制式的电动机时，热继电器仅有一定范围的适应性。如果短时间内操作次数过多，就要选用带速饱和电流互感器的热继电器。

4）对于正反转和通断频繁的特殊工作制式的电动机，不宜采用热继电器作为过载保护装置，而应使用埋入电动机绕组的温度继电器或热敏电阻来保护。

（3）中间继电器：它的工作原理是将一个输入信号变成一个或多个输出信号的电子元件。它的输入信号为线圈的通电或断电，它的输出是触点的动作（所带常开点闭合、常闭点打开），它的触点接在其他控制回路中，通过触点的变化导致控制回路发生变化（例如导通或截止），从而实现既定的控制或保护的目的。在此过程中，继电器主要起传递信号的作用。图 2-15 所示为中间继电器实物图，中间继电器的新国标符号是 K。

在电力电子装置中，常常会用到中间继电器。对于不同的控制线路，中间继电器的作用有所不同，现总结如下：

1）代替小型接触器。中间继电器的触点具有一定的带负载能力，当负载容量比较小时，可以用来替代小型接触器使用，比如电动卷闸门和一些小家电的控制。这样的优点是不仅可以起到控制的目的，而且可以节省空间，使电器的控制部分做得比较精致。

图 2-15　中间继电器实物图

2）增加触点数量。这是中间继电器最常见的用法，例如，在电路控制系统中一个接触器的触点需要控制多个接触器或其他元件时，可以在线路中增加一个中间继电器。

3）增加触点容量。中间继电器的触点容量虽然不是很大，但也具有一定的带负载能力，同时其驱动所需要的电流又很小，因此可以用中间继电器来扩大触点容量。比如一般不能直接用感应开关、晶体管的输出去控制负载比较大的电器元件。而是在控制线路中使用中间继电器，通过中间继电器来控制其他负载，达到扩大控制容量的目的。

4）变换触点类型。在电力电子装置的控制线路中，常常会出现这样的情况，控制要求需要使用接触器的常闭触点才能达到控制目的，但是接触器本身所带的常闭触点已经用完，无法完成控制任务。这时可以将一个中间继电器与原来的接触器线圈并联，用中间继电器的常闭触点去控制相应的元件，变换一下触点类型，达到所需要的控制目的。

5）用做开关。在一些电力电子装置的控制线路中，一些电器元件的通断常常使用中间继电器，用其触点的开闭来控制，例如门控、烟雾报警电路，晶体管控制中间继电器的通断，从而达到控制继电器线圈通断的作用。

6）消除电路中的干扰。在电力电子装置控制线路中，虽然有各种各样的干扰抑制措施，但干扰现象还是或多或少地存在着。采用基于中间继电器的多级隔离措施，也是经常的举措之一。

因此，在选用中间继电器时，必须重点考虑以下几个方面的要素：

（1）地理位置气候作用要素：主要指海拔高度、环境温度、湿度和电磁干扰等要素。考虑控制系统的普遍适用性，兼顾必须长年累月可靠运行的特殊性，装置的关键部位必须选用具有高绝缘、强抗电性能的全密封型（金属罩密封或塑封型，金属罩密封产品优于塑封产品）中间继电器产品。因为只有全密封继电器才具有优良的长期耐受恶劣环境性能、良好的电接触稳定、可靠性和切换负载能力（不受外部气候环境影响）。

（2）机械作用要素：主要指振动、冲击和碰撞等应力作用要素。对控制系统主要考虑到抗地震应力作用、抗机械应力作用能力，宜选用采用平衡衔铁机构的小型中间继电器。

（3）励磁线圈输入参量要素：主要是指过励磁、欠励磁、低压励磁与高压［220V（有效值）］输出隔离、温度变化影响、远距离有线激励和电磁干扰激励等参量要素，这些都是确保电力系统自动化装置可靠运行而必须认真考虑的因素。按小型中间继电器所规定的励磁量励磁是确保其可靠、稳定工作的必要条件。

（4）触点输出（换接电路）参量要素：主要是指触点负载性质，如灯负载、容性负载、电机负载、电感器、接触器（继电器）线圈负载和阻性负载等；触点负载量值（开路电压量值、闭路电流量值），如低电平负载、干电路负载、小电流负载和大电流负载等。任何自动化设备都必须切实认定实际所需要的负载性质、负载量值的大小，选用合适的中间继电器产品尤为重要。继电器的失效或可靠性，主要指触点能否完成所规定的切换电路的功能，如切换的实际负载与所选用继电器规定的切换负载不一致，可靠性将无从谈起，需要降额使用或者更换型号。

2. 继电器选型步骤

根据我们的实践经验，在电力电子装置中，要做到快速、正确地选择继电器，需要开展如下工作：

（1）先了解必要条件：

1）控制电路的电源电压，能提供的最大电流。

2）被控制电路中的电压和电流。

3）被控电路需要几组、何种形式的触点。

选用继电器时，一般控制电路的电源电压可作为选用的依据。控制电路应能给继电器提供足够的工作电流，否则继电器吸合是不稳定的。

（2）查阅有关资料确定使用条件后，找出需要的继电器的型号和规格。若手头已有继电器，可依据资料核对是否可以利用。

（3）注意器具的容积（体积和尺寸）。如安装在电力电子装置中主控箱体中，除考虑机箱容积外，还应选用超小型继电器产品，以便安装在 PCB，最大限度节约 PCB 尺寸。

（4）再讨论继电器的参数选择问题。

3. 继电器选型方法

关键是正确选择继电器的重要参数，包括：

（1）继电器的额定工作电压：继电器额定工作电压是继电器最主要的一项技术参数。在使用继电器时，应该首先考虑所在电路（即继电器线圈所在电路）的工作电压，继电器的额定工作电压应大于或等于所在电路的最高工作电压。一般所在电路的工作电压是继电器额定工作电压的 70%～80% 为宜（适当留有裕量）。尤其需要注意的是所在电路的工件电压不能超过继电器的额定工作电压，否则继电器线圈极易烧毁。线圈的工作电压（或电流）是与继电器用途密切相关的，而吸合电压（或电流）则是继电器制造厂控制继电器灵敏度并对其进行判断、考核的参数。对用户来讲，它只是一个工作下极限参数值。控制安全系数是工作电压（电流）与吸合电压（电流）的比值，如果在吸合值下使用继电器，是不可靠且不安全的。尤其是在环境温度升高或处于振动、冲击的条件下，将使继电器工作不可靠。

（2）继电器的驱动能力：有些集成电路，例如 NE555 电路、七达林顿阵列 ULN2003，是可以直接驱动小型继电器工作的；而有些集成电路，如常规 TTL 器件、COMS 电路，由于它们的输出电流太小，需要加一级晶体管放大电路方可驱动继电器，如图 2-12 所示，这就应考虑晶体管输出电流应大于继电器额定工作电流（最好超过 1.5～2 倍为宜）。

（3）继电器触点的带负载能力：触点负载是指触点的承受能力。继电器的触点在变换时可承受一定的电压和电流，所以在使用继电器时，应考虑加在触点上的电压和通过触点的电流不能超过该继电器的触点负载能力。

举例说明：某继电器触点负载为 DC28V×10A，表明该继电器触点只能工作在直流电压为 28V 的电路上，触点电流为 10A，超过 28V 或 10A，会影响继电器的正常使用，甚至烧毁触点。

根据负载容量大小和负载性质（阻性、容性、灯载及电动机负载），灵活地选择继电器触点的种类和容量是非常必要的。国内外长期实践表明，约 70% 的故障发生在触点上，这足见正确地选择和使用继电器触点的极端重要性。有些读者认为触点切换负载小一定比切换负载大可靠，这种观点有失偏颇。因为继电器切换负载在额定电压下，电流大于 100mA、小于额定电流的 75% 为最好；电流小于 100mA 会使触点积炭增加，可靠性下降，故 100mA 称做试验电流，是国内外专业标准对继电器生产厂工艺条件和水平的考核内容。

（4）继电器线圈的电源：这是指继电器线圈由直流电（DC）还是交流电（AC）供电的问题。读者在进行设计工作时，大多都是采用电子线路，而电子线路往往采用直流电源供电，所以必须采用线圈由直流电压供电的继电器类型。当然，也有的工作场合需要交流供电。在整机设计时，不能以空载电压作为继电器的工作电压依据，而应将线圈接入负载来计算实际电压，特别是在电源内阻大时更是如此。当用晶体管作为开关器件控制继电器线圈通断时，晶体管必须处于开关状态，对 DC 6V 以下工作电压的继电器来讲，还应扣除晶体管饱和压降。当然，并非工作值加得愈高愈好，超过额定工作值太高，会增加衔铁的冲击磨损，增加触点的回跳次数，缩短继电器的使用寿命。因此，大多数情况下会将继电器工作电压值确定为吸合值的 1.5 倍左右为宜，工作值的误差一般为 ±10%。

（5）继电器动作时间：对于低压电器而言，制作水平较高的厂商，它们的继电器、断路器和接触器的动作响应时间都会小于 20ms。如果动作响应时间大于 20ms 或过慢，在多个继电器顺序切换中就会出现逻辑顺序紊乱的情况，将增加编程的难度。运行实践表明，在电力电子装置中，经常会碰到共用同一个动触点的常闭、常开分别断开一个电路、接通另一个电路的工作场合，如果继电器的动作响应时间没有考虑周全，往往就会出现一个电路还没来得及完全断开、而另一个电路已经闭合，这是非常危险的。如果碰上两个电路同时闭合时，电路会出现严重短路事故，如上下桥臂直通的故障。所以，在设计之初，就要虑及各继电器、接触器和断路器间的顺序联锁问题，方可有效降低由于继电器时间响应慢而造成事故的风险。

（6）继电器的使用环境：继电器的使用环境条件，主要指温度（最大与最小）、湿度（一般指 40℃ 下的最大相对湿度）、低气压（使用高度 1000m 以下可不考虑）、振动和冲击。此外，尚有封装方式、安装方法、外形尺寸及绝缘性等要求。由于材料和结构不同，继电器承受的环境力学条件各异，在超过产品标准规定的环境力学条件下使用，有可能损坏继电器，可按整机的环境力学条件或高一级的条件选用。另外，对电磁干扰或射频干扰比较敏感的装置周围，最好不要选用交流电激励的继电器。建议选用直流继电器，且要选用带线圈瞬态抑制电路的继电器产品。那些用固态器件或电路提供激励及对尖峰信号比较敏感的地方，也要选择有瞬态抑制电路的继电器产品。按输入信号的不同确定继电器的种类，按输入信号即电、温度、时间和光信号来确定选用电磁、温度、时间和光电继电器。若整机供给继电器线圈是恒定的电流，则应选用电流继电器；若整机供给继电器线圈是恒定的电压，则应选用电压继电器。

2.3.6　数字隔离技术对比

调研发现，目前各大厂商的数字隔离器里面，ADI 公司的数字隔离器种类最多、型号最全、功耗最低且 I/O 驱动能力最强（$-35 \sim 35$ mA）。不仅可以提供 5kV（有效值）隔离电压的隔离器，还可以提供通信隔离芯片，如：RS-232、RS-485、I2C、USB 和 SPI 等，而且有些器件集成了 DC/DC 隔离电源，后面章节将会陆续讲述。

上述几种数字隔离方式见表 2-3 所示。

表 2-3　几种典型数字隔离技术

隔离方式	主要技术	特点	隔离电压（有效值）水平/（kV/min）	代表芯片
光耦隔离	发光二极管（LED）与光电晶体管、电/光、光/电变换	环氧材料，成本低，适合高压场合，速度比较低、功耗较高，寿命较短，μs级反应时间	≥2.5	TLP521 PC817 6N137
磁变压器隔离（电感隔离）	平面磁场隔离技术 iCoupler, DC/DC 隔离技术	聚酰亚胺材料，集成度高，速率较高≤20Mbit/s，不适合高压及高电磁兼容要求场合。功耗较低成本较高，ns级反应时间	2.5	ADM2582 ADM2587
光耦结合变压器隔离	发光二极管（LED）与光电晶体管、电/光、光/电变换，高频变压器	适合高压场合，速度受限制≤5.5Mbit/s，ns级反应时间，集成度比单光耦好	1.6	MAX1480 MAX1490
电容或硅隔离栅隔离	电容隔离技术 SiO_2 隔离栅	半导体材料，速度≤20Mbit/s，寿命长，易受外电场干扰，ns级反应时间	2.5	ISO3080 ISO3082 ISO3086 ISO3088 ISO721 Si8641

（续）

隔离方式	主要技术	特点	隔离电压 （有效值）水平 /（kV/min）	代表芯片
继电器隔离	借助光耦器件、磁变压器隔离和开关器件形成复合电路	低速、较大电流负载	≥1.0	驱动控制、I/O接口电路和电平变换中常用

2.4 隔离放大器技术

2.4.1 概述

1. 应用场合

在电力电子装置中，存在对直流电压和电流、交流电压和电流、4~20mA、0~5V、mV 级、PWM 脉冲、Hz 频率、PT100 电阻或 PT1000 电阻、正弦波、方波、电位器和转速等各种信号进行变送、变换、隔离、放大和远距离传输等任务和需求，大多要与各种工业传感器配合使用，因此势必涉及信号的放大与处理。为了避免信号的相互干扰，保证被测试对象（如直流母线电压和电流、负载的电压和电流，以及功率组件的温度等）和被控设备的安全，协调它们之间的电位差，提高共模抑制比，必须采用隔离放大器。它作为一种特殊的测量放大电路，其输入、输出和电源电路之间没有直接的电路耦合，即信号在传输过程中没有公共的接地端，放大器的输入电路和输出电路之间有隔离措施。

2. 分类方法

目前隔离放大器存在以下两种典型设计思路：

1）利用"仪用放大器+隔离电路"的设计思路，构建隔离式仪器放大器。

2）利用"精密运放+隔离电路"的设计思路，构建隔离式放大器。

隔离放大器存在不同的分类方法，首先根据隔离模式的不同，隔离放大器可以分为

（1）两口隔离：指信号输入部分和信号输出部分欧姆隔离，采取其他措施进行电源隔离。

（2）三口隔离：指输入、输出和供电部分三部分彼此欧姆隔离。

其次，根据隔离介质的不同，可以分为

（1）光电隔离：前面已经讨论过了，光耦是以光为媒介传输电信号，它对输入、输出电信号有良好的隔离作用。所以，它在各种模拟与数字电路中得到广泛

的应用，已成为种类最多、用途最广的光电器件之一。由于光耦输入和输出间互相隔离，电信号传输具有单向性等特点，因而具有良好的电绝缘性能和抗干扰能力。又由于光耦的输入端属于电流型工作的低阻元件，因而具有很强的共模抑制能力。所以，它在长线传输信息中作为终端隔离元件，可以大大提高信噪比。如安华高的 HCPL-7800/7840/7850、TI 公司的 TIL300、SSO 公司的 SLC800 和 IXYS 公司的 LIA120/130/135/136 等都属于光隔离式放大器（即线性光耦）。

（2）电容隔离：利用电容器的电荷感应现象，同样可以达到传递信号、实现电气隔离的目的。电容耦合的特点是借助于数字调制技术，可以保证很好的线性度和较宽的带宽。如 TI 公司的 ISO121、ISO122 和 ISO124 就属于电容耦合的隔离放大器。另外，TI 公司的 ISO224、AMC1100、AMC1200、AMC1211、AMC1302 和 AMC3301 等，均是采用抗电磁干扰性能极强的隔离栅（如 SiO_2 等半导体材料制作）的隔离放大器，该隔离栅可提供高达 5kV（有效值）的增强型电隔离，使用寿命长、功率耗散较低。与隔离式电源结合使用时，该器件可将以不同共模电压电平运行系统的器件隔开，并防止较低电压器件损坏。

（3）变压器隔离（即磁变压器隔离）：变压器可以通过磁的耦合，将信号从一次侧传递到二次侧，起到电气隔离的作用。但是变压器只能变换交流信号，不能传递直流信号。如果被放大的是直流信号，将会被变压器阻断，因此隔离放大器的内部必须有一个调制/解调电路，输入的低频信号即便是直流，可以被调制成一个高频信号，加在变压器的一次侧，通过磁的耦合传递到二次侧。在变压器的二次侧再经过解调电路还原为低频信号。工作电源经过 DC/DC 变换，分别为输入和输出电路提供电源，使得隔离放大器真正做到输入、输出和电源三端之间的完全电气隔离。变压器耦合的优点是：隔离电压很高、单电源供电、三端隔离，且多个放大器可共用一个电源，不必单独为每一个隔离放大器配备电源。变压器耦合的缺点是：体积大、较重且频带宽度有限。如 ADI 公司的 ADUM3190 [2.5kV（有效值）隔离电压]、ADUM4190 [5.0kV（有效值）隔离电压] 就是典型的例子。需要提醒的是，尽管 AD202、AD203、AD204、AD210 和 AD215，也是基于变压器的隔离放大器，但是 ADI 公司不推荐新产品使用它们。

2.4.2 基本原理

隔离放大器的电气符号如图 2-16a 所示，它由输入信号处理、输出信号处理、隔离器以及隔离电源等几部分组成。图 2-16b 所示为隔离放大器的原理框图，其输入和输出经由隔离壁（如光、磁场和电场等）被分隔开来，它们之间没有直流（欧姆）通路，不共地、不共电源。

隔离放大器的输入端是浮空的，输入信号 V_{IN}（即 V_{IN+} 和 V_{IN-}）加到输入信号处理模块（与一次侧电源共地 GND_1），历经放大→经振荡器调制成交流→高绝缘

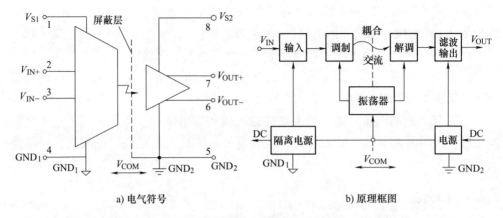

a) 电气符号　　　　　　　　　　　b) 原理框图

图 2-16　隔离放大器的原理示意图

性能介质（如光耦、变压器和电容/势垒隔离栅等）→解调成直流→输出信号处理模块（与二次侧电源共地 GND_2）→滤波器后输出。因此，输入信号处理模块与输出信号处理模块之间有绝缘性能很好的绝缘层，经由它的隔离作用，确保共模电压 V_{COM} 在输入回路中产生的电流可被忽略，从而大大地提高了放大器的共模抑制能力。

2.4.3　关键性参数

隔离放大器是特殊的运算放大器，因此，需要关注其增益、输入阻抗、偏置电流、频率响应、失调电压、非线性度、最大安全差动输入、最大隔离电压、隔离模抑制（共模抑制比）、隔离电压及漏电流等性能参数。根据我们的工程实践，经常会关注到的有非线性度、最大安全差动输入、共模抑制比、漏电流、输入噪声、隔离电源和最大隔离电压等几个关键参数。现将它们简述如下：

（1）非线性度：定义为实际传输特性与最佳直线的最大偏差。以满量程输出的百分比表示，一般不会优于±0.05%。常与输出幅度有关，如有的隔离放大器输出±5V 时，非线性度为±0.05%；当输出为±10V 时，非线性度为±0.2%。

（2）最大安全差动输入：定义为可以跨接在两个输入端的最大安全电压。如隔离放大器的输入端内部有保护电阻，则该电压可高达百 V 以上，否则仅为±13V 左右。有瞬态高压的信号源时，该参数非常重要。

（3）共模抑制比：分两种情况说明：

1）输入端到屏蔽端的共模抑制比 $CMRR_{IN}$。

2）输入端到输出端的共模抑制比 $CMRR_{IO}$。

隔离放大器的共模误差即为 $CMRR_{IN}$ 和 $CMRR_{IO}$ 所造成的误差之和。

（4）漏电流：定义为市电加在输出端与系统地（输出地）之间时，在输入端的最大电流。隔离壁的漏电流与实际承受的隔离电压有关，一般交流漏电流的方均根值在 μA 量级，而直流漏电流在 nA 量级。

（5）输入噪声：隔离放大器内部噪声折算到输入端的总噪声。

（6）隔离电源：隔离放大器可向外部电路提供的、与供电电源完全隔离的电源。一般为正负双极性电源。

（7）最大隔离电压：隔离放大器的输入地和输出地往往不在同一电位上，其间的电位差叫隔离电压。最大隔离电压决定了系统共模电压的完全极限，一般要大于 2000V。

2.4.4 隔离放大器对比

在电力电子装置中，远距离获取并传输来自现场传感器的弱信号，常因两地信号和电源的接地或者有其他共同回路而引入很强的干扰，严重时能使系统失效。此外，为安全考虑，也希望强电部分不要影响操作人员的安全，因此需要有隔离的措施，即一方面要切断电路间的直接电气联系；另一方面又要保证信号能无阻碍畅通。如前所述，当前存在光电、电容和变压器三种典型的隔离方法，两口和三口两种电路拓扑结构，隔离放大器的关键性参数对比见表 2-4 所示。

表 2-4　隔离放大器的关键性参数对比

关键性参数	变压器耦合调幅模式	变压器耦合调宽模式	光电耦合亮度调制	电容/隔离栅耦合	备注
非线性失真度（%）	0.03~0.3	0.005~0.025	0.05~0.2		光电方式最差
隔离电压/kV	7.5	5	5	8	电容方式最高
共模抑制比/dB	120	120	100		
频率响应/kHz	2.5	2.5	10~300	较宽	光电最宽，电磁最小
产生的电磁干扰	优良屏蔽可小	优良屏蔽可小	无		
接受高频干扰	高	低	很低		
通道数	≤4	≤4	≤4	≤4	都可以做到 4 通道
传输速率/(Mbit/s)	≤150	≤150	≤50	≤150	光耦差些
双向传输	可以	可以	不行	可以	单个芯片中光耦不能做到双向传输
体积	大	大	小	小	
输出电流	大	大	小	小	变压器式带载能力最强

需要补充说明的是，在工程实践中认为凡是电压比符合 1 : 1 的变压器，就普遍认为它是隔离变压器。其实不然，真正意义上的安全隔离变压器，必须要同时满足下列条件：

1）变压器的一次侧和二次侧电压比为 1 : 1。

2）变压器的一次侧和二次侧绕组间在通电工作时只能有磁的耦合，没有电的直接联系。

3）变压器的一次绕组和二次绕组必须加强绝缘，它们之间要用绝缘层或金属接地屏蔽层隔离开。

4）使用时，隔离变压器二次绕组带电部分严禁与大地连接或与其他回路的带电部分或保护线连接，确保其二次侧回路成"悬浮"状态。

5）使用时，变压器铁心必须接"PE"保护线（端）。

概略地讲，变压器式隔离放大器具有频率宽、动态范围宽、传输功率大和长期稳定性好等优势；光耦式隔离放大器具有体积小、电路简单、速度快和成本低的优势；电容式隔离放大器具有容易制造、成本较低的优势。由于变压器式和电容式隔离放大器采用了调制解调手段，电磁噪声和辐射明显，因此，在使用时增加滤波电路、设置电源去耦电容或者 π 型滤波电路等都是常用的手段。由于线性光耦线性度差，特性随温度变化大，长期稳定性差，传输功率的效率非常差，且存在死区问题，因此，在设计时需要加偏置电压电路。

2.5　隔离电路设计示例

2.5.1　概述

我们以光耦隔离驱动电路为例，分析其必要的设计过程与计算方法。现简述如下：

1. 确定电路型式，分析隔离驱动需求

确定隔离驱动的需求，如：隔离速度要求（低速、中速还是高速？）、隔离类型（是高速数字隔离，还是低速数字隔离？）、隔离功率需求（电流需要多大？），或者是用户接口的隔离等，才能确定电路型式，选择所需要的元器件（参数）。

2. 选择合适拓扑形式的光耦，分析器件参数

根据速度要求、输出电流能力、功耗和绝缘电压等选择光耦，并分析光耦的参数。

3. 计算相关过程参数（注意降额原则）

计算光耦隔离两端的电流、电压、电流传输比及外围元器件的工作条件。注意 CTR 会随正向电流、温度和时间而变化，应留出足够的余量。某些高速光耦

（如6N137）输出是数字逻辑，未给出明确的CTR，可以根据给出的推荐工作参数设计电路。

4. 计算器件参数

根据过程参数，最终计算确定所有器件的参数。

2.5.2 光耦驱动继电器示例分析

图 2-17 所示为基于光耦 TLP127 驱动继电器线圈的示例。利用光耦 TLP127 隔离驱动继电器 GSSB-14 DC24（欧姆龙继电器的线圈额定电压 24V）为例。

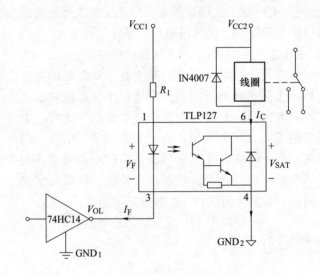

图 2-17　基于 TLP127 的继电器线圈驱动电路

光耦的推荐参数见表 2-5 所示。

表 2-5　光耦 TLP127 的推荐参数

参数名称	参数符号	最小值	典型值	最大值
电源电压/V	V_{CC}	—	—	200
发光管电流/mA	I_F	—	16	25
集电极电流/mA	I_C	—	—	120

1. 确定电路形式，确定需要计算的参数

隔离电压：2.5kV（有效值）/min；速度要求：低速；隔离类型：低速 I/O 控制信号隔离，需要一定的驱动能力。图 2-17 中所示电源 V_{CC1} 为 5V，需要确定电阻 R_1 的值。

继电器线圈的额定参数见表 2-6 所示。

表 2-6　继电器 GSSB-14 DC24 线圈额定参数⊖

Rated voltage/V	DC5	DC9	DC12	DC24
Rated current/mA	80	44. 4	33. 3	16. 7
Coil resistance/Ω	63	202	360	1440
Must operate voltage	75% max. of rated voltage			
Must release voltage	5% min. of rated voltage			
Maximum voltage	150% of rated voltage at 23℃			
Power consumption	Approx. 400mW			

光耦 TLP127 的工作参数见表 2-7 所示。

表 2-7　光耦 TLP127 的工作参数⊖

	Characteristic	Symbol	Test Condition	Min.	Typ.	Max.	Unit
LED	Forward voltage	V_F	$I_F = 10\text{mA}$	1. 0	1. 15	1. 3	V
	Reverse current	I_R	$V_R = 5\text{V}$	—	—	10	μA
	Capacitance	C_T	$V = 0$, $f = 1\text{MHz}$	—	30	—	pF
Detector	Collector-emitter breakdown voltage	$V_{(BR)CEO}$	$I_C = 0.1\text{mA}$	300			V
	Emitter-collector breakdown voltage	$V_{(BR)ECO}$	$I_E = 0.1\text{mA}$	0. 3	—	—	V
	Collector dark current	I_{CEO}	$V_{CE} = 200\text{V}$	—	10	200	nA
			$V_{CE} = 200\text{V}$, $T_a = 85℃$			20	μA
	Capacitance collector to emitter	C_{CE}	$V = 0$, $f = 1\text{MHz}$	—	12	—	pF
Current transfer ratio		I_C/I_F	$I_F = 1\text{mA}$, $V_{CE} = 1\text{V}$	1000	4000	—	%
Saturated CTR		$I_C/I_{F(sat)}$	$I_F = 10\text{mA}$, $V_{CE} = 1\text{V}$	500	—	—	%
Collector-emitter saturation voltage		$V_{CE(sat)}$	$I_C = 10\text{mA}$, $I_F = 1\text{mA}$	—	—	1. 0	V
			$I_C = 100\text{mA}$, $I_F = 10\text{mA}$	0. 3		1. 2	
Capacitance (input to output)		C_S	$V_S = 0$, $f = 1\text{MHz}$	—	0. 8	—	pF
Isolation resistance		R_S	$V_S = 500\text{V}$, R. H ≤ 60%	5×10^{10}	10^{14}	—	Ω
Isolation voltage		BV_S	AC, 1 minute	2500			V_{rms}
			AC, 1second, in oil	—	5000	—	
			DC, 1 minute, in oil	—	5000	—	V_{dc}

⊖, ⊖　为方便读者对选型的理解更直观, 此处直接列出原说明书参数, 未翻译。

（续）

Characteristic	Symbol	Test Condition	Min.	Typ.	Max.	Unit
Rise time	t_r		—	40	—	
Fall time	t_f	$V_{CC} = 10V$, $I_C = 10mA$	—	15	—	
Turn-on time	t_{on}	$R_L = 100\Omega$	—	50	—	μs
Turn-off time	t_{off}		—	15	—	
Turn-on time	t_{ON}		—	5	—	
Storage time	t_s	$R_L = 180\Omega$	—	40	—	μs
Turn-off time	t_{OFF}	$V_{CC} = 10V$, $I_F = 16mA$	—	80	—	

根据表 2-5 得知光耦 TLP127 的 I_F 推荐值不超过 25mA、典型值 16mA，本例暂取 $I_F = 10mA$。

查表 2-7 得知，发光二极管的管压降的 V_F 为 1.0 ~ 1.3V，我们暂取 1.5V。

表 2-8 所示为六路反相施密特触发器 74HC14 输出电压特性参数。

表 2-8　六路反相施密特触发器 74HC14 输出电压特性参数[⊖]

Symbol	Parameter	Conditions	$T_{amb} = 25℃$			$T_{amb} = -40 \sim 85℃$		$T_{amb} = -40 \sim 125℃$		Unit
			Min	Typ	Max	Min	Max	Min	Max	
74HC14										
V_{OH}	HIGH-level output voltage	$V_I = V_{T+}$ or V_{T-}								
		$I_O = -20\mu A$; $V_{CC} = 2.0V$	1.9	2.0	—	1.9	—	1.9	—	V
		$I_O = -20\mu A$; $V_{CC} = 4.5V$	4.4	4.5	—	4.4	—	4.4	—	V
		$I_O = -20\mu A$; $V_{CC} = 6.0V$	5.9	6.0	—	5.9	—	5.9	—	V
		$I_O = -4.0mA$; $V_{CC} = 4.5V$	3.98	4.32	—	3.84	—	3.7	—	V
		$I_O = -5.2mA$; $V_{CC} = 6.0V$	5.48	5.81	—	5.34	—	5.2	—	V
V_{OL}	LOW-level output voltage	$V_I = V_{T+}$ or V_{T-}								
		$I_O = 20\mu A$; $V_{CC} = 2.0V$	—	0	0.1	—	0.1	—	0.1	V
		$I_O = 20\mu A$; $V_{CC} = 4.5V$	—	0	0.1	—	0.1	—	0.1	V
		$I_O = 20\mu A$; $V_{CC} = 6.0V$	—	0	0.1	—	0.1	—	0.1	V
		$I_O = 4.0mA$; $V_{CC} = 4.5V$	—	0.15	0.26	—	0.33	—	0.4	V
		$I_O = 5.2mA$; $V_{CC} = 6.0V$	—	0.16	0.26	—	0.33	—	0.4	V

表 2-9 所示为六路反相施密特触发器 74HC14 输出电流特性参数。

⊖　注释同前。

表 2-9　六路反相施密特触发器 **74HC14** 输出电流特性参数[一]

Symbol	Parameter	Conditions	Min	Max	Unit
V_{CC}	supply voltage		-0.5	+7	V
I_{IK}	input clamping current	$V_I < -0.5V$ or $V_I > V_{CC} + 0.5V$	—	±20	mA
I_{OK}	output clamping current	$V_O < -0.5V$ or $V_O > V_{CC} + 0.5V$	—	±20	mA
I_O	output current	$-0.5V < V_O < V_{CC} + 0.5V$	—	±25	mA
I_{CC}	supply current		—	50	mA
I_{GND}	ground current		-50	—	mA
T_{stg}	storage temperature		-65	+150	℃
P_{tot}	total power dissipation	SO14, (T)SSOP14 and DHVQFN14 packages	—	500	mW

查表 2-8 得知，六路反相施密特触发器 74HC14 输出的低电平 $V_{OL} = 0.4V$。

查表 2-9 得知，六路反相施密特触发器 74HC14 输出电流可以高达 20mA，因此，流过发光管的电流 I_F 取值 10mA，是在 74HC14 的安全范围内的。

那么，电阻 R_1 的最小值为

$$R_1 = \frac{V_{CC1} - V_F - V_{OL}}{I_F} \geqslant \frac{5V - 1.5V - 0.4V}{10mA} = 310\Omega \tag{2-1}$$

本例取值电阻 $R_1 = 330\Omega$，那么流过发光二极管的 I_F 为

$$I_F = \frac{V_{CC1} - V_F - V_{OL}}{R_1} \geqslant \frac{5V - 1.5V - 0.4V}{330\Omega} \approx 9.4mA \tag{2-2}$$

电阻 R_1 的额定功率为

$$P_{R_1} = I_F^2 R_1 = 9.4mA \times 9.4mA \times 330\Omega \approx 29mW \tag{2-3}$$

因此，电阻 R_1 取值为 $330\Omega/0805$ 封装。

2. 确定继电器所在回路参数

由于采用 24V 继电器线圈，那么次级电源 V_{CC2} 取值 24V，根据表 2-7 得知，该电源电压远小于光耦击穿电压 $V_{(BR)CEO}$（$\geqslant 300V$），光耦可以安全工作。根据 24V 继电器线圈参数得知它的额定电流 $I_{coil} = 16.7mA$、线圈电阻 $R_{coil} = 1440\Omega$，那么，得到下面的表达式：

$$V_{coil} = I_{coil} R_{coil} = 16.7mA \times 1440\Omega = 24.048V \tag{2-4}$$

根据表达式（2-4）得知，选择 24V 电源可以满足继电器线圈工作需要。如果电源电压较高，因继电器线圈允许的最大工作电压为 1.5 倍的额定电压，需要串入合适的电阻，使继电器的工作电流和电压有足够的裕量。

[一]　注释同前。

3. 估算光耦的最大集电极电流 $I_{C(MAX)}$

流过光耦输出端的电流的表达式为

$$I_C = \frac{V_{CC2} - V_{SAT}}{R_{coil}} \tag{2-5}$$

式中，V_{CC2} 为光耦二次侧的电源；V_{SAT} 为光耦二次侧开通时的饱和压降。根据表 2-7 中所选择的光耦参数得知 V_{SAT} 为 0.3~1.0V。那么光耦的 $I_{C(MAX)}$ 为

$$I_{C(MAX)} \leq \frac{24V - 0.3V}{1440\Omega} \approx 16.5mA < 120mA \tag{2-6}$$

根据表 2-5 中光耦的推荐参数得知，流过线圈的电流 16.5mA 既可以保证继电器正常工作，又没有超过光耦输出端的最大电流值 120mA，因此是合适的。

那么光耦的最大功耗为

$$P_{C(MAX)} \leq I_{C(MAX)} V_{SAT(MAX)} \approx 16.5mA \times 1V = 16.5mW < 150mW \tag{2-7}$$

根据光耦的参数（见表 2-7）得知，它的最大耗散功率 P_T 为 150mW，当前光耦的最大功耗为 16.5mW，因此是安全的。

4. 估算最坏情况下的电流传输比 $CTR_{(MIN)}$

CTR 降额是要达到这样的目的：在外界的最坏情况下，以及器件离散性的最坏情况下，能够保证继电器得到足够的吸合电流。也就是估算一个 CTR 在最坏情况下的最小值，通过这个最小值得出能够让电路可靠工作的足够大的 I_F。CTR 最小值：1000%（参见表 2-7 得知），估算此时 I_F 为

$$I_F \geq \frac{I_{C(MAX)}}{CTR} = \frac{16.5mA}{10} \approx 1.7mA \tag{2-8}$$

即 I_F 至少应大于 1.7mA，否则可能会因为器件的离散性而不能保证可靠工作。

2.6　状态反馈信号的数字式隔离设计

2.6.1　概述

在电力电子装置的半实物仿真试验中，状态反馈信号（如电压、电流）的采集是一个直接影响联调试验结果的重要环节和关键因素。但由于试验系统电源设置的复杂性，地线经常耦合和关联，会使状态反馈信号受到严重的干扰，从而引起数据采集精度下降。因此，可以考虑将数字隔离器用于状态反馈信号传输过程中的隔离处理，以便提高信号采集的质量，满足半实物仿真试验的精度要求。

在半实物仿真试验中，电力电子控制器接收计算机发出的反馈信号，控制其产生相应动作指令和触发脉冲，并将偏信号反馈给仿真计算机（以下简称仿真机）。仿真机对反馈信号进行采样，并将结果代入控制模型计算后发出下一周期的控制指令，由此构成闭合的仿真信号回路。

图 2-18 所示为电力电子装置系统与仿真系统连接示意图。

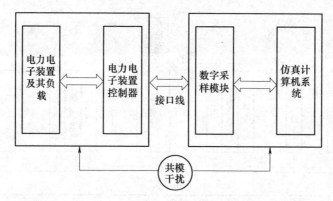

图 2-18 电力电子装置系统与仿真系统连接示意图

2.6.2 状态反馈信号噪声产生机理分析

在半实物仿真试验中，状态反馈信号的噪声主要来源于 3 个方面：

1. 电力电子变换器干扰

由于电力电子装置自身功率较大且开关频率较高，所产生 IGBT 开断强尖峰电压耦合到接口线上产生的噪声。

2. 空间干扰

电力电子装置到仿真机的距离一般为 10m 以上，在长线传输过程中，IGBT 开断强尖峰电压在试验室环境具有的噪声，被导线拾取并传送到电路而造成干扰。

3. 地环路干扰

在半实物仿真试验中，需要为电力电子装置的控制器提供多种状态反馈信号，需要设计多块信号发生器，它们的电源种类多、地线复杂。在试验室内各种接口板的地电流流过时，会在状态反馈信号电路地和 A/D 采样电路的两地之间产生电位差，这个电压会转化为噪声叠加在接收端的接口线上。

综上所述，在它们的共同作用下，造成了采集输入信号质量下降。由于试验环境中的噪声源很难消除，因此考虑在状态反馈信号传输的过程中加入隔离器，在信号进入采集电路之前尽可能地消除或减弱噪声。

2.6.3 隔离器总体方案分析

基于隔离器的状态反馈采集方案的原理框图如图 2-19 所示。隔离放大器由低通滤波器、信号调理电路、A/D 转换电路、数字隔离器、仿真计算机系统、D/A 转换电路和功率放大器组成。信号进入隔离放大器后，首先由低通滤波电路限定信号通过带宽，接着由信号调理电路进行阻抗和增益调整，然后通过 A/D 采样电路变换为数字信号，经数字隔离后再由 D/A 转换电路复原为模拟信号，再进行功率驱动后输出。电路中的控制信号由仿真计算机系统（可以是 DSP、ARM 或者 FPGA）产生，各模块工作所需的电源由 220V 交流电源变换而成。

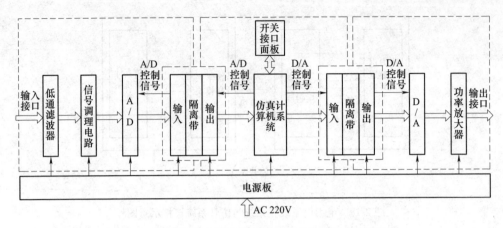

图 2-19　基于隔离器的状态反馈采集方案的原理框图

1. 时延分析

信号经过隔离器产生的时延，主要由：A/D 转换时间、隔离传输时间和 D/A 转换时间组成。

1）A/D 转换采用高速 16 位 ADC 芯片，采样率为 MSPS 级、变换时间为 ns 级，如 4 通道、16 位、125 MSPS 串行 A/D 转换器 [1.8V 电源供电、每通道 164 mW（125MSPS）的低功耗、2V（峰-峰值）输入电压范围支持高达 2.6V]、650MHz 全功率模拟带宽、与 14 位的 4 通道 ADC AD9253 和 12 位的 4 通道ADC AD9633引脚兼容）。

2）隔离芯片选用 ADUM1400 芯片（将在本书第 4 章介绍），传输时延 40ns，四通道数字隔离器（4/0 通道方向性）、DC～90Mbit/s 的高数据速率、高达 25kV/μs 的共模瞬变抗扰度。

3）D/A 转换选用 MSPS 级的 16 位分辨率和小型封装芯片，数据建立时间为 ns 级，如 LTC1668 [50MSPS 更新速率、16 位 D/A 器件、5pV-s 毛刺干扰脉冲、20ns 稳定时间、<180mW 的低功率（采用±5V 电源）和差分电流输出等特点]。因此隔离放大器的时延为 μs 级，远远小于应用于电力电子装置中负载的动作响应时间，不会影响其反馈信号的实时性。

2. 精度分析

隔离器电路的原理精度，主要由 A/D 转换的精度决定。如果选用 16 位 A/D 转换器，考虑到 A/D 转换过程中的量化误差以及电路噪声的干扰等实际情况，A/D 转换器可以达 14 位以上的有效精度。在半实物仿真试验中，一般采用满量程为±10V、12 位的 A/D 采样，最小分辨率为

$$\delta_D \leq \frac{20V}{2^{12} - 1} \approx 4.88mV \tag{2-9}$$

因此隔离放大电路的误差可以忽略不计。

第3章　应用于电力电子装置中的模拟信号
隔离处理技术

随着电力电子技术的迅猛发展，电力电子装置的应用已经渗透到了人们工作生活中的每一个角落，如：加热和灯光控制、交流和直流电源、电化学处理过程、直流和交流电机驱动、静态无功补偿和有源滤波等，涉及4种基本拓扑：将电力从交流转换为直流的整流器（AC→DC）、直流转换为直流的斩波器（DC→DC）、同频率交流转换为交流的变换器（AC→ AC）和直流转换为交流的逆变器（DC→AC）。按照信息流控制功率流的角度来看，它们都需要获取电力电子装置中的电压、电流和功率组件温度（甚至有些装置还需要测试装置内部的温度和湿度）等电气量，为了有效隔断使用过程中的各项噪声干扰路径，需要采取合理的隔离措施，确保所获取的电气量准确和可靠。最常采用的隔离处理思路有两个，其一是利用传感器隔离，即借助霍尔电压和电流传感器、电压和电流互感器；其二是利用信号隔离器（如隔离放大器、隔离 A/D 转换器等）进行弱信号隔离处理或隔离传输等必要操作。

本章将分别对应用于模拟信号处理的隔离措施的工作原理、使用方法和选型技巧等进行讲述。

3.1　隔离放大器技术

根据前面第 2 章介绍可知，目前大多采用光、磁场和电场作为隔离介质，制作隔离放大器，它们各有优缺点，为了合理选择与正确使用，就需要了解它们的工作原理，也包括它们的外围电路的设计方法等重要内容。

3.1.1　光耦式放大器

1. 基本原理

安华高生产的基于光隔离技术的放大器（即线性光耦）有很多，如：HCPL-788J、ACPL-C78A、ACPL-C780、ACPL-C784、ACPL-C79B、ACPL-C79A 和 ACPL-C790。

几种典型的基于光隔离技术的隔离放大器见表 3-1 所示。

我们以 HCPL-7840 为例，分析它的工作原理和使用方法。HCPL-7840 隔离放大器系列是专为电子电机驱动和汽车应用设计的电流检测用光耦器件，它采用 Σ-Δ 的 A/D 转换技术，斩波稳定放大器以及集成 Avago Technologies 0.8mm CMOS 芯

表 3-1 基于光隔离技术的典型隔离放大器汇集

型号	隔离等级 V_{IORM}/V_{peak}	工作电压		差分输入电压 /mV	增益 G （典型值）	带宽 BW （典型值）/kHz	工作温度范围 /℃	温漂（最大值）/(μV/℃)	封装
		V_{DD1}	V_{DD2}						
HCPL-788J	1230	4.5~5.5	4.5~5.5	±200	V_{REF}/504mV	30	-40~85	10	SO-16
ACPL-C78A/C780/C784	1414	4.5~5.5	4.5~5.5	±250	8	100	-40~85	10	SO-8
HCPL-7800A	891	4.5~5.5	4.5~5.5	±250	8	100	-40~85	10	SSO-8/SO-8
HCPL-7840	891	4.5~5.5	4.5~5.5	±250	8	100	-40~85	10	SSO-8/SO-8
ACPL-C79B/C79A/C790	1414	4.5~5.5	3.0~5.5	±200	8	200	-40~85	10	SO-8
ACPL-785E HCPL-7850 HCPL-7851	891	4.5~5.5	4.5~5.5	±200	8	100	-55~125	10	SSO-8/SO-8
HCPL-7510	891	4.5~5.5	4.5~5.5	±200	V_{REF}/512mV	100	-40~85	20	SSO-8/SO-8
HCPL-7520	891	4.5~5.5	4.5~5.5	±200	V_{REF}/512mV	100	-40~85	20	SSO-8/SO-8
ACPL-K370 ACPL-K376	1140	—	2~18			9(V_{CC}=5V) 5(V_{CC}=3.3V)	-40~105		SSO-8
TLP7820	1230	4.5~5.5	3~5.5	±200	8.24	230	-40~105	6	11-6B1A
TLP7920 TLP7920F	891/1140	4.5~5.5	3~5.5	±200	8.24	230	-40~105	6	11-10C4S, 11-10C401S, 11-10C402S, 11-10C404S, 11-10C405S
ACPL-790B ACPL-790A ACPL-7900	891	4.5~5.5	3~5.5	±200	8.2	200	-40~105	6	SSO-8/SO-8

片的全差分电路拓扑结构。这一性能通过紧凑型自动可插入产业标准 8 引脚 DIP（DIP-8）和贴片（SO-8）封装，符合全球安全法规标准。

由于现今的开关变频电机驱动系统中，普遍存在共模电压在数十 ns 内出现几百 V 摆幅的情况，因此 HCPL-7840 采用可承受（最少 10kV/μs）的超高共模瞬态变化压摆率设计。HCPL-7840 隔离型放大器的共模瞬变抑制能力，可在高噪声的电机控制环境下精确监测电机电流（±5% 增益误差），其体现的精确性和稳定性足以为各类不同的电机控制应用提供较为平顺的控制（"转矩波动"较小）。

图 3-1 所示为隔离放大器 HCPL-7840 的引脚图、实物图和原理框图。

图 3-1a 为隔离器件 HCPL-7840 的引脚图，其中 2、3 脚为采样信号的输入端 V_{IN+} 和 V_{IN-}；6、7 脚为差分输出端 V_{OUT-} 和 V_{OUT+}；1、4 脚为输入侧的电源端 V_{DD1} 和地线端 GND_1；5、8 脚为输出侧的地线端 GND_2 和电源端 V_{DD2}。图 3-1b 为隔离器件 HCPL-7840 的实物图。

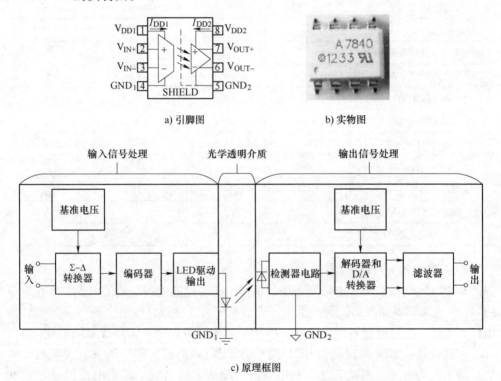

a) 引脚图　　　　　　b) 实物图

c) 原理框图

图 3-1　隔离放大器 HCPL-7840 的引脚图、实物图和原理框图

图 3-1c 为隔离放大器 HCPL-7840 的原理框图，分析它的原理框图得知：

1）隔离放大器 HCPL-7840 包含输入级的 Σ-Δ 的 A/D 转换器和编码器，中间级为光耦式隔离器件和检测器电路，输出级匹配有一个解码器和 D/A 转换器以及输出滤波器。

2）输入直流信号经过Σ-Δ转换器送至编码器量化、编码，在时钟信号的控制下，以数码串的形式传送到发光二极管 LED，驱动发光二极管 LED 发光。由于电流强度不同，发光强度也不同，在解调端有一个光电管会检测出这一变化，将接收到的光信号转换成电信号，然后送到解码器和 D/A 转换器还原成模拟信号，经滤波后输出模拟信号。

3）干扰信号因电流微弱不足以驱动发光二极管发光，因而在解调端不会有相应的电信号输出，从而被抑制掉，所以，在输出端得到的只是被放大了的被测信号。

隔离放大器 HCPL-7840 的关键性参数见表 3-2 所示。

表 3-2　隔离放大器 HCPL-7840 的关键性参数

参数名	符号	最小值	典型值	最大值
供电电压/V	V_{DD1}、V_{DD2}	4.5		5.5
增益（V_{out}/V_{in}）/（V/V）	G_1	7.60	8.00	8.40
输入电压（线性范围）/mV	V_{IN^+}、V_{IN^-}	−200	—	+200
输入失调电压/mV	V_{os}	−3.0	0.3	3.0
输入阻抗/kΩ	R_{IN}		480	
输出阻抗/Ω	R_{OUT}		1	
延时时间/μs	T_{PD50}		3.47	5.6
共模抑制比/dB	CMMR		>140	
共模抑制力/（kV/μs）	CMR	10	15	
隔离电压等级/kV	V_{ISO}	2.5		
输入-输出电阻/Ω	R_{I-O}		10^{12}	

2. 电流测试电路设计技巧

HCPL-7840 借助外部电阻所产生的模拟电压降检测流过电机的电流，并在 HC-PL-7840 光隔离屏障的另一端产生差分输出电压。这种差分输出电压与流过电机的电流成正比，可以通过后续电路（一般用运算放大器构建）转换成单端信号。

举例说明：如图 3-2 所示，即利用"分流器+隔离放大器"的方式，获取高电压环境中的大电流的测试方法。利用该方法测试电机电流，即当电流流过采样电阻时，电阻两端产生模拟电压，将此电压作为被测信号送入光耦的一次侧。光耦的另一端送出一对差动的电压信号，若再经过运算放大器以后，可输出更大幅值的模拟电压信号。

当采样电阻阻值给定后，电机电流的变化会引起电阻两端电压的变化。由于 HCPL-7840 的传输线性度相当高，即使一次电压有毫伏级（mV）的变化，二次侧输出的差动电压也会随之改变。因此，作为被检测电机电流值与线性光耦的输出电压值之间有了一一对应的关系，即线性关系。

在工程实践中分为双极性电流测试电路和单极性电流测试电路两种典型的测试方法。

（1）现将双极性电流测试电路的设计过程简述如下：

如图 3-2a 所示，由于后续放大器采用了双极性电源，因此，输出电压 V_{OUT} 就为双极性信号。采样电阻 R_S 的端电压即为传送到隔离放大器 HCPL-7840 输入端的电压，即

$$V_{IN} = I_B R_S \tag{3-1}$$

式中，I_B 表示被测电流。考虑到 HCPL-7840 的输入电压范围为 $-200 \sim 200\text{mV}$，那么，必须要求：

$$|I_B R_S| \leqslant 0.2\text{V} \tag{3-2}$$

那么，测试电路的输出电压 V_{OUT} 的表达式为

$$V_{OUT} = V_{IN} G = I_B R_S G \tag{3-3}$$

G 为测试电路的增益，其表达式为

$$\begin{cases} G = \dfrac{V_{OUT}}{V_{IN}} \\ G = G_1 G_2 \end{cases} \tag{3-4}$$

式中，G_1 表示 HCPL-7840 的放大系数（增益），根据它的参数手册得知，G_1 为 $7.6 \sim 8.4$，额定值为 $G_1 = 8$。G_2 为后续放大器的增益。假设 $R_2 = R_3$，$R_4 = R_5$，则后续放大器的增益，G_2 为

$$G_2 = \frac{R_4}{R_2} \tag{3-5}$$

如图 3-2a 所示，为了提高该电路的抗干扰能力，在它的输入端设置了由电阻 R_1 和电容 C_{11} 组成的共模滤波器电路，它的截止频率需要根据被测电压信号的特点合理选择，该共模滤波器截止频率 f_{IN_COM} 的表达式为

$$f_{IN\_COM} \approx \frac{1}{2\pi(R_1 C_{11})} \tag{3-6}$$

在 HCPL-7840 的输入端设置了由电阻 R_1 和电容 C_{12} 组成的差模滤波器电路，它的截止频率需要根据被测电压信号的特点合理选择，该差模滤波器截止频率 f_{IN_DM} 的表达式为

$$f_{IN\_DM} \approx \frac{1}{2\pi(2R_1 C_{12})} \tag{3-7}$$

且要求 C_{11} 与 C_{12} 满足下面的表达式：

$$C_{12} \geqslant 10 C_{11} \tag{3-8}$$

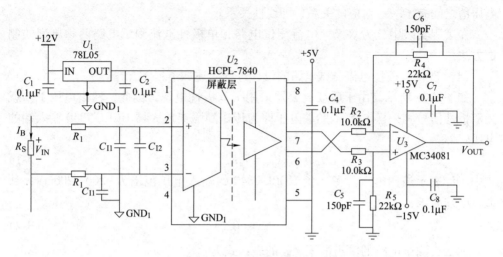

a) 测试强电流的双极性电路拓扑

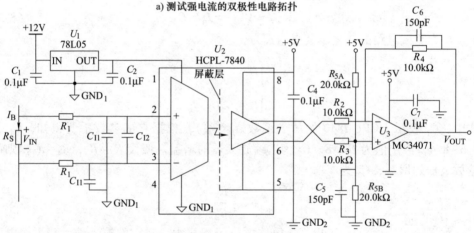

b) 测试强电流的单极性电路拓扑

图 3-2　隔离放大器 HCPL-7840 测试强电流的典型处理电路

图 3-2b 所示的是单极性电路，其输出电压 V_{OUT} 的表达式为

$$V_{OUT} = 2.5 + I_B R_S G \tag{3-9}$$

（2）现将单极性电流测试电路的设计过程简述如下：

由于后续放大器采用了单极性电源，因此，输出电压 V_{OUT} 就为单极性信号。当然，由于 HCPL-7840 的输入电压范围为 $-200 \sim 200\text{mV}$，那么，也必须要求：

$$|I_B R_S| \leqslant 0.2\text{V} \tag{3-10}$$

表 3-3 所示为基于隔离放大器 HCPL-7840 通过不同分流器可以获取的被测电流值。

表 3-3　不同分流器可以获取的被测电流值（HCPL-7840）

分流器 $R_S/\text{m}\Omega$	功率 P_{RS}/W	被测电流 I_B/A
50	3	3
20	3	8
10	3	15
5	5	35

图 3-3 所示为 HCPL-7840 的输出端 $V_{\text{OUT-}}$ 和 $V_{\text{OUT+}}$ 与 V_{IN} 的实测关系曲线。为了保证 HCPL-7840 的良好线性特性，需要根据电路中被测电流或电压的幅值情况，合理选取采样电阻，确保传送到放大器输入端的电压为 $-200 \sim 200\text{mV}$，否则会极大程度地影响测试结果的准确性。

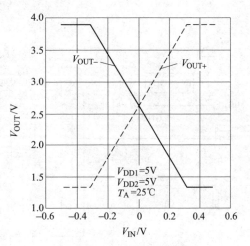

图 3-3　$V_{\text{OUT-}}$ 和 $V_{\text{OUT+}}$ 与 V_{IN} 的实测
关系曲线（HCPL-7840）

3. 电压测试电路设计技巧

图 3-2 示意了利用分流器获取高压环境的强电流的思路。同理，还可以利用分压器获取电力电子装置的高电压，如图 3-4 所示，即利用"分压器+隔离放大器"获取高电压的测试方法。

在工程实践中分为双极性电压测试电路和单极性电压测试电路两种典型的测试方法。

（1）现将双极性电压测试电路的设计过程简述如下：

图 3-4a 所示的双极性测试电路，其输出电压 V_{IN}、输出电压 V_{OUT} 和增益 G 满足下面的表达式，即

$$\begin{cases} V_{\text{OUT}} = V_{\text{IN}}G \\ V_{\text{IN}} = \dfrac{V_S}{R_{S1} + R_{S2} + R_{S3}}R_{S2} \\ G = G_1 G_2 \end{cases} \tag{3-11}$$

式中，G_1 表示 HCPL-7840 的放大系数（增益）；G_2 表示后续放大器的增益。假设 $R_2 = R_3$，$R_4 = R_5$，则后续放大器的增益 G_2 为

$$G_2 = \frac{R_4}{R_2} \tag{3-12}$$

如图 3-4b 所示的单极性电路，其输出电压 V_{OUT} 的表达式为

$$\begin{cases} V_{OUT} = (V_{IN}G_1 + 2.5)G_2 \\ V_{IN} = \dfrac{V_S}{R_{S1} + R_{S2} + R_{S3}} R_{S2} \end{cases} \qquad (3\text{-}13)$$

式中，G_1 表示 HCPL-7840 的放大系数（增益）；G_2 为后续放大器的增益。假设 $R_2 = R_3$，$R_4 = R_5$，则后续放大器的增益 G_2 为

$$G_2 = \frac{R_4}{R_2} \qquad (3\text{-}14)$$

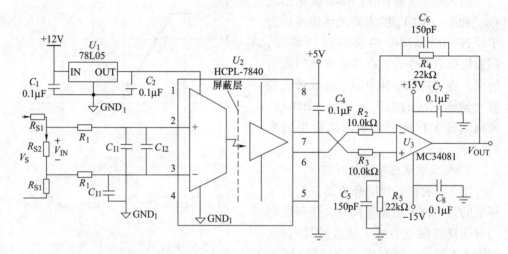

a) 测试高电压的双极性电路拓扑

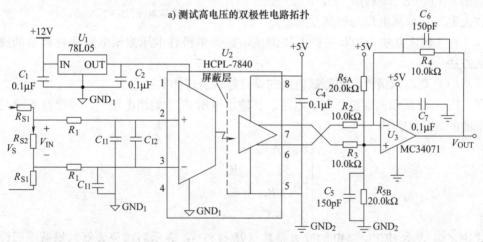

b) 测试高电压的单极性电路拓扑

图 3-4　隔离放大器 HCPL-7840 测试高电压的典型处理电路

（2）现将单极性电压测试电路的设计过程简述如下：

图 3-4b 表示高电压单极性测试电路拓扑。与双极性测试电路相同，由于

HCPL-7840 的输入电压范围为 -200 ~ 200mV，那么，单极性电路也必须要求：

$$|V_{IN}| = \left| \frac{V_S}{R_{S1} + R_{S2} + R_{S3}} R_{S2} \right| \leq 200\text{mV} \tag{3-15}$$

为了提高单极性测试电路的抗干扰能力，在它的输入端设置了由电阻 R_1 和电容 C_{I1} 组成的共模滤波器电路；在它的输入端设置了由电阻 R_1 和电容 C_{I2} 组成的差模滤波器电路。两种滤波器的截止频率的表达式同前，需要根据被测电压信号的特点合理选择截止频率。

需要说明一下，在图 3-2 和图 3-4 所示的隔离放大器 HCPL-7840 的典型处理电路中，限于篇幅，在输出端 V_{OUT} 的后面没有画出它的低通滤波器电路，并不意味着实际电路不需要它，读者在设计时，可以根据需要酌情选择合适的低通滤波器电路参数。

根据我们的工程经验，在电力电子装置中测试电压、电流、温度和湿度等电气量时，可酌情采用二阶压控低通滤波器或者更高阶数的压控低通滤波器，请参见机械工业出版社出版的《电力电子装置中的典型信号处理与通信网络技术》一书。

总之，HCPL-7840 隔离放大器系列也适用于具有富含电磁噪声环境中需要高精确度、高稳定性和高线性度的通用模拟信号隔离采集的场合。

4. 电流双极性测试电路的设计示例

我们以图 3-2a 所示的测试强电流的双极性电路拓扑为例，讲述该电路设计的重要步骤：

1）假设被测电流为 50A（有效值），过载 1.5 倍时，输出电压 V_{OUT} 满足后续 A/D 转换器的需要，一般不超过 3.0V（直流），本例假设传送到 A/D 转换器入口的电压峰值为 2.8V。

2）由于传送到 HCPL-7840 的输入峰值电压 $V_{IN} = 200\text{mV}$，本例按照 150mV 设计，即被测电流为 50A（有效值），过载 1.5 倍时传送到 HCPL-7840 的输入峰值电压 $V_{IN} = 160\text{mV}$，则要求采样系统的总增益 G 为

$$G = G_1 G_2 = \frac{V_{OUT}}{V_{IN}} = \frac{2.8\text{V}}{0.16\text{V}} = 17.5 \tag{3-16}$$

式中，G_2 为放大器 HCPL-7840 输出端的差分放大器的增益。

3）根据参数手册得知，放大器 HCPL-7840 的额定增益 G_1 为 8，那么输出端的放大器增益 G_2 为

$$G_2 = \frac{G}{G_1} = \frac{17.5}{8} \approx 2.2 \tag{3-17}$$

因此，差分放大器的外围电阻均选择 E192 电阻系列，且取值分别为

$$\begin{cases} R_2 = R_3 = 10\text{k}\Omega \\ R_4 = R_5 = 22\text{k}\Omega \end{cases} \tag{3-18}$$

4）被测电流为 50A（有效值），过载 1.5 倍时传送到 HCPL-7840 的峰值电压要求小于或等于 200mV，本例既然按照 160mV 设计，那么采样电阻的取值为

$$R_{S} = \frac{V_{IN}}{50 \times \sqrt{2} \times 1.5} = \frac{0.16V}{50A \times \sqrt{2} \times 1.5} \approx 1.5m\Omega \qquad (3-19)$$

5）按 150% 额定电流计算采样电阻损耗：

$$P_{S} = (50A \times 1.5)^{2} \times 1.5m\Omega \approx 8.44W \qquad (3-20)$$

根据工程实践经验，采样电阻的功率必须降额（按照 2~3 倍）使用，本例取 3，则有

$$P_{S\_N} = 3P_{S} = 3 \times (50A \times 1.5)^{2} \times 1.5m\Omega \approx 25.2W \qquad (3-21)$$

6）可以选择 4 只 6.04mΩ（E192 电阻系列）的分流器并联得到，那么采样电压的峰值 V_{IN} 为

$$V_{IN} = \frac{50A \times \sqrt{2} \times 1.5 \times 6.04m\Omega}{4} \approx 159mV \leqslant 160mV \qquad (3-22)$$

没有超过 160mV 的约束值，满足设计要求，采样电阻取值合理。因此，实际上选取 4 个 6.04mΩ/6W（E192 电阻系列）并联构建采样电阻 R_{S}。

5. 电流单极性测试电路的设计示例

如果测试要求如前所述，现将按照图 3-2b 所示的测试强电流的单极性电路拓扑的参数计算方法，简述如下：

1）按照图 3-2b 所示，假设放大器 HCPL-7840 输出端的差分放大器的外围电阻取值分别为

$$\begin{cases} R_{2} = R_{3} = 10k\Omega \\ R_{4} = 10k\Omega \\ R_{5A} = R_{5B} = 20k\Omega \end{cases} \qquad (3-23)$$

上述电阻选择 E192 电阻系列。则放大器 HCPL-7840 输出端差分放大器的放大倍数 G_{2} 为

$$G_{2} = \frac{10k\Omega}{10k\Omega} = 1 \qquad (3-24)$$

2）当被测电流为 50A（有效值），过载 1.5 倍时，输出电压 V_{OUT} 满足后续 A/D 转换器的需要，假设传送到 A/D 转换器入口的电压峰值为 2.8V，则输出电压 V_{OUT} 满足：

$$V_{OUT} = (2.5 + I_{B}R_{S}G_{1}) \times 1 \leqslant 2.8V \qquad (3-25)$$

3）传送到放大器 HCPL-7840 输入端的峰值电压 V_{IN} 为

$$V_{IN} \leqslant \frac{V_{OUT} - 2.5}{G_{1} \times 1} = \frac{0.3V}{8 \times 1} = 37.5mV \qquad (3-26)$$

由于采样电阻的端电压 V_{IN} 又可以表示为

$$V_{\text{IN}} = I_{\text{B}}R_{\text{S}} \leq 37.5\text{mV} \tag{3-27}$$

4）因此，可以求取采样电阻 R_{S} 的取值为

$$R_{\text{S}} \leq \frac{37.5\text{mV}}{50\text{A} \times \sqrt{2} \times 1.5} \approx 0.354\text{m}\Omega \tag{3-28}$$

5）按 150% 额定电流计算采样电阻 R_{S} 的损耗：

$$P_{\text{S}} = (50\text{A} \times 1.5)^2 \times 0.354\text{m}\Omega \approx 2\text{W} \tag{3-29}$$

根据工程实践经验，采样电阻 R_{S} 的功率必须降额（按照 2~3 倍）使用，本例取 3，则有

$$P_{\text{S\_N}} = 3P_{\text{S}} \approx 6.0\text{W} \tag{3-30}$$

6）暂时选取 3 个 1.06mΩ/2W（E192 电阻系列）并联，构建采样电阻 R_{S}。则采样电阻的端电压 V_{IN} 为

$$V_{\text{IN}} = \frac{50\text{A} \times \sqrt{2} \times 1.5 \times 1.06\text{m}\Omega}{3} \approx 37.5\text{mV} \tag{3-31}$$

计算值与期望值 37.5mV 非常接近，满足设计要求，采样电阻取值合理。

6. 电压双极性测试电路的设计示例

我们以图 3-4a 所示的测试高电压的双极性电路拓扑为例，讲述该电路设计的重要步骤：

1）假设被测电流为 380V（有效值），过载 1.2 倍时，输出电压 V_{OUT} 满足后续 A/D 转换器的需要，一般不超过 3.0V（直流），本例假设传送到 A/D 转换器入口的电压峰值为 2.8V。

2）由于传送到 HCPL-7840 的峰值电压 $V_{\text{IN}} = 200\text{mV}$，本例按照 150mV 设计，即被测电压为 380V（有效值），过载 1.2 倍时传送到 HCPL-7840 的峰值电压 $V_{\text{IN}} = 160\text{mV}$，则要求采样系统的总增益 G 为

$$G = \frac{V_{\text{OUT}}}{V_{\text{IN}}} = \frac{2.8\text{V}}{0.16\text{V}} = 17.5 \tag{3-32}$$

3）根据参数手册得知，放大器 HCPL-7840 的额定增益 G_1 为 8，那么它的输出端的差分放大器的增益 G_2 为

$$G_2 = \frac{G}{G_1} = \frac{17.5}{8} \approx 2.2 \tag{3-33}$$

因此，差分放大器的外围电阻均选择 E192 电阻系列，且取值分别为

$$\begin{cases} R_2 = R_3 = 10\text{k}\Omega \\ R_4 = R_5 = 22\text{k}\Omega \end{cases} \tag{3-34}$$

4）被测电压为 380V（有效值），过载 1.2 倍时传送到 HCPL-7840 的峰值电压要求小于或等于 200mV，本例既然按照 160mV 设计，则有

$$V_{\text{IN}} = \frac{380 \times \sqrt{2} \times 1.2}{2R_{\text{S1}} + R_{\text{S2}}} R_{\text{S2}} = 160\text{mV} \tag{3-35}$$

可以得到分压器电阻 R_{S1} 与 R_{S2} 的关系表达式为

$$R_{S1} \approx 2014.75 R_{S2} \qquad (3\text{-}36)$$

假设采样电阻 R_{S2} 取值为 110Ω（选择 E192 电阻系列），那么分压电阻 R_{S1} 近似为 221kΩ（选择 E192 电阻系列）。重新计算传送到 HCPL-7840 的峰值电压 V_{IN} 为

$$V_{IN} = \frac{380V \times \sqrt{2} \times 1.2}{2 \times 221 + 0.110} \times 0.110 \approx 160.5mV \qquad (3\text{-}37)$$

计算值与约束值 160mV 非常接近，满足设计要求，采样电阻取值合理。因此，分压器的电阻 R_{S1} 与 R_{S2} 分别取值 221kΩ 和 110Ω（E192 电阻系列）。

5）按 120% 额定电压计算分压电阻 R_{S1} 的损耗：

$$P_{RS1} = \left(\frac{380V \times 1.2}{2 \times 221 + 0.110} \right)^2 \times 221k\Omega \approx 0.235W \qquad (3\text{-}38)$$

根据工程实践经验，分压电阻 R_{S1} 的功率必须降额（按照 2~3 倍）使用，本例取 3，则有

$$P_{RS1\_N} = 3 \times \left(\frac{380V \times 1.2}{2 \times 221 + 0.110} \right)^2 \times 221k\Omega \approx 0.7W \qquad (3\text{-}39)$$

所以，实际上选取分压电阻 R_{S1} 为：442kΩ/2512 封装、E192 电阻系列，两只电阻并联。

6）按 120% 额定电压计算采样电阻 R_{S2} 的损耗：

$$P_{RS2} = \left(\frac{380V \times 1.2}{2 \times 221 + 0.110} \right)^2 \times 110\Omega \approx 0.12mW \qquad (3\text{-}40)$$

根据工程实践经验，采样电阻 R_{S2} 的功率必须降额（按照 2~3 倍）使用，本例取 3，则有

$$P_{RS2\_N} = 3 \times \left(\frac{380V \times 1.2}{2 \times 221 + 0.110} \right)^2 \times 110\Omega \approx 0.37mW \qquad (3\text{-}41)$$

所以，实际上采样电阻 R_{S2} 选取为：110Ω/1210 封装、E192 电阻系列。

7. 电压单极性测试电路的设计示例

假设条件同前，即被测电流为 380V（有效值），过载 1.2 倍时，输出电压 V_{OUT} 满足后续 A/D 转换器的需要，一般不超过 3.0V（直流），本例假设传送到 A/D 转换器入口的电压峰值为 2.8V。

我们以图 3-4b 所示的测试高电压的单极性电路拓扑为例，讲述该电路设计的重要步骤：

1）假设放大器 HCPL-7840 输出端的差分放大器的外围电阻取值分别为

$$\begin{cases} R_2 = R_3 = 10k\Omega \\ R_4 = 10k\Omega \\ R_{5A} = R_{5B} = 20k\Omega \end{cases} \qquad (3\text{-}42)$$

上述电阻选择 E192 电阻系列。放大器 HCPL-7840 输出端的差分放大器的放大倍数 G_2 为

$$G_2 = \frac{10\text{k}\Omega}{10\text{k}\Omega} = 1 \tag{3-43}$$

2）当被测电压为 380V（有效值），过载 1.2 倍时，输出电压 V_{OUT} 满足后续 A/D 转换器的需要，假设传送到 A/D 转换器入口的电压峰值为 2.8V，则输出电压 V_{OUT} 满足：

$$V_{\text{OUT}} = (2.5 + V_{\text{IN}}G_1) \times 1 \leqslant 2.8\text{V} \tag{3-44}$$

那么，传送到放大器 HCPL-7840 输入端的峰值电压 V_{IN} 必须满足表达式：

$$V_{\text{IN}} \leqslant \frac{V_{\text{OUT}} - 2.5}{G_1} = \frac{0.3}{8} = 37.5\text{mV} \tag{3-45}$$

由于传送到放大器 HCPL-7840 输入端的峰值电压 V_{IN} 即为采样电阻 R_{S2} 的端电压，即

$$V_{\text{IN}} = \frac{380 \times \sqrt{2} \times 1.2}{2R_{\text{S1}} + R_{\text{S2}}} R_{\text{S2}} \tag{3-46}$$

所以，传送到放大器 HCPL-7840 输入端的峰值电压 V_{IN} 就可以更换一个表达形式，即

$$V_{\text{IN}} = \frac{380 \times \sqrt{2} \times 1.2}{2R_{\text{S1}} + R_{\text{S2}}} R_{\text{S2}} \leqslant 37.5\text{mV} \tag{3-47}$$

3）可以得到分压器电阻 R_{S1} 与 R_{S2} 的关系表达式为

$$R_{\text{S1}} \approx 8597.92 R_{\text{S2}} \tag{3-48}$$

假设采样电阻 R_{S2} 取值为 10.2Ω（选择 E192 电阻系列），那么分压电阻 R_{S1} 近似为 87.6kΩ（选择 E192 电阻系列），重新计算传送到 HCPL-7840 的峰值电压 V_{IN} 为

$$V_{\text{IN}} = \frac{380\text{V} \times \sqrt{2} \times 1.2}{2 \times 87.6 + 0.0102} \times 0.0102 \approx 37.54\text{mV} \tag{3-49}$$

计算值与期望值 37.5mV 非常接近，满足设计要求，采样电阻取值合理。因此，分压器电阻 R_{S1} 与 R_{S2} 分别取值为 87.6kΩ 和 10.2Ω（E192 电阻系列）。

4）按 120% 额定电压计算分压电阻 R_{S1} 的损耗：

$$P_{\text{RS1}} = \left(\frac{380\text{V} \times \sqrt{2} \times 1.2}{2 \times 87.6 + 0.0102} \right)^2 \times 87.6\text{k}\Omega \approx 1.2\text{W} \tag{3-50}$$

根据工程实践经验，分压电阻 R_{S1} 的功率必须降额（按照 2~3 倍）使用，本例取 3，则有

$$P_{\text{RS1\_N}} = 3 \times \left(\frac{380\text{V} \times \sqrt{2} \times 1.2}{2 \times 87.6 + 0.0102} \right)^2 \times 87.6\text{k}\Omega \approx 3.6\text{W} \tag{3-51}$$

所以，实际上选取采样电阻 R_{S1} 为：264kΩ/2512 封装、E192 电阻系列，3 只电阻并联。

5）按 120% 额定电压计算采样电阻 R_{S2} 的损耗：

$$P_{RS2} = \left(\frac{380V \times \sqrt{2} \times 1.2}{2 \times 87.6 + 0.0102} \right)^2 \times 10.2\Omega \approx 0.138mW \tag{3-52}$$

根据工程实践经验，采样电阻 R_{S2} 的功率必须降额（按照 2~3 倍）使用，本例取 3，则有

$$P_{RS2\_N} = 3 \times \left(\frac{380V \times \sqrt{2} \times 1.2}{2 \times 87.6 + 0.0102} \right)^2 \times 10.2\Omega \approx 0.4mW \tag{3-53}$$

所以，实际上选取采样电阻 R_{S2} 为：10.2Ω/1210 封装、E192 电阻系列。

6）重新计算传送到 HCPL-7840 的峰值电压 V_{IN} 为

$$V_{IN} = \frac{380V \times \sqrt{2} \times 1.2}{2 \times \dfrac{264}{3} + 0.0102} \times 0.0102 \approx 37.4mV \tag{3-54}$$

计算值与期望值 37.5mV 非常接近，满足设计要求，采样电阻取值合理。

当然，利用隔离放大器 HCPL-7840，不仅可以测试电流和电压，也可以测试电力电子装置中的温度、湿度等物理量，设计方法与此类似。

与图 3-2 和图 3-4 所示电路类似，采用相同的处理方法，也可以利用 HCPL-7800 测试电流、电压、温度和湿度等电气量。

3.1.2 隔离栅式放大器

1. 基本原理

以 TI 公司的具有 ±250mV 输入电压的增强隔离栅式放大器 AMC1300X 为例进行说明。放大器 AMC1300X 分为 AMC1300B 和 AMC1300 两种规格型号。AMC1300X 的输出与输入电路由抗电磁干扰性能极强的隔离栅（SiO$_2$）隔开，可提供高达 5kV（有效值）的电隔离度。与隔离式电源结合使用时，该隔离放大器可将不同共模电压电平运行的系统器件隔开，并防止较低电压器件受到损坏。放大器 AMC1300X 的输入针对直接串入电阻分流器或其他低电压电平信号源进行了优化，它的性能优异，支持精确电流控制，从而降低系统级功耗且能够降低扭矩纹波，尤其是在电机控制系统中更是发挥它的优势。放大器 AMC1300X 将共模过电压和高端侧电源电压缺失检测功能集成一体，可简化系统设计电路和故障诊断电路。

图 3-5 所示为隔离放大器 AMC1300X 的引脚图和实物图。

图 3-5a 为放大器 AMC1300X 的引脚图，其中 2、3 脚为采样信号输入端 V_{IN+} 和 V_{IN-}；6、7 脚为差分输出端 V_{OUT-} 和 V_{OUT+}；1、4 脚为输入侧的电源端 V_{DD1} 和地线端 GND$_1$；5、8 脚为输出侧的 GND$_2$ 和电源端 V_{DD2}。

图 3-5b 为放大器 AMC1300X 的实物图。

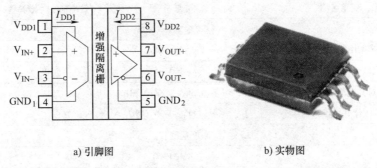

a) 引脚图　　　　　　　　　　　　b) 实物图

图 3-5　隔离放大器 AMC1300X 的引脚图和实物图

　　图 3-6 所示为隔离放大器 AMC1300X 的原理框图，其输入端采用了仪用放大器的拓扑，抗共模能力更强。再经由 $\Sigma\text{-}\Delta$ 调制变换为高低电平的方波脉冲（数据波），借助增强隔离栅耦合传送到输出端，利用四阶低通滤波器处理后输出电压信号。AMC1300X 的 $\Sigma\text{-}\Delta$ 转换器所需时钟，来源于放大器二次侧的振荡器形成的脉冲经由增强隔离栅耦合传送而来。

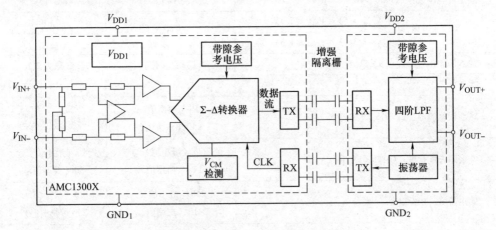

图 3-6　隔离放大器 AMC1300X 的原理框图

隔离放大器 AMC1300X 的额定参数见表 3-4 所示。

表 3-4　隔离放大器 AMC1300X 的额定参数

变量名称	变量符号		最小值	推荐值	最大值
电源					
高压侧电源/V	$V_{DD1} \sim GND_1$	AMC1300	4.5	5	5.5
		AMC1300B	3.0	5	5.5
低压侧电源/V	$V_{DD2} \sim GND_2$		3.0	3.3	5.5

（续）

变量名称	变量符号	最小值	推荐值	最大值
模拟量输入				
V_{Clipping} 限幅输出前差动输入电压/mV	$V_{\text{IN}} = V_{\text{INP}} - V_{\text{INN}}$		± 320	
V_{FSR} 指定线性微分输入满标度/mV	$V_{\text{IN}} = V_{\text{INP}} - V_{\text{INN}}$	-250		250
绝对共模输入电压/V	$(V_{\text{INP}} + V_{\text{INN}})/2 \sim \text{GND}_1$	-2		V_{DD1}
V_{CM} 工作共模输入电压/V	$(V_{\text{INP}} + V_{\text{INN}})/2 \sim \text{GND}_1$	-0.16		$V_{\text{DD1}} - 2.1$
温度范围				
TA 规定环境温度/℃	AMC1300	-40		125
	AMC1300B	-55		125

隔离放大器 AMC1300B 和 AMC1300 的关键性参数见表 3-5 所示。

表 3-5　隔离放大器 AMC1300B 与 AMC1300 的关键性参数

参　数		AMC1300B	AMC1300
高端侧电源电压：V_{DD1}/V		3.0~5.5	4.5~5.5
额定环境温度：T_A/℃		$-55 \sim 125$	$-40 \sim 125$
输入偏移电压：V_{OS}	$4.5\text{V} \leqslant V_{\text{DD1}} \leqslant 5.5\text{V}$	$\pm 0.2\text{mV}$	$\pm 2\text{mV}$
	$3.0\text{V} \leqslant V_{\text{DD1}} \leqslant 4.5\text{V}$		不适用
输入温漂：V_{OS}/T_C/（μV/℃）		± 3（最大值）	± 4（最大值）
增益误差：E_G/%		± 0.3	± 1
增益误差温漂：E_G/T_C/（$\times 10^{-6}$/℃）		± 15（典型值），± 50（最大值）	± 50（典型值）
共模瞬态抗扰度：CMTI/（kV/μs）		75（最小值），140（典型值）	15（最小值），30（典型值）
输出带宽：BW/kHz		250（最小值），310（典型值）	170（最小值），230（典型值）
$V_{\text{IN+}}$、$V_{\text{IN-}}$ 至 $V_{\text{OUT+}}$、$V_{\text{OUT-}}$ 信号延迟（50%~90%）/μs		3（最大值）	3.4（最大值）

2. 电流测试电路设计技巧

图 3-7 所示为利用放大器 AMC1300X 测试高电压环境中的强电流的典型隔离处理电路，要求传给它的电压信号 V_{IN} 的额定输入范围为：$-250 \sim 250\text{mV}$。

如图 3-7 所示，利用了"分流器+隔离放大器"的方式。现将设计计算过程简述如下：

1）在输入端设置了由 R_{FLT1} 和 C_{FLT1} 构成的低通滤波器电路，它的截止频率需要根据被测电压信号的特点合理选择，其表达式为

$$f_{IN} = \frac{1}{2\pi(2R_{FLT1}C_{FLT1})} \qquad (3\text{-}55)$$

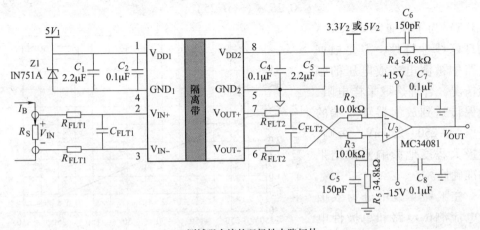

a) 测试强电流的双极性电路拓扑

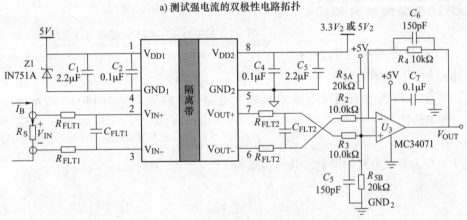

b) 测试强电流的单极性电路拓扑

图 3-7　隔离放大器 AMC1300X 测试强电流的典型处理电路

2）在输出端也设置了由 R_{FLT2} 和 C_{FLT2} 构成的低通滤波器电路，它的截止频率需要根据被测电压信号的特点合理选取，其表达式为

$$f_{OUT} = \frac{1}{2\pi(2R_{FLT2}C_{FLT2})} \qquad (3\text{-}56)$$

3）传送到放大器输入端的电压 V_{IN} 表达式为

$$V_{IN} = I_B R_S \qquad (3\text{-}57)$$

式中，I_B 表示被测电流；R_S 表示采样电阻。考虑到放大器 AMC1300X 的输入电压范围为 $-250 \sim 250\mathrm{mV}$，那么，必须要求：

$$|V_{IN}| = |I_B R_S| \leqslant 0.25\mathrm{V} \qquad (3\text{-}58)$$

4）图 3-8 所示为 AMC1300X 的输出端 V_{OUT-} 和 V_{OUT+} 与 V_{IN} 的实测关系曲线。分

析得知 G_1 为 4 左右，即

$$G_1 = \frac{2.49 - 0.47}{0.25 - (-0.25)} \approx 4 \qquad (3-59)$$

5）为了保证 AMC1300X
的良好线性特性，需要根据
电路中被测电流或电压的幅
值情况，合理选取采样电阻，
确保传送到放大器输入端的
电压为 $-250 \sim 250\text{mV}$，否则，
会极大程度地影响测试结果
的准确性。

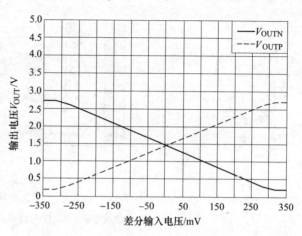

图 3-8　AMC1300X 的输入-输出电压实测曲线

在工程实践中分为双极
性电流测试电路和单极性电
流测试电路两种典型测试
方法。

（1）现将双极性电流测
试电路的设计过程简述如下：

在图 3-7a 所示的测试电流的双极性电路中，放大器 AMC1300X 的输出电压
V_{OUT} 的表达式为

$$V_{\text{OUT}} = V_{\text{IN}} G = I_{\text{B}} R_{\text{S}} G \qquad (3-60)$$

式中，G 为测试电路的增益，其表达式为

$$\begin{cases} G = \dfrac{V_{\text{OUT}}}{V_{\text{IN}}} \\ G = G_1 G_2 \end{cases} \qquad (3-61)$$

式中，G_1 表示 AMC1300X 的放大系数（增益），根据它的参数手册得知，G_1 为 4
左右。G_2 为后续放大器的增益。假设 $R_2 = R_3$，$R_4 = R_5$，则后续放大器的增益 G_2 为

$$G_2 = \frac{R_4}{R_2} \qquad (3-62)$$

（2）现将单极性电流测试电路的设计过程简述如下：

图 3-9b 所示的测试电流的单极性电路中，AMC1300X 的输出电压 V_{OUT} 的表达
式为

$$V_{\text{OUT}} = (2.5 + I_{\text{B}} R_{\text{S}} G_1) G_2 \qquad (3-63)$$

式中，G_1 为 4 左右；G_2 为后续放大器的增益，假设 $R_2 = R_3$，$R_4 = R_5$，G_2 为

$$G_2 = \frac{R_4}{R_2} \qquad (3-64)$$

3. 电压测试电路设计技巧

图 3-9 所示为利用放大器 AMC1300X 测试高电压的典型隔离处理电路，要求传给它的电压信号 V_{IN} 的额定输入为：$-250 \sim 250 \text{mV}$。

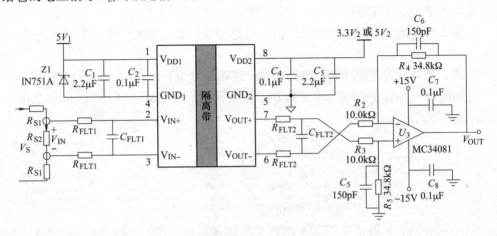

a) 测试高电压的双极性电路拓扑

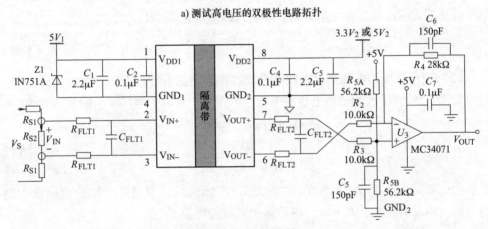

b) 测试高电压的单极性电路拓扑

图 3-9　基于 AMC1300X 测试高电压的典型测试电路

如图 3-9 所示，现将利用"分压器+隔离放大器"获取高电压的测试方法简述如下：

传送到放大器输入端的电压 V_{IN} 表达式为

$$V_{IN} = \frac{V_S}{2R_{S1} + R_{S2}} R_{S2} \tag{3-65}$$

式中，V_S 表示被测高电压；由电阻 R_{S1} 和 R_{S2} 组成分压器，其中电阻 R_{S2} 为采样电阻。考虑到放大器 AMC1300X 的输入电压范围为 $-250 \sim 250 \text{mV}$，那么，必须要求：

$$|V_{\text{IN}}| = \left|\frac{V_{\text{S}}}{2R_{\text{S1}} + R_{\text{S2}}}R_{\text{S2}}\right| \leqslant 0.25\text{V} \tag{3-66}$$

放大器 AMC1300X 提供两种性能级别的器件选项：AMC1300B 和 AMC1300，两者的额定工业温度范围分别为 -55~125℃ 和 -40~125℃。

在工程实践中分为双极性电压测试电路和单极性电压测试电路两种典型测试方法。

（1）现将双极性电压测试电路的设计过程简述如下：

如图 3-9a 所示的测试高电压的双极性电路中，放大器 AMC1300X 的输出电压 V_{OUT} 的表达式为

$$\begin{cases} V_{\text{OUT}} = V_{\text{IN}}G \\ V_{\text{IN}} = \dfrac{V_{\text{S}}}{R_{\text{S1}} + R_{\text{S2}} + R_{\text{S3}}}R_{\text{S2}} \\ G = G_1 G_2 \end{cases} \tag{3-67}$$

式中，G_1 表示放大器 AMC1300X 的放大系数（增益），取值 4；G_2 为后续放大器的增益。假设 $R_2 = R_3$，$R_4 = R_5$，则后续放大器的增益 G_2 为

$$G_2 = \frac{R_4}{R_2} \tag{3-68}$$

（2）现将单极性电压测试电路的设计过程简述如下：

如图 3-9b 所示的测试高电压的单极性电路中，其输出电压 V_{OUT} 的表达式为

$$\begin{cases} V_{\text{OUT}} = (V_{\text{IN}}G_1 + 2.5)\,G_2 \\ V_{\text{IN}} = \dfrac{V_{\text{S}}}{R_{\text{S1}} + R_{\text{S2}} + R_{\text{S3}}}R_{\text{S2}} \end{cases} \tag{3-69}$$

式中，G_1 表示放大器 AMC1300X 的放大系数（增益），取值 4；G_2 为后续放大器的增益。假设 $R_2 = R_3$，$R_4 = R_5$，则后续放大器的增益 G_2 为

$$G_2 = \frac{R_4}{R_2} \tag{3-70}$$

放大器 AMC1300X 的输出端可以接同步采样 A/D 转换器，如 ADS8363（16位）、ADS7263（14位）和 ADS7223（12位），它们均为双通道、4个2组差分或者4个伪差分输入变换器。

4. 电流双极性测试电路设计示例

我们以图 3-7a 所示的测试强电流的双极性电路拓扑为例，讲述该电路设计的重要步骤：

1）假设被测电流为 70A（有效值），过载 1.5 倍时，输出电压 V_{OUT} 满足后续 A/D 转换器的需要，一般不超过 3.0V（直流），本例假设传送到 A/D 转换器入口的电压峰值为 2.8V。

2）由于传送到 AMC1300X 的输入峰值电压 $V_{IN} = 250\text{mV}$，本例按照 200mV 设计，即被测电流为 70A（有效值），过载 1.5 倍时传送到 AMC1300X 的输入峰值电压 $V_{IN} = 200\text{mV}$，则要求采样系统的总增益 G 为

$$G = G_1 G_2 = \frac{V_{OUT}}{V_{IN}} = \frac{2.8\text{V}}{0.2\text{V}} = 14 \tag{3-71}$$

式中，G_2 为放大器 AMC1300X 输出端的差分放大器的增益。

3）根据参数手册得知，放大器 AMC1300X 的额定增益 G_1 为 4，那么输出端的放大器增益 G_2 为

$$G_2 = \frac{G}{G_1} = \frac{14}{4} = 3.5 \tag{3-72}$$

因此，差分放大器的外围电阻均选择 E192 电阻系列，且取值分别为

$$\begin{cases} R_2 = R_3 = 10\text{k}\Omega \\ R_4 = R_5 = 34.8\text{k}\Omega \end{cases} \tag{3-73}$$

4）被测电流为 70A（有效值），过载 1.5 倍时传送到 AMC1300X 的峰值电压要求小于或等于 200mV，本例既然按照 200mV 设计，那么采样电阻的取值为

$$R_S = \frac{V_{IN}}{70 \times \sqrt{2} \times 1.5} = \frac{0.20\text{V}}{70\text{A} \times \sqrt{2} \times 1.5} \approx 1.35\text{m}\Omega \tag{3-74}$$

5）按 150% 额定电流计算采样电阻损耗：

$$P_S = (70\text{A} \times 1.5)^2 \times 1.35\text{m}\Omega \approx 14.9\text{W} \tag{3-75}$$

根据工程实践经验，采样电阻的功率必须降额（按照 2 ~ 3 倍）使用，本例取 3，则有

$$P_{S\_N} = 3P_S = 3 \times (70\text{A} \times 1.5)^2 \times 1.35\text{m}\Omega \approx 44.7\text{W} \tag{3-76}$$

6）可以选择 4 只 5.42mΩ（E192 电阻系列）的分流器并联得到，那么采样电压的峰值 V_{IN} 为

$$V_{IN} = \frac{70\text{A} \times \sqrt{2} \times 1.5 \times 6.04\text{m}\Omega}{4} \approx 201\text{mV} \tag{3-77}$$

计算值与约束值 200mV 非常接近，满足设计要求，采样电阻取值合理。因此，实际上选取 4 个 5.42mΩ/10W（E192 电阻系列）并联构建采样电阻 R_S。

5. 电流单极性测试电路设计示例

如果测试要求如前所述，现将按照图 3-7b 所示的测试强电流的单极性电路的参数计算方法，简述如下：

1）按照图 3-7b 所示，假设放大器 AMC1300X 输出端的差分放大器的外围电阻取值分别为

$$\begin{cases} R_2 = R_3 = 10\text{k}\Omega \\ R_4 = 10\text{k}\Omega \\ R_{5A} = R_{5B} = 20\text{k}\Omega \end{cases} \tag{3-78}$$

上述电阻选择 E192 电阻系列。则放大器 AMC1300X 输出端差分放大器的放大倍数 G_2 为

$$G_2 = \frac{10\text{k}\Omega}{10\text{k}\Omega} = 1 \tag{3-79}$$

2）当被测电流为 70A（有效值），过载 1.5 倍时，输出电压 V_{OUT} 满足后续 A/D 转换器的需要，假设传送到 A/D 转换器入口的电压峰值为 2.8V，则输出电压 V_{OUT} 满足：

$$V_{\text{OUT}} = (2.5 + I_B R_S G_1) \times 1 \leqslant 2.8\text{V} \tag{3-80}$$

3）传送到放大器 AMC1300X 输入端的峰值电压 V_{IN} 为

$$V_{\text{IN}} \leqslant \frac{V_{\text{OUT}} - 2.5}{G_1 \times 1} = \frac{0.3\text{V}}{8 \times 1} = 37.5\text{mV} \tag{3-81}$$

由于采样电阻的端电压 V_{IN} 又可以表示为

$$V_{\text{IN}} = I_B R_S \leqslant 37.5\text{mV} \tag{3-82}$$

4）因此，可以求取采样电阻 R_S 的取值为

$$R_S \leqslant \frac{37.5\text{mV}}{70\text{A} \times \sqrt{2} \times 1.5} \approx 0.253\text{m}\Omega \tag{3-83}$$

5）按 150% 额定电流计算采样电阻 R_S 的损耗：

$$P_S = (70\text{A} \times 1.5)^2 \times 0.253\text{m}\Omega \approx 2.8\text{W} \tag{3-84}$$

根据工程实践经验，采样电阻 R_S 的功率必须降额（按照 2~3 倍）使用，本例取 3，则有

$$P_{S\_N} = 3P_S \approx 8.4\text{W} \tag{3-85}$$

6）暂时选取 4 个 $1.01\text{m}\Omega/2\text{W}$（E192 电阻系列）并联，构建采样电阻 R_S。则采样电阻的端电压 V_{IN} 为

$$V_{\text{IN}} = \frac{70\text{A} \times \sqrt{2} \times 1.5 \times 1.01\text{m}\Omega}{4} \approx 37.5\text{mV} \tag{3-86}$$

计算值与期望值 37.5mV 非常接近，满足设计要求，采样电阻取值合理。

6. 电压双极性测试电路设计示例

我们以图 3-9a 所示的电路拓扑为例，讲述获取高电压的测试电路设计步骤：

1）假设被测电压为 400V（有效值），过载 1.2 倍时，输出电压满足后续 A/D 转换器所需。

2）根据 AMC1300X 的输入-输出电压实测曲线得知，传送到 AMC1300X 的峰值电压为 250mV，输出电压 $V_{\text{OUT}} = 2.5\text{V}$。因此，被测电压为 400V（有效值），过载 1.2 倍时，传送到 AMC1300X 的峰值电压为 250mV；需要设计分压器 R_{S1} 和 R_{S2}，即

$$V_{\text{IN}} = \frac{\sqrt{2}V_S \times 1.2}{2R_{S1} + R_{S2}} R_{S2} = \frac{\sqrt{2} \times 400 \times 1.2}{2R_{S1} + R_{S2}} R_{S2} \leqslant 0.25\text{V} \tag{3-87}$$

那么，电阻 R_{S1} 的取值表达式为

$$R_{S1} \geqslant 1357.145 R_{S2} \tag{3-88}$$

3）按照 0.1% 精密电阻（E192 系列）选型分压器 R_{S1} 和 R_{S2} 电阻值。假设 R_{S2} 电阻值为 1.01kΩ，那么 R_{S1} 电阻值为 1.37MΩ。所以，采样电阻端的电压 V_{IN} 为

$$V_{IN} = \frac{\sqrt{2} V_S \times 1.2}{2 \times R_{S1} + R_{S2}} R_{S2} = \frac{\sqrt{2} \times 400 \times 1.2}{2 \times 1370 + 1.01} \times 1.01 \approx 0.25V \tag{3-89}$$

与设计需求相符，满足要求。

4）按 120% 额定电压计算分压电阻损耗，由于流过分压器 R_{S1} 和 R_{S2} 的电流 I_S 为

$$I_S = \frac{400V \times 1.2}{1370 \times 2 + 1} \approx 0.175mA \tag{3-90}$$

5）分压电阻 R_{S2} 的功率 P_{S2} 为

$$P_{S2} = I_S^2 \times 1k\Omega \approx 0.03mW \tag{3-91}$$

分压电阻 R_{S2} 选择 1kΩ、1210 封装即可。

6）分压电阻 R_{S1} 的功率 P_{S1} 为

$$P_{S1} = I_S^2 \times 1370k\Omega \approx 0.288W \tag{3-92}$$

分压电阻 R_{S1} 选择 1.37MΩ、2512 封装即可。

7. 电压单极性测试电路设计示例

我们以图 3-9b 所示的测试高电压的单极性电路拓扑为例，讲述该电路设计的重要步骤：

1）假设被测电流为 380V（有效值），过载 1.2 倍时，输出电压 V_{OUT} 满足后续 A/D 转换器的需要，一般不超过 3.0V（直流），本例假设传送到 A/D 转换器入口的电压峰值为 2.8V。

2）由于传送到 AMC1300X 的峰值电压 $V_{IN} = 250mV$，本例按照 150mV 设计，即被测电压为 380V（有效值），过载 1.2 倍时传送到 AMC1300X 的峰值电压 $V_{IN} = 200mV$，则要求采样系统的总增益 G 为

$$G = \frac{V_{OUT}}{V_{IN}} = \frac{2.8V}{0.2V} = 14 \tag{3-93}$$

3）根据参数手册得知，放大器 AMC1300X 的额定增益 G_1 为 4，那么它的输出端的差分放大器的增益 G_2 为

$$G_2 = \frac{G}{G_1} = \frac{14}{4} = 3.5 \tag{3-94}$$

因此，差分放大器的外围电阻均选择 E192 电阻系列，且取值分别为

$$\begin{cases} R_2 = R_3 = 10k\Omega \\ R_4 = R_5 = 34.8k\Omega \end{cases} \tag{3-95}$$

4）被测电压为 380V（有效值），过载 1.2 倍时传送到 AMC1300X 的峰值电压要求小于或等于 250mV，本例既然按照 200mV 设计，则有

$$V_{IN} = \frac{380 \times \sqrt{2} \times 1.2}{2R_{S1} + R_{S2}} R_{S2} = 200\text{mV} \tag{3-96}$$

可以得到分压器电阻 R_{S1} 与 R_{S2} 的关系表达式为

$$R_{S1} \approx 1611.7 R_{S2} \tag{3-97}$$

假设采样电阻 R_{S2} 取值 53.6Ω（选择 E192 电阻系列），那么分压电阻 R_{S1} 近似为 86.6kΩ（选择 E192 电阻系列）。重新计算传送到 AMC1300X 的峰值电压 V_{IN} 为

$$V_{IN} = \frac{380\text{V} \times \sqrt{2} \times 1.2}{2 \times 86.6 + 0.0536} \times 0.0536 \approx 199.5\text{mV} \tag{3-98}$$

计算值与约束值 200mV 非常接近，满足设计要求，采样电阻取值合理。因此，分压器的电阻 R_{S1} 与 R_{S2} 分别取值 86.6kΩ 和 53.6Ω（E192 电阻系列）。

5）按 120% 额定电压计算分压电阻 R_{S1} 的损耗：

$$P_{RS1} = \left(\frac{380\text{V} \times 1.2}{2 \times 86.6 + 0.0536}\right)^2 \times 86.6\text{k}\Omega \approx 0.6\text{W} \tag{3-99}$$

根据工程实践经验，分压电阻 R_{S1} 的功率必须降额（按照 2~3 倍）使用，本例取 3，则有

$$P_{RS1\_N} = 3 \times \left(\frac{380\text{V} \times \sqrt{2} \times 1.2}{2 \times 86.6 + 0.0536}\right)^2 \times 86.6\text{k}\Omega \approx 1.8\text{W} \tag{3-100}$$

所以，实际上选取分压电阻 R_{S1} 为：174kΩ/2512 封装、E192 电阻系列，两只电阻并联。

6）按 120% 额定电压计算采样电阻 R_{S2} 的损耗：

$$P_{RS2} = \left(\frac{380\text{V} \times 1.2}{2 \times 86.6 + 0.0536}\right)^2 \times 53.6\Omega \approx 0.17\text{mW} \tag{3-101}$$

根据工程实践经验，采样电阻 R_{S2} 的功率必须降额（按照 2~3 倍）使用，本例取 3，则有

$$P_{RS2\_N} = 3 \times \left(\frac{380\text{V} \times 1.2}{2 \times 86.6 + 0.0536}\right)^2 \times 0.0536\Omega \approx 0.51\text{mW} \tag{3-102}$$

所以，实际上采样电阻 R_{S2} 选取为：53.6Ω/1210 封装、E192 电阻系列。

当然，利用隔离放大器 AMC1300X，不仅可以测试电流和电压，也可以测试电力电子装置中的温度、湿度等物理量，设计方法与此类似。

3.1.3 变压器式放大器

1. 基本原理

前面介绍的光电隔离和电容隔离方法都属于二口隔离放大器，其输入和输出必须分别供电。而变压器隔离只需在输出部分供电，利用功率转换的方法向输入

部分供电。我们以 ADI 公司的隔离误差放大器 ADUM4190 ［隔离电压为 5kV （有效值）］、ADUM3190 ［隔离电压为 2.5kV （有效值）］ 为例进行说明。它们是 ADI 公司 iCoupler® 技术的隔离误差放大器，非常适合用于线性反馈电源。ADUM4190/3190 的一次侧控制器与常用的光电耦合器和分流调节器解决方案相比，在瞬态响应、功率密度和稳定性方面均有所提高。与在整个寿命周期中和高温下具有不确定电流传输比的基于光电耦合器的解决方案不同，ADUM4190/3190 的传输功能不随寿命周期而改变，初始精度为 0.5%，在宽温度范围为−40～125℃ 内的精度为 1%，且保持稳定。ADUM4190/3190 内置宽频运算放大器，可用于各种常用的电源环路补偿技术中。ADUM4190/3190 采用宽体 16 引脚 SOIC 封装 （简记为 SOW-16 封装）。

为了后续讨论方便起见，引入两个基本概念，即运放的输出增益和输出线性度。输出增益定义为额定输入范围内，输出电压与输入电压关系的最契合曲线之斜率 （失调误差被校准掉）。输出线性度定义为输出增益的最契合曲线峰-峰值输出偏差，以满量程输出电压的百分比表示。

图 3-10a 所示为隔离放大器 ADUM4190/3190 的原理框图。

图 3-10b 所示为隔离放大器 ADUM4190 的实物图。

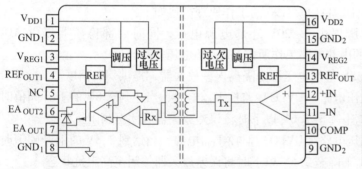

a) 原理框图　　　　　　　　　　　　　　b) 实物图

图 3-10　隔离放大器 ADUM4190/3190 原理框图和实物图

隔离放大器 ADUM4190/3190 的引脚定义及其功能说明见表 3-6 所示。

表 3-6　隔离放大器 ADUM4190/3190 的引脚定义及其功能说明

引脚编号	引脚名称	功　能　说　明
1	V_{DD1}	第 1 侧 （输入侧） 的电源电压 （3～20V）。在 V_{DD1} 和 GND_1 之间连接一个 1μF 电容
2、8	GND_1	第 1 侧 （输入侧） 的接地基准
3	V_{REG1}	第 1 侧 （输入侧） 的内部电源电压。在 V_{REG1} 和 GND_1 之间连接一个 1μF 电容

（续）

引脚编号	引脚名称	功能说明
4	REF$_{OUT1}$	第 1 侧（输入侧）的基准输出电压。此引脚（C$_{REF OUT1}$）建议的最大电容值为 15pF
5	NC	不连接。将引脚 5 连接至 GND$_1$；不要悬空该引脚
6	EA$_{OUT2}$	隔离输出电压 2，开漏输出。对于最高 1mA 的电流，可在 EA$_{OUT2}$ 和 V$_{DD1}$ 之间连接一个上拉电阻。增益范围：2.5～2.7，额定值为 2.6
7	EA$_{OUT}$	隔离输出电压，增益范围：0.83～1.17，额定值为 1.0
9、15	GND$_2$	第 2 侧（输出侧）的接地基准
10	COMP	运算放大器的输出。可在 COMP 引脚和 -IN 引脚之间连接一个环路补偿网络
11	-IN	运算放大器的输入。可在 COMP 引脚和 -IN 引脚之间连接一个环路补偿网络
12	+IN	同相运算放大器输入。引脚 12 可用作基准电压输入
13	REF$_{OUT}$	第 2 侧（输出侧）的基准输出电压。此引脚（CREFOUT）建议的最大电容值为 15pF，输出 1.225V 参考电压
14	V$_{REG2}$	第 2 侧（输出侧）的内部电源电压。在 V$_{REG2}$ 和 GND$_2$ 之间连接一个 1μF 电容
16	V$_{DD2}$	第 2 侧的电源电压（3～20V）。在 V$_{DD2}$ 和 GND$_2$ 之间连接一个 1μF 电容

现将隔离放大器 ADUM4190/3190 的工作原理简述如下：

1）V$_{DD1}$ 和 V$_{DD2}$ 引脚提供 3～20V 外部电源电压，同时内部稳压器提供 ADUM4190/3190 每一侧的内部电路工作所需的 3.0V 电压。

2）内部精密 1.225V 基准电压源为隔离误差放大器，提供±1%精度。

3）输入过、欠电压电路（UVLO）监控 V$_{DD2}$ 电源，当达到 2.8V 的上升阈值时打开内部电路；当 V$_{DD2}$ 下降至 2.6V 以下时将误差放大器关闭至高阻抗状态。

4）输出过、欠电压电路（UVLO）监控 V$_{DD1}$ 电源，当达到 2.8V 的上升阈值时打开内部电路；当 V$_{DD1}$ 下降至 2.6V 以下时将误差放大器关闭至高阻抗状态。

5）右侧的运算放大器具有同相引脚 +IN 和反相引脚 -IN，可用于隔离 DC-DC 变换器输出的反馈电压连接（通常使用分压器实现连接）。COMP 引脚为运算放大器输出，在补偿网络中可连接电阻和电容元件。COMP 引脚从内部驱动 Tx 发送器模块，将运算放大器输出电压转换为编码输出，用于驱动数字隔离变压器。

6）在 ADUM4190/3190 的第 1 侧，变压器输出 PWM 信号，通过 Rx 模块解码，将信号转换为电压，驱动放大器模块；放大器模块产生 EA$_{OUT}$ 引脚上的误差放大器输出。EA$_{OUT}$ 引脚可提供±3mA 电流，电压范围为 0.4～2.4V，通常用来驱动 DC-DC 电路中的 PWM 控制器输入，增益范围为 0.83～1.17，额定值为 1.0。EA$_{OUT}$ 输出线性度范围为 -1%～1%，典型值为 0.15%。

7）对于需要更多输出电压以驱动控制器的应用，可以使用 EA$_{OUT2}$ 引脚。EA$_{OUT2}$ 引脚提供高达±1mA 电流，输出电压范围为 0.6～4.8V，其输出针对 5V 电源提供上拉电阻，增益范围为 2.5~2.7，额定值为 2.6。若 EA_{OUT2} 经由上拉电阻连接 10~20V 电源，则输出的最小额定值为 5.0V，以便允许使用输出电压最小且输入电压为 5V 的 PWM 控制器。

图 3-11a 所示为隔离放大器 ADUM4190/3190 的 EA_{OUT} 增益与温度之间的关系曲线图（即 EA_{OUT} 增益-T）。

图 3-11b 所示为隔离放大器 ADUM4190/3190 的 EA_{OUT2} 增益与温度之间的关系曲线图（即 EA_{OUT2} 增益-T）。

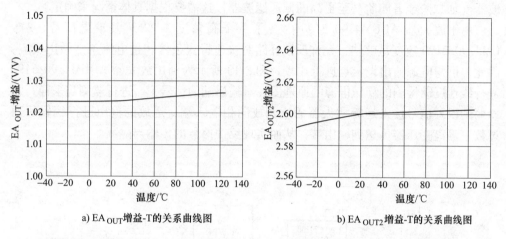

a) EA_{OUT}增益-T的关系曲线图　　　　b) EA_{OUT2}增益-T的关系曲线图

图 3-11　隔离放大器 ADUM4190/3190 的 EA_{OUT} 增益和 EA_{OUT2} 增益-T 的关系曲线图

2. 电路设计技巧

图 3-12 所示为利用放大器 ADUM4190/3190 的典型处理电路，当获取被测电压（V_{IN}）、历经 1∶1（根据参数手册得知增益范围为 0.83~1.17）隔离之后，得到输出电压（V_{OUT}，经由 EA_{OUT} 引脚输出），在电力电子装置中，被测电压的采样端与该芯片额输出端都要串接滤波器，以提高测试系统的信噪比。

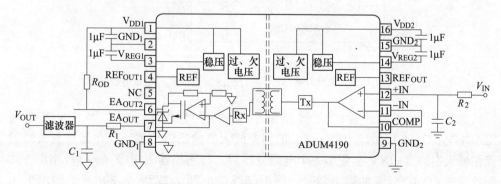

图 3-12　利用放大器 ADUM4190/3190 的典型处理电路

被测电压的采样端的滤波器截止频率，可以表示为

$$f_{IN} = \frac{1}{2\pi(R_2 C_2)} \tag{3-103}$$

芯片输出端的滤波器，可以表示为

$$f_{OUT} = \frac{1}{2\pi(R_1 C_1)} \tag{3-104}$$

当然，如果输出端仅仅依靠 R_1、C_1 一阶滤波器还不够的话，还可以再串接滤波器（如二阶或者四阶甚至更高的低通滤波器，这需要根据具体情况来确定）。

由于放大器 ADUM4190/3190 内置了一个高精度 1.225V 基准电压源，AD-UM4190/3190 速度足够快，允许反馈环路对快速瞬变条件和过电流条件做出反应，因此，可与电源输出设定点进行比较。图 3-13 所示为利用放大器 ADUM4190/3190 进行线性反馈检测的稳压电源的原理图，对输出端的信号 V_{OUT} 进行监测与采样，将微弱的误差信号接入运算放大器的反相或同相输入端，运放的输出进行编码后通过数字隔离变压器传送到输出端，从而实现反馈信号的传输与隔离。

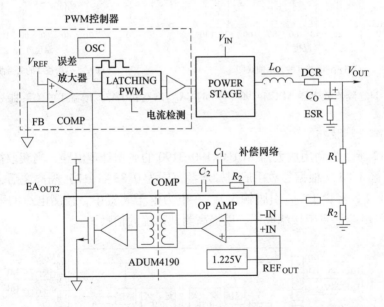

图 3-13　利用放大器 ADUM4190/3190 进行线性反馈检测的稳压电源的原理框图

如图 3-13 所示，在一次侧控制中采用隔离式误差放大器，即放大器 ADUM4190/3190 用做输出电压 V_{OUT} 的误差放大器的反馈检测，并在运算放大器的反相输入引脚（-IN）上使用一个电阻分压器，与同相输入引脚（+IN）相比，此配置反转 COMP 引脚的输出信号，该引脚连接内部 1.225V 基准电压。输出电压 V_{OUT} 可通过以下公式确定：

$$V_{OUT} = \frac{V_{REF}R_2}{R_1 + R_2} \tag{3-105}$$

式中，$V_{REF} = 1.225V$。

如果输出电压 V_{OUT} 由于负载阶跃而下降，则-IN 引脚的分压器下降至低于+IN 基准电压，导致 COMP 引脚的输出信号变为高电平。先对运算放大器的 COMP 输出编码，然后数字隔离变压器模块将其解码还原，可将 ADUM4190/3190 驱动至高电平的信号。放大器 ADUM4190/3190 输出驱动 PWM 控制器的 COMP 引脚，该引脚设计为仅在低电平时将 PWM 锁存输出复位至低电平。PWM 控制器的 COMP 引脚高电平使锁存 PWM 比较器产生 PWM 占空比输出。此 PWM 占空比输出驱动电源级，提升输出电压 V_{OUT}，直到其返回稳压状态。

需要补充说明的是，放大器 ADUM4190/3190 具有两个不同的误差放大器输出，即 E_{AOUT} 和 E_{AOUT2}。E_{AOUT} 输出可驱动±3mA 电流，其保证最大高输出电压至少为 2.4V，但可能不足以驱动某些 PWM 控制器的 COMP 引脚。E_{AOUT2} 引脚虽可驱动±1mA 电流，其输出范围保证具有 5.0V 电压（V_{DD1} 电压范围为 10~20V），可用于大多数 PWM 控制器的 COMP 引脚。

3.1.4　隔离放大器关键性参数指标

现将隔离放大器的关键性技术参数总结如下：

（1）隔离强度：也叫隔离能力、耐压强度或测试耐压，这是衡量隔离放大器的主要参数之一，单位为伏特@1分钟。它指的是输入与输出、输入与电源和输出与电源之间的耐压能力。它的数值越大说明耐压能力越好，隔离能力越强，滤波性能越高。一般而言，这种耐压测试是通过一次性样品的耐压检验来确定的。在该测试过程中，将分别在输入与输出、输入与电源以及输出与电源之间加载 50Hz/60Hz 的工频电压，并持续若干分钟以便得出器件同另一个电势面之间不会发生击穿的电压数值。

（2）精度：这是衡量一个隔离放大器处理弱信号质量的标尺。业内一般能做到量程的±0.2%。有些品牌如 ADI 公司和 TI 公司的器件能做到±0.1%。

（3）温度系数：表示隔离放大器在环境温度发生变化时，测试精度的变化情况。大多情况下用百分数表示（也有用单位 $250×10^{-6}$/K 表示的）如：温度系数为 ±0.015%/℃，相当于 $150×10^{-6}$/K。

（4）响应时间：表征隔离放大器的响应快慢的指标。

（5）绝缘电阻：内部电源与外壳之间隔离直流作用的数值化表征参数。

（6）负载电阻：反映了隔离放大器的带载能力的指标参数。

3.1.5　使用隔离放大器的注意事项

根据经验，现将应用于电力电子装置的隔离放大器的注意事项总结如下：

（1）量程控制的问题：最好在设计之初，就需要确定传送到隔离放大器输入端的电压范围，不能超过它的额定值，否则，测试准确度难以保证，这就需要阅读所选器件的参数手册，知晓其输入电压的范围和增益大小。

（2）零点问题：所谓零点是指当隔离放大器的输入电压为零时，其输出电压也应该为零。零点问题包括两个方面：

1）运算放大器的零点。由于隔离放大器的输入端有调理电路和滤波电路，隔离放大器的输出端也有滤波电路，那么这些电路中的运算放大器也会存在零点问题，不过可以利用它们的调零端和外接调零电位器加以解决。

2）隔离放大器的零点。理论上讲，当隔离放大器的输入端为零时，其输出电压也应该为零。可事实并非如此，输入端为零时，其输出电压大约为±（数 mV），有的甚至达到±（数十 mV）。随着器件的生产批次、厂商的不同有很大的变化，这给用户的使用带来了很大的麻烦，必须设计相应的零点补偿电路。

（3）消除噪声：除了由线性光耦构成之外，其余的隔离放大器都采用了调制解调手段。在调制解调过程中不可避免地会产生一些噪声，噪声也会来自电源和被测对象。为了滤除这些噪声，在信号输入隔离放大器之前和从隔离放大器输出之后，设置相应的滤波回路是有必要的。为了滤除调制解调过程中产生的固有噪声，滤波器的参数应根据隔离放大器调制器的固有频率设置。在靠近隔离放大器的地方，应设置电源去耦电容或者加 π 型滤波器。大多数隔离放大器没有内置 DC/DC 变换器，需要外部供给输入侧电源。选择 DC/DC 变换器时，要和隔离放大器的调制方式、调制频率结合起来考虑。较快捷的办法就是按照厂家推荐的配置进行选择，或者根据它推荐的 DC/DC 变换器的技术参数，寻找相应的替代器件。

（4）降低辐射的影响：变压器耦合隔离放大器本身构成一个电磁辐射源。如果周围其他的电路对电磁辐射敏感，就应设法予以屏蔽。

（5）线性光耦的死区问题：线性光耦构成的隔离放大器，其发光管需要用电流来驱动。当输入信号较小时，驱动电流也较小，发出的光微弱到可能不足以被光电管检测到，这样在此附近就存在一个"死区"。为防止被测信号有可能落在这一区间，在信号进入隔离放大器前应由偏置电路将原始信号抬高，使得综合之后的信号不可能落在这一区间。

（6）带宽（BW）问题：涉及所选隔离放大器的频率范围、增益带宽积（GBW）等关键性参数。带宽被定义为运放电路可以给出规定输出幅值的最高频率，其中规定幅值是可以变化的。带宽实际上就是器件能够采样的范围，有效带宽是实际采样范围。在保险的情况下，工程上一般选择的带宽频率必须大于采样频率的 50 倍。除了带宽外，常见的与带宽相近的一个参数是增益带宽积，不过它们均可以通过器件的参数手册进行查阅。

总之，按照上述方法使用隔离放大器，在零点、量程和线性度的精度方面都有很好的保证。隔离放大器主要应用于信号频率较低、需要进行电气隔离的场合，比如：

1）工业过程控制中的温度控制、压力控制等。

2）电机控制中的可控硅触发信号控制。

3）电力系统监测。

4）计算机数据采集系统。

5）微处理器测控设备。

3.1.6　隔离放大器的选择方法

隔离放大器的选型，应该根据现场电力电子装置的传感器、显示仪表、控制系统或上位机接口等具体情况的不同而合理进行。目前很多情况要求输入/输出信号为 DC 4~20mA、DC 1~5V，当然也有一些特殊的输入/输出信号。在隔离放大器选型时除了要确定它的功能、适应前后端接口外，还有精度、输出纹波、温度漂移、功耗和响应时间等参数，都需要谨慎选择。现将它们简述如下：

（1）精度：隔离放大器的精度是非常重要的参数，精度的高低直接关系到隔离放大器能否正常使用。隔离放大器的精度体现了隔离放大器的设计、制造水平。用户在选用时应该选用精度高的器件。

（2）纹波：由于隔离放大器使用 DC/DC 电路对隔离放大器的工作电源进行隔离，且要给隔离放大器内部电路供电，输入信号也要先使用 DC/DC 电路调制成交流信号，然后经过隔离部分电路进行信号隔离，隔离后的信号经解调后再转换成直流信号输出。以 CPU 为核心的隔离放大器也存在脉冲信号。隔离放大器内部存在的这种高频的交流分量，就是产生输出纹波的原因。这些高频的交流分量的频率一般都有几百 kHz 且谐波成分较多，对信号的污染很难完全滤除。如果输出纹波幅值较高，控制系统模拟量输入模板采集到信号的误差就会增大，对于高速输入的模拟量输入模板更是如此。所以选择隔离放大器时应要求输出纹波的峰-峰值越小越好。顺连电子的各种系列隔离放大器均采用高效的滤波电路，较好地抑制了输出纹波。读者在选用时应该选用纹波小的器件。

（3）温度漂移：由于隔离放大器工作时产生热量，导致隔离放大器内所使用的电子元器件性能指标下降，因而造成隔离放大器的输出值发生变化。选择隔离放大器时应要求温度漂移的值越小越好，读者在选用时应该选用温度漂移小的器件。

（4）低功耗：功耗是指隔离放大器工作时所消耗的电能。它涉及器件在工作时的发热量，这个参数与隔离放大器的使用寿命、可靠性和隔离放大器的外形、安装方式都有密切的关系。在选用隔离放大器时应选择功耗低的器件，若器件的功耗大，在器件工作时产生的热量就大，造成器件壳体内的温度高。组成器件的电子元器件长期处于高温环境下，会导致运算放大器参数蜕变、电阻阻值变化和电容漏电增大等。这些问题将使器件性能下降，或导致器件出现故障甚至失效。

（5）响应时间：响应时间是指器件的输入量发生变化到器件的输出量正确地将变化量反映到输出上的时间。响应时间越短，就能够越真实地反映出输入量的变化，从而有效地监视和控制电力电子装置的控制过程。在选择隔离放大器时，其响应时间要求越短越好，读者在选用时应该选用响应时间短的器件。

对于高速模拟测量，光电耦合器易受到速率、功耗和 LED 损耗等与光电耦合相关的限制的影响。而基于电容耦合和感应耦合的数字隔离装置，可以缓解许多光电耦合器的限制。与电容隔离方法和光学隔离方法相比，感应隔离消耗的功率更低。

需要提醒的是，类似 ACPL-K370 和 ACPL-K376 光耦，具有为电压/电流阈值检测的光电耦合器，ACPL-K376 是 ACPL-K370 的低电流版本。为了以较低的电流工作，ACPL-K376 采用 AlGaAs 高效率 LED，从而可在驱动电流较低的情况下实现较高的光输出。该器件利用阈值感应输入缓冲芯片，可在宽广输入电压范围内，通过单一外部电阻进行阈值控制。输入缓冲器具备几大功能：可以抵抗更大噪声和开关切换的滞后电路、简化交流输入信号连接的二极管桥式整流电路，以及保护缓冲器和 LED 不受各种过电压和过电流瞬变破坏的内部箝位二极管。由于在驱动 LED 之前已完成阈值感测，因而 LED 至探测器的光电耦合转换将不会影响阈值水平。ACPL-K370 的输入缓冲芯片具有 3.8V（VTH+）和 2.77mA（ITH+）的标称接通阈值。ACPL-K376 缓冲芯片的设计用于较低的输入电流。ACPL-K376 的标称接通阈值为 3.8V（VTH+）和 1.32mA（ITH+），从而降低了 52% 的功耗。高增益输出级采用开放式集电极输出，带来 TTL 兼容饱和电压与 CMOS 兼容击穿电压。它们可以应用于电力电子装置中测试交流输入电压和电流、交流输出电压和电流以及直流母线电压，除此之外，还可以用于限位开关感应、低电压检测、继电器触点监测和继电器线圈电压监测等多个场合。

3.2　隔离 A/D 转换器技术

3.2.1　概述

逆变器在很多领域有着越来越广泛的应用，对逆变器的研究具有非常重要的意义和广阔的工程应用前景。常见逆变技术的控制方法大致分为开环控制的载波调制方法和闭环控制的跟踪控制方法。跟踪控制方法属于闭环控制，闭环反馈中的检测环节需要与高压主电路相互隔离，避免高压侧电磁噪声对控制电路的窜扰。高性能的跟踪型逆变器对反馈量的实时性要求很高，因此要求反馈环节具有高速隔离传输模拟信号的能力。

图 3-14 所示为应用于电机控制器中的隔离器件示意图。

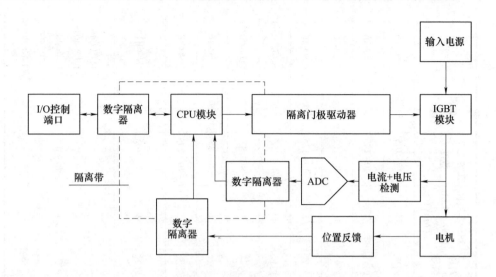

图 3-14　应用于电机控制器中的隔离器件示意图

电机控制在现代的工业应用中越来越广泛，应用环境也很复杂，所以在电机控制系统中，主控芯片与接口系统之间隔离，确保对主控芯片起到良好的保护将越来越重要，而且在电机控制系统中，我们往往需要采用多通道电气隔离手段，所以此时基于磁耦合的高集成度、灵活性好和通道多的隔离器件便成为首选方案。

在现代跟踪控制用逆变器领域中大多采用数字化控制，如前所述，最常用的隔离技术可以分为线性隔离和数字隔离。除此之外，如果在高压侧将模拟量变成数字量，再通过高速隔离 A/D 转换器传输数字量，则既避免了模拟量隔离传输所存在的问题，又满足数字化控制的现实要求。因此，本节介绍隔离型 A/D 转换器。它将广泛应用于电流监控、交流电机控制、功率变换器（如太阳能逆变器、风电变换器和风轮机逆变器等）和数据采集系统中，当然，也是模数及光隔离器件的优秀替代方案。

隔离型 A/D 转换器有基于变压器方式的，也有基于光耦方式的，几种典型的隔离型 A/D 转换器见表 3-7 所示。

3.2.2　变压器式隔离型 A/D 转换器

在很多时候，我们需要对电流、电压等模拟信号实时进行采集，并进一步转换成数字信号，方便微控制器（MCU）处理后参与反馈控制，比如用于各种变频器、电机的电流和电压实时监测等不同用途。所以，具有高分辨率优势的 Σ-Δ 转换器就派上用场。本节以变换器 AD7400/AD7401 为例，介绍隔离型 A/D 转换器的工作原理、设计方法等重要内容。

表3-7 几种典型的隔离型 A/D 转换器

型号	分辨率 /bit	通道数	隔离方式	隔离电压 V_{IORM}/V(峰值)	工作电压 V_{DD1}	工作电压 V_{DD2}	差分输入电压 /mV	采样速率 /(10^6 次/s)	时钟信号	积分非线性 (INL)/LSB (Max)	工作温度范围 /℃	温漂 /(μV/℃)	封装
AD7400	16	1	变压器方式	891	4.5~5.25	3~5.5	±200	10	内置	15	-40~105	3.5	SO-16
AD7400A	16	1	光耦方式	891	4.5~5.5	3~5.5	±250	10	内置	7	-40~125	1.5	SO-16
AD7401	16	1	光耦方式	891	4.5~5.25	3~5.5	±200	20	外置	15	-40~105	3.5	SO-16
AD7401A	16	1	光耦方式	891	4.5~5.5	3~5.5	±250	20	外置	7	-40~125	1	SO-16
ACPL-7970	16	1	光耦方式	891	4.5~5.5	3~5.5	±200	10	内置	15	-40~105	6	SSO-8/SO-8
HCPL-7860	12	1	光耦方式	891	4.5~5.5	3~5.5	±200	10	内置	30	-40~85	10	SSO-8/SO-8
HCPL-786J	12	1	光耦方式	891	4.5~5.5	3~5.5	±200	10	内置	30	-40~85	10	SO-16
ACPL-796J	16	1	光耦方式	891	4.5~5.5	3~5.5	±200	5~20	外置	15	-40~105	3.5	SO-16
TLP7830 TLP7830F	16	1	光耦方式	1230	4.5~5.5	3~5.5	±200	10	内置	4	-40~105	10	11-6B1A
TLP7930 TLP7930F	16	1	光耦方式	891/1140	4.5~5.5	3~5.5	±200	10	内置	4	-40~105	10	11-10C4S, 11-10C401S, 11-10C402S, 11-10C404S, 11-10C405S

1. 基本原理

隔离器 AD7400 是 16 位 10MSPS 自计时 $\sum$-Δ 型转换器，AD7401 是 16 位 20MSPS 外部计时 $\sum$-Δ 型转换器，且它们都是基于磁隔离技术的 ADC，即它们包含一个平面绝缘变压器，能够取消在很多交流电机控制和数据采集应用中都要求的电流隔离，将模拟输入信号转换为高速 1bit 数据流。

图 3-15a 所示为隔离器 AD7400/AD7401 的引脚图。

图 3-15b 所示为隔离器 AD7400/AD7401 的实物图。

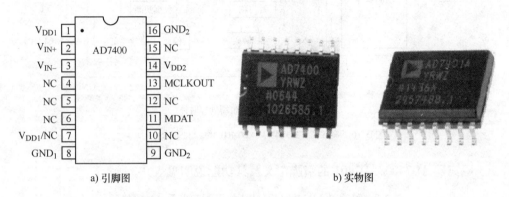

a) 引脚图　　　　　　　　　　b) 实物图

图 3-15　隔离器 AD7400/AD7401 的引脚图和实物图

图 3-16a 所示为隔离器 AD7400 的原理框图。

图 3-16b 所示为隔离器 AD7401 的原理框图。

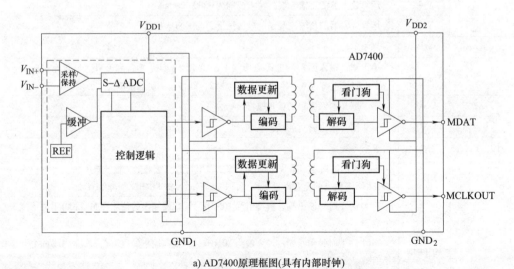

a) AD7400原理框图(具有内部时钟)

图 3-16　隔离器 AD7400/AD7401 的原理框图

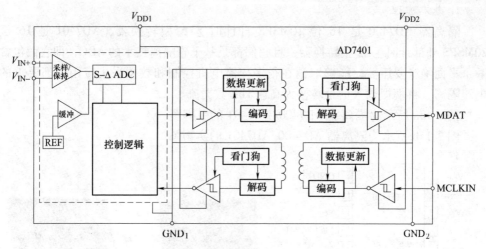

b) AD7401原理框图(需外部时钟)

图 3-16　隔离器 AD7400/AD7401 的原理框图（续）

隔离器 AD7400/AD7401 的引脚定义及其功能说明见表 3-8 所示。

表 3-8　隔离器 AD7400/AD7401 的引脚定义及其功能说明

引脚编号	引脚名称	功 能 说 明
1	V_{DD1}	第 1 侧（输入侧）的电源电压（4.5～5.25V）。在 V_{DD1} 和 GND_1 之间连接一个 1μF 电容
2	V_{IN+}	运算放大器的正输入端，输入范围为-200～200mV
3	V_{IN-}	运算放大器的负输入端，一般情况下，与 GND_1 相连
4～6	NC	悬空不接
7	V_{DD1}/NC	第 1 侧（输入侧）的电源电压（4.5～5.25V）。在 V_{DD1} 和 GND_1 之间连接一个 1μF 电容。也可以悬空不接（不能接地），默认由 1 脚提供电源
8	GND_1	第 1 侧（输入侧）的接地基准
9、16	GND_2	第 2 侧（输出侧）的接地基准
10、12、15	NC	悬空不接
11	MDAT	串行数据输出端。单个位调制器输出以串行数据流的形式输入该引脚。各个位在 MCLKOUT 输入的上升沿逐位移出，并在下一个 MCLKOUT 下降沿有效
13	MCLKOUT	7400 的主时钟输出端，典型值为 10MHz，调幅器输出的位流在 MCLKOUT 的下降沿有效
	MCLKIN	7401 的主时钟输入端，最大值为 20MHz，调幅器输出的位流在 MCLKOUT 的上升沿有效
14	V_{DD2}	第 2 侧的电源电压（3～5.5V）。在 V_{DD2} 和 GND_2 之间连接一个 1μF 电容
9、16	GND_2	第 2 侧（输出侧）的接地基准

隔离变换器 AD7400/AD7401 采用 5V 电源供电，差分输入信号范围为 -200 ~ 200mV（满量程±320mV）。模拟调制器对输入信号连续采样，因而无须外部的采样保持电路。输入信息包含在数据率为 10MHz 的输出流中，通过适当的数字滤波器重构原始信息。串行 I/O 可采用 5V 或 3V 电源供电（V_{DD2}）。

芯片 AD7400/AD7401 的输入电压范围见表 3-9 所示。

表 3-9　芯片 AD7400/AD7401 的输入电压范围

模拟输入	电压输入/mV	所占比例/%	ADC 代码（16 位无符号十进制）
满量程范围	640		
+满量程	+320	100	65535
+推荐输入范围	+200	81.5	53248
零	0	50	32768
-推荐输入范围	-200	18.75	12288
-满量程	-320	0	0

2. 电路设计技巧

下面讲述利用 AD7400/AD7401 实现隔离放大器的设计方法、使用技巧等重要内容：

1）变换器 AD7400/AD7401 因为集成了 Σ-Δ 转换器和 ADI 的专利技术 iCoupler 隔离器，可以大大降低系统复杂性，提高了集成度和稳定性。同时，对于某些利用霍尔器件做隔离的系统，ADI 也提供精密 ADC 作为母线电流检测的变换器。

2）隔离式 Σ-Δ 型 A/D 转换器 AD7400/AD7401，通常与 FPGA 或 DSP（或者 ARM）配合用于电机驱动，以便测量分流电阻上的相电流或监控直流总线电压，其中 AD7400 为内部时钟，AD7401 采用外部时钟。不过，如果所用的微控制器（MCU）功能不够强的话，则 Σ-Δ 转换法可能并不适合。这并不意味着这种情况下不能使用 AD7400/AD7401 芯片，只需用简单的 RC 滤波器，便可将 AD7400/AD7401 转换为隔离放大器。当然，如果需要更高的测试性能，也可以进一步采用有源滤波器（如二阶压控低通滤波器甚至更高阶次的同类滤波器）。

3）图 3-17 所示为基于隔离 A/D 转换器 AD7400 拾取弱信号电压 V_{IN} 的处理电路原理图。此电路可以应用于交流电机控制、电流监控、数据采集系统以及替代某些隔离系统（如基于 A/D 转换器+光隔离器）等场合。为了提高测试系统的信噪比，在变换器的输入侧设计低通滤波器，其截止频率为

$$f_{IN} \approx \frac{1}{2\pi(2R_{IN}C_{IN})} \tag{3-106}$$

式中，电阻 R_{IN} 和电容 C_{IN} 的推荐取值分别为 22Ω 和 47pF。

4）为了进一步提高测试系统的信噪比，在变换器的输出侧设计四阶低通滤波

器软件，后面讲述此部分内容。

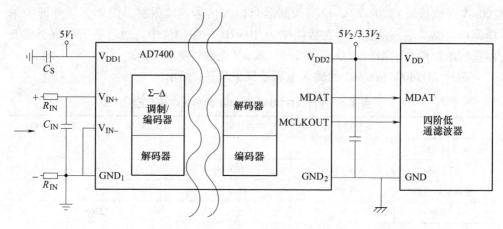

图 3-17　利用 AD7400 拾取输入电压信号 V_{IN} 的典型处理电路

图 3-18 所示为基于隔离 A/D 转换器 AD7400 与仪用运放 AD620 共同拾取分流器 R_S 的端电压 V_{IN} 的处理电路原理图。

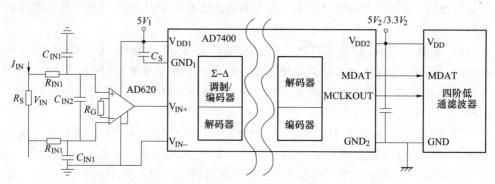

图 3-18　利用 AD7400 测试高电压环境中的大电流的典型处理电路

　　利用仪用运放 AD620 进一步提高测试系统抗共模干扰的能力，因为它是款低成本、高精度的仪表放大器，仅需要一个外部电阻来设置增益，增益范围为 1~10000。此外，放大器 AD620 采用 8 引脚 SOIC 和 DIP 封装，尺寸小于分立电路设计，并且功耗更低（最大工作电流仅为 1.3mA）。AD620 具有高精度（最大非线性度为 $40×10^{-6}$）、低失调电压（最大为 $50\mu V$）和低失调漂移（最大为 $0.6\mu V/℃$）的特性，是传感器接口等精密数据采集系统的理想之选。AD620 在 1kHz 时具有 $9nV/\sqrt{Hz}$ 的低输入电压噪声，在 0.1~10Hz 带宽上的噪声为 $0.28\mu V$（峰-峰值），输入电流噪声为 $0.1pA/Hz$，因此作为前置放大器使用效果很好。放大器 AD620 还非常适合多路复用应用，其 0.01% 建立时间为 $15\mu s$，而且成本很低，足以实现每通道一个仪表放大器的设计。

因此，传送到放大器 AD620 的输入电压 V_{IN} 的表达式为

$$V_{IN} = I_{IN}R_S \qquad (3\text{-}107)$$

式中，I_{IN} 表示被测强电流。那么，传送到变换器 AD7400 的输入端 V_{IN+} 的表达式为

$$\begin{cases} V_{IN+} = V_{IN}G = I_{IN}R_S G \\ G = 1 + \dfrac{49.4\text{k}\Omega}{R_G} \end{cases} \qquad (3\text{-}108)$$

式中，G 表示仪用运放 AD620 的增益；R_G 表示它的增益电阻。放大器 AD620 的增益与增益电阻之间的数据见表 3-10 所示。

表 3-10 放大器 AD620 的增益与增益电阻之间的数据

1%精度的增益 电阻 R_G/Ω	增益值	1%精度的增益 电阻 R_G/Ω	增益值
49.9k	1.990	49.3k	2.002
12.4k	4.984	12.4k	4.984
5.49k	9.998	5.49k	9.998
2.61k	19.93	2.61k	19.93
1.00k	50.40	1.01k	49.91
499	100.0	499	100.0
249	199.4	249	199.4
100	495.0	98.8	501.0
49.9	991.0	49.3	1003.0

如图 3-18 所示，为了提高测试系统的信噪比，在变换器的输入侧设计低通滤波器，其中差模滤波器的截止频率为

$$f_{IN\_DM} \approx \frac{1}{2\pi(2R_{IN1}C_{IN2})} \qquad (3\text{-}109)$$

式中，电阻 R_{IN1} 和电容 C_{IN2} 的推荐取值分别为 10Ω 和 2200pF。

在变换器的输入侧设计共模滤波器，其截止频率为

$$f_{IN\_COM} = \frac{1}{2\pi(R_{IN1}C_{IN1})} \qquad (3\text{-}110)$$

式中，电阻 R_{IN1} 和电容 C_{IN1} 的推荐取值分别为 10Ω 和 220pF，且要求 C_{IN2} 与 C_{IN1} 满足：

$$C_{IN2} \geq 10C_{IN1} \qquad (3\text{-}111)$$

当然，它也可以应用于交流电机控制、电流监控、数据采集系统以及替代 ADC 加光隔离器的隔离系统等场合。

图 3-19 所示为利用 AD7400 测试高电压的典型处理电路，则传送到变换器 AD7400 的输入端 V_{IN+} 的表达式为

$$\begin{cases} V_{IN+} = V_{IN}G = V_S \dfrac{1}{2R_{S1} + R_{S2}} R_{S2}G \\ G = 1 + \dfrac{49.4}{R_G} \end{cases} \tag{3-112}$$

式中，V_{IN} 表示被测高电压；电阻 R_{S1} 和 R_{S2} 分别为分压器的电阻。

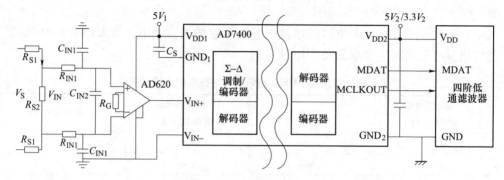

图 3-19　利用 AD7400 测试高电压的典型处理电路

　　图 3-20 所示为利用模块 ADUM5000 提供隔离电源，将 AD7400/AD7401 用做隔离放大器的数据采集系统。该系统采用隔离式 Σ-Δ 型转换器、隔离式 DC/DC 变换器和有源低通滤波器。

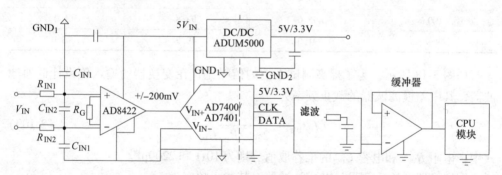

图 3-20　基于 ADUM5000+AD7400A 的数据采集系统

　　如图 3-20 所示，隔离模拟信号利用一个基于双通道、低噪声的运算放大器 AD8646，构建四阶有源低通滤波器（请参见文献《电力电子装置中的典型信号处理与通信网络技术》）。ADUM5000 是一款基于隔离式 DC/DC 变换器，它用于为电路隔离端（包含 AD7400A，输入电压范围：$-250 \sim 250\text{mV}$）提供电源。由于 AD7400/AD7401 的推荐输入电压范围为 $-200 \sim 200\text{mV}$，因此对分流电阻的选择非常重要。

　　如图 3-20 所示，隔离模拟信号利用高性能、低功耗和轨到轨精密仪表放大器 AD8422，提高测试系统的抗共模干扰的能力，因为 AD8422 的宽输入范围和轨到轨输出特性，使其具有单电源应用中高性能仪表放大器所具有的全部优势。无论使用高电源电压或低电源电压，AD8422 的节能特性使其成为高通道数或功耗敏感型应用的极佳选择，同时还可满足此类应用并不富裕的误差预算。AD8422 具有鲁棒的输入过电压保护，确保其稳定性，并且不牺牲噪声性能。AD8422 还具有高 ESD 抑制能力和针对来自相反供电轨、高达 40V 的连续电压输入保护。通过一个电阻 R_G 可将增益设置为 1~1000，该增益的表达式为

$$G = 1 + \frac{19.8}{R_G} \tag{3-113}$$

放大器 AD8422 的增益与增益电阻之间的计算值见表 3-11 所示。

表 3-11　放大器 AD8422 的增益与增益电阻之间的计算值

1%精度的增益电阻 R_G 值/Ω	计算得到的增益值 G
19.6k	2.010
4.99k	4.968
2.21k	9.959
1.05k	19.86
402	50.25
200	100.0
100	199.0
39.2	506.1
20	991.0

放大器 AD8422 的基准引脚可用来向输出电压施加精确失调。AD8422 的额定工作温度范围为 -40~85℃，可在高达 125℃ 时保证典型性能曲线，提供 8 引脚 MSOP 和 SOIC 两种封装。

将隔离器 AD7400/AD7401 用作放大器的替代方案时，需要重点考虑以下几个因素：

1）额定输入电压范围为 -200~200mV。

2）如果来自 RC 滤波器的信号用于微控制器，建议用一个运算放大器来匹配逐次逼近寄存器（SAR）型 ADC 的输入阻抗。也可以执行校准，使微控制器（MCU）能通过软件消除误差。为了实现更出色的性能，可以将运算放大器用做缓冲器，并给该电路配置有源缓冲器。

3）变换器 AD7400/AD7401 的标准数字输出不能保证电压电平，仅保证最小和最大范围。为了解决这一问题，可以采用模拟开关（ADG852）或者设计放大电路，由输出数据控制在模拟地（AGND）与电源（VDD）之间交替变化。这种解决方案可提高设计的灵活性，并提供更大的输出信号范围，例如 -15~15V。

3. 软件滤波设计技巧

根据参数手册，建议将芯片 AD7400/AD7401 与一个 sinc^3 滤波器搭配使用，该三阶滤波器能够在现场可编程门阵列（FPGA）、数字信号处理器（DSP）或者 ARM 上实现。

现将 sinc 滤波器的传递函数表示为

$$H_{\text{sinc}}(Z) = \left(\frac{1}{\text{DR}} \left(\frac{1 - Z^{-\text{DR}}}{1 - Z^{-1}} \right) \right)^N \tag{3-114}$$

式中，DR 表示抽取速率；N 是 sinc 滤波器的阶数。sinc 滤波器的吞吐速率 T_α，它由所选调制器时钟频率 MCLK 和抽取速率 DR 决定，即

$$T_\alpha = \frac{\text{MCLK}}{\text{DR}} \tag{3-115}$$

输出数据大小 D_N 可以表示为

$$D_N = N\log_2^{\text{DR}} \tag{3-116}$$

分析式（3-115）和式（3-116）得知，随着抽取速率 DR 的增加，sinc 滤波器的数据输出大小 D_N 也会增加。16 个最高有效位用来返回 16 位结果。

对于 sinc^3 滤波器而言，可由滤波器传递函数式（3-114）得到 -3dB 滤波器响应点，该值为吞吐速率 T_α 的 0.262 倍。

三阶 sinc 滤波器的特性见表 3-12 所示。

表 3-12 三阶 sinc 滤波器的特性（10MHz）

抽取率（DR）	吞吐速率/kHz	输出数据大小/位	滤波器响应/kHz
32	312.5	15	81.8
64	156.2	18	40.9
128	78.1	21	20.4
256	39.1	24	10.2
512	19.55	27	5.1

3.2.3 光耦式隔离型 A/D 转换器

1. 基本原理

我们以安华高出品的光耦式隔离型 A/D 转换器 ACPL-7970 为例进行分析。

图 3-21a 所示为隔离器件 ACPL-7970 的引脚图，其中 2、3 脚为采样信号的输入端 $V_{\text{IN+}}$ 和 $V_{\text{IN-}}$（输入电压范围 $-200 \sim 200\text{mV}$）；6、7 脚为调制器的数据输出端 MDAT 和时钟输出端 MCLK；1、4 脚为输入侧的电源端 V_{DD1} 和地线端 GND_1；5、8 脚为输出侧的地线端 GND_2 和电源端 V_{DD2}。

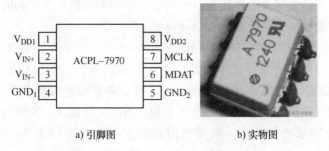

a) 引脚图　　　　　　　　　　b) 实物图

图 3-21　隔离器件 ACPL-7970 的引脚图和实物图

图 3-21b 所示为隔离器件 ACPL-7970 的实物图。

图 3-22 所示为隔离器 ACPL-7970 的原理框图，分析得知：

ACPL-7970 包含输入级的 Σ-Δ 的 A/D 转换器和编码器（16 位），中间级为光耦式隔离器件及其驱动电路，输出级匹配有一个解码器。现将其内部工作过程简述如下：输入直流信号经过 Σ-Δ 转换器送至编码器量化、编码，在时钟信号的控制下，以数码串的形式传送到发光二极管 LED，驱动发光二极管 LED 发光。由于电流强度不同，发光强度也不同，在解调端有一个光电管会检测出这一变化，将接收到的光信号转换成电信号，然后送到解码器变成高速数据流。干扰信号因电流微弱不足以驱动发光二极管发光，因而在解调端不会有相应的电信号输出，从而被抑制掉。

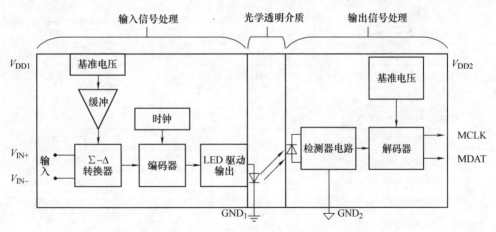

图 3-22　隔离器 ACPL-7970 的原理框图

隔离器 ACPL-7970 作为一个基于 Σ-Δ 转换器技术的 1 位、二阶放大器，使用 5V 电源，它根据光耦合技术，通过电流隔离集成，将模拟输入信号转换成高速数据流，它的数据传输率是 10MHz。±200mV（全量程 ±320mV）的差分输入非常适合用于诸如电机相位电流传感器之类的应用之中，对分流电阻或其他低水平信号源进行直接连接。采用 DIP-8 和 SSO-8 封装，提供可靠的、小尺码的、卓越的绝缘和超温性能，是精确测量电流的首选隔离器。

隔离器 ACPL-7970 配有 78dB 的动态范围和一个相应的数字过滤器。Σ-Δ 转换器使用机载时钟通过采样来不断地测量微型隔离放大器的模拟输入。信号信息作为 "1" 符合密度包含于调制器数据中，接下来数据被编码并被传输过隔离边界，在那里它将被复原和解码成为数字 1 和 0 的高速数据流。原始信号信息可以用一个数字过滤器来进行重组，数据和时钟的串联接口适用于 3~5.5V 的大范围电压。

2. 电路设计技巧

表 3-13 所示为隔离器 ACPL-7970 的推荐参数。

表 3-13　隔离器 ACPL-7970 的推荐参数

参数名称	参数符号	最小值	最大值
工作温度/℃	T_A	−40	105
V_{DD1} 电源/V	V_{DD1}	4.5	5.5
V_{DD2} 电源/V	V_{DD2}	3	5.5
模拟量输入范围/mV	V_{IN+}、V_{IN-}	−200	200
调制器时钟输出频率（内置）/MHz	f_{MCLK}	9	11
分辨率/bit			16
有效位数/bit	ENOB		12
隔离电压/V（峰值）	V_{IORM}		891
积分非线性误差/LSB	INL	−15	15
微分非线性误差/LSB	DNL	−0.9	0.9
偏移误差/mV	V_{OS}	−2	2
偏移漂移/温度/(μV/℃)	TCV_{OS}		6
内部参考电压/mV	V_{REF}		320（典型值）
满量程差动电压输入范围/mV	FSR（V_{IN+}、V_{IN-}）		320（典型值）
平均输入电阻/kΩ	R_{IN}		24（典型值）
共模抑制比/dB	CMRR		74（典型值）
输出高电平/V	V_{OH}	V_{DD2}−0.2	V_{DD2}−0.1
输出低电平/V	V_{OL}		0.6

图 3-23 所示为隔离器 ACPL-7970 的典型应用原理图，其中输入侧电源+5V_1 与输出侧电源+3.3V/+5.5V_2 是两套隔离电源，它们不能共地。经由三根串口线在隔离器 ACPL-7970 的输出端接 sinc^3 滤波器，使 sinc^3 滤波器与 ACPL-7970 配合使用，在 256 抽取率和 16 位字设置下，输出数据速率为

$$f_S = \frac{10\text{MHz}}{256} \approx 39\text{kHz} \tag{3-117}$$

sinc^3 滤波器可在 ASIC、FPGA 或 DSP 中实现。

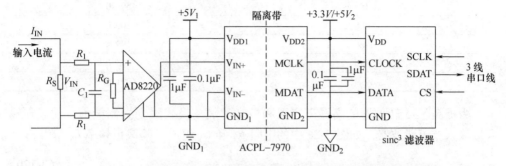

图 3-23 隔离器 ACPL-7970 的典型应用原理图（二端接法）

如图 3-23 所示，利用仪用运放 AD8220 进一步提高测试系统抗共模干扰的能力，因为它是一款 JFET 输入仪表放大器，采用 MSOP 封装。它针对高性能需要而设计，直流时的最小共模抑制比（CMRR）为 86 dB，在 5kHz、$G = 1$ 时的最小 CMRR 为 80dB。最大输入偏置电流为 10pA，在整个工业温度范围内通常保持在 300pA 以下。虽然采用 JFET 输入，但放大器 AD8220 的噪声转折频率典型值仅为 10Hz。它既可以采用 ±18V 双电源供电，也可以采用 +5V 单电源供电，因而无须使用较高电压的双电源。增益通过单个电阻设置，增益范围为 1～1000。提高增益将同时提高共模抑制比，将放大器 AD8220 设置为较大增益时，有益于适应读取小信号时需要较高 CMRR 的测量应用场合。

因此，传送到放大器 AD8220 的输入电压 V_{IN} 的表达式为

$$V_{\text{IN}} = I_{\text{IN}}R_S \tag{3-118}$$

式中，I_{IN} 表示被测强电流。那么，传送到变换器 AD7400 的输入端 $V_{\text{IN+}}$ 的表达式为

$$\begin{cases} V_{\text{IN+}} = V_{\text{IN}}G = I_{\text{IN}}R_S G \\ G = 1 + \dfrac{49.4}{R_G} \end{cases} \tag{3-119}$$

式中，G 表示放大器 AD8220 的增益；R_G 表示它的增益电阻。放大器 AD8220 的增益与增益电阻 R_G 之间的计算数据见表 3-14 所示。

表 3-14 放大器 AD8220 的增益与增益电阻 R_G 之间的计算数据

1%精度增益电阻 R_G/Ω	增 益 值
49.9k	1.990
12.4k	4.984
5.49k	9.998

（续）

1%精度增益电阻 R_G/Ω	增 益 值
2.61k	19.93
1.00k	50.40
499	100.0
249	199.4
100	495.0
49.9	991.0

为提高 Σ-Δ 转换器的高噪声容限和极高的隔离模式瞬变抑制能力，建议在输入端接入差模滤波器，如图 3-23 中的电阻 R_1 和 C_1 组成，其截止频率 f_{IN_DM} 为

$$f_{IN\_DM} \approx \frac{1}{2\pi(2R_1C_1)} \tag{3-120}$$

图 3-23 显示了测试电机控制相电流的典型应用电路，其中采样电阻 RS 采用二端接法。电阻 R_1 的推荐值为 $10\sim100\Omega$，电容 C_1 的推荐值为 $4.7\sim100nF$。

如果为了满足通过选择合适的采样电阻 R_S，监测的电流范围为 $1\sim100A$ 不等，建议采用三端接法，建议采用图 3-24 所示的测试电路。

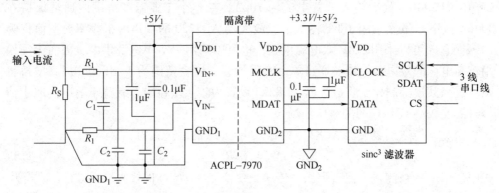

图 3-24　隔离器 ACPL-7970 的典型应用原理图（三端接法）

如图 3-24 中的电阻 R_1 和 C_1 组成差模滤波器、电阻 R_1 和 C_2 组成共模滤波器，它们的截止频率分别为

$$\begin{cases} f_{IN\_DM} \approx \dfrac{1}{2\pi(2R_1C_1)} \\ f_{IN\_CM} \approx \dfrac{1}{2\pi(R_1C_2)} \end{cases} \tag{3-121}$$

式中，f_{IN_DM} 表示差模滤波器的截止频率；f_{IN_CM} 表示共模滤波器的截止频率；电阻 R_1 的推荐值为 $10\sim100\Omega$；电容 C_1 的推荐值为 $4.7\sim100nF$；电容 C_2 的取值满足：

$$C_1 \geqslant 10C_2 \tag{3-122}$$

3.2.4　使用隔离型 A/D 转换器的注意事项

现将使用隔离型 A/D 转换器的注意事项总结如下：

（1）如何选择分辨率的问题：在决定需要多少位时，要考虑诸如噪声和谐波等系统和 A/D 转换器误差，并确保即便在把上述误差也考虑在内时，系统仍有足够的分辨率。如果分辨率不够高，在数据读取时会发生量化误差，且系统精度将下降。

（2）转换速度的权衡问题：在确定 A/D 转换器所需的速度时，周期性采样频率至少为感兴趣信号的最高频率的两倍。对大多数系统来说，一个设计好的采样频率至少是感兴趣信号最高频率的 5 倍甚至更高。举例说明，在某电源监控应用中，在故障情况下，也许要求 1ms 的响应时间，如对 10k 采样/每通道的采样频率要求来说，它允许一个 80k 采样/秒的 8 通道 A/D 转换器，以 10 倍的过采样速率监测 4 个电流和 4 个电压值，以确保满足故障条件要求。

（3）正确处理电源和地的问题：如果可能，需要使用单独的输入侧电源和单独的输出侧电源。而且输入侧电源的参考地 GND_1 与输出侧电源的参考地 GND_2，要严格分区设计。输入侧电源引脚要用 $0.1\mu F$ 和 $10\mu F$ 进行去耦接到它的地上（GND_1）；输出侧电源引脚要用 $0.1\mu F$ 和 $10\mu F$ 进行去耦接到它的参考地（GND_2）上。两种电源线在 PCB 上要走尽量宽的线。如果可能的话，尽量采用 4 层 PCB 设计。

（4）量程控制的问题：最好在设计之初，就需要确定传送到隔离 ADC 芯片输入端的电压范围，不能超过它的额定值，否则，测试准确度难以保证，这就需要阅读所选器件的参数手册。

（5）抑制电磁噪声的问题：由于隔离 A/D 转换器是基于变压器耦合方式，它本身便构成了一个电磁辐射源。如果周围其他的电路对电磁辐射敏感，就应设法予以屏蔽。最实用的方法就是在隔离 A/D 转换器的输入端设计硬件滤波器，滤波器的参数应根据隔离器调制器的固有频率设置。且在靠近隔离放大器的地方，应设置电源去耦电容或者加 π 型滤波器。在隔离 A/D 转换器的输出端设计软件滤波器，推荐使用 $sinc^3$ 滤波器。为了滤除调制解调过程中产生的固有噪声，大多数隔离 A/D 转换器没有内置 DC/DC 变换器，需要外部供给输入侧电源。选择 DC/DC 变换器时，要和隔离 A/D 转换器的调制方式、调制频率结合起来考虑。常规办法就是选用生产厂家推荐的搭配，或者根据它推荐的 DC/DC 变换器的技术参数，寻找相应的替代器件。

3.3　模拟信号典型隔离处理示例

3.3.1　概述

图 3-25 所示为典型的变频驱动及电源系统拓扑图，它被用于具有较丰富接口

的变频驱动及电源系统，或是大功率设备中。可以将典型的变频驱动及电源系统拓扑划分为两个部分：

1）强电部分（又称功率电路）。

2）弱电部分（包括控制电路和接口电路）。

由于这两个部分电路的接地、电压等级不同，安规要求也不同，因此他们之间通常都需要使用隔离器件实现电气分离。图中Ⓐ表示测试电流（如输入电流和输出电流）、Ⓥ表示测试电压（如输入电压和输出电压）、Ⓣ表示测试温度（如冷板温度、柜体内部温度和冷却液体温度等）、Ⓡ表示测试电机位置（如 θ、ω）等。

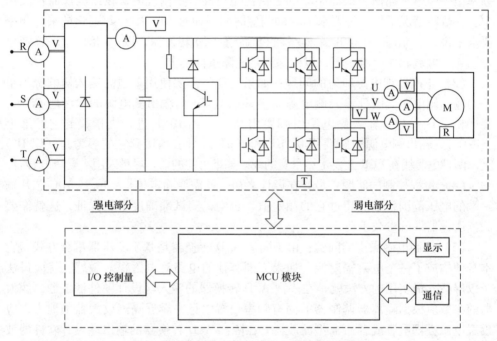

图 3-25　典型的变频驱动及电源系统拓扑图

不同的应用需求，有不同的隔离方案，这主要取决于以下几个因素：

1）功率电路的电压等级。

2）绝缘和安规标准要求，典型的标准如：IEC61800-5-1、IEC62040-1-1、IEC 60747-5-5、VDE 0884-10 和 UL1577 等。

3）各个隔离部分选用器件的方案以及系统成本。

从系统架构设计的角度来看，尽可能减少需要隔离的信号通道数，减少高绝缘等级器件的使用，降低成本，是设计的主要方向。根据实践经验得知，功率电路、控制电路和接口电路之间均要有隔离电路，一方面可以降低成本，因为功率和控制部分之间通常只需要满足功能绝缘要求且信号种类比较固定，而接口电路的隔离信号数量较多且不确定，分成两个隔离层可以降低对隔离器件的选型难度和成本；另一方面，对于大功率应用来说，这样也保证了控制电路及接口电路不易受功率电路干扰。

现将隔离思路简述如下：

1）功率电路和控制电路之间的信号较为固定，主要包含 PWM 信号、电流和电压反馈信号、I/O 控制信号以及故障反馈信号等。功率电路和控制电路之间，采用隔离型功率半导体驱动芯片、隔离型电流检测和隔离型电压检测等。

2）控制电路包含的接口电路较丰富，比如 0~10V、4~20mA 模拟量输入和输出信号、0~24V 数字量输入和输出信号、继电器控制指令、RS-232 通信信号、RS-485 通信信号、以太网通信信号、USB 通信信号以及 CAN 通信信号等，并且控制电路信号时常会根据系统应用环境变化而更改设计或开发选配件。控制电路和接口电路之间，采用数字输入输出信号的隔离器、隔离型 A/D 转换器和 D/A 转换器等。

当然，如果功率电路和控制电路之间的隔离已经满足了器件对应的全部安规及绝缘耐压要求，那么控制电路和接口电路之间可以省去隔离。出于成本或器件选型考虑，也可以通过两层隔离电路的灵活组合达到双重绝缘的效果。

3.3.2 典型隔离电路分析

目前，许多 PEE 装置上都含有上述隔离实现技术之一。对于模拟 I/O 通道，读者可以在 A/D 转换器（ADC）完成信号的量化处理之前（模拟隔离）或之后（数字隔离）在设备的模拟部分实现隔离功能。根据隔离实现在电路中位置的不同，需要依据其中的一种技术来设计不同的电路。可以基于所承担的数据采集系统性能、成本和物理需求，选择模拟或数字隔离技术。

图 3-26a、b 和 c 所示分别为实现隔离功能的不同阶段。

图 3-26a 示意出基于隔离放大器的思路，在大多数电路中，它是模拟电路的前端预处理器件之一。来自传感器的模拟信号被传递至隔离放大器，该放大器提供隔离功能并将信号传递至模数转换电路。

图 3-26b 示意出基于数字方式的隔离思路。A/D 转换器是任何模拟输入数据采集设备的关键组件之一。为了获得最佳性能，A/D 转换器的输入信号应当尽可能接近原始的模拟信号。模拟隔离可能会在信号到达 A/D 转换器之前导致包括增益、非线性和偏移量等误差。将 A/D 转换器放置在更为接近信号源的位置可以获得更好的性能。同时，模拟隔离组件价格较高，而且可能存在建立时间过长的缺点。尽管数字隔离可以获得更好的性能，但是，在过去使用模拟隔离的原因之一却是其能为昂贵的 A/D 转换器提供保护。由于 A/D 转换器的价格已经大幅下降，测量设备的供应商们正在选择通过对 A/D 转换器的保护来换取数字隔离装置所提供的更好性能和更低成本。

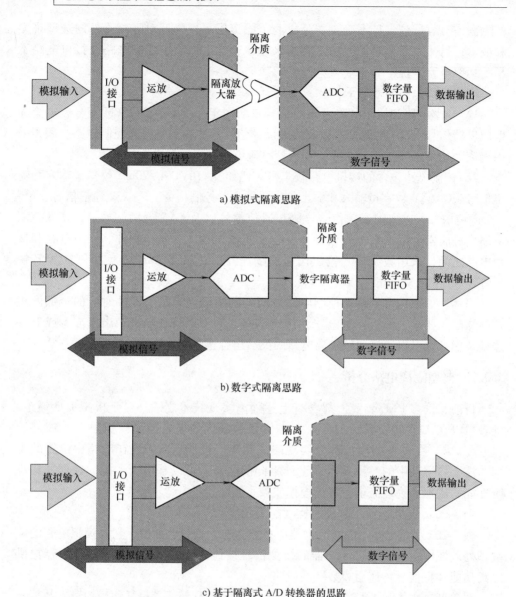

a) 模拟式隔离思路

b) 数字式隔离思路

c) 基于隔离式 A/D 转换器的思路

图 3-26   三种典型的隔离思路

　　与隔离放大器相比,数字隔离组件具有更低的成本并提供更高的数据传输速率。数字隔离技术也提供给模拟设计人员在选择组件并开发面向测量设备的最优模拟前端时能够有更高的灵活性。具有数字隔离功能的器件利用限流电路和限压电路提供 A/D 转换器保护。数字隔离组件遵循与光耦合、电容耦合和感应耦合相同的基本原理,这也是模拟隔离技术的构成基础。

　　如前所述,图 3-26c 给出了基于隔离式 A/D 转换器的设计思路。

　　总之，带隔离的数据采集系统可以在有危险电压和瞬态信号存在的恶劣环境下，保证其可靠测量。读者对于隔离功能的需求取决于测量应用及其周围环境。那些需要利用单个通用数据采集设备与不同特性的传感器相连的应用，可以得益于具有模拟隔离功能的外部信号调理电路。然而，低成本、高性能模拟输入的应用，则可得益于具有数字隔离技术的测量系统。

　　1. 基于隔离 A/D 的采样思路

　　基于 $\sum$-Δ 技术的 AD7400/7401 隔离式 A/D 转换器，可以采集电流和电压的方法，适合用于变频驱动或电源的输出电流采样，达到电流和电压的隔离采样的目的，其电气测试原理如图 3-27 所示，现将设计思路简述如下：

　　1) 以 T 相分流器获取输入电流为例，将该相电流的测试电压引入到隔离 AD7400/7401 芯片，经由 MDAT 接口再传送到 MCU 模块。当然，输入端的 R 相、S 相的电流测试方法与此相同；同理，输出端的电流测试方法也可这样处理。

　　2) 以直流母线的电阻分压（由电阻 $R_{V1} \sim R_{V3}$ 构成）测试电压为例，将该强电压的测试电压引入到隔离 AD7400/7401 芯片，经由 MDAT 接口再传送到 MCU 模块。

　　3) 当然，三相输入线电压、三相输出线电压测试方法也可这样处理。

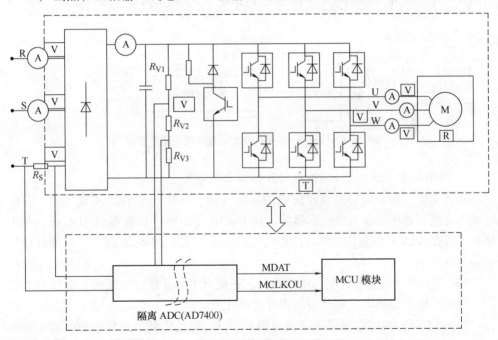

图 3-27　基于隔离 A/D 的电流和电压采样思路

　　2. 基于传感器+常规运放的数采思路

　　采用霍尔效应传感器（获取交流时也可以用互感器)+常规运放的思路，也是工程师经常采用的方法，其电气拓扑如图 3-28 所示，现将其测试思路简述如下：

1）采用霍尔效应传感器获取电流、电压，借助常规运放调理电路得到反应被测电流和电压的电压信号，再利用常规的 A/D 转换器（ADC）或者利用 DSP（或者 ARM）内置的 ADC。

2）输入电流和输出电流可以采用霍尔电流传感器或者电流互感器。

3）输入电压和输出电压可以采用霍尔电压传感器或者电压互感器。

4）直流母线的电流采用霍尔电流传感器，直流母线的电压采用霍尔电压传感器。

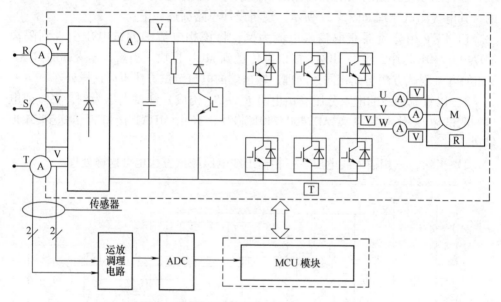

图 3-28　传感器+常规运放的电流和电压采样思路

3. 基于分流（压）器+隔离放大器的数采思路

将霍尔效应的电流传感器改成使用分流（压）电阻，选择隔离放大器，并继续使用之前在基于霍尔效应传感器的设计中使用的 ADC［如常规的 ADC 或者利用 DSP（或者 ARM）内置的 ADC］，其电气原理示意图如图 3-29 所示，现将其设计思路简述如下：

1）以 T 相分流器获取输入电流为例，其他 R 相、S 相的电流测试方法与此相同；同理，输出端的电流测试方法也可这样处理。

2）以直流母线的电阻分压（由电阻 $R_{V1} \sim R_{V2}$ 构成）测试电压为例，那么输入的线电压、输出的线电压测试方法也可这样处理。

4. 基于传感器+隔离放大器的数采思路

实际上，在电力电子装置中，充分将传感器、隔离放大器的优点集成一体，采用两级隔离的电流和电压采样思路，更是普遍采用的方案，其电气拓扑如图

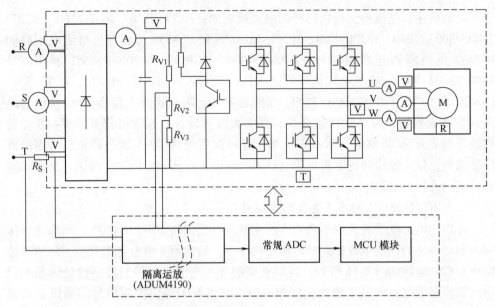

图 3-29　基于隔离运放的电流和电压采样思路

3-30 所示，现将其设计思路简述如下：

　　采用霍尔效应传感器获取电流、电压，借助隔离运放调理电路得到反应被测电流和电压的电压信号，再利用常规的 A/D 转换器（ADC）或者利用 DSP（或者 ARM）内置的 ADC，采集得到被测电流和电压。

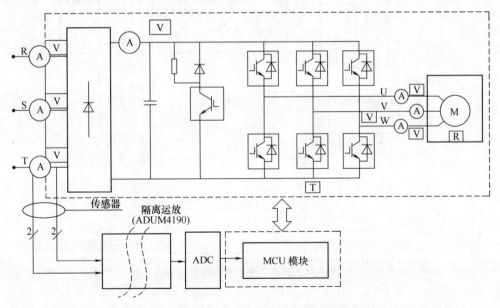

图 3-30　基于传感器+隔离运放的电流和电压采样思路

综上所述，电流检测可以选择的隔离运放如：HCPL-7860/7860J/7560、HCPL-7800/7800A/7840、HCPL-788J、HCPL-7510/20 和 PS8551 等。直流母线电压检测可以选择的隔离运放如：HCPL-7840/7800、HCPL-7510/20、PS8551 和 HCPL-7800/7800A/7840。交流电压检测可以选择的隔离运放如：HCPL-814、HCPL-354、PS8551 和 HCPL-7800/7800A/7840。实践表明，将隔离式放大器和 ADC 替换为隔离式 Σ-Δ 转换器，可消除性能瓶颈，并大大改善设计，通常可将其从 9~10 位精度的反馈提升到 12 位的高水平。此外，还可配置处理 Σ-Δ 转换器输出所需的数字滤波器，以实现快速过电流保护（Overcurrent protection：OCP）环路，从而无须模拟过电流保护电路。

5. IGBT/MOSFET 功率半导体隔离驱动

考虑到电力电子装置中隔离内容的完整性，我们将 IGBT/MOSFET 功率半导体隔离驱动器件的选型也放在此处简单交代一下，后面第 4 章会详细介绍。隔离系统的典型信号链路如图 3-31 所示，虽然更高的开关速度会对控制转换的处理器和提供反馈回路的电流检测系统产生影响，但为功率开关提供控制信号的栅极驱动器也是非常重要的隔离手段，因为功率半导体 IGBT/MOSFET 的驱动电路，是变频驱动及电源系统电路的关键环节之一。

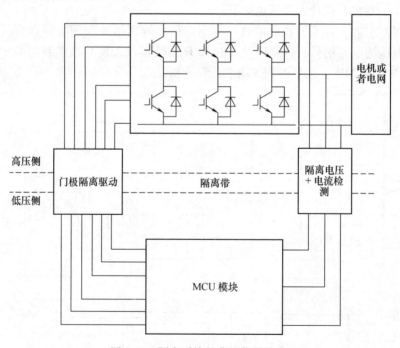

图 3-31　隔离系统的典型信号链路

为减少功率半导体开关损耗，缩短短路保护时间，提高系统的可靠性，驱动电路需要具备更高的性能。我们仍以 ADI 公司为例进行说明。可以选择 ADI 公司的

ADUM413x、ADUM3223、ADUM4223 和 ADUM7223 等隔离驱动芯片，它们具备仅仅 50ns 的驱动信号传输延迟，以及高达 100kV/μs 的 CMTI（共模瞬态抗扰度）指标。

当然，还可以按照下面推荐的光耦器件（根据 IGBT/MOSFET 的功率等级）酌情选择：

1）驱动能力 2.0A。HCPL-316J，HCPL-3120/J313/HCNW3120，HCPL-3180。

2）驱动能力 0.5A。HCPL-3150/315J。

3）驱动能力 0.4A。HCPL-3140/0314/J314/314J。

4）驱动能力 0.2A。HCPL-0302/3020。

6. 其他隔离器件

前面讨论了隔离采样电流和电压、IGBT/MOSFET 功率半导体隔离驱动的典型器件，其他还包括：

1）通信隔离器，也可以选择 ADI 公司的 RS-232、RS-422/485、以太网、USB、CAN 以及 I²C 通信的隔离器件。

2）I/O 数字隔离器件，既可以选择 ADI 公司的相关磁隔离器件，也可以选择光耦式隔离器件。

目前各大厂商的数字隔离器里面，ADI 的种类最多，不仅可提供 5kV（有效值）隔离度的隔离器，还可提供 RS-232、RS-422/485 和 USB 等非常多类型的隔离器，而且是唯一可集成 DC/DC 隔离电源的隔离器。SI 公司只可提供单纯的数字隔离器，不过通道数多达 6 路。NVE 公司可提供 RS-422/485 通信的隔离器。TI 公司可提供 RS-485 通信和 CAN 通信的隔离器。所有数字隔离器里面，ADI 公司的数字隔离器种类最多、型号最全、I/O 驱动能力强，是设计者首选器件。上述这些内容将在后面章节中讲述。

为加深读者的理解，国外各大厂商在通信领域的典型隔离器件对比见表 3-15 所示。

表 3-15　典型隔离器件对比

型号	厂商	技术	隔离通道	隔离电压（有效值）/kV	工作电压/V	工作电流/mA	输出电流/mA		封装
ADum1201	ADI	电磁隔离	2	2.5	2.7~5.5	1.6		35	SO-8
SI8410	SI	电磁隔离	2	2.5	2.7~5.5	5		10	SO-8
SI8420/21	SI	电磁隔离	2	2.5	2.7~5.5	5		10	SO-8
6N137	东芝	光电隔离	1	2.5	5	15		50	DIP-8
IL30/31/55	VISHAY	光电隔离	1	2.5	3~5.5	4	达林顿	125	DIP-6
ILD30/31/55	VISHAY	光电隔离	2	2.5	3~5.5	4		125	DIP-8
ILQ30/31/55	VISHAY	光电隔离	4	2.5	3~5.5	4		125	DIP-16
ISO721	TI	电容隔离	1	2.5	3~5.5	7.5		10	SOP-8
ISO722	TI	电容隔离	1	2.5	3~5.5	7.5		10	SO-8

分析表 3-15 得知，电磁隔离器件逐渐开始占领市场。高功耗、高成本以及发光二极管因为老化的问题而影响其使用寿命，并成为了制约光耦式隔离技术发展的主要因素。电容隔离有一个严重的缺点，就是无法处理差模信号，数据信号与噪声信号共用一条通道进行传输，会对信噪比产生很大影响，这使得它对信号频率要求太苛刻，因而不能满足大多数用户的设计要求。

3.3.3 隔离式模拟电路设计示例

图 3-32 所示为一种完整的低成本的隔离模拟信号的处理电路板的经典方案。

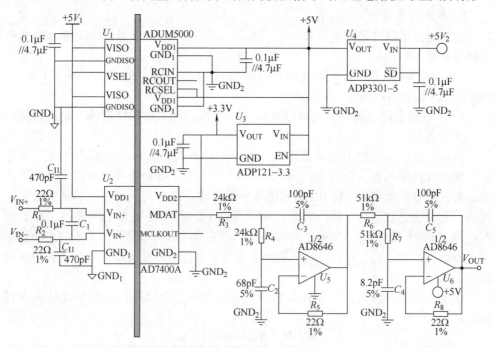

图 3-32 一种完整的低成本的隔离模拟信号的处理电路板的经典方案

现将图 3-32 所示电路的原理简述如下：

1）图中所示的 V_{IN+}、V_{IN-} 表示输入拾取的差分信号，如分流电阻两端的检测电压、隔离监控系统的检测电压，该电路基于二阶 Σ-Δ 型转换器 AD7400A（输入范围：$-250 \sim 250\text{mV}$），提供数字隔离的 1 比特数据流输出。隔离模拟信号利用一个基于双通道、低噪声和轨到轨运算放大器 AD8646 的四阶有源滤波器。模块 AD-UM5000 用做隔离端的电源，两端完全隔离，系统仅使用一个电源（即图中所示的"+5.0V_2"）。

2）模拟输入由 Σ-Δ 型转换器 AD7400A 以 10MSPS 进行采样。22Ω 电阻和 0.1μF 电容构成一个截止频率为 36kHz 左右的差模输入降噪滤波器；22Ω 电阻和 470pF 电容构成一个截止频率为 15MHz 左右的共模输入降噪滤波器。AD7400A 的输出为隔离的 1 比特数据流。量化噪声由一个二阶 $\Sigma\text{-}\Delta$ 型转换器整形，将噪声移动到较高频率。

3）为了重构模拟输入信号，数据流之后应连接一个阶数高于调制器阶数的滤波器。为了更好地衰减噪声，使用一个四阶切比雪夫滤波器。当滤波器阶数相同时，相比于其他滤波器响应（巴特沃兹、贝塞尔等），切比雪夫响应提供最为陡峭的滚降。该滤波器利用双通道、轨到轨输入和输出、低噪声和单电源的运算放大器 AD8646 来实现。第一级滤波器的截止频率的表达式为

$$f_{\text{IN\_1}} = \frac{1}{2\pi\sqrt{R_3 R_4 C_2 C_3}} \approx 80\text{kHz} \tag{3-123}$$

第二级滤波器的截止频率的表达式为

$$f_{\text{IN\_2}} = \frac{1}{2\pi\sqrt{R_6 R_7 C_4 C_5}} \approx 35\text{kHz} \tag{3-124}$$

低通滤波器的截止频率主要取决于电路所需的带宽。截止频率与噪声性能之间存在取舍关系，如果提高滤波器的截止频率，则噪声会增加。在本设计中尤其如此，因为 $\Sigma\text{-}\Delta$ 型转换器对噪声进行整形，将很大一部分移动到较高频率。在所有滤波器响应中（巴特沃兹、切比雪夫和贝塞尔等滤波器），本设计之所以选择切比雪夫响应，是因为在给定滤波器阶数下，它的过渡带较小，但代价是瞬态响应性能略差。该滤波器是一个四阶滤波器，由两个采用 Sallen-Key 结构的二阶滤波器组成。

图 3-33 所示为两级滤波器的幅频特性和相频特性曲线，其中图 3-33a 表示第一级滤波器的幅频特性和相频特性曲线；图 3-33b 表示第二级滤波器的幅频特性和相频特性曲线。

4）模块 ADUM5000 是一款基于 ADI 公司 iCoupler® 技术的隔离式 DC/DC 变换器，为电路的隔离端（包含 AD7400A）提供电源。isoPower® 技术利用高频开关元件，通过芯片级变压器传输功率。

5）本电路必须构建在具有较大面积接地层的多层电路板上。为实现最佳性能，必须采用适当的布局、接地和去耦技术。设计印刷电路板布局布线时应特别小心，必须符合相关辐射标准以及两个隔离端之间的隔离要求。

6）为了避免损坏放大器 AD8646，输入信号幅值应低于 AD8646 的电源电压 5V。AD7400A 的输出为 "1" 和 "0" 的数据流，幅度等于 AD7400A 的 V_{DD2} 电源电压。因此，V_{DD2} 数字电源为线性稳压器 ADP121 提供的 3.3V 电压。或者如果 V_{DD2} 使用 5V 电源，则数字输出信号应经过衰减后才能连接到有源滤波器。无论何种情况，电源都应进行适当调节，因为最终的模拟输出与 V_{DD2} 直接成正比。图3-32 所示电路的 5V 电源由 5V 线性稳压器 ADP3301 提供，它接受 5.5~12V 的输入电压。

7）AD7400A 的增益为 5.15，输出偏移电压为 1.65V（采用 3.3V 电源供电

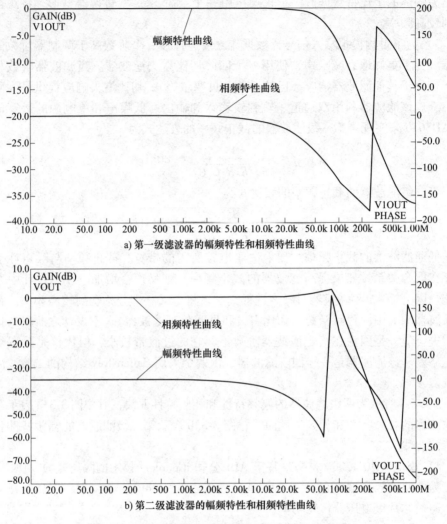

a) 第一级滤波器的幅频特性和相频特性曲线

b) 第二级滤波器的幅频特性和相频特性曲线

图 3-33 两级滤波器的幅频特性和相频特性曲线

时）。0V 的差分信号产生"1"和"0"的数字比特流，"1"和"0"各占 50% 的时间。数字输出电源为 3.3V，因此，滤波后会有 1.65V 的直流偏移。在理想状态下，320mV 的差分输入生成全"1"的数据流，滤波后产生 3.3V 直流电压输出。因此，隔离器 AD7400A 的有效增益 G 为

$$G = \frac{3.3 - 1.65}{0.32} \approx 5.16 \qquad (3\text{-}125)$$

输入信号电压为 40mV（峰-峰值）。因此，输出信号为 40mV × 5.165 = 207mV（峰-峰值）。通过测量，实测偏移为 1.641497V，增益为 5.165。系统直流传递函数如图 3-34 所示，实测线性度为 0.0465%。

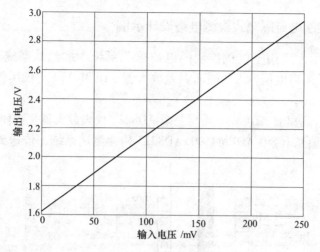

图 3-34　系统直流传递函数

　　总之，图 3-32 所示的模拟信号的典型隔离调理电路，能够提供 2.5kV（有效值）的隔离值（1min，符合 UL1577 标准）。该电路具有 0.05% 的线性度，并能获益于调制器 AD7400A 和模拟滤波器提供的噪声抑制能力。它可推广应用于包括电机控制和电流监控，同时它还能有效替代基于光隔离器的隔离系统。

　　如果用 ADUM6000 代替 ADUM5000，则整个电路的隔离额定值将提升为 5kV（有效值），如图 3-35 所示。

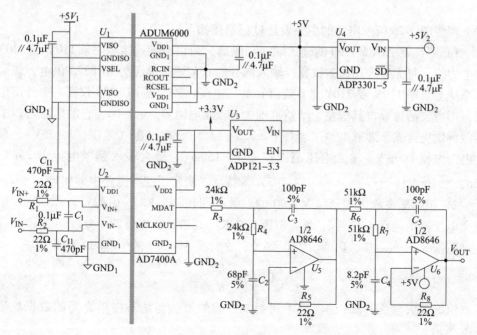

图 3-35　基于 ADUM6000 的测试电路［隔离电压升为 5kV（有效值）］

3.3.4 电机控制电流隔离式检测电路设计示例

图 3-36 所示为应用于电机控制的电流检测系统中的测试系统，它采用具有 5kV（有效值）隔离电压等级的隔离误差放大器 ADUM4190 与仪用放大器 AD8223 联合构成。

已知条件：隔离器 ADUM4190 与一个 AD8223 仪表放大器配合使用。被测电流 $I_B = 50A$（有效值），经由 ADUM4190+AD8223 构建测试系统，传送到 ARM 模块进行处理。

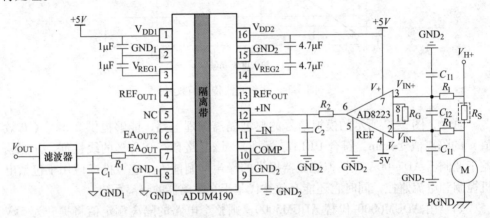

图 3-36　基于 ADUM4190+AD8223 的电机控制电流检测应用电路

现将图 3-26 所示电路的主要设计过程简述如下：

1) 隔离器 ADUM4190 的输入端（已隔离）可以直接连接至一条 110V 或 230V 的电力线，且无须采用保护机制，输入部分的±5V 隔离电源为 AD8223 供电，该隔离系统会忽略 110V 或 230V（有效值）共模电压。放大器 AD8223 仅需一个外部电阻，即可灵活地设置其增益，增益范围为 5（无电阻器）~1000，它的电源可以采用两种供应方式，即双电源（范围：±2.5~12.5）、单电源（范围：3~25V），最大电源电流 600μA，输入电压范围扩展至−150mV，最大输入偏置电流为 25nA，35nV/$\sqrt{v Hz}$ RTI 噪声 @ 1kHz（G = 5）等特点，决定了在本电路中的优势。

2) 根据隔离放大器 ADUM4190 的参数手册得知，EA$_\text{out}$ 引脚可提供±3mA 电流，电压范围为 0.4~2.4V，增益范围为 0.83~1.17，额定值为 1.0。EA$_\text{out}$ 输出线性度范围为−1%~1%，典型值为 0.15%。放大器 AD8223 的增益的表达式为

$$G = 5 + \frac{80}{R_G} \tag{3-126}$$

根据放大器 AD8223 的参数手册得知，它的增益与增益电阻之间的数据见表 3-16 所示。

表 3-16　放大器 AD8223 的增益与增益电阻之间的数据

1% 精度增益电阻 R_G/Ω	增益期望值	增益计算值
26.7k	8	7.99
15.8k	10	10.1
5.36k	20	19.9
2.26k	40	40.4
1.78k	50	49.9
845	100	99.7
412	200	199
162	500	499
80.6	1000	998

3）放大器 AD8223 则拾取用于电流检测的采样电阻上的小压降。在本例测试系统中，前置放大器 AD8223 用作系统调整控制点，将产生并输出与电机电流成比例的电压，具体比例取决于检测电阻值以及由放大器 AD8223 的 R_G 设置的增益。放大器 AD8223 还可提高整个系统的精度，因为 ADUM4190 的漂移电压 V_{os} 为 2.5mV，而放大器 AD8223 的该值则为 250μV。由于 ARM 内置 12 位的 A/D 转换器，要求其输入端的电压不超过 2.4V，那么要求 ADUM4190 的输出端的电压也不超过 2.4V，则放大器 AD8223 输出端的电压也不超过 2.4V。

由于被测电流 $I_B=50A$（有效值），假设采样电阻为 1mΩ，过载 1.5 倍时，采样电阻的端电压 V_S 为

$$V_S = R_S \times 50 \times \sqrt{2} \times 1.5 \approx 106.1\text{mV} \tag{3-127}$$

假设放大器 AD8223 输出端的电压暂定为 2.0V，则要求采样系统的总增益 G 为

$$G = \frac{V_{OUT}}{V_S} = \frac{2.0\text{V}}{0.1061\text{V}} \approx 18.86 \tag{3-128}$$

根据放大器 AD8223 的增益与增益电阻之间的数据表 3-16 得知，增益电阻 R_G 为

$$R_G = \frac{80}{G-5} = \frac{80\text{k}\Omega}{\dfrac{2.0\text{V}}{0.1061\text{V}}-5} \approx 5.78\text{k}\Omega \tag{3-129}$$

增益电阻 R_G 采用 5.76kΩ/0.1%，则增益 G 为

$$G = 5 + \frac{80}{R_G} = 5 + \frac{80\text{k}\Omega}{5.76\text{k}\Omega} \approx 18.89 \tag{3-130}$$

那么放大器 AD8223 的输出端的电压为

$$V_{OUT} = GV_S = 0.1061\text{V} \times 18.89 \approx 2.04\text{V} \leqslant 2.4\text{V} \tag{3-131}$$

由此可见设计值满足传送到 ARM 的 A/D 转换器的输入电压幅值的要求。

4）按 150% 额定电流计算采样电阻损耗：

$$P_S = (50A \times 1.5)^2 \times 1.0m\Omega = 5.625W \tag{3-132}$$

根据工程实践经验，采样电阻的功率必须降额（按照 2~3 倍）使用，本例取 3，则有

$$P_{S\_N} = 3P_S = 3 \times (50A \times 1.5)^2 \times 1.0m\Omega \approx 17W \tag{3-133}$$

所以，实际上选取 $2m\Omega/8W$ 两只电阻并联构建采样电阻 R_S。

5）受 SPWM 类载波供电隔离系统的性质影响，在某些工作环境下，有些残余的交流载波成分会叠加于采样电阻的输出直流信号上。发生这种情况时，可以在输入级设置一个低阻抗无源的 RC 滤波器。所以，本例为了提高该电路的抗干扰能力，在 AD620 的输入端设置了由电阻 R_1 和电容 C_{I1} 组成的共模滤波器电路，它的截止频率需要根据被测电压信号的特点合理设计，共模滤波器截止频率 f_{IN_COM} 的表达式为

$$f_{IN\_COM} \approx \frac{1}{2\pi(R_1 C_{I1})} \tag{3-134}$$

在放大器 AD8223 的输入端设置了由电阻 R_1 和电容 C_{I2} 组成的差模滤波器电路，它的截止频率需要根据被测电压信号的特点合理设计，差模滤波器截止频率 f_{IN_DM} 的表达式为

$$f_{IN\_DM} \approx \frac{1}{2\pi(2R_1 C_{I2})} \tag{3-135}$$

且要求 C_{I1} 与 C_{I2} 满足下面的表达式：

$$C_{I2} \geqslant 10C_{I1} \tag{3-136}$$

3.4 测控系统抗干扰设计示例

3.4.1 概述

谐波产生的根本原因是由于非线性负载所致。当电流流经负载时，与所加的电压不呈线性关系，就形成非正弦电流，从而产生谐波。谐波频率是基波频率的整倍数，根据法国数学家傅立叶（M. Fourier）分析原理证实，任何重复的波形都可以分解为含有基波频率和一系列为基波倍数的谐波的正弦波分量。

对于变频驱动及电源系统的典型拓扑而言，采用电力电子装置，如变频器驱动的电动机系统，因其节能效果明显、调节方便、维护简单和网络化等优点而得到越来越多的应用。但是，由于变频器特殊的工作方式带来的干扰越来越不容忽视。变频器干扰主要有：

1）变频器中普遍使用了电力电子器件（如晶闸管、整流二极管和 IGBT 等）

非线性整流器件，其产生的谐波对电网将产生传导干扰，引起电网电压畸变（电压畸变率用 THD$_V$ 表示，变频器产生谐波引起的 THD$_V$ 为 10% ~ 40%），影响电网的供电质量。

2）变频器的输出部分一般采用的是 IGBT 等开关器件，在输出能量的同时将在输出线上产生较强的电磁辐射干扰，影响周边电器的正常工作。

我们以箱变智能保护测控装置为例，要求该装置能承受《GB/T 14598.13-1998 量度继电器和保护装置的电气干扰试验第 1 部分：1MHz 脉冲群干扰试验》中严酷等级为 Ⅲ 级、频率为 1MHz 和 100kHz 衰减振荡波（第一半波电压幅值共模为 2.5kV，差模为 1kV）脉冲群的干扰试验。当然，还要求该装置能承受《GB/T 14598.9-1995 电气继电器第 22 部分：量度继电器和保护装置的电气干扰试验第三篇：辐射电磁场干扰试验》中规定的严酷等级为 Ⅲ 级的辐射电磁场干扰。该装置还包括：

1）能承受《GB/T 14598.16-2002》中 4.1 规定的传导发射限值及 4.2 规定的辐射发射限值的电磁发射试验。

2）能承受《GB/T 17626.8-2006》第 5 章规定的严酷等级为 Ⅳ 级的工频磁场抗扰度试验。

3）能承受《GB/T 17626.9-1998》第 5 章规定的严酷等级为 Ⅳ 级的脉冲磁场抗扰度试验。

4）能承受《IEC 60255-22-6:2001》第 4 章规定的射频场感应的传导骚扰的抗扰度试验。

由此可见，谐波干扰和电磁辐射干扰对电力电子装置的影响，越来越受到人们的关注。否则，将会产生以下几个方面的问题：

1）谐波使装置中的电器元件产生了附加的谐波损耗，降低了电能变换设备的效率。

2）谐波可以通过电力电子装置的输入端电网传导到其他的用电器，影响了许多电气设备的正常运行，比如谐波会使变压器产生机械振动，使其局部过热，绝缘老化，寿命缩短，以至于损坏；还有传导来的谐波会干扰电器设备内部软件或硬件的正常运转。

3）谐波会引起电力电子装置的输入端电网中局部的串联或并联谐振，从而使谐波放大。

4）谐波或电磁辐射干扰，会导致电力电子装置内部的继电保护装置的误动作，使二次电气仪表计量不准确，或者致使上位机通信故障甚至会无法正常工作。

5）电磁辐射干扰使经过电力电子装置输出导线附近的控制信号、检测信号等弱电信号受到干扰，严重时使系统无法得到正确的检测信号，或使控制系统紊乱。

随着微处理器（MCU）技术的发展，MCU 在电力电子装置中的应用越来越广泛，如：基于 MCU 设计集数据采样处理、通信、保护和驱动等功能于一体的测控系统（以下简称为 MCU 测控系统），从而作为电力电子装置运行的"大脑"。因此，基于 MCU 测控系统的可靠性将直接影响到电力电子装置的安全生产和经济运行，测控系统的抗干扰能力是关系到整个系统可靠运行的关键。电力电子装置中所使用的各种类型传感器及其信号调理板卡，有的是集中安装在控制室，有的是安装在生产现场和各种电机设备上，它们大多处在强电电路和强电设备所形成的恶劣电磁环境中。要提高 MCU 测控系统可靠性，设计人员只有预先了解各种干扰源才能采取有效措施，确保系统可靠、安全和健康运行。

3.4.2 测控系统中电磁干扰的主要来源

在电力电子装置中，MCU 测控系统中电磁干扰的主要来源有以下 6 个方面。

1. 来自工作环境的辐射干扰

空间的辐射电磁场（EMI）主要是由电力网络、功率模块的暂态过程、雷电、无线电广播、电视、雷达和高频感应加热设备等产生的，通常称为辐射干扰，其分布极为复杂。若埋置于工业现场的传感器及其信号调理系统置于所射频场内，就会耦合辐射干扰，进而传送到 MCU 测控系统中，其影响主要通过两条路径：

1）直接对 MCU 测控系统内部的辐射，由电路感应产生干扰。

2）对 MCU 测控系统中的通信内网络的辐射，由通信线路的感应引入干扰。辐射干扰与现场设备布置及设备所产生的电磁场大小，特别是开关频率密切有关，一般通过设置屏蔽电缆和 MCU 测控系统局部屏蔽及高压泄放元件进行保护。

2. 来自电力电子装置系统外引线的干扰

主要通过电源和信号线引入，通常称为传导干扰。这种干扰在电力电子装置工作现场较严重。

3. 来自电源的干扰

实践证明，因电源引入的干扰造成 MCU 测控系统故障的情况很多，我们团队在某直线电机工程调试中遇到过，更换某晶闸管触发板卡的隔离性能更高的 DC/DC 电源，问题才得到解决。MCU 测控系统的正常供电电源均由电网供电。由于电网覆盖范围广，将受到所有空间电磁干扰而在线路上感应电压和电路。尤其是电网内部的变化、开关操作浪涌、大型电力设备起停、交直流传动装置引起的谐波以及电网短路暂态冲击等，都通过输电线路到电源边。MCU 测控系统的电源通常采用隔离电源，但其机构及制造工艺因素使其隔离性并不理想。实际上，由于分布参数特别是分布电容的存在，绝对隔离是不可能的。

4. 来自传感器信号线引入的干扰

与 MCU 测控系统连接的各类传感器信号传输线，除了传输有效的各类信号之外，总会有外部干扰信号侵入。此干扰主要有两种途径：1）通过变送器或共用信号仪表的供电电源串入的电网干扰，这往往被忽略；2）信号线受空间电磁辐射感应的干扰，即信号线上的外部感应干扰，这是很严重的。由信号引入干扰会引起

I/O 信号工作异常和测量精度大大降低,严重时将引起元器件损伤。对于隔离性能差的系统,还将导致信号间互相干扰,引起共地系统总线回流,造成逻辑数据变化、误动和死机。MCU 测控系统因信号引入干扰造成 I/O 模件损坏数相当严重,由此引起系统故障的情况也很多。

我们在某船电多台逆变器并联装置的调试过程中就遇到过这种情形:由逆变器的继电器无源触点将干扰耦合到并网控制器,导致出现以下情况:

1)系统发指令时,电机无规则地转动。

2)信号等于零时,电站控制器的数字显示表数值乱跳。

3)传感器工作时,底层检测设备采集过来的电压和电流信号与实际参数所对应的信号值不吻合,且误差值是随机的、无规律的。

4)与交流伺服系统共用同一电源的显示器工作不正常。

5. 来自电力电子装置接地系统混乱时的干扰

接地是提高电力电子装置设备电磁兼容性(EMC)的有效手段之一。正确的接地,既能抑制电磁干扰的影响,又能抑制设备向外发出干扰。然而错误的接地,反而会引入严重的干扰信号,致使 MCU 测控系统将无法正常工作。MCU 测控系统的地线包括系统地、屏蔽地、交流地和保护地等。接地系统混乱对 MCU 测控系统的干扰主要是各个接地点电位分布不均,不同接地点间存在地电位差,引起地环路电流,影响系统正常工作。例如电缆屏蔽层必须一点接地,如果电缆屏蔽层两端 A、B 都接地,就存在地电位差,有电流流过屏蔽层,当发生异常状态加雷击时,地线电流将更大。此外,屏蔽层、接地线和大地有可能构成闭合环路,在变化磁场的作用下,屏蔽层内会出现感应电流,通过屏蔽层与芯线之间的耦合,干扰信号回路。若系统地与其他接地处理混乱,所产生的地环流可能在地线上产生不等电位分布,影响 MCU 测控系统内逻辑电路和模拟电路的正常工作。MCU 测控系统工作的逻辑电压干扰容限较低(大多为 5V 以下,典型值为 3.3V 左右),逻辑地电位的分布干扰容易影响 MCU 的逻辑运算和数据存储,造成数据混乱、程序跑飞或死机。我们团队在某直线电机的位置测试系统的工程调试中就曾经遇到过这种问题。模拟地电位的分布将导致测量精度下降,引起对信号测控的严重失真和误动作。

6. 来自 MCU 测控系统内部的干扰

主要由 MCU 测控系统内部元器件及电路间的相互电磁辐射产生,如逻辑电路互辐射及其对模拟电路的影响,模拟地与逻辑地的相互影响及元器件间的相互不匹配使用等。这都属于设计者对 MCU 测控系统内部进行电磁兼容设计的重要内容,虽然比较复杂,但是作为工程应用是无法回避的。

3.4.3 抑制电磁干扰的典型措施

3.4.3.1 概述

我们以变频器为例,现行的国际标准是 IEC 61000-2-2、IEC 61000-2-4;欧洲标准是 EN 61000-3-2、EN 61000-3-12；国际电工学会的建议标准是 IEEE 519-1992；我国国家标准是 GB/T 14549-93《电能质量共用电网谐波》。IEC 61000-2-2 标准适用于公用电网，IEC 61000-2-4 标准适用于厂级电网，这两个标准规定了不给电网造成损害所允许的谐波程度，它们规定了最大允许的电压畸变率 THD_V。IEC 61000-2-2 标准规定了电网公共接入点处的各次谐波电压含有的 THD_V 约为 8%。IEC 61000-2-4 标准分三级，第一类对谐波敏感场合（如计算机、实验室等）THD_V 为 5%；第二类针对电网公共接入点和一部分厂内接入点 THD_V 为 8%；第三类主要针对厂内接入点 THD_V 为 10%。以上两个标准还规定了电器设备所允许产生谐波电流的幅值，前者主要针对 16A 以下，后者主要针对 16~64A。IEEE 519-1992 标准是个建议标准，目标是将单次 THD_V 限制在 3%以下，总 THD_V 限制在 5%以下。我国标准 GB/T 14549-93 中规定，公用电网谐波电压（相电压）限值为 380V（220V）电网电压总 THD_V 为 5%，各次谐波电压含有率中奇次谐波为 4%、偶次谐波为 2%。

对照上述标准，工程实践中合理的判据是：单次电压畸变率在 3%~6%，总电压畸变率在 5%~8%是可以接受的。

3.4.3.2　抑制谐波的强电方面的措施

一般来讲，奇次谐波引起的危害比偶次谐波更多更大。在平衡的三相系统中，由于对称关系，偶次谐波已经被消除了，只有奇次谐波存在。对于三相整流负载，出现的谐波电流是 6n±1 次谐波，变频器主要产生 5、7 次谐波。我们仍然以变频器为例，介绍减少变频器谐波对其他设备影响的强电方面的措施与方法。

1. 增设交流/直流滤波电抗器

增设交流/直流滤波电抗器后的变频器拓扑，如图 3-37 所示。比如说：设置输入端交流电抗器。在电源与变频器输入侧之间串联交流电抗器，这样可使整流阻抗增大来有效抑制高次谐波电流，提高输入电源的功率因数，使进线电流的波形畸变降低 30%~50%，是不加电抗器谐波电流的一半左右。

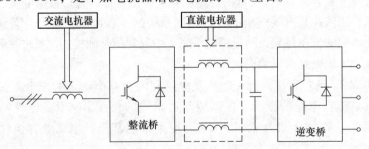

图 3-37　使用交流/直流电抗器降低 THD

现将合理选择电抗器的注意事项总结如下：

（1）额定交流电流的选择：额定交流电流是从发热方面设计电抗器的长期工作电流，同时应该考虑足够的高次谐波分量。即输出电抗器实际流过的电流是变换器负载（如电机）的输出电流。

（2）电压降：电压降是指 50Hz 时，对应实际额定电流时电抗器线圈两端的实际电压降。通常选择电压降在额定输出电压 2%～5% 不等。

（3）电感量的选择：电抗器的额定电感量也是一个重要的参数。若电感量选择不合适，会直接影响额定电流下的电压降变化，从而引起故障。而电感量的大小取决于电抗器铁心的截面积和线圈的匝数与气隙的调整。输出电抗器电感量的选择是根据在额定频率范围内的电缆长度来确定，然后再根据电动机的额定电流来选择相应电感量，在此要求下的铁心截面积和导线截面积，才能确定电感的实际电压降。

对应额定电流的电感量与电缆长度的参数见表 3-17 所示。

表 3-17　额定电流的电感量与电缆长度的参数

电缆长度/m	额定输出电流/A	电感量/μH	电缆长度/m	额定输出电流/A	电感量/μH
300	100	46	600	100	92
	200	23		200	46
	250	16		250	34
	300	13		300	27

分析表 3-17 得知：

1）理想电抗器在额定交流电流及其以下时，电感量应保持不变，随着电流的增大，电感量将逐渐减小。

2）当额定电流大于 2 倍时，电感量减小到额定电感量的 0.6 倍。

3）当额定电流大于 2.5 倍时，电感量减小到额定电感量的 0.5 倍。

4）当额定电流大于 4 倍时，电感量减小到额定电感量的 0.35 倍。

2. 多脉波整流器

在条件具备或者要求产生的谐波限制在比较小的情况下，可以采用多相整流的方法。12 相脉冲整流，其网侧电流仅含 12k±1 次谐波，THD_V 为 10%～15%。18 相脉冲整流，其网侧电流仅含 18k±1 次谐波，THD_V 为 3%～8%，满足 EN61000-3-12 和 IEEE519-1992 严格标准的要求。当然，24 相脉冲整流，其网侧电流仅含 24k±1 次谐波。需要提醒的是，18 相整流电路的基波因数为 0.9949，而 24 相整流电路的基波因数则达 0.9971。采用多脉波整流器，其缺点是需要专用变压器和整流器，价格较高不利于设备改造。

3. 无源滤波器

采用无源滤波器后的变频器拓扑如图 3-38 所示。无源滤波器由 L、C、R 元件构成谐波共振回路，当 LC 回路的谐波频率和某一次高次谐波电流频率相同时，即可阻止高次谐波流入电网。它包括串联滤波、并联滤波和低通滤波（串并混合）三种基本形式。其中，并联滤波是一种综合装置，可滤除多次谐波，并提供系统的无功功率，是应用最广泛的电源净化滤波装置。无源滤波器特点是投资少、频率高、结构简单、运行可靠及维护方便。满载时进线中的 THD$_V$ 可降至 5%~10%，满足 EN61000-3-12 和 IEEE519-1992 的要求，技术成熟，价格适中。适用于所有负载下的 THD$_V$<30% 的情况。无源滤波器缺点是轻载时功率因数会降低，滤波易受系统参数的影响，对某些次谐波有放大的可能、耗费多且体积大。

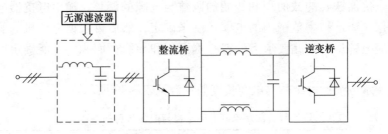

图 3-38　使用专用无源滤波器

4. 有源滤波器（APF）

早在 20 世纪 70 年代初，日本学者就提出有源滤波器的概念。如图 3-39 所示，使用有源滤波器，可以对电流中高次谐波进行检测，根据检测结果输入与高次谐波成分具有相反相位电流，达到实时补偿谐波电流的目的。

装设 APF 既可串联，也可并联于主电路之中，如图 3-39a 和 b 所示。实时对谐波电流进行检测，由 APF 产生一个补偿电流（与该谐波电流方向相反、大小相等），从而使电力系统中只含基波电流。与无源滤波器相比，APF 能对幅值和频率都变化的谐波进行跟踪补偿，不受系统影响，不会产生谐波放大的危险，具有高度可控性和快速响应性，有一机多能特点，且可消除与系统阻抗发生谐振危险，也可自动跟踪补偿变化的谐波。但有源滤波器存在容量大、价格高等特点。

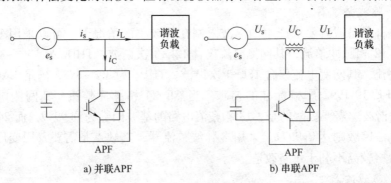

a) 并联APF　　　b) 串联APF

图 3-39　使用专用有源滤波器

5. 有源功率因数校正（PFC）

如图 3-40 所示，有源功率因数校正是指通过有源电路（主动电路）让输入功率因数提高，控制开关器件让输入电流波形跟随输入电压波形，相对于无源功率因数校正电路（被动电路）通过加电感和电容要复杂一些，功率因数的改善要好些，但成本要高一些，可靠性也会降低。常用有源功率因数校正电路分为连续电流模式控制型与非连续电流模式控制型两类。其中，连续电流模式控制型主要有升压型（Boost）、降压型（Buck）和升降压型（Buck-Boost）之分；非连续电流模式控制型有正激型（Forward）、反激型（Fly Back）之分。

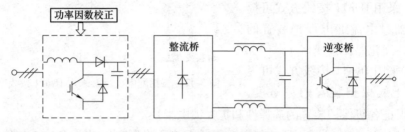

图 3-40　使用有源功率因数校正

6. 输出电抗器 L 或 LC 滤波器

也可以采用在变频器到电动机之间增加交流电抗器的方法，如图 3-41 所示，主要目的是减少变频器的输出在能量传输过程中，线路产生的电磁辐射。

图 3-41a 所示的电抗器 L，必须安装在距离变频器最近的地方，尽量缩短与变频器的引线距离。如果使用铠装电缆作为变频器与电动机的连线时，可不使用这方法，但要做到电缆的铠在变频器和电动机端可靠接地，而且接地的铠要原样不动接地，不能扭成绳或辫，不能用其他导线延长，变频器侧要接在变频器的地线端子上，再将变频器接地。

当然，也可以按照图 3-41b 所示的方法，设置输出 LC 滤波器。

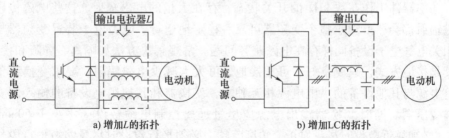

a) 增加 L 的拓扑　　　　　　　　　　　b) 增加 LC 的拓扑

图 3-41　使用输出电抗器

除此之外，三相配电变压器采用"Dyn11"接线方式，如图 3-42 所示。把三相电力变压器的高压侧绕组接成 D（三角形△），低压绕组接成带 n 线的 y 型（星型接法 Y），且连接组别为 11（变压器的高压侧线电压与低压侧线电压差 30°相位角，这两个线电压画在钟表盘里就是 11 点，也就是说 11 点钟的时针和分针差 30°角），保证线电动势和相电动势都接近于正弦形，避免波形畸变。也是在强电拓扑中经常需要虑及的一个重要环节。

现将三相配电变压器 Dyn11 和 Yyn0 的重要区别总结如下：

1）当变压器二次侧负载不对称时，Dyn11 接线比 Yyn0 接线零位偏移小（比 Yyn0 零序阻抗小）。

2）采用 Dyn11 接线方式可提高变压器过电流继电保护装置的灵敏度，简化保护接线。

3）采用 Dyn11 接线方式可提高低压干线保护装置的灵敏度，

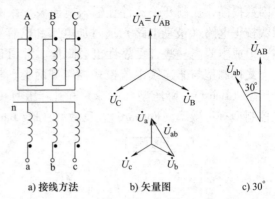

a) 接线方法　　　　b) 矢量图　　　　c) 30°

图 3-42　三相配电变压器采用 Dyn11 接线方式

有利于保证各级保护装置的选择性和扩大馈电半径。

4）Dyn11 接线的变压器，其二次零线电流不做限制。这是 Dyn11 接线的一个极大优点，而 Yyn0 接线二次零线电流不准超过 25%。

5）Dyn11 接法比 Yyn0 接法一次线圈的相电压高 $\sqrt{3}$ 倍，而电流小 $\sqrt{3}$ 倍，因此线径细而匝数多。

6）Dyn11 接线时，3n（n = 1，2，3……）次谐波电流在其三角形的一次绕组中形成环流，不致注入公共电网；Yyn0 接线时，线路中可能有的 3n 次谐波电流会注入公共的高压电网中。

3.4.3.3　抑制谐波的弱电方面的措施

电力电子装置是一个集电力（高电压、大电流）、电子（低电压、小电流）于一体的复杂电气设备。在电力电子装置工作时，内部的强电与弱电之间有电磁传导，功率器件工作在数 kHz 的开关状态，存在大量的电磁辐射。这些电磁传导和电磁辐射都会严重影响整个变频器可靠、稳定地运行。电力电子装置变频器与其他相关电气电子设备同样存在电磁兼容问题。常规解决方法如隔离、屏蔽和接地，尤其是接地方式，只要良好、可靠接地，可大大减少电磁辐射。要求变换装置的供电电源与其他设备的供电电源相互独立，变换器和其他用电设备的输入侧安装隔离变压器。同时变换器输出电源应尽量远离控制电缆敷设（不小于 50mm 间距），必须靠近敷设时尽量以正交角度跨越，必须平行敷设时尽量缩短平行段长度（不超过 1mm），输出电缆应穿钢管并将钢管作电气连通并可靠接地。

除此之外，还需要采取特殊的设计方法。现简述如下：

1. MCU 电源使用滤波模块或组件

目前市场中有很多专门用于抗传导干扰的滤波器模块或组件，这些滤波器具有较强的抗干扰能力，同时还具有防止用电器本身的干扰传导给电源，有些还兼有尖峰电压吸收功能，对各类用电设备有很多好处。常用双孔磁心滤波器的结构，如图 3-43 所示。还有单孔磁心的滤波器,其滤波能力较双孔的弱些,但成本较低。

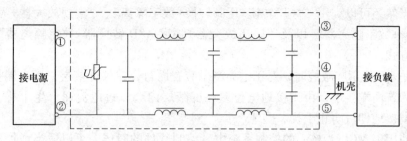

图 3-43　双孔磁心滤波器

2. 选用具有开关电源的二次仪表等低压设备

一般开关电源的抗电源传导干扰的能力都比较强,因为在开关电源的内部也都采用了有关的滤波器。因此在选用控制系统的电源设备,或者选用控制用电器的时候,尽量采用具有开关电源类型的。

3. 信号线的抗干扰设计必须完备

信号线承担着传感器检测信号和控制信号的传输任务,毋庸置疑,它们传输的质量将直接影响到整个电力电子装置中的 MCU 测控系统的准确性、稳定性和可靠性,因此做好它们的抗干扰设计是十分必要的。对于信号线上的干扰主要是来自空间的电磁辐射,有常态干扰和共模干扰两种。

(1) 常态干扰的抑制措施:常态干扰是指叠加在测量信号线上的干扰信号,这种干扰大多是频率较高的交变信号,其来源一般是耦合干扰。抑制常态干扰的方法有:

方法 1:在输入回路接 RC 滤波器或双 T 滤波器。

方法 2:尽量采用双积分式 A/D 转换器,由于这种变换器工作的特点,具有一定的消除高频干扰的作用。当然,如果可以的话,选择隔离式 A/D 转换器,将A/D 转换器的一次侧与二次侧的地线分割开来。

方法 3:将需要远距离传输的电压信号转换成电流信号,以便适应于远距离传输环境,它对于常态的干扰有非常强的抑制作用。

(2) 共模干扰的抑制措施:共模干扰是指信号线上共有的干扰信号,一般是由于被测信号的接地端与控制系统的接地端存在一定的电位差所致,这种干扰在两条信号线上的周期、幅值基本相等,所以采用上面的方法无法消除或抑制。对共模干扰的抑制方法如下:

方法 1:采用双差分输入的差动放大器,这种放大器具有很高的共模抑制比。当然,如果可以的话,选择隔离式放大器,将放大器的一次侧与二次侧的地线分割开来。

方法 2:把输入线绞合,绞合的双绞线能降低共模干扰,由于改变了导线电磁感应的方向,从而使其感应互相抵消。

方法 3：采用光电隔离的方法，如前所述，选择光耦式放大器，可以消除共模干扰。当然还可以利用"频压转换+压频转换+数字隔离"、"常规放大器+隔离 A/D 转换器+数字隔离器"以及"隔离放大器+隔离 A/D 转换器+数字隔离器"等不同电路方式。

方法 4：使用屏蔽线时，对于电力电子装置而言，建议屏蔽层采用一端接地方式，因为若两端接地，由于接地电位差在屏蔽层内会流过电流而产生干扰，因此只要一端接地即可防止干扰。

在使用以 MCU 为核心的控制系统中，编制软件的时候，可以适当增加对检测信号和输出控制部分的软件滤波，以增强系统自身的抗干扰能力。

总之，无论是为了抑制常态干扰还是抑制共模干扰，都还应该做到以下几个方面的防护措施：

1）输入线路要尽量短。

2）配线时避免和动力线接近，信号线与动力线分开配线，把信号线放在有屏蔽的金属管内，或者动力线和信号线分开距离要在数十厘米以上。

3）为了避免信号失真，对于较长距离传输的信号还要注意阻抗匹配。

4）加 1∶1 信号隔离器。

5）信号线加磁环。

6）MCU 测控系统的供电加隔离变压器。

7）开关量信号和模拟量信号分开走，模拟信号和数字信号不能合用同一根多芯电缆，更不能和电源线共用电缆。

8）模拟信号最好采用单独屏蔽线。如果条件许可的话，信号类型最好采用 4~20mA。

9）模拟信号负载是电磁阀类的，最好能选 1.5 平方的线。

10）MCU 测控系统的输入输出信号线，必须使用屏蔽电缆，在输入输出侧悬空，而在 MCU 测控系统侧接地。

11）信号线缆要远离强干扰源，如功率变换器、大功率晶闸管整流器和大型动力设备。

3.5 典型综合应用示例

建议读者在阅读完本书第 4 章之后，再回过头来学习此节内容。

3.5.1 三相逆变变换器中的隔离器件

我们仍然以隔离系统的典型信号链为例进行说明。如图 3-44 所示，如果三相逆变器电流不是太大［如≤100A（有效值）］，输出端的电流采用分流器获取时，建议采用隔离式 A/D 转换器进行信号拾取，可以有效降低研发成本且不影响 MCU

模块的电气隔离特性。

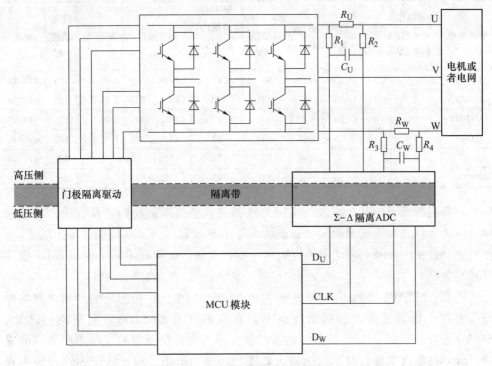

图 3-44　基于隔离式 ADC+分流器的测试信号链路框图

针对图 3-44 所示的测试信号链路，图中 D_U、D_W 表示所选择的隔离 A/D 转换器的输出 SPI 端口的数据端口，分别测试 U 相和 W 相的电流。图中的 CLK 表示隔离 A/D 转换器的输出 SPI 端口的时钟端口。

表 3-18 所示为典型隔离式 A/D 转换器获取数字信号，再将数字信号传送到 MCU 模块，为的是适应于图 3-44 所示的测试信号链路。需要注意的是，所选择的隔离 A/D 转换器的时钟（CLK）分为内部时钟和外部时钟。

表 3-18　典型隔离式 A/D 转换器参数对比

器件型号	隔离电压（有效值）等级/kV	分辨率/bit	时钟/MHz	时钟来源	ADC SNR 典型值/dB	SINAD（信纳比）典型值/dB	编程接口	电源/V	最高温度/℃	封装
AD7402-8	5	16	10	自身	87	82	CMOS，串行	3.0~5.5	105	SOW-8
AD7403-8	5	16	20	外部	88	87	CMOS，串行	3.0~5.5	105	SOW-8
AD7400	5	16	10	自身	71	70	CMOS，串行	3.0~5.5	105	SOW-16
AD7400A	5	16	10	自身	80	78	CMOS，串行	3.0~5.5	125	SOW-16

（续）

器件型号	隔离电压（有效值）等级/kV	分辨率/bit	时钟/MHz	时钟来源	ADC SNR 典型值/dB	SINAD（信纳比）典型值/dB	编程接口	电源/V	最高温度/℃	封装
AD7401	5	16	20	外部	82	81	CMOS，串行	3.0~5.5	105	SOW-16
AD7401A	5	16	20	外部	83	82	CMOS，串行	3.0~5.5	125	SOW-16
AD7403	5	16	20	外部	88	87	CMOS，串行	3.0~5.5	125	SOW-16
AD7405	5	16	20	外部	88	87	LVDS，串行	3.0~5.5	105	SOW-16
ADE7912	5	24	4	外部	74	73	串行	3.3	85	SOW-20
ADE7913	5	24	4	外部	74	73	串行	3.3	85	SOW-20

需要提醒读者的是，在设计本例分流器时，参照本章前面述及方法，酌情选择分流器参数（如它的电阻值、额定功率等主要参数）。将 MCU 模块输出的 PWM 触发脉冲经由门极隔离驱动器，传送到三相逆变桥，按照既定策略控制 IGBT 依序开通与关断。

提醒：SINAD：Signal-to-Noise-and-Distortion，信纳比，指的是信号幅度方均根与所有其他频谱成分（包括谐波但不含直流）和方根（RSS）的平均值之比。SINAD 很好地反映了 ADC 的整体动态性能，因为它包括所有构成噪声和失真的成分。SINAD 曲线常常针对不同的输入幅度和频率而给出。对于既定的输入频率和幅度，如果 SINAD 和 THD + N 二者的噪声测量带宽相同（均为奈奎斯特带宽），则二者的值相等。

针对图 3-44 所示的测试信号链路图，可以采用隔离式栅极驱动器（第四章将会讲述），将来自 MCU 模块输出的 PMW 控制脉冲传送到三相逆变桥中，驱动 IGBT/MOS 管子，如：隔离驱动器 ADUM1234、ADUM4121、ADUM4120、ADUM3220、ADUM4138 和 ADUM7223 等。当然，也可以采用光耦驱动 IGBT/MOS 管子，如输出高达 2A 且带过电流保护的 IGBT 驱动光耦 HCPL-316J，它是一款简单易用的智能型 IGBT 驱动光耦，集成了 VCE 饱和压降检测、欠电压锁定、软关断以及隔离故障反馈等功能，该型光耦可直接驱动最高为 150A/1200V 级的 IGBT 管子。其他光耦如：FOD3120（具有 2.5A 的电流输出能力）、FOD3150（具有 1.0A 的电流输出能力）、FOD3180（不仅具有 2.0A 的电流输出能力，还具有最大 200ns 极低延迟的高速特性）和 PS9552（2.5A 输出电流，高 CMR 能力）。

除了上述驱动 IGBT/MOSFET 的光耦外，还有其他类似型号的光耦，如：SDIP6 封装的光耦（如 TLP700、TLP701、TLP701F、TLP702、TLP702F、TLP705、TLP705F、TLP706 和 TLP706F 等）、DIP8 封装的光耦［如 TLP250、TLP250F、TLP250（INV）、TLP250F（INV）、TLP251、TLP251F、TLP350、TLP350F、TLP351、TLP351F 和 TLP557 等］。它们早已都广泛应用于电力电子装置系统中，如：变频器、

电机驱动控制、UPS 不间断电源和逆变焊机等器件中。

总之，请读者在涉及此类装置的研发时，可以酌情选取。

3.5.2　伺服控制变换器中的隔离器件

针对电机伺服控制系统而言，需要多种隔离器件组合，其中包括 A/D 转换器、D/A 转换器、隔离放大器、数字隔离器和电源管理器等典型器部件。在伺服控制中，高精度电流和电压检测可提高速度和扭矩控制性能。工程实践表明采用 12 位性能及多通道的 A/D 转换器，借助合理选择上述高性能器件，将有助于伺服控制最佳性能的实现。因此，需要重点考虑以下几个环节：

1）位置检测性能是伺服控制的关键，常常使用光学编码器和旋转变压器作为位置传感器。伺服控制技术从模拟向数字的转换推动了现代伺服系统的快速发展，也满足了对于伺服电机控制性能和效率的高要求。

2）从优先考虑安全和保护的角度，信号采样和功率器件驱动均应采用隔离技术。比如：可选择 ADI 公司的 iCoupler 数字隔离器（它将会在本书第 4 章中讲述），因为它能够满足高电压等级的安全隔离要求。

3）使用包括 ARM、DSP 等高性能处理器，可实现矢量控制和无传感器控制功能目标。

4）在工业应用的设计中，选择生命周期长和可靠性高的隔离器件，将是设计工程师必须考虑的重要因素，决定设计成功与否的关键之所在。

5）普通的交流感应电机向永磁同步电机转变已是大势所趋，因此，势必要求系统设计师能采用并编写更高效率、更灵活的算法。

当然，伺服驱动系统的性能同用户最终所构建的运动控制系统的性能和所能提供的精度密切相关。多数情况下，最终用途可以是一个高精度数控机床系统、运动控制系统或机器人系统，这些系统均要求能够精确控制位置及电机的扭矩。所以，请读者在设计之初就需要重视伺服驱动系统信号链中所有可选的隔离方案的详细对比与分析，确保所选器件是合理的、有效的，否则一旦等到在后期调试阶段才发现不合适，就会出现全盘皆输的尴尬局面。

图 3-45 所示为伺服控制变换器的典型拓扑及其信号链路（重点给出伺服驱动系统信号链路）。

针对电机伺服控制系统的设计而言，要求做到低功耗、高效率。在伺服控制系统的信号链路中，需要选择包括反馈信号的拾取、强电回路中的电流与电压检测、数字 I/O 与驱动脉冲的隔离、电源管理以及通信隔离接口等重要器部件。由于读者在设计时，一般会根据自己的积累选择 CPU 模块，因此，本例就简单给出 CPU 方面的选择。

1）在本例电流检测环节，给出了分流器、霍尔电流传感器和电流检测放大器三种方案，如果采用分流器检测电流时，又有基于隔离放大器+常规 A/D 转换器的

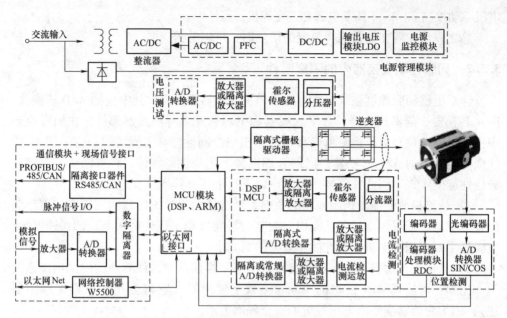

图 3-45　伺服控制变换器的典型拓扑及其信号链路

方案和基于常规放大器+隔离式 A/D 转换器的方案；如果采用霍尔电流传感器检测电流时，也有基于隔离放大器+常规 A/D 转换器的方案和基于常规放大器+常规 A/D 转换器的方案。如果采用电流检测放大器检测电流时，也有基于隔离放大器+常规 A/D 转换器的方案和基于常规放大器+隔离 A/D 转换器的方案。

2）在本例电压检测环节，给出了分压器和霍尔电压传感器两种方案，如果采用分压器检测电压时，又有基于隔离放大器+常规 A/D 转换器的方案和基于常规放大器+隔离式 A/D 转换器的方案；如果采用霍尔电压传感器检测电压时，也有基于隔离放大器+常规 A/D 转换器的方案和基于常规放大器+常规 A/D 转换器的方案。

3）将 MCU 模块（如 DSP、ARM 等）输出的 PWM 触发脉冲经由隔离式栅极驱动器传送到三相逆变器控制 IGBT 依序开通与关断。

4）通信信号（如 RS-485、CAN 和以太网等）借助各自的信号隔离模块，与 MCU 模块进行交互。

5）来自外部的用于电机伺服控制系统的模拟信号，经由信号调理电路处理之后传送到常规 A/D 转换器处理输出数字信号，再经由数字隔离器传送到 MCU 模块做最终运算处理。

6）来自外部的用于电机伺服控制的数字 I/O 信号，经由数字隔离器传送到 MCU 模块做逻辑控制处理。

为方便读者选型，伺服控制变换器的信号链路所涉及的关键性器件总结见表 3-19 所示，它们的关键性能参数总结见表 3-20 所示。

表 3-19　伺服控制变换器的关键器件选型列表

类别	子类	器件
电流检测	隔离 ADC	AD7400A、AD7401A
	放大器	AD8210、AD8212、AD629
	ADC	AD7266、AD7367、—
电压检测	隔离 ADC	AD7400A、AD7401A
	放大器	AD8210、AD8212、AD629
	ADC	AD7266、AD7352、AD7356
位置检测	RDC	AD2S1205、AD2S1210
	放大器	AD8662
	ADC	AD7266、AD7264
给定值设定	放大器	AD8676、AD8221、AD8226、ADA4096-2
	ADC	AD7680、AD7663、—
CPU 模块	DSP	ADSP-BF506F、ADSP-BF512、ADSP-21479、ADSP-21487
	MCU	ADUC7026
	ARM	STM32F103、STM32F403、STM32F417
数字隔离+栅极驱动器	数字隔离	ADUM1411、ADUM1311、ADUM347X、ADUM5230
	栅极驱动	ADUM6132、ADUM5000
通信接口	RS-232	ADM3251E、ADM2486E
	RS-485	ADM2483E、ADM2587E
	CAN	ADM3053
	USB	ADUM4160
	—	—
电源管理	PMU	ADP5034、ADP211X
	电源监控	ADM6339、ADM13307
	AC-DC	ADP1043A
	PFC	ADP1047

表 3-20　伺服控制变换器所需器件的关键性能参数列表

器件型号	器件名称	关键特性说明	优势
		放大器	
AD8212	高压分流监控器	可调增益，高共模电压范围：7~65V（典型值）；7~500V 以上（采用外部晶体管）	支持高共模电压，出色的交流和直流性能
		ADC	
AD7266	同步采样 12 位逐次逼近型（SRA）A/D 转换器	2×3 通道差分（6 通道单端）A/D 转换器（单端模式最多支持 12 通道），采样率：2MSPS 时 SNR = 70dB（50kHz 输入频率，25℃），（2.5±0.2%）V（最大值），$20×10^{-6}$/℃（最大值）	多通道同步采样 SAR 型 A/D 转换器
AD7400A	隔离式 A/D 转换器	10MHz 时钟速率，二阶调制器，16 位无失码，积分非线性（INL）：±2LSB（典型值，16 位），失调漂移：5μV/℃（典型值）	隔离式高精度 A/D 转换器
AD2S1210	旋变数字变换器	最大跟踪转速（达 10 位分辨率时）：3125r/s，精度：±2.5 弧分，10 位/12 位/14 位/16 位分辨率，用户设置，并行和串行 10~16 位数据端口	工业设计用，具有高精度

（续）

器件型号	器件名称	关键性说明	优势
处理器			
ADSP-BF51x	DSP	300MHz/400MHz 主频的 DSP，116KB 片内 RAM，片内 RTC 模块，3 对 PWM 输出，支持 IEEE 1588 的 MAC (10/100M) 的以太网	400MHz 主频的 DSP，3 对 PWM 输出端口
ADSP-BF506F	嵌入 A/D 转换器的 DSP 处理器	具有 300MHz/400MHz 的 Blackfin 处理器内核，嵌入式 12 位 A/D 转换器和 4MB 闪存，6 对 PWM 输出和多个接口	12 位 A/D 转换器，>300MHz 主频的内核，6 对 PWM 输出端口
ADSP-21487	浮点 DSP	400MHz 浮点内核，5MB 片内 RAM，4MB 片内 ROM，支持 FIR 滤波器，IIR 滤波器和 FFT 加速器，16 位 SDRAM 外部存储器接口，16 个 PWM 通道	高性能浮点处理器
数字隔离器件			
ADUM141x	四通道数字隔离器	高数据速率：DC~10Mbit/s（采用不归零码：NRZ），高共模瞬变抗扰度：>25kV/μs，低工作功耗，双向通信	长寿命，有多种选择可以满足不同的通信方向的组合要求
隔离接口器件			
ADUM2587E	隔离式 RS-485/RS-422 收发器	半双工或全双工，500kbit/s，5V 或 3.3V 的工作电压	隔离的 RS-485 和集成式 DC/DC 变换器模块，±15kV ESD 保护能力
ADUM4160	USB 数字隔离器	完全兼容 USB2.0，低速和全速数据速率：1.5Mbit/s 和 12Mbit/s，双向通信，对于 xD+和 xD-之间有短路保护电路	支持全速和双向通信
ADM3053	隔离 CAN 收发器	信号和电源隔离 CAN 收发器，符合 ISO 11898 标准，数据速率高达 1Mbit/s	CAN 总线接口，集成隔离式 DC/DC 变换器模块
电源管理器件			
ADP1043A	用于隔离电源的数字控制器	远程和本地电压检测，一次侧和二次侧电流检测，7 路可编程 PWM 输出，同步整流器控制	可编程 PWM 输出，输出功率读数
ADP1047	数字功率因数校正控制器	灵活、单相、数字功率因数校正（PFC）控制器，真正的交流功率有效值测量，增强的动态响应，通过开关频率扩频技术降低 EMI	数字控制器的真正的交流功率有效值测量
ADP5034	多路输出 DC/DC 模块调节器	集成两路输出 1.2A 的 Buck 变换器和两路通道两通道 300mA 的 LDO，LFCSP 封装，Buck 转换效率最高可达 96%	4 通道输出电源管理单元（PMU），单器件电源链解决方案
ADM13307	多电压监控器	预调整阈值选项：1.8V、2.5V、3.3V、5V，可调输入：1.25V 和 0.6V，推挽复位输入，手动复位	多电压，推挽复位输入

需要请读者注意的是，本例涉及的隔离放大器，请参见本书第 3 章隔离放大器的选型方法。涉及的隔离栅极驱动器，请参见本书第 4 章的磁隔离器件的选型方法。需要使用到的通信隔离器件，请参见本书第 5 章的通信隔离器件的选型方法。

3.5.3 光伏变换器中的隔离器件

1. 概述

光伏发电是根据光生伏特效应原理，利用太阳电池将太阳光能直接转化为电能。太阳能光伏发电分为独立光伏发电、并网光伏发电和分布式光伏发电，即

1) 独立光伏发电系统也叫离网光伏发电系统。主要由太阳能电池组件、控制器和蓄电池组成，若要为交流负载供电，还需要配置交流逆变器。

2) 并网光伏发电系统就是太阳能组件产生的直流电经过并网逆变器转换成符合市电电网要求的交流电之后直接接入公共电网。并网光伏发电系统有集中式大型并网光伏电站，一般都是国家级电站，主要特点是将所发电能直接输送到电网，由电网统一调配向用户供电。但这种电站投资大、建设周期长、占地面积大且发展难度相对较大。而分散式小型并网光伏系统，特别是光伏建筑一体化发电系统，由于投资小、建设快、占地面积小以及政策支持力度大等优点，是并网光伏发电的主流。包括：

① 公用设施级三相光伏逆变器（>100kW）。

② 分布式单相和三相光伏串式逆变器（1~50kW）。

③ 单相微逆变器和直流优化器（200~300W）。

3) 分布式光伏发电系统，又称分散式发电或分布式供能，是指在用户现场或靠近用电现场配置较小的光伏发电供电系统，以满足特定用户的需求，支持现存配电网的经济运行，或者同时满足这两个方面的要求。分布式光伏发电系统的基本设备包括光伏电池组件、光伏方阵支架、直流汇流箱、直流配电柜、并网逆变器和交流配电柜等设备，另外还有供电系统监控装置和环境监测装置。其运行模式是在有太阳辐射的条件下，光伏发电系统的太阳能电池组件阵列将太阳能转换输出的电能，经过直流汇流箱集中送入直流配电柜，由并网逆变器逆变成交流电供给建筑自身负载，多余或不足的电力通过连接电网来调节。

不论是独立使用还是并网发电，光伏发电系统主要由太阳电池板（组件）、控制器和逆变器三大部分组成，它们主要由电子元器件构成，但不涉及机械部件。所以，光伏发电设备极为精炼，可靠稳定寿命长、安装维护简便。理论上讲，光伏发电技术可以用于任何需要电源的场合，上至航天器，下至家用电源，大到兆瓦级电站，小到玩具，光伏电源可谓无处不在。

2. 光伏变换器中的隔离器件

图 3-46 所示为光伏变换器的典型拓扑及其信号链路。针对光伏变换器控制系统的设计，要求做到功耗低、可靠性高。在光伏变换器的信号链路中，需要选择包括反馈回路的检测、强电回路中的电流与电压检测、数字 I/O 与驱动脉冲的隔离、电源管理、接口和通信等关键性器件。

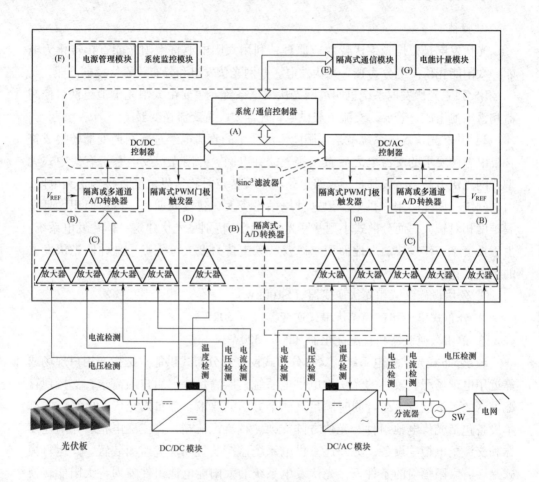

图 3-46　光伏变换器的典型拓扑及其信号链路

分析光伏变换器的典型拓扑及其信号链路图 3-46 得知：

1）在所示的接入电网的输出端电流检测环节，给出了分流器检测方案，如果采用分流器检测电流时，可以分为基于隔离放大器+常规 A/D 转换器的方案和基于常规放大器+隔离式 A/D 转换器的方案。

2）在所示的 DC/DC 模块与 DC/AC 模块之间的电流检测环节，视具体情况，存在两种方案，即霍尔电流传感器和分流器。如果采用霍尔电流传感器检测电流时，分为基于隔离放大器+常规 A/D 转换器的方案和基于常规放大器+常规 A/D 转换器的两种方案。如果采用分流器检测电流时，也有基于隔离放大器+常规 A/D 转换器的方案和基于常规放大器+隔离 A/D 转换器的方案。

3）在所示的 DC/DC 模块与 DC/AC 模块之间的电压检测环节，视具体情况，存在两种方案，即霍尔电压传感器和分压器。如果采用霍尔电压传感器检测电压时，分为基于隔离放大器+常规 A/D 转换器的方案和基于常规放大器+常规 A/D 转换器的两种方案。如果采用分压器检测电压时，也有基于隔离放大器+常规 A/D 转换器的方案和基于常规放大器+隔离 A/D 转换器的方案。

4）在所示的光伏板输出端的电流检测环节，视具体情况，存在两种方案，即霍尔电流传感器和分流器。如果采用霍尔电流传感器检测电流时，分为基于隔离放大器+常规 A/D 转换器的方案和基于常规放大器+常规 A/D 转换器的两种方案。如果采用分流器检测电流时，也有基于隔离放大器+常规 A/D 转换器的方案和基于常规放大器+隔离 A/D 转换器的方案。

5）在所示的光伏板输出端的电压反馈检测环节，视具体情况，存在两种方案，即霍尔电压传感器和分压器。如果采用霍尔电压传感器检测电压时，分为基于隔离放大器+常规 A/D 转换器的方案和基于常规放大器+常规 A/D 转换器的两种方案。如果采用分压器检测电压时，也有基于隔离放大器+常规 A/D 转换器的方案和基于常规放大器+隔离 A/D 转换器的方案。

6）在所示的 DC/DC 模块与 DC/AC 模块的温度检测环节，一般采用 PT100 或 PT1000 作为温度检测的传感头，后续处理电路分为两种方案，即基于隔离放大器+常规 A/D 转换器的方案和基于常规放大器+隔离 A/D 转换器的方案。

7）将 DC/DC 控制器（主要由 DSP 或 ARM 充当）输出的触发脉冲经由隔离式 PWM 门极触发器传送到 DC/DC 模块控制 IGBT 依序开通与关断。

8）将 DC/AC 控制器（主要由 DSP 或 ARM 充当）输出的触发脉冲经由隔离式 PWM 门极触发器传送到 DC/AC 模块控制 IGBT 依序开通与关断。

9）上位机经由隔离式通信模块与系统/通信控制器之间完成信息交互之后，将其传送到 DC/DC 控制器和 DC/AC 控制器，如 RS-485、CAN 和以太网等借助各自的信号隔离模块，分别与 DC/DC 控制器和 DC/AC 控制器进行信息交互。

为方便读者选型，光伏变换器的信号链路所涉及的关键性器件总结见表 3-21 所示，它们的关键性能参数总结见表 3-22 所示。

表 3-21 光伏变换器的关键性器件选型列表

（A）控制器和处理器	（B）ADC 和基准电压源	（C）信号调理	（D）隔离和栅极驱动器	（E）电源管理	（F）通信接口	（G）电能计量
ADSP-2147x ADSP-CM403F ADSP-CM419F	常规 ADC： AD7606 AD7607 AD7266 AD7265 隔离式 ADC： AD7401A AD7403 基准电压源： ADR34xx	放大器： ADA4177-x AD8479 AD8604 电流检测放大器： AD8212	隔离器： ADUM14x ADUM6000 隔离式栅极驱动器： ADUM3223 ADUM4223 ADUM4135 ADUM4136 ADUM4121	DC-DC： ADP211x PMU： ADP5034 ADP5071 电源监控器： ADM6305 ADM6306	RS-485： ADM2587E CAN： ADM3053 ADM3054	ADE7953 ADE7880

表 3-22 光伏变换器所需器件的关键性能参数列表

器件型号	器件名称	关键特性说明	优势
		处理器	
ADSP-CM403F	混合信号处理器	240MHz ARM ® Cortex ®-M4，384KB SRAM 和 2MB 闪存，双通道 16 位 SAR 型 A/D 转换器和 14 位精度，2.6MSPS，集成 Sinc 滤波器	针对太阳能逆变器应用而设计的 ARM Cortex-M4 处理器
ADSP-CM419F	混合信号处理器	240MHz ARM Cortex M4，100MHz ARM Cortex M0，160KB SRAM 和 1MB 闪存，6 个同步采样 16 位 A/D 转换器，4.3MSPS，集成 FFT 和浮点加速器	专门为光伏逆变器定制的处理器
ADSP-2147x	浮点 DSP	300MHz SHARC ®内核，5MB SRAM，PWM，SPORT 等丰富外设	高性能浮点计算和连接高性能 A/D 转换器的外设
		A/D 转换器	
AD7403	隔离式 Σ-Δ 转换器	隔离式 Σ-Δ 转换器，5kV 隔离，±250mV（±320mV 满量程），88dB 和超过 14 位的 ENOB	高分辨率隔离式 A/D 转换器，可与基于分流电阻的电流检测电路轻松接口

型号	类型	说明	特点
AD7266	多通道 A/D 转换器	AD7266 是一款 12 位双核高速、低功耗的逐次逼近型 A/D 转换器，采用 2.7~5.25V 单电源供电，最高吐速率可达 2MSPS	同步采样，带多路复用器
AD7606	8 通道、16/14 位同步采样 A/D 转换器	真双极性模拟输入范围：±10V、±5V，5V 模拟单电源，2.3~5V 的 V_{DRIVE}，1MΩ 模拟输入阻抗，模拟输入箝位保护电路	8 通道同步采样，5V 单电源
基准电压源			
ADR34xx	基准电压源	最大温度系数：8ppm/℃，工作温度范围：-40~125℃，输出电流：+10mA 源电流／-3mA 吸电流	最大 $8×10^{-6}$ 低成本基准电压源
放大器			
ADA4177-x	带过电压保护的双极性运算放大器	±32V OVP 运算放大器，内置 EMI 滤波器，最大 60μV VOS 和 1μV/℃ 的漂移电压 V_{os}，最高±18V 供电机，3.5MHz 增益带宽积 GBP，轨到轨输出	高可靠性双极性运算放大器，集成±32V OVP 和 EMI 滤波器
AD8479	差动放大器	差动放大器，共模电压最高为±600V，最大 $5×10^{-6}$/℃增益漂移	最大±600V 共模电压的差动放大器
AD8212	电流检测放大器	6~500V 共模范围，可调增益，电流检测放大	高共模输入范围
隔离器			
ADUM14x	4 通道数字信号隔离器	4 通道数字 3.75kV 隔离，最高 150MHz 波特率，100kV CMTI，温度范围达 125℃，1.8~5V 电平转换，具有故障安全高电平或低电平选项	高可靠性 4 通道数字隔离，100kV CMTI，适合开关电源应用
ADUM6000	隔离 DC/DC 变换器	5kV 集成 isoPower ® 的隔离式 DC/DC 变换器，最高 400mW 输出功率	易于使用的 DC/DC 变换器，配合 AD7403 使用可实现基于分流电阻的电流检测解决方案

（续）

器件型号	器件名称	关键特性说明	优势
		隔离式栅极驱动器	
ADUM3223/ADUM4223	隔离式栅极驱动器	带片上隔离的2通道栅极驱动器（工作电压大于849V峰值），传播延迟小于54ns，通道同匹配小于5ns	超快速隔离式2通道栅极驱动，适合电桥应用，低传播延迟
ADUM4135/ADUM4136	IGBT/MOSFET/SiC/GaN用隔离式栅极驱动器	集成保护功能（ULVO, DESAT）的隔离式栅极驱动器，4A驱动能力，55ns传播延迟	100kV/μs CMTI 和低传播延迟
ADUM4121	IGBT/MOSFET/SiC/GaN用隔离式栅极驱动器	高电压隔离式栅极驱动器，支持Miller箝位，2A驱动能力，55ns传播延时	150kV/μs CMTI 和低传播延迟
		接口	
ADM2587E	隔离式RS-485/RS-422收发器	半双工或全双工，500kbit/s，5V或3.3V工作电压，5kV隔离	集成隔离式DC/DC变换器，±15kV ESD保护
ADM3053	隔离CAN收发器	信号和电源隔离隔离CAN收发器，符合ISO 11898标准，数据速率高达1Mbit/s	集成隔离式DC/DC变换器，集成CAN总线的单芯片解决方案
		电能计量	
ADE7880	三相电能计量（带谐波监控）	TA＝25℃时，在1000:1的动态范围内有功和无功电能误差小于0.1%；在3000:1的动态范围内有功和无功电能误差小于0.2%	带高性能谐波分析的多相电能计量
ADE7953	单相电能计量	在3000:1的动态范围内有功和无功电能误差小于0.1%；在500:1的动态范围内瞬时IRMS和VRMS测量误差小于0.2%	高性能，宽动态范围
		电源管理	
ADP5034	多路输出DC/DC调节器	集成两通道1.2A的Buck变换器和两通道300mA LDO，LFCSP封装；Buck转换效率最高可达96%	4通道输出PMU、单器件电源链解决方案
ADP5071	2A/1.2A开关稳压器，提供独立正负输出	单路正输入，双路输出（正和负）开关稳压器；输出电压高达39V	易于使用、单路输入、双极性电压输出稳压器，输出电流高达2A/1.2A，减少AC/DC电源设计工作
ADM6306	双电压监控器	小型封装，双电压监控器，5μA低功耗	低成本、小型封装，5μA低功耗

请读者注意的是，本例涉及的隔离放大器的选型方法，请参见本书第 3 章隔离放大器的相关内容。涉及的隔离栅极驱动器，请参见本书第 4 章的磁隔离器件的选型方法。需要使用到的通信隔离器件，请参见本书第 5 章的通信隔离器件的选型方法。

3.5.4　配电系统中的隔离器件

1. 概述

继电保护防止因短路故障或不正常运行状态造成电气设备或供配电系统的损坏，提高供电可靠性，因此，继电保护是变电所二次回路的重要组成部分，也是供电设计的主要内容。继电保护装置就是能反应供配电系统中电器设备发生的故障或不正常运行状态，并能动作于断路器跳闸或起动信号装置发出预告信号的一种装置。继电保护的任务就是自动地、迅速地且有选择性地将故障设备从供配电系统中切除，使其他非故障部分迅速恢复正常供电。正确反应电器设备的不正常运行状态，发出预告信号，以便运行人员采取措施，恢复电器设备的正常运行。与供配电系统的自动装置（如自动重合闸装置、备用电源自动投入装置等）配合，提高供配电系统的供电可靠性。

对继电保护的基本要求：

（1）选择性：当供配电系统发生短路故障时，继电保护装置动作，只切除故障设备，使停电范围小，保证系统中无故障部分仍正常工作。

（2）可靠性：继电保护在其所规定的保护范围内，发生故障或不正常运行状态，要准确动作，不应该拒动作；发生任何保护不应该动作的故障或不正常运行状态，不应误动作。

（3）速动性：发生故障时，继电保护应该尽快地动作切除故障，减小故障引起的损失，提高电力系统的稳定性。

（4）灵敏性：灵敏性是指继电保护在其保护范围内，对发生故障或不正常运行状态的反应能力。在继电保护的保护范围内，不论系统的运行方式、短路的性质和短路的位置如何，保护都应正确动作。继电保护的灵敏性通常用灵敏度来衡量，灵敏度愈高，反应故障的能力愈强。

在现代配电自动化系统中，越来越多的智能电子设备用于监控电网质量，并能迅速隔离任何故障，以免影响电网整体运作。此类设备架构主要由处理器、多通道 A/D 转换器、信号调理电路、电源和通信接口组成。主要讲述两种配电系统方案：

1）外部 A/D 转换器的设计方案。

2）集成 A/D 转换器的设计方案。

针对配电系统（如中压配网系统：小于 35kV，包括 10kV、6kV 和 3kV）的设计，要求做到电气安全隔离性优、功耗低、可靠性高以及通用性强。

2. 基于外部 ADC 配电系统的设计思路

对于供配电系统中的继电保护平台而言，利用电压互感器（PT）、电流互感器（CT）实时监测供配电系统中的电压和电流，借助它们的隔离之后传送到后续放大器进行信号调理，再传送到多通道 A/D 转换器采集之后，转换为数字信号，送给处理器（如 DSP 或者 MCU）进行处理，再将处理后的信息分两个渠道：

其一，通信模块（如 CAN、RS-232、RS-485 和 USB）经由各自的通信隔离器件，将信息传送到上位机，并将上位机的控制指令回传到处理器。

其二，经由数字隔离器后，再借助 D/A 转换器转换成 2~20mA 模拟信号（可以是显示数据，也可以是控制指令等），以方便远距离传送。

当然，继电保护平台的 I/O 指令，也需要通过数字隔离器才能与处理器进行信息交互。基于外部 A/D 转换器设计方案的信号链路框图如图 3-47 所示。

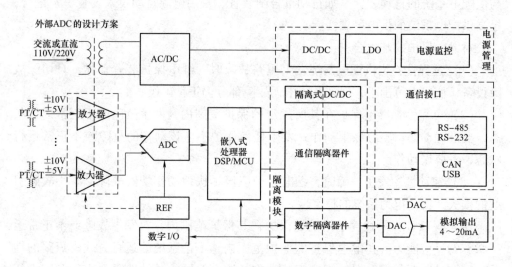

图 3-47　基于外部 A/D 转换器设计方案的信号链路框图

分析图 3-47 得知，在外部 A/D 转换器设计方案的信号链路中，需要选择包括放大器、A/D 转换器、D/A 转换器、基准电压源、处理器、电源和数字信号隔离器件、通信接口器件以及电源管理芯片等。在隔离模块中，借助隔离式 DC/DC 变换器，分别为通信隔离器件和数字隔离器件供电。

基于外部 A/D 转换器设计方案的关键性器部件见表 3-23 所示。

表 3-23　基于外部 A/D 转换器设计方案的关键性器部件

关键性器部件	器 件 选 型
放大器	OP2177、OP4177、AD8672、AD8674、ADA4077-2、AD8602、AD8604 和 AD8608 等
A/D 转换器	AD7606、AD7607、AD7658-1、AD7689、AD7327、AD7490 和 ADE7878 等
基准电压源	ADR421、ADR431 和 ADR3425 等
处理器	ADSP-BF51x 和 ADSP-21469 等
电源与数字信号隔离	电源隔离模块：ADUM5000 信号隔离器：ADUM141x
D/A 转换器	AD5422
接口芯片	RS-485：ADM487E 和 ADM2587E RS-232：ADM3251E CAN 隔离器：ADM3053 USB 隔离器：ADUM4160
电源管理芯片	LDO（低压差线性稳压器）：ADP125 DC/DC 模块：ADP1612、ADP2301 和 ADP5034 等 电源监控器芯片：ADM6710

3. 基于集成 ADC 配电系统的设计思路

与基于外部 A/D 转换器设计方案相比而言，基于集成 A/D 转换器的设计方案，也需要利用电压互感器（PT）、电流互感器（CT）实时监测供配电系统中的电压和电流，借助它们的隔离之后传送到后续放大器进行信号调理，利用多通道选择开关再传送到处理器（它们内置高精度 A/D 转换器）进行处理，再将处理后的数字信息分两个渠道：

其一，通信模块如 CAN、RS-232、RS-422/485 和 USB 等，经由各自的通信隔离器件才能传送到上位机，并将上位机的控制指令回传到处理器。

其二，经由数字隔离器后，再借助 D/A 转换器转换成 2~20mA 模拟信号（可以是显示数据，也可以是控制指令等），以方便远距离传送。

需要为读者说明的是，继电保护平台的 I/O 指令，也需要通过数字隔离器后，才能与处理器进行信息交互。基于集成 A/D 转换器设计方案的信号链路框图如图 3-48 所示。

基于集成 A/D 转换器设计方案的关键性器部件见表 3-24 所示。

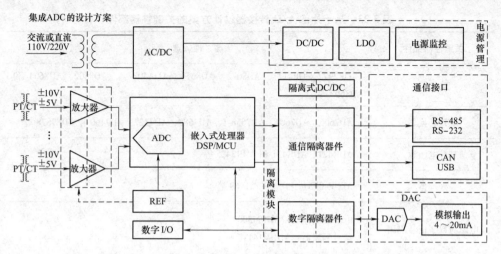

图 3-48 基于集成 A/D 转换器设计方案的信号链路框图

表 3-24 基于集成 A/D 转换器设计方案的关键性器部件

关键性器部件	器件选型
放大器	AD8602、AD8604、AD8608、AD8618 和 AD8666 等
基准电压源	ADR3425
处理器	ADSP-BF506F、ADuC702x、STM32F1 系列或者 STM32F4 系列等
电源与数字信号隔离	电源隔离模块：ADUM5000 信号隔离器：ADUM141x
D/A 转换器	AD5422
接口芯片	RS-485：ADM487E 和 ADM2587E RS-232：ADM3251E CAN 隔离器：ADM3053 USB 隔离器：ADUM4160
电源管理芯片	LDO（低压差线性稳压器）：ADP125 DC/DC 模块：ADP5034 电源监控器芯片：ADM6710

4. 关键性隔离器件列举

对比图 3-47 和图 3-48 得知，它们的区别在于处理器，前者（基于外部 A/D 转换器设计方案）是由单独的 A/D 转换器+CPU 组成，后者（基于集成 A/D 转换器设计方案）是由内置 A/D 转换器的单独 CPU 组成。

为方便读者选型，两种设计方案所涉及的关键器部件的重要性能参数总结见表 3-25 所示。

需要提醒的是，本例涉及的隔离放大器，请参见本书第 3 章隔离放大器的选型方法。涉及的隔离栅极驱动器，请参见本书第 4 章的磁隔离器件的选型方法。需要使用到的通信隔离器件，请参见本书第 5 章的通信隔离器件的选型方法。

表 3-25 两种设计方案的关键器件的性能参数

器件型号	功能说明	重要特性	优势
		放大器	
OP2177 OP4177	精密低噪声运放	漂移 V_{os} =60μV(最大值),温漂=0.7mV/℃,V_{noise} =8nV/$\sqrt{Hz}$ @ 1kHz,V_{supply} =±2.5~15V	低噪声、低失调和失调漂移,无相位反转
ADA4077-2	精密低噪声运放	V_{os} =25μV(B 级),温漂=0.15μV/℃,V_{noise} =8nV/$\sqrt{Hz}$,V_{supply} =±2.5~15V	极低失调电压漂移和低输入偏置电流
AD8604	精密 CMOS 单电源运放	漂移 V_{os} =500μV(最大值),V_{supply} =2.7~5.5V,宽带宽:8MHz	轨到轨输入输出、低成本、4 个放大器
		A/D 转换器	
AD7490	16 通道 12 位非同步采样 A/D 转换器	0~V_{REF}/2 或 V_{REF} 的单极性单端模拟输入,SPI 接口,1MkSPS,SINAD(信纳比)> 69dB	低成本 16 通道 12 位 A/D 转换器
AD7689 AD7699	8 通道 16 位非同步采样 A/D 转换器	0~V_{REF} 单极性差分模拟输入,SPI 接口,250kSPS(AD7689)、500kSPS(AD7699),SINAD(信纳比)= 92.5dB	8 通道 16 位 A/D 转换器、低成本
AD7606 AD7607	8 通道 16/14 位同步采样 A/D 转换器	真双极性模拟输入范围:±10V、±5V,5V 模拟单电源,2.3~5V 的 V_{DRIVE},1MΩ 模拟输入阻抗,模拟输入箝位保护	8 通道同步采样,5V 单电源供电
		基准电压源	
ADR421	基准电压源	初始精度:±0.05%,温漂:3×10^{-6}/℃,高输出电流:10mA,不同输出电压选项 2.5V,2.5V 输出,低噪声(0.1~10.0Hz):1.75μV(峰-峰值)@	高性能(3×10^{-6}),高输出电流:10mA
ADR3425	基准电压源	初始精度:±0.1%(最大值),温度系数:8×10^{-6}/℃,工作温度范围:-40~125℃,输出电流:+10mA,源电流:10mA,吸电流:3mA	低成本,SOT23 封装,10mA 源电流和 3mA 吸电流

（续）

器件型号	功能说明	重要特性	优势
		处理器	
ADSP-BF51x	DSP	300MHz/400MHz 主频的 DSP, 116KB 片内 RAM, 片内 RTC, 以太网 MAC (10M/100M), 支持 IEEE 1588	400MHz 主频的 DSP, 支持 IEEE 1588 协议
ADSP-BF506F	嵌入式 A/D 转换器 DSP	300MHz/400MHz 的 Blackfin 内核, 嵌入式 12 位 A/D 转换器和 4MB 闪存, 6 对 PWM 输出端口和多个接口	12 位 A/D 转换器和 300MHz 以上内核
ADuC702x	精密模拟微处理器	41MHz 的 ARM7 内核和嵌入式 12 位 A/D 转换器, 3 对 PWM 输出端口, 32KB 或 64KB 闪存	内置嵌入式 12 位 A/D 转换器的处理器
		隔离	
ADUM5000 ADUM6000	隔离 DC/DC 模块	集成 isoPower ® 的隔离式 DC/DC 变换器, 最高 500mW 输出功率, 热过载保护功能	隔离 DC/DC 模块
ADUM141x	四通道数字隔离器	高数据速率: DC~10Mbit/s（采用不归零码: NRZ）, 高共模瞬变抗扰度: >25kV/μs, 低工作功耗, 双向通信模式	使用寿命长, 通信方向易于选择
		接口	
ADUM2587E	隔离式 RS-485/RS-422 收发器	半双工或全双工模式, 数据速率高达 500kbit/s, 采用 5V 或 3.3V 工作电压	RS-485, 集成隔离式 DC/DC 变换器; ±15kV ESD 保护
ADM3053	隔离 CAN 收发器	信号和电源均隔离的 CAN 收发器, 符合 ISO 11898 标准, 数据速率高达 1Mbit/s	CAN 总线接口, 集成隔离式 DC/DC 模块变换器
		电源管理	
ADP5034	多路输出 DC-DC 调节器	2 个带载能力 1.2A 的降压调节器和 2 个 300mA 带载能力的 LDO, 采用 LFCSP 封装。降压调节器效率高达 96%	4 通道输出电源管理, 单电源器件
ADP1612	升压调节器	V_{IN} 介于 1.8~5.5V, V_{OUT} 可调至最高 20V, 带载能力 1.4A	1.4A 升压 DC/DC 模块, 引脚可选的 PWM 频率: 650kHz 或 1.3MHz, 软起动功能
ADP2301	降压开关调节器	V_{IN} 介于 3.0~20V, 输出电压 0.8~0.85×V_{IN}, 带载能力 1.2A, 效率高达 91%, 电流模式控制架构	集成高端 MOSFET, 集成自举二极管, 内部补偿和软起动功能

第4章　应用于电力电子装置中的数字信号隔离处理技术

在电力电子装置（PEE）中，通过采用有效的电气隔离措施，将在使用过程中的各项噪声的干扰路径隔断，继而对噪声进行最大限度地抑制，且普遍应用于数字电路和模拟电路以及模拟数字混合电路中。根据本书的第1章和第2章的介绍可知，采用光作为隔离介质（如光耦、光纤）、磁场作为隔离介质（如电源变压器、脉冲隔离变压器和继电器）以及采用电场作为隔离介质（如电容），是应用于PEE系统的典型隔离技术。下面将对数字信号隔离技术的工作原理、使用方法和选型技巧等分别进行介绍。

4.1　概述

目前大多采用光、磁场和电场作为隔离介质，制作数字隔离器，它们各有优缺点，为了读者正确选择、合理使用，就需要了解它们各自的工作原理。

我们就以在线式 UPS 为例，介绍不同数字隔离器件在电力电子装置中的应用情况。在线式 UPS 是指不管电网电压是否正常，负载所用的交流电压都要经过逆变电路，逆变器一直处于工作状态。所以当停电时，UPS 能马上将其存储的电能通过逆变器转化为交流电对负载进行供电，从而达到了输出电压零中断的切换目标。

图 4-1 所示为某舰船用 2kW 在线式 UPS 的拓扑图。分析在线式 UPS 的拓扑图得知：

1）在线式 UPS 为双变换结构，电能经过 AC/DC、DC/AC 两次变换后再供给负载。

2）舰船用在线式 UPS，首先通过电路将船电（交流电）转变为直流电，再通过高质量的逆变器将直流电转换为高质量的正弦波交流电，输出给负载（如计算机、通信设备等）。在线式 UPS 在供电状况下的主要功能是稳压及防止电波干扰，同时对蓄电池充电管理；在停电时则使用备用直流电源（蓄电池组）给逆变器供电。由于在线式 UPS 逆变器一直在工作，因此不存在切换时间问题，适用于对电源有严格要求的场合。

3）由于强电回路（如整流器、充电器和逆变器等）与低压电路（如 MCU 模块 1 和 2、电流和电压等弱信号的调理电路）之间，要进行信号的传输，但两电路之间由于供电级别过于悬殊，一路为数百 V，另一路仅为几 V，两种差异巨大的供电系统, 无法共用电源。

工作人员因操作需要, 很有可能会与强电电路存在电的联系, 因此存在触电风险, 需予以隔离。弱电线路板是与人体经常接触的部分, 也不应该混入危险高电压。两者之间, 既要完成信号传输, 又必须进行电气隔离。在电力电子变换装置中, 经常用到的光耦器件, 有 3 种类型:

1) 晶体管型光耦, 如 TLP184、TLP781、PC817 和 4N3X 系列等, 除常用于 PEE 系统的输出电压采样和误差电压放大电路之外, 更多是应用于装置控制端子的数字信号的输入和输出隔离回路中, 其结构最为简单, 输入侧由一只发光二极管构成, 输出侧由一只光电晶体管构成, 因此, 最便于对开关量信号的隔离与传输。

2) 集成电路型光耦, 如 6N137、HCPL-2601、HCPL-316J、HCPL-3120、4N29、4N30 和 4N31 等, 输入侧发光管采用了延迟效应低微的新型发光材料, 输出侧由门电路、肖基特晶体管和达林顿管构成, 使工作性能大为提高。其频率响应速度比晶体管型光耦更快, 在 PEE 系统的故障检测电路和驱动电路中经常使用。

3) 第 3 种为线性光耦, 如 HCPL-7800、HCPL-7840、AMC1300、AMC1302 和 ISO224 等, 其结构与性能与前两种光耦器件大有不同。在电路中主要用于对 mV 级微弱的模拟信号进行线性传输, 在 PEE 系统中, 往往用于输入和输出电流、输入和输出电压、直流母线电压和电流等方面的采样与放大处理。

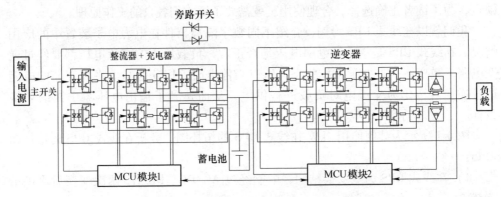

图 4-1 某舰船用 2kW 在线式 UPS 的拓扑图

可以应用于图 4-1 所示拓扑中的驱动 IGBT 的光耦, 见表 4-1 所示。

表 4-1 隔离驱动 IGBT 的典型光耦

型号	驱动能力/A	通道	封装	型号	驱动能力/A	通道	封装
HCPL-0314	0.4	1	SO-8	HCPL-316J	2.0	1	SO-16
HCPL-3140	0.4	1	DIP-8	HCPL-3180	2.0	1	DIP-8
HCPL-J314	0.4	1	DIP-8	HCPL-3120	2.0	1	DIP-8
HCPL-314J	0.4	2	SO-16	HCPL-J312	2.0	1	SO-16

（续）

型号	驱动能力/A	通道	封装	型号	驱动能力/A	通道	封装
HCPL-0302	0.2	1	SO-8	HCPL-3150	0.5	1	DIP-8
HCPL-3020	0.2	1	DIP-8	HCPL-315J	0.5	2	SO-16
TLP351	0.2	1	DIP-8	TLP705	0.15	1	SDIP-6
TLP250	0.5	1	DIP-8	TLP350	2.0	1	DIP-8

可以应用于图 4-1 所示拓扑中的测试电流和电压的典型隔离模块（如隔离放大器、隔离 A/D 转换器）见表 4-2 所示。

表 4-2　测试电流和电压的典型隔离模块

型号	输出特征	功能说明	封装
HCPL-7860	数字量	隔离 ADC	SSO-8/SO-8
HCPL-786J	数字量	隔离 ADC	SO-16
HCPL-7510	单端	电流检测隔离放大器	SSO-8/SO-8
HCPL-7520	单端		SSO-8/SO-8
HCPL-7800	差分	隔离放大器	SSO-8/SO-8
HCPL-7800A	差分		SSO-8/SO-8
HCPL-7840	差分		DIP-8
HCPL-788J	单端	具有短路和过载保护的电流检测隔离放大器	SO-16
AMC1300	差分	隔离放大器	SO-8
AMC1302	差分	隔离放大器	SO-8
ISO224	差分	隔离放大器	SO-8

4.2　光耦的典型应用

基于图 4-1 所示拓扑的分析得知，考虑人体接触的安全，又必须考虑到电路器件的安全，当数字隔离器件，如光耦器件输入侧受到强电压（场）冲击损坏时，因光耦的电气隔离作用，输出侧电路却能安全无恙。以上几个方面的原因，也促成了数字隔离器件（包括光耦器件、磁隔离器等）的研发和工程应用。

4.2.1　基本应用

光耦的基本作用，就是能以光的形式传输信号，将输入、输出侧电路进行有效的电气隔离，具有较好的抗干扰效果，输出侧电路能在一定程度上得以避免强电压的引入而遭受冲击。

图 4-2 所示为采用光耦隔离驱动直流负载的典型电路。其中图 4-2a 表示光耦二次侧与直流负载共用电源 V_{CC2}，图 4-2b 表示光耦二次侧用电源 V_{CC2} 与直流负载用电源 V_{CC3}。因为普通光耦的电流传输比 CRT 非常小，所以一般要用晶体管对输出电流进行放大，也可以直接采用达林顿型光耦来代替普通光耦 T_1。例如东芝公司的 4N29、4N30、4N31 和 4N32。对于输出功率要求更高的场合，可以选用达林顿晶体管来替代普通晶体管，例如高压大电流达林顿晶体管阵列系列产品 ULN2800，它的输出电流和输出电压分别达到 500mA 和 50V。

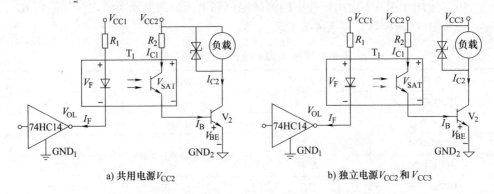

a) 共用电源V_{CC2} b) 独立电源V_{CC2}和V_{CC3}

图 4-2   采用光耦隔离驱动直流负载的典型电路

如图 4-2 所示，假设光耦 T_1 输入端的反相器输出高、低电平分别为 V_{OH} 和 V_{OL}。当光耦 T_1 输入端的反相器输出高电平 V_{OH} 时，光耦 T_1 处于关断 "OFF" 状态，光耦 T_1 二次侧晶体管截止，负载没有流过电流；反之，当光耦 T_1 输入端的反相器输出低电平 V_{OL} 时，光耦 T_1 处于导通 "ON" 状态，光耦 T_1 的发光二极管电压降为 V_F，流过光耦 T_1 一次侧和二次侧的电流分别为 I_F、I_{C1}，光耦 T_1 二次侧晶体管饱和电压降为 V_{SAT}，晶体管 V_2 的基极与发射极之间的电压降为 V_{BE}，则存在下面的重要表达式：

$$I_F = \frac{V_{CC1} - V_F - V_{OL}}{R_1} \tag{4-1}$$

$$I_{C1} = I_B = \frac{V_{CC2} - V_{BE} - V_{SAT}}{R_2} \tag{4-2}$$

式中，V_{CC1} 和 V_{CC2} 分别表示光耦一次侧和二次侧的电源。

根据所选择的器件 74HC14（可以获取输出高低电平值：V_{OH} 和 V_{OL}）、光耦 T_1（可以获取电流和电压值：I_F、I_{C1}、V_{SAT} 和 V_F）、晶体管 V_2（可以获取电流和电压值：I_B、I_{C2} 和 V_{BE}），即可获取电阻 R_1、R_2 的值，即

$$\begin{cases} R_1 = \dfrac{V_{CC1} - V_F - V_{OL}}{I_F} \\[3mm] R_2 = \dfrac{V_{CC2} - V_{BE} - V_{SAT}}{I_{C1}} \end{cases} \tag{4-3}$$

4.2.2　基于光耦驱动交流负载的实例分析

对于交流负载，可以采用光电晶闸管驱动器进行隔离驱动设计，例如 TLP541G、TLP542G、4N39 和 4N40。光电晶闸管驱动器的特点是耐压高、驱动电流偏小。举例说明：

1）当交流负载电流较小时，可以直接用它来驱动，如图 4-3a 所示。

2）当交流负载电流较大（如 5A 级别）时，可以借助双向晶闸管来驱动，如图 4-3b 所示。

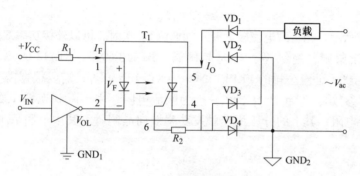

a) 小功率驱动电路

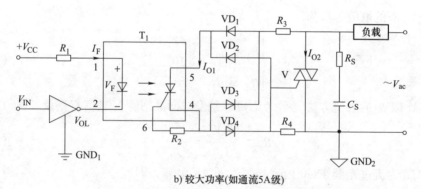

b) 较大功率(如通流5A级)

图 4-3　基于 4N40 的交流负载隔离电路原理图

如图 4-3a 所示，当光耦 T_1 输入端的反相器输出低电平 V_{OL} 时，光耦 T_1 处于导通 "ON" 状态，电阻 R_1 的取值方法为

$$R_1 = \frac{V_{CC} - V_F - V_{OL}}{I_F} \tag{4-4}$$

由于光耦 4N40 内置晶闸管的门极电流峰值小于或等于 10mA，那么电阻 R_2 的推荐取值表达式为

$$R_2 \geqslant \frac{\sqrt{2}\,V_{ac}}{10} \tag{4-5}$$

流过光耦 4N40 内置晶闸管的强电电流 I_O 的约束条件为

$$I_O = \frac{\sqrt{2}\,V_{ac}}{X_{LOAD}} \leqslant \frac{I_{AK}}{K_A} \tag{4-6}$$

式中，I_{AK} 表示光耦 4N40 内置晶闸管的额定工作电流，本例为 300mA；K_A 表示安全系数，一般取值 2~3 为宜；X_{LOAD} 表示负载阻抗。二极管 $VD_1 \sim VD_4$ 的电流定额参数 I_D 选型方法为

$$I_D \geqslant I_O K_A \tag{4-7}$$

二极管 $VD_1 \sim VD_4$ 的电压定额参数 V_D 选型方法为

$$V_D \geqslant \sqrt{2}\,V_{ac} K_A \tag{4-8}$$

如图 4-3b 所示，当负载电流较大时，如通流 5A 级时，可以外接功率双向晶闸管（如 ST 公司四象限、绝缘型、双向晶闸管：BTA10-600B、BTA12-600B、BTA16-600B、BTA41-600；仙童公司的 FKPF12N60、FKPF12N80 等，需要根据需要酌情选择它们的定额参数）。图 4-3b 中，$R_1 \sim R_3$ 为限流电阻，用于限制光耦 T_1 的工作电流；R_3 为耦合电阻，其上的分压用于触发功率双向晶闸管。其中电阻 R_1 的取值方法为

$$R_1 = \frac{V_{CC} - V_F - V_{OL}}{I_F} \tag{4-9}$$

电阻 R_2 的取值方法为

$$\begin{cases} R_2 + R_3 \geqslant \dfrac{\sqrt{2}\,V_{ac}}{10} \\ R_2 \gg R_3 \end{cases} \tag{4-10}$$

式中，电阻 R_3 的取值方法（要考虑可靠触发双向晶闸管 V 且留有裕量）为

$$R_3 \geqslant \frac{\sqrt{2}\,V_{ac}}{I_{AK}} = \frac{\sqrt{2}\,V_{ac}}{I_{O1}} \tag{4-11}$$

式中，I_{AK} 为流过光耦 4N40 内置晶闸管的 AK 电流，即 I_{O1}。

图 4-3b 所示二极管 $VD_1 \sim VD_4$ 的电流参数 I_D 选型方法：

$$I_D \geqslant I_{AK} K_A = I_{O1} K_A \tag{4-12}$$

式中，K_A 表示安全系数，一般取值 2~3 为宜。二极管 $VD_1 \sim VD_4$ 的电压参数 V_D 选型方法：

$$V_D \geqslant \sqrt{2}\,V_{ac} K_A \tag{4-13}$$

图 4-3b 所示双向晶闸管 V 的吸收电阻 R_S 取值为数十 Ω、吸收电容 C_S 取值为 0.01~0.1μF。

4.2.3　基于光耦的晶闸管触发电路

晶闸管是一种大功率电器元件，旧称可控硅（Silicon Controlled Rectifier）简称

SCR。它具有体积小、效率高和寿命长等优点。在 PEE（如交直流电机调速系统、调功系统及随动系统）中，可作为大功率驱动器件，实现用小功率控件控制大功率设备，得到了广泛的应用。

晶闸管作为一种大功率半导体器件，具有用小功率控制大功率、开关无触点等优势，在交流电机调速系统、调功系统和大功率电能变换等装置中广泛使用，如图 4-4 所示。现分别简述如下：

1）图 4-4a 为单向晶闸管，有阳极 A、阴极 K、门极（控制极）G 三个极。当阳极与阴极之间施加正电压时，门极与阴极两端也施加正压使门极电流增大到触发电流值时，晶闸管由截止转为导通；只有在阳极与阴极之间施加反向电压或者阳极电流减小到维持电流以下，晶闸管才由导通变为截止。单向晶闸管具有单向导电功能，

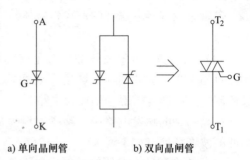

a) 单向晶闸管   b) 双向晶闸管

图 4-4　晶闸管的结构符号

在控制系统中多用于直流大电流场合，也可以在交流系统中用于大功率整流回路。

2）如图 4-4b 所示，双向晶闸管在结构上相当于两个单向晶闸管反向并联，但是共享一个门极。当两个电极 T_1、T_2 之间的电压大于 1.5V 时，不论极性如何，便可以利用门极 G 触发电流控制其导通。双向晶闸管具有双向导电功能，因此，特别适用于交流大电流场合。

对于电力电子器件的门极的控制电路，都应提供符合一定要求的触发脉冲。对于晶闸管的触发脉冲来说，其主要作用是决定晶闸管的导通时刻，同时还应提供相应的门极触发电压和门极触发电流。触发脉冲除了包括脉冲的电压和电流参数外，还应有脉冲的陡度和后沿波形，脉冲的相序和相角以及与主电路的同步关系，同时还须考虑门控电路与主电路的绝缘隔离问题和抗干扰、防止误触发问题。由于晶闸管是半控型器件，管子导通后即失去控制作用，为了减少门极损耗，门极输出不用直流而用单脉冲或双脉冲，有时还采用由许多单脉冲组成的脉冲串，以代替宽脉冲。

晶闸管触发脉冲的主要参数有触发电流、脉冲宽度等，现将它们简述如下：

（1）触发电流：晶闸管是电流控制型器件，只有在门极里注入一定幅值的触发电流时才能触发导通。由于晶闸管伏安特性的分散性，以及触发电压和触发电流随温度变化的特性，因此触发电路所提供的触发电压和触发电流应大于产品目录所提供的可触发电压和可触发电流，从而保证晶闸管的可靠触发，但不得超过规定的门极最大允许触发电压和最大允许触发电流。实际触发电流可整定为 3~5 倍的额定触发电流。

（2）触发脉冲宽度：触发脉冲的宽度应能保证使晶闸管的阳极电流上升到大

于擎住电流。由于晶闸管的开通过程只有几 μs，但并不意味着几 μs 后它仍能维持导通。若在触发脉冲消失时，阳极电流仍小于擎住电流，晶闸管将不能维持导通而关断。因此对脉冲宽度有一定要求，它和变流装置的负载性质及主电路的形式有关。

（3）强触发脉冲：触发脉冲前沿越陡，越有利于并联或串联晶闸管的同时触发导通。因此在有并联或串联晶闸管时，要求触发脉冲前沿陡度大于或等于 10V/μs，通常采取强触发脉冲的形式。另外，强触发脉冲还可以提高晶闸管承受 di/dt 的能力。

（4）触发功率：触发脉冲要有足够的输出功率，并能方便地获得多个输出脉冲，每相中多个脉冲的前沿陡度不要相差太大。为了获得足够的触发功率，在门极控制电路中通常需要功率放大电路。

在晶闸管的触发电路中，除了对触发脉冲的具体参数有所要求外，还对触发脉冲的波形特征有如下要求：

（1）正向脉冲：晶闸管的触发电路必须保证加在晶闸管的门极上是一个对阴极为正电压的触发脉冲。

（2）脉冲形式：触发脉冲在形式上有宽脉冲、窄脉冲和脉冲串等多种形式，一般为了减小损耗采取窄脉冲或双窄脉冲形式。有时也采用对宽脉冲进行高频调制，得到脉冲串的形式。

（3）与主电路同步：在可控整流、有源逆变及交流调压的触发电路中，为了使每一周波重复在相同的相位上触发，触发脉冲必须与上升变流装置的电源电压同步，即触发信号与主电路电源电压保持固定的相位关系。否则负载上的电压会忽大忽小，甚至触发脉冲出现在电源电压的负半周，使主电路不能正常工作。

（4）抗干扰能力：晶闸管的误导通往往是由于干扰信号进入门极电路而引起的，因此需要在触发电路中采取屏蔽等抗干扰措施，以防止晶闸管的误触发。

除了上述要求外，触发脉冲的移相范围还应满足变流装置主电路的要求，另外触发脉冲的频率也应可调，以适应变频电路和斩波电路的要求。

总之，晶闸管触发电路需要满足三个条件：

1）晶闸管触发电路的触发脉冲信号应有足够的功率和宽度。

2）触发电路的触发脉冲要有足够的移相范围并且要与主回路电源同步。

3）触发脉冲的形式要有助于晶闸管触发电路导通时间的一致性。

如图 4-5a 所示，可以采用光电双向晶闸管驱动双向晶闸管，例如 MOC3020M、MOC3021M、MOC3022M 和 MOC3023M，现将其工作原理简述如下：

1）来自 CPU 的控制信号经过光电双向晶闸管驱动器 T_1 隔离，控制双向晶闸管 V 的导通，实现交流负载的功率控制。

2）双向晶闸管 V 的吸收电阻 R_{S1} 取值为数十 Ω、吸收电容 C_{S1} 取值为 0.01 ~ 0.1μF。

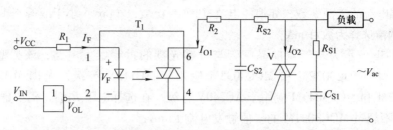

a) 基于双向晶闸管光耦的驱动电路

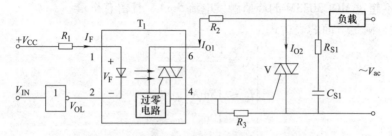

b) 基于双向晶闸管与过零光耦的驱动电路

图 4-5　基于双向晶闸管光耦的驱动电路

3）光耦 T_1 输出端内置的双向晶闸管的吸收电阻 R_{S2} 取值为数十 Ω、吸收电容 C_{S2} 取值为 0.01~0.1μF。

图 4-5a 中所示电阻 R_1 的取值方法同前所述，但是还需要虑及：

1）不超过 MOC3020M 的峰值触发电流 30mA；

2）不超过 MOC3021M 的峰值触发电流 15mA；

3）不超过 MOC3022M 的峰值触发电流 10mA；

4）不超过 MOC3023M 的峰值触发电流 5mA，且留有裕量。

因此，建立下面的约束表达式：

$$\begin{cases} R_1 = \dfrac{V_{CC} - V_F - V_{OL}}{I_F} \\ I_F \leqslant 30\text{mA}\big|_{\text{MOC3020M}} \\ I_F \leqslant 15\text{mA}\big|_{\text{MOC3021M}} \\ I_F \leqslant 10\text{mA}\big|_{\text{MOC3022M}} \\ I_F \leqslant 5\text{mA}\big|_{\text{MOC3023M}} \end{cases} \qquad (4\text{-}14)$$

图 4-5a 中所示电阻 R_2 的取值方法（要考虑可靠触发双向晶闸管 V 且留有裕量）为

$$(R_2 + R_{S2}) \geqslant \frac{\sqrt{2}\,V_{ac}}{I_{O1}} \qquad (4\text{-}15)$$

式中，电流 I_{O1} 的取值必须兼顾 MOC3020M、MOC3021M、MOC3022M 和 MOC3023M

的输出端电流的定额参数，如浪涌电流（PW = 1ms、120pps）小于或等于 1A，电流 I_{O1} 可以酌情选择为数百 mA。

图 4-5b 所示为基于双向晶闸管与过零光耦的过零触发电路，该类型光耦如 MOC3031M、MOC3032M 和 MOC3033M 应用于 AC115V 等级，光耦 MOC3041M、MOC3042M 和 MOC3043M 应用于 AC240V 等级。在选择电阻 R_1 时，需要虑及：

1）不超过 MOC3031M 的峰值触发电流 15mA；

2）不超过 MOC3032M 的峰值触发电流 10mA；

3）不超过 MOC3033M 的峰值触发电流 5mA，且留有裕量。

因此，满足下面的表达式：

$$\begin{cases} R_1 = \dfrac{V_{CC} - V_F - V_{OL}}{I_F} \\ I_F \leqslant 15\text{mA}\,|_{\text{MOC3031M}} \\ I_F \leqslant 10\text{mA}\,|_{\text{MOC3032M}} \\ I_F \leqslant 5\text{mA}\,|_{\text{MOC3033M}} \end{cases} \tag{4-16}$$

在选择电阻 R_1 时，需要虑及：

1）不超过 MOC3041M 的峰值触发电流 15mA；

2）不超过 MOC3042M 的峰值触发电流 10mA；

3）不超过 MOC3043M 的峰值触发电流 5mA，且留有裕量。

即满足下面的表达式：

$$\begin{cases} R_1 = \dfrac{V_{CC} - V_F - V_{OL}}{I_F} \\ I_F \leqslant 15\text{mA}\,|_{\text{MOC3041M}} \\ I_F \leqslant 10\text{mA}\,|_{\text{MOC3042M}} \\ I_F \leqslant 5\text{mA}\,|_{\text{MOC3043M}} \end{cases} \tag{4-17}$$

电阻 R_2 和 R_3 的取值方法（要考虑可靠触发双向晶闸管 V 且留有裕量）为

$$(R_2 + R_3) \geqslant \frac{\sqrt{2}\,V_{ac}}{I_{O1}} \tag{4-18}$$

同理，根据该类光耦参数手册，电流 I_{O1} 可以酌情选择为数百 mA。本例中的双向晶闸管可以根据负载要求酌情选择，例如负载电流为 5A 级时，可以选择 BTA10-600B、BTA12-600B、BTA16-600B、BTA41-600、FKPF12N60 和 FKPF12N80 等。

图 4-6 所示为基于双向晶闸管与过零光耦的过零触发电路，用于触发背靠背的晶闸管。来自微机的控制信号，其中控制晶闸管桥式整流电路导通，实现交流-直流的功率控制。可选光耦的典型型号如：MOC3031M、MOC3032M、MOC3033M、MOC3041M、MOC3042M、MOC3043M、MOC3061-M、MOC3062-M、MOC3063-M、MOC3162-M 和 MOC3163-M 等。

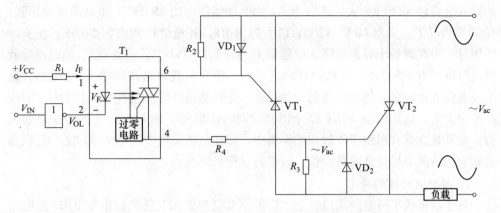

图 4-6　基于双向晶闸管与过零光耦的过零触发电路

图 4-6 所示电路在选择电阻 R_1 时，分析方法同前。电阻 R_4 取值时要考虑可靠触发晶闸管 VT_1 和 VT_2 且留有裕量。现将电阻 R_1 和 R_4 的取值约束表达为

$$\begin{cases} R_1 = \dfrac{V_{CC} - V_F - V_{OL}}{I_F} \\[3mm] R_4 \geqslant \dfrac{\sqrt{2}\, V_{ac}}{I_{O1}} \end{cases} \tag{4-19}$$

电阻 R_2 和 R_3 的取值方法为

1）对于 MOC3031M、MOC3032M、MOC3033M 而言，推荐取值 1kΩ；

2）对于 MOC3041M、MOC3042M、MOC3043M 而言，推荐取值 330Ω。

二极管 VD_1、VD_2 的推荐取值为：1N4 系列（1N4001～1N4007），它们取决于交流电源 V_{ac} 是 115V（有效值）还是 220V（有效值）。

4.2.4　基于光耦的 IGBT 触发电路

绝缘栅双极晶体管（IGBT）是第三代电力电子器件，它集功率晶体管 GTR 和功率场效应管 MOSFET 的优点于一身，具有易于驱动、峰值电流容量大、自关断和开关频率高（数 kHz～数十 kHz 不等）的特点，是目前发展最为迅速的新一代电力电子器件（当然碳化硅器件有它的特殊性，此处不谈）。广泛应用于小体积、高效率的变换装置中，如变频电源、电机调速、UPS 及逆变焊机等典型电力电子装置之中。

4.2.4.1　IGBT 触发要求

IGBT 的驱动和保护是电力电子装置应用中的关键技术。现将 IGBT 门极的驱动要求总结如下：

1. 栅极驱动电压

因 IGBT 栅极-发射极阻抗大，故可使用 MOSFET 驱动技术进行驱动，但 IGBT

的输入电容较 MOSFET 大，所以 IGBT 的驱动偏压应比 MOSFET 驱动所需偏压强。在 20℃情况下，实测 60A、1200V 以下的 IGBT，开通电压阈值为 5~6V，在实际使用时，为获得最小导通压降，应选取 $U_{ge} \geqslant (1.5~3) U_{ge(th)}$，当 U_{ge} 增加时，导通时集射电压 U_{CE} 将减小，开通损耗随之减小，但在负载短路过程中 U_{ge} 会增加，集电极电流 I_C 也将随之增加，使得 IGBT 能承受短路损坏的脉宽变窄，因此 U_{ge} 的选择不应太大，这足以使 IGBT 完全饱和，同时也限制了短路电流及其所带来的应力，尤其是在具有短路工作过程的设备中，如在电机驱动中使用 IGBT 时，U_{ge} 在满足要求的情况下尽量选取最小值，以提高其耐短路能力。

2. 对驱动电源的要求

对于全桥或半桥电路来说，上下管的驱动电源要相互隔离，由于 IGBT 是电压控制器件，所需要的驱动功率很小，主要是对其内部几百~几千 pF 的输入电容的充放电，要求能提供较大的瞬时电流，要使 IGBT 迅速关断，应尽量减小电源的内阻，并且为防止 IGBT 关断时产生的 du/dt 误使 IGBT 导通，应加上一个负电压的关栅电压，一般为-10~-2V，以确保其完全可靠的关断，过大的反向电压会造成 IGBT 栅射反向击穿。

3. 对驱动波形的要求

从减小损耗角度讲，门极驱动电压脉冲的上升沿和下降沿要尽量陡峭，前沿很陡的门极电压使 IGBT 快速开通，达到饱和的时间很短，因此可以降低开通损耗。同理，在 IGBT 关断时，陡峭的下降沿可以缩短关断时间，从而减小了关断损耗，发热量降低。但在实际使用中，过快的开通和关断在大电感负载情况下反而是不利的。因为在这种情况下，IGBT 过快的开通与关断将在电路中产生频率很高、幅值很大以及脉宽很窄的尖峰电压 Ldi/dt，并且这种尖峰很难被吸收掉，此电压有可能会造成 IGBT 或其他元器件被过电压击穿而损坏。所以在选择驱动波形的上升和下降速度时，应根据电路中元件的耐压能力及 du/dt 吸收电路性能综合考虑。

4. 对驱动功率的要求

由于 IGBT 的开关过程需要消耗一定的电源功率，最小驱动峰值电流 I_{GP} 可由下式求出：

$$I_{GP} \geqslant \frac{\Delta V_{GE}}{R_G + R_g} \tag{4-20}$$

式中，R_G 是 IGBT 内部电阻（一般为几 Ω，计算时酌情可以忽略）；R_g 是外接的栅极电阻；ΔV_{GE} 代表门极的驱动电压，因此可以表示为

$$\Delta V_{GE} = + V_{GE} + |-V_{EE}| \tag{4-21}$$

式中，V_{GE} 表示 IGBT 的开通电压，如+15V；$-V_{EE}$ 表示 IGBT 的关断电压，是一个负电源，如-5V；因而 $\Delta V_{GE} = 20V$，如应用十分广泛的 EXB841 系列就是采用这两种。对于高电压、大电流 IGBT 往往开通和关断电源均为 15V，因而 $\Delta V_{GE} = 30V$。驱动

电流的平均值 I_{GAV} 可由下式求出：

$$I_{GAV} \approx f_s(Q_g + C_{ies} \mid - V_{GE} \mid) \tag{4-22}$$

式中，Q_g 表示 IGBT 的门极电荷；f_s 表示 IGBT 的工作频率；C_{ies} 表示 IGBT 的输入电容，在它的参数手册可以查到。

IGBT 驱动电源的平均功率为

$$\begin{cases} P_{GAV} \approx f_S[Q_g(+ V_{GE}) + C_{ies} \mid - V_{GE} \mid^2] \\ P_{GAV} \approx f_S C_{ge}(\Delta V_{GE})^2 \end{cases} \tag{4-23}$$

式中，C_{ge} 为 IGBT 栅极电容。IGBT 驱动电源的平均功率取两个表达式的大值为设计依据。

5. 栅极电阻取值要求

为改变控制脉冲的前后沿陡度和防止振荡，减小 IGBT 集电极的电压尖峰，应在 IGBT 栅极串上合适的电阻 R_g。当 R_g 增大时，IGBT 导通时间延长，损耗发热加剧；当 R_g 减小时，di/dt 增高，可能产生误导通，使 IGBT 损坏。应根据 IGBT 的电流容量和电压额定值以及开关频率来选取 R_g 的数值。通常为几 Ω 至几十 Ω，其总结见表 4-3 所示。

表 4-3　栅极电阻 R_g 推荐值

IGBT 额定电流/A	50	100	200	300	600	800	1000	1500
R_g 阻值/Ω	10~20	5.6~10	3.9~7.5	3~5.6	1.6~3	1.3~2.2	1~2	0.8~1.5

另外，为防止门极开路或门极损坏时主电路加电损坏 IGBT，建议在 IGBT 栅射极间并联一个数 kΩ~10kΩ 范围的电阻 R_{ge}。

6. 栅极的 PCB 布线要求

合理的栅极布线对防止潜在振荡，减小噪声干扰，保护 IGBT 正常工作有很大帮助。布线时须将驱动器的输出级和 IGBT 之间的寄生电感减至最低（把驱动回路包围的面积减到最小）；正确放置栅极驱动板或屏蔽驱动电路，防止功率电路和控制电路之间的耦合；应使用辅助发射极端子连接驱动电路；驱动电路输出不能和 IGBT 栅极直接相连时，应使用双绞线连接（2 转/cm）；栅极保护，箝位元件要尽量靠近栅射极。

7. 电气隔离问题

由于功率 IGBT 在电力电子装置中多用于高压场合，所以驱动电路必须与整个控制电路在电位上完全隔离。利用光耦进行隔离的优点是：体积小、结构简单、应用方便以及输出脉宽不受限制，适用于 PWM 控制器。但是，利用光耦进行隔离，也存在不少缺点，如：共模干扰抑制不理想、响应速度慢以及驱动电流受限。光耦的一次侧与二次侧均需要相互隔离的辅助电源，因而，增加了驱动板的 PCB 尺寸。

4.2.4.2 基于 TLP250 的 IGBT 触发电路

我们以光耦 TLP250 为例进行介绍。光耦 TLP250 分为 TLP250H 和 TLP250HF 两种型号，引脚定义和性能均相同，只是封装有所差别而已。光耦 TLP250 包含一个发光二极管和一个集成光探测器，8 脚双列封装结构（DIP-8 封装），其实物图如图 4-7a 所示，其引脚图如图 4-7b 所示，其中 1 和 4 脚悬空不接端，2 和 3 脚分别为它的发光二极管的阳极端 I_{F+} 和阴极端 I_{F-}，5 和 8 脚分别为它的地线端 GND 和电源端 V_{CC}，6 和 7 脚分别为它的输出端 V_O。光耦 TLP250 适合于 IGBT 或电力 MOSFET 栅极驱动电路，图 4-7c 所示为基于 TLP250 的 IGBT 驱动电路典型电路原理图。

a) 实物图

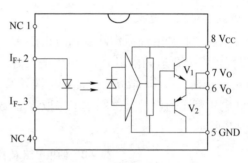

b) 引脚图

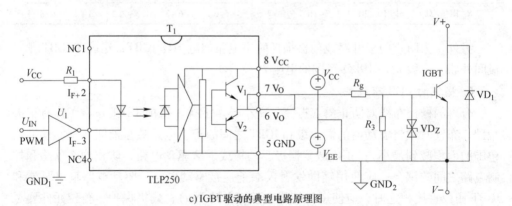

c) IGBT 驱动的典型电路原理图

图 4-7　光耦 TLP250 的引脚图与原理框图

现将光耦 TLP250 的典型特征总结如下：

（1）输入阈值电流（I_F）：5mA（最大值）。

（2）电源电流（I_{CC}）：11mA（最大值）。

（3）电源电压（V_{CC}）：10～35V。

（4）输出电流（I_O）：±0.5A（最小值）、±1.5A（最大值）。

（5）开关时间（t_{PLH}/t_{PHL}）：0.5μs（最大值）。

（6）隔离电压：隔离 2.5kV（有效值），（最小值）。

需要提醒的是，光耦 TLP250 除了 DIP-8 封装，也有贴片 8 脚封装。

表 4-4 所示为光耦 TLP250 工作时的真值表。

表 4-4　光耦 TLP250 工作时的真值表

		V_1 管子	V_2 管子
发光二极管	开通	开通	关断
	关断	关断	开通

表 4-5 所示为光耦 TLP250 工作时的特征参数。

表 4-5　光耦 TLP250 工作时的特征参数

特征参数	发光二极管电流 /mA	发光二极管压降 /V	电源电压 /V	输出高电平峰值电流 /A	输出低电平峰值电流 /A	工作频率 /kHz	输出高电平（±15V 供电）/V	输出低电平（±15V 供电）/V
符号	$I_F(ON)$	$V_F(SAT)$	V_{CC}	I_{OPH}	I_{OPL}	f	V_{OH}	V_{OL}
最小值	6.5	1.4	10				11	
典型值		1.57					13.7	−14.9
最大值	10	1.8	30	−2.0	+2.0	250		−12.5

本例中发光二极管限流电阻 R_1 和栅极电阻 R_g 的取值方法分别为

$$\begin{cases} R_1 \geqslant \dfrac{V_{CC} - V_F - V_{OL}}{I_F} \\[3mm] R_g \geqslant \dfrac{V_{OH}}{I_{OH(峰值)}} \end{cases} \tag{4-24}$$

式中，V_{OL} 表示反相器 U_1 输出端的低电平（一般小于 0.5V）；I_F 表示流过发光二极管的电流（为 6.5~10mA）；V_F 表示发光二极管的管压降（为 1.4~1.8V，典型值为 1.57V）；V_{OH} 表示光耦 TLP250 的发光二极管开通时输出端的高电平，根据它的参数手册得知，在 V_{CC} 为 15V 时，V_{OH} 的典型值为 12.8V，输出峰值电流 $I_{OH(峰值)}$ 为 1.5A，因此栅极电阻 R_g 的取值为

$$R_g \geqslant \frac{V_{OH}}{I_{OH(峰值)}} = \frac{12.8V}{1.5A} \approx 8.5\Omega \tag{4-25}$$

图 4-7 中所示的二极管 VD_z 建议选择 18V 齐纳二极管。由于 TLP250 输出电流较小（±0.5A），对较大功率 IGBT 实施驱动时，需要外加功率放大电路。当然，也可以选择更大驱动电流的光耦，如：HCPL-316J、HCPL-3120 和 TLP350 等。

4.2.4.3　基于 HCPL-3120 的 IGBT 触发电路

如前所述，TLP250 可直接驱动 50A、1200V 的 IGBT 模块，在小功率变频器驱动电路和早期变频器产品中，均被普遍采用。但毕竟 TLP250 的驱动能力有限，接

着讲述更大的 IGBT 栅极驱动能力光耦的使用方法，如 HCPL-3120，它具有 2.5A 输出电流。光耦 HCPL-3120、HCPL-J312 和 HCNW3120D 的输入 I_F 电流阈值为 2.5mA，电源电压为 15~30V，输出电流为 ±2.5A，隔离电压为 1414V，可直接驱动 150A/1200V 的 IGBT 模块。

图 4-8a 所示为光耦 HCPL-3120/J312 的引脚框图，其中 1 和 4 脚悬空不接端，2 和 3 脚分别为它的发光二极管的阳极端 I_{F+} 和阴极端 I_{F-}，5 和 8 脚分别为它的地线端 GND 和电源端 V_{CC}，6 和 7 脚分别为它的输出端 V_O。

图 4-8b 所示为光耦 HCNW-3120 的引脚图，其中 1、4 和 6 脚悬空不接端，2 和 3 脚分别为它的发光二极管的阳极端 I_{F+} 和阴极端 I_{F-}，5 和 8 脚分别为它的地线端 GND 和电源端 V_{CC}，7 脚为它的输出端 V_O。光耦 HCPL-3120/J312 除了 DIP-8 封装，也有贴片 8 脚封装。

图 4-8c 所示为光耦 HCPL-3120/J312 的实物图。

图 4-8d 所示为光耦 HCNW-3120 的实物图。

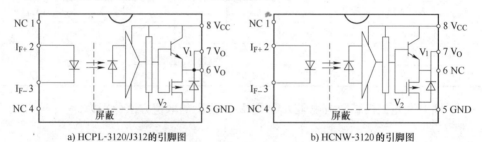

a) HCPL-3120/J312的引脚图　　　　　b) HCNW-3120 的引脚图

c) HCPL-3120/J312的实物图　　　　　d) HCNW-3120 的实物图

图 4-8　光耦 HCPL-3120/J312 和 HCNW-3120 的引脚图和实物图

表 4-6 所示为光耦 HCPL-3120 的真值表。

表 4-6　光耦 HCPL-3120 的真值表

LED	V_{CC}-V_{EE}(正逻辑开通)/V	V_{CC}-V_{EE}(负逻辑关断)/V	输出电平
关断	0~30	0~30	低电平
开通	0~11	0~9.5	低电平
开通	11~13.5	9.5~12	过渡
开通	13.5~30	12~30	高电平

表 4-7 所示为光耦 HCPL-3120 工作时的特征参数。

表 4-7 光耦 HCPL-3120 工作时的特征参数

特征参数	发光二极管电流/mA	发光二极管管压降/V	电源电压/V	输出高电平峰值电流/A	输出低电平峰值电流/A	工作频率/kHz	输出高电平（V_{CC}供电）/V	输出低电平（V_{CC}供电）/V
符号	I_F(ON)	V_F(SAT)	V_{CC}-V_{EE}	I_{OPH}	I_{OPL}	f	V_{OH}	V_{OL}
最小值	7	1.1	0	0.5	0.5		V_{CC}-4	
典型值		1.5		1.5	2.0		V_{CC}-3	0.1
最大值	16	1.95	35			250		0.5

光耦 HCPL-3120、HCPL-J312、HCNW-3120 与 HCPL-3150 内部电路结构相同，只是因选材和工艺的不同，电隔离能力有所区别，它们的总结见表 4-8 所示。

表 4-8 光耦 HCPL-3120、HCPL-J312、HCNW-3120 与 HCPL-3150 对比

型号	HCPL-3120	HCPL-J312	HCNW-3120	HCPL-3150
输出电流峰值 I_O/A	2.5	2.5	2.5	0.6
耐压（IEC/EN/DIN EN60747-5-5）V_{IORM}/V	630V(峰值)	1230V(峰值)	1414V(峰值)	630V(峰值)

图 4-9a 所示为基于光耦 HCPL-3120 的 IGBT 单管触发电路，它采用单电源 V_{CC2} 驱动。

图 4-9b 所示为基于光耦 HCPL-3120 的 IGBT 单管触发电路，它采用双电源驱动，即电源 V_{CC2} 和 V_{EE}。

图 4-9 所示的二极管 VD_Z 建议选择 18V 齐纳二极管，电阻 R_3 取值为数 kΩ ~ 10kΩ。为了 IGBT 驱动需要，工程师经常分两种门极电阻进行设计，即开通时门极电阻（R_{on}）和关断时门极电阻（R_{off}）。

在图 4-9a 所示的单电源驱动电路中，一次侧限流电阻 R_1 的取值方法与栅极电阻 R_g 的取值方法分别为

$$\begin{cases} R_1 \geq \dfrac{V_{CC} - V_F - V_{OL}}{I_F} \\ R_g \geq \dfrac{V_{OH}}{I_{OL(峰值)}} = \dfrac{V_{CC} - V_{SAT}}{I_{OL(峰值)}} \end{cases} \tag{4-26}$$

式中，V_{OH} 表示光耦 HCPL-3120 的发光二极管开通时输出端的高电平。根据它的参数手册得知，在 V_{CC} 供电时，V_{OH} 的典型值和最小值分别为

$$\begin{cases} V_{OH\_Typ.} = V_{CC} - 3 \\ V_{OH\_Min.} = V_{CC} - 4 \end{cases} \tag{4-27}$$

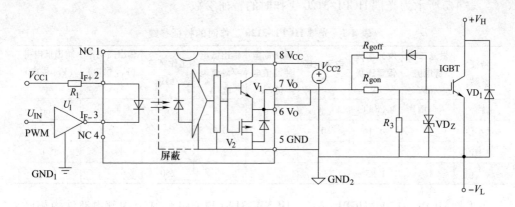

a) 单电源

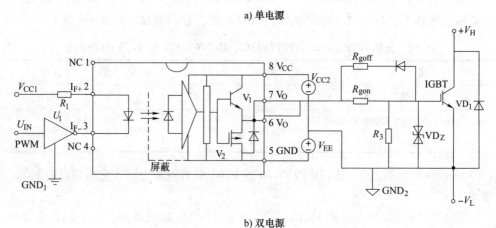

b) 双电源

图 4-9 基于光耦 HCPL-3120 的 IGBT 单管触发电路

根据光耦 HCPL-3120 的参数手册得知，其输出的峰值电流为 2.5A，在 V_{CC} 为 15~30V 时，输出高电平最小值 $V_{OH\_Min} = (V_{CC} - 4)V$，因此，本例中栅极电阻 R_g 的取值方法为

$$R_g \geq \frac{V_{OH\_Min.}}{I_{OL(峰值)}} = \frac{V_{CC} - 4}{I_{OL(峰值)}} = \frac{V_{CC} - 4}{2.5} \tag{4-28}$$

根据光耦 HCPL-3120 的参数手册得知，在 $V_{CC} = 15V$ 且 V_{EE} 接地时，输出高电平接近 12.0V，即 $V_{OH} = 12.0V$，且输出峰值电流 $I_{OH(峰值)}$ 为 1.5A，那么栅极电阻 R_g 的最小取值为

$$R_g > \frac{V_{OH}}{I_{OH(峰值)}} \approx \frac{12.8V}{1.5A} \approx 8.5\Omega \tag{4-29}$$

在图 4-9b 所示的双电源驱动电路中，一次侧限流电阻 R_1 的取值方法与栅极电阻 R_g 的取值方法分别为

$$\begin{cases} R_1 \geq \dfrac{V_{CC} - V_F - V_{OL}}{I_F} \\[4mm] R_g \geq \dfrac{V_{OH}}{I_{OL(峰值)}} = \dfrac{V_{CC} - (-V_{EE}) - V_{SAT}}{I_{OL(峰值)}} \end{cases} \tag{4-30}$$

在 V_{CC} 为 $15 \sim 30\text{V}$ 时，输出高电平最小值 $V_{OH\_Min} = (V_{CC} - 4)\text{V}$，因此，本例中栅极电阻 R_g 的取值方法为

$$R_g \geq \frac{V_{OH\_Min.}}{I_{OL(峰值)}} = \frac{V_{CC} - (-V_{EE}) - 4}{I_{OL(峰值)}} = \frac{V_{CC} - (-V_{EE}) - 4}{2.5} \tag{4-31}$$

图 4-10 所示为光耦 HCPL-3120 的输出低电平与负载电流的关系曲线，即 I_{OL}-V_{OL} 关系曲线。

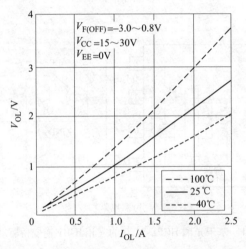

图 4-10　光耦 HCPL-3120 的 I_{OL}-V_{OL} 关系曲线

图 4-11a 所示为基于光耦 HCPL-3120 的三相 IGBT 逆变桥驱动电路，它采用单电源 V_{CC2} 驱动。

图 4-11b 所示为基于光耦 HCPL-3120 的三相 IGBT 逆变桥驱动电路，它采用双电源驱动，即电源 V_{CC2} 和电源 V_{EE}。

我们以 BSM100GB170DLC 为例，分析门极电阻的额定功率选择方法。根据 BSM100GB170DLC 得知它的门极电荷 $Q_g = 1.2\mu\text{C}$，假设：

1）开关频率 $f_S = 10\text{kHz}$；

2）$V_{CC} = 15\text{V}$，$V_{EE} = -5\text{V}$。

那么开通时门极电阻（R_{on}）的功率 P_{ON} 为

$$P_{ON} = f_S Q_g (\Delta V_{GE}) = 10\text{kHz} \times 1.2\mu\text{C} \times 20\text{V} = 0.24\text{W} \tag{4-32}$$

可以考虑 $3 \sim 5$ 倍的裕量，即可选择门极电阻的额定功率。几种典型的 1700V 的 IGBT 的门极电阻 R_g（R_{on} 和 R_{off}）参考取值见表 4-9 所示。

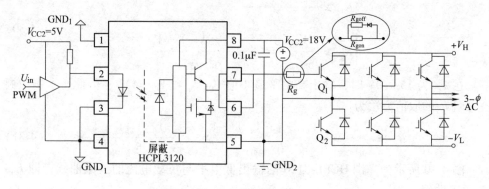

a) 单电源

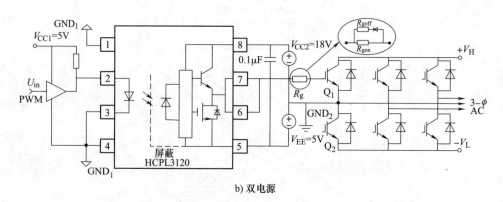

b) 双电源

图 4-11 基于光耦 HCPL-3120 的三相 IGBT 逆变桥驱动电路

表 4-9 几种典型的 1700V 的 IGBT 的门极电阻 R_g 参考取值

IGBT 型号	额定电压/V	额定电流/A	开通电阻 R_{on}		关断电阻 R_{off}		备注
			最小/Ω	范围/Ω	最小/Ω	范围/Ω	
BSM100GB170DLC	1700	100	15	15~30	15	15~30	单管
BSM150GB170DLC	1700	150	10	10~20	10	10~20	单管
FF200R17KE3	1700	200	6.8	6.8~13.6	6.8	6.8~13.6	单管
FF300R17KE3	1700	300	4.7	4.7~9.4	4.7	4.7~9.4	双管
FF450R17ME4	1700	450	3.3	3.3~6.6	3.3	3.3~6.6	双管；内置温度传感器
FF650R17IE4	1700	650	1.8	1.8~3.6	2.7	2.7~5.4	双管；内置温度传感器
FF1000R17IE4	1700	1000	1.2	1.2~2.4	1.8	1.8~3.6	双管；内置温度传感器
FF1400R17IP4	1700	1400	0.47	0.47~0.94	0.68	0.68~1.36	双管；内置温度传感器

　　几种典型的 1700V 的 IGBT 管子的开通时门极电阻（R_{on}）的功率 P_{ON} 见表 4-10 所示，其中假设 $V_{CC}=15V$ 且 $V_{EE}=-15V$。

表 4-10 几种典型的 1700V 的 IGBT 管子的开通时门极电阻 (R_{on}) 的功率 P_{ON}

IGBT 型号	$Q_g/\mu C$	f_S/kHz	$\Delta V_{GE}/V$	P_{ON}/W	可选择 R_{gon} 电阻功率/W
BSM100GB170DLC	1.2	4.8	30	0.1728	≥0.5W
BSM150GB170DLC	1.8	4.8	30	0.2592	≥0.5W
FF200R17KE3	2.3	4.8	30	0.3312	≥0.5W
FF300R17KE3	3.5	2.4	30	0.252	≥0.5W
FF450R17ME4	4.6	2.4	30	0.3312	≥1W
FF650R17IE4	7	2.4	30	0.504	≥1W
FF1000R17IE4	10	2.4	30	0.72	≥2W
FF1400R17IP4	13.5	2.4	30	0.972	≥2W

需要提醒的是，选择门极开通电阻 R_{on} 时，主要考虑以下两个方面因素：

1）一方面需要选择尽量小的阻值，以保证 IGBT 能以最快的速度导通。

2）另一方面需要选择尽量大的电阻，以保证驱动芯片与门极之间不发生振荡。一般厂家提供的最小电阻 R_{on} 就是发生振荡的临界值，因此，酌情选择比最小电阻 R_{on} 稍微大些的电阻为宜。

选择门极关断电阻 R_{off} 时，主要考虑以下三个方面因素：

（1）di/dt：如果 R_{off} 太小，di/dt 太大，容易造成 IGBT 关闭时，由寄生电感发射的电压尖峰过高。极大地增加了 IGBT 的风险，同时也需要更加苛刻的吸收电容来吸收。另外，也会造成续流二极管的反向恢复电流过大，会造成二极管击穿。

（2）死区时间控制：如果 R_{off} 太大，会延长关断下沿时间，导致桥臂死区时间超过最小值。

（3）随着 R_{off} 的增大，关闭时 IGBT 的损耗也不断增加：所以希望能够在提供的范围内，稍微大于最小值的地方选择一个 R_{off} 的电阻，不要低于参数手册所规定的最小电阻即可。至于上限值，同时不得高于 2 倍规定值电阻即可。经常使用的取值方法为：在 1.2~1.4 倍最小电阻值之间选择电阻，一般不会出问题，同时，发热量也适中。

几种典型的 1700V 的 IGBT 管子的开通时门极电阻 (R_{on}) 和关断时门极电阻 (R_{off}) 的参考取值见表 4-11 所示。

表 4-11 几种典型的 1700V 的 IGBT 管子的 R_{on} 和 R_{off} 的参考取值

IGBT 型号	R_{on}/Ω	R_{off}/Ω	功率 P_{on}/W	功率 P_{off}/W
BSM100GB170DLC	18	24	1	1
BSM150GB170DLC	12	15	1	1
FF200R17KE3	8.2	10	1	1
FF300R17KE3	5.1	6.8	1	1
FF450R17ME4	3.6	4.02	1	1
FF650R17IE4	2.0	1.0	2	2
FF1000R17IE4	1.5	0.56	2	2
FF1400R17IP4	0.56	0.22	2	2

4.2.4.4 基于光耦+驱动器的 IGBT/MOS 触发电路

前面讲述了利用光耦直接驱动 IGBT 的典型电路设计方法。本节接着讲述光耦与驱动器共同配合的驱动 IGBT/MOS 管子的典型电路的设计方法。比如 IR2110，它是美国 IR 公司生产的 IGBT/MOS 驱动器，兼有光耦隔离和电磁隔离的优点，是中小功率变换装置中驱动器件的首选。驱动器 IR2110 系列分为 IR2110-1、IR2110-2、IR2110S、IR2113-1、IR2113-2 和 IR2113S 等型号，其中 IR2110 和 IR2113 的耐压有所不同，分别为 DC500V 和 DC600V。

图 4-12 所示为驱动器 IR2110 和 IR2113 的引脚图，其中：

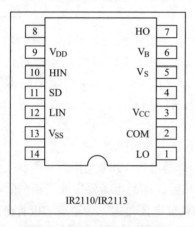

a) IR2110和IR2113的PDIP-14封装

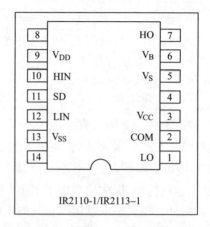

b) IR2110-1和IR2113-1的PDIP-14封装

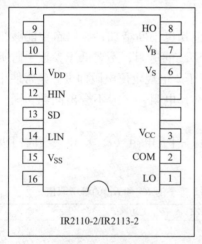

c) IR2110-2和IR2113-2的PDIP-16封装

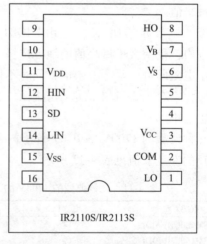

d) IR2110S和IR2113S的SOW-16封装

图 4-12　驱动器 IR2110 和 IR2113 的引脚图

1）图 4-12a 表示 IR2110 和 IR2113 的 PDIP-14 封装。

2）图 4-12b 表示 IR2110-1 和 IR2113-1 的 PDIP-14 封装。

3）图 4-12c 表示 IR2110-2 和 IR2113-2 的 PDIP-16 封装。

4）图 4-12d 表示 IR2110S 和 IR2113S 的 SOW-16 封装。

图 4-13 所示为驱动器 IR2110 的 PDIP-14 封装和宽体 SOI-14 封装的实物图。

a）PDIP-14 封装实物图　　　　　　　b）SOI-14 封装实物图

图 4-13　驱动器 IR2110 两种封装的实物图

我们以驱动器 IR2110 的 PDIP-14 封装为例，其各个引脚定义及功能说明见表 4-12 所示。

表 4-12　驱动器 IR2110 的各个引脚定义及其功能说明

引脚号	引脚名称	功 能 说 明
1	LO	低端输出脚
2	COM	低端公共端
3	V_{CC}	低端固定电源电压
4、8、14	NC	悬空端
5	V_S	高端浮置电源偏移电压
6	V_B	高端浮置电源电压端
7	HO	高端输出脚
9	V_{DD}	逻辑端电源电压端
10	HIN	逻辑端高端输入脚
11	SD	逻辑端关断脚
12	LIN	逻辑端低端输入脚
13	V_{SS}	逻辑端电路地电位端，其值可以为 0V

现将驱动器的 IR2110 的特点总结如下：

1）具有独立的低端和高端输入通道。

2）悬浮电源采用自举电路，其高端工作电压可达 500V（IR2113 高达 600V）。

3）输出的电源端（脚 3）的电压范围为 10～20V。

4）逻辑电源的输入范围（脚 9）为 5～15V，可方便地与 TTL、CMOS 电平相匹配，而且逻辑电源地和功率电源地之间允许有 ±5V 的偏移量。

5）工作频率高达 500kHz。

6）开通、关断延迟小，开通时间典型值为 120ns、关断延迟时间典型值为 94ns。

7）图腾柱输出峰值电流高达 2A。

驱动器 IR2110PBF 的推荐参数见表 4-13 所示。

表 4-13 驱动器 **IR2110PBF** 的推荐参数

参数符号	参数含义		最小值	最大值
V_B	高端浮置电源电压/V		V_S+10	V_S+20
V_S	高端浮置电源偏移电压/V	（IR2110）		500
		（IR2113）		600
V_{HO}	高端浮置输出电压/V		V_S	V_B
V_{CC}	低端固定电源电压/V		10	20
V_{LO}	低端输出电压/V		0	V_{CC}
V_{DD}	逻辑侧电源/V		$V_{SS}+3$	$V_{SS}+20$
V_{SS}	逻辑侧电源偏移电压/V		-5	5
V_{IN}	逻辑输入电压（HIN、LIN 和 SD）/V		V_{SS}	V_{DD}
T_A	环境温度/℃		-40	125
V_{IH}	逻辑输入高电平（V_{CC}、V_{BS}、$V_{DD}=15V$）/V		9.5	
V_{IL}	逻辑输入低电平（V_{CC}、V_{BS}、$V_{DD}=15V$）/V			6.0
V_{OH}	逻辑输出高电平（V_{CC}、V_{BS}、$V_{DD}=15V$，$V_{SS}=COM$），V_{BIAS}/V-V_O			1.2
V_{OL}	逻辑输出低电平（V_{CC}、V_{BS}、$V_{DD}=15V$，$V_{SS}=COM$）/V			0.1

图 4-14 所示为驱动器 IR2110PBF 的内部结构和工作原理框图。分析驱动器 IR2110PBF 的原理框图得知：

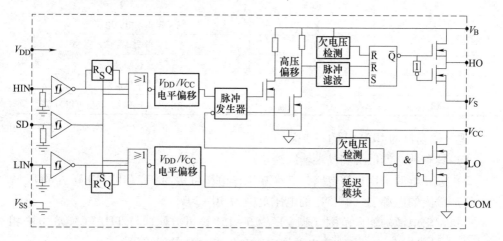

图 4-14 驱动器 IR2110PBF 的内部结构和原理框图

1）包括逻辑输入、电平转换、保护、上桥臂侧输出和下桥臂侧输出等几个环节。

2）逻辑输入端采用施密特触发电路，提高抗干扰能力。输入逻辑电路与

TTL/COMS 电平兼容，其输入引脚阈值为电源电压 V_{DD} 的 10%，各通道相对独立。

3）由于逻辑信号均通过电平耦合电路连接到各自的通道上，允许逻辑电路参考地 V_{SS} 与功率电路参考地 COM 之间有 $-5\sim5V$ 的偏移量，并且能屏蔽小于 50ns 脉冲，这样使其具有较为理想的抗噪声能力。

4）两个高压 MOSFET 推挽驱动器的最大灌入或输出电流可达 2A，上桥臂通道可以承受 500V 的电压。电源 V_{CC} 的典型值为 15V，逻辑电源和模拟电源共用一个 15V 电源，逻辑地和模拟地接在一起。

5）输出端设有对功率电源 V_{CC} 的欠电压保护，当小于 82V 时，封锁驱动输出。

图 4-15 所示为光耦 6N137+IR2110 的驱动电路原理图。

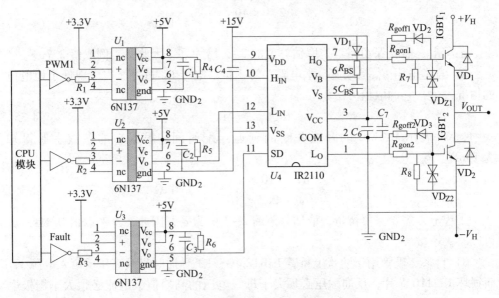

图 4-15　光耦 6N137+IR2110 的驱动电路原理图

分析光耦 6N137+IR2110 的驱动电路原理图得知：

1）光耦 U_1 和 U_2 将来自 CPU 模块的 PWM 控制脉冲隔离之后，再传送到驱动芯片 IR2110PBF 的 H_{IN}（10 脚）和 L_{IN} 脚（12 脚），H_{IN} 和 L_{IN} 脚分别为逆变桥中同一桥臂的上下两个功率管 IGBT/MOSFET 的驱动脉冲信号输入端。将 CPU 模块发送的故障指令经由光耦 U_3 处理之后，传送到驱动芯片 IR2110PBF 的 SD（11 脚）。

2）SD 端为保护信号输入端。当 SD 脚接高电平时，芯片 IR2110PBF 的输出信号全被封锁，其对应的输出端恒为低电平；而当 SD 脚接低电平时，芯片 IR2110PBF 的输出信号跟随 H_{IN} 和 L_{IN} 的变化而变化。

3）H_O 和 L_O 是两路驱动信号的输出端，驱动同一桥臂的上下 IGBT/MOSFET。

4）自举电容 C_{BS} 参数选择方法。自举电容 C_{BS} 必须能够提供不低于 IGBT/MOSFET 栅极电荷导通所需的电荷，且在高端主开关开通期间保持电压，C_{BS} 的工程估

算方法为

$$C_{BS} = \frac{2Q_g}{V_{CC} - V_{MIN} - V_{LS} - V_F} \tag{4-33}$$

式中，Q_g 为 IGBT/MOSFET 的门极电荷（可由它们的参数手册查得）；V_{CC} 为 IR2110 的供电电源，本例为 15V；V_{LS} 为下半桥 IGBT/MOSFET 的导通栅源阈值电压，一般取值 2~4V；V_{MIN} 为 V_B 与 V_S 之间的最小电压（IR2110 的参数手册查得 V_{BSUV+} 和 V_{BSUV-}，如取值 $V_{BSUV+} = 7.5V$，本例 $V_{MIN} = 7.5V$）；V_F 为自举电路中的快恢复二极管的电压降，一般取值 1.5V 左右。假设本例采用的 IGBT FF200R17KE3，$Q_g = 2.3\mu C$，C_{BS} 的工程估算方法为

$$C_{BS} = \frac{2 \times 2.3 \times 10^{-6}}{15 - 7.5 - 2 - 1.5} \approx 1.15\mu F \tag{4-34}$$

工程上，需要保留裕量，取估算值的 2~3 倍为妥，因此，本例取值 2.7μF。

5）自举电阻 R_{BS} 是限流自举电阻，防止自举电容 C_{BS} 过冲、V_S 出现低于地电位的情况发生，它的取值方法为

$$R_{BS}C_{BS} \geqslant MT \tag{4-35}$$

式中，MT 表示 IR2110 的开通关断的延迟匹配时间，根据它的参数手册得知为 10ns。

$$R_{BS} \geqslant \frac{MT}{C_{BS}} = \frac{10 \times 10^{-9}}{2.7 \times 10^{-6}} \approx 3.7m\Omega \tag{4-36}$$

工程上，需要保留裕量，取估算值的 2~3 倍为妥，因此，本例取值 0.1Ω，也可以略去不接。

6）自举二极管用于防止上桥臂 IGBT/MOSFET 导通时母线高压反窜入电源 V_{CC} 而损坏 IR2110 芯片，反向耐压必须大于母线电压的高峰值，电流必须大于栅极电荷与开关频率的乘积，即

$$I_{Diode} \geqslant f_S Q_g \tag{4-37}$$

通常选择漏电流小的快恢复二极管，反向恢复时间小于 IR2110 导通延迟时间（即 $t_{ON} = 120ns$，为典型值）。若本例取开关频率 $f_S = 4.8kHz$，那么流经快恢复二极管的电流为

$$I_{Diode} \geqslant f_S Q_g = 2.3 \times 10^{-6} \times 4.8 \times 10^3 \approx 11mA \tag{4-38}$$

7）除了安华高的光耦可以用于 IGBT/MOSFET 驱动，我们也推荐飞兆半导体的光耦 FOD31xx 系列产品。光耦 FOD31xx 作为 IGBT/MOSFET 门极驱动的典型器件，具有以下显著特点：

1）宽工作电压范围为 15~30V，高输出电流能力高达 2.5A；

2）输出级采用 P 沟道 MOSFET，允许输出电压摆幅接近电源轨（轨对轨输出）；

3）最小值高达 35kV/μs 的高共模瞬态抗扰度；

4）5kV$_{(有效值)}$隔离电压等级，大于 8mm 爬电距离和电气间隙，可以获得 1414V（峰值）工作电压（U_{IORM}）。

鉴于它们的高速开关性能，能够满足 1200V 的 IGBT 的开关需要，可广泛应用于太阳能逆变器、电动机传动和感应加热应用场合。

飞兆半导体的用于 IGBT/MOSFET 门极驱动的光耦 FOD31xx 的关键性参数见表 4-14 所示。

表 4-14　用于 IGBT/MOSFET 门极驱动的光耦 FOD31xx 关键性参数

器件型号	封装	驱动电流 A		V_{CC}-Max./V	I_{CC}-Max./mA	t_{PLH}/t_{PHL} Max./ns	PWD-Max./ns	V_{UVLO+} Max./V	V_{UVLO-} Max./V	CMR/(kV/μs)@V_{cm} Min/V	V_{ISO} AC$_{RMS}$/V	T_{OPR}/℃
		I_{OH}	I_{OL}									
FOD3120	DIP-8	2.0	2.0	30	3.8	400	100	11.5~13.5	10.0~12.0	35@1500	5k	-40~100
FOD3150	DIP-8	1.0	1.0	30	5.0	500	300	11.0~13.5	9.5~12.0	20@1500	5k	-40~100
FOD3182	DIP-8	2.0	2.0	30	5.0	210	65	7.5~9.0	7.0~8.5	35@1500	5k	-40~100
FOD3184	DIP-8	3.0	3.0	30	3.3	210	65	11.5~13.5	10.0~12.0	35@1500	5k	-40~100

4.2.4.5　其他应用实例

图 4-16 所示为压/频-频/压转换在高频高压恒流充电电源中应用原理框图。在基于电力电子技术的高压电容器充电电源中，需要将并联在负载电容器两端的分压器低压臂的采样信号传输给控制电路，控制电路根据反馈回的电压获得当前的充电电压。控制电路与负载电容器有着直接的电气连接。当负载电容器快速放电时，因为接地不良等情况存在，负载电容地（一般为大地）电位会出现浮动，从而引起控制电路地随负载地浮动。该现象会对控制电路的工作造成很大的影响，甚至损坏控制电路，危及操作人员安全。同时，高压与低压环境没有隔离容易导致系统的不稳定工作。基于以上考虑，必须将负载回路地和控制电路的参考地隔离开，同时还要完成对充电电压的精准测量。

如图 4-16a 所示，串联谐振式高频恒流充电电源主要由直流电压源（整流电路或蓄电池）、逆变电路、串联谐振电路、高压变压器、整流硅堆、负载电容和控制系统组成。通过分压器所得的采样信号输入控制电路，从而实现充电电压的自动控制。分压器与控制电路之间需要进行必要的电气隔离，从而使控制电路地与高压地得到隔离。在这种设备中，基于压频（V/F）-频压（F/V）转换，结合光（纤）传输方式进行电信号隔离和传输的基本原理，并针对高压充电电源采用光纤隔离变换器。

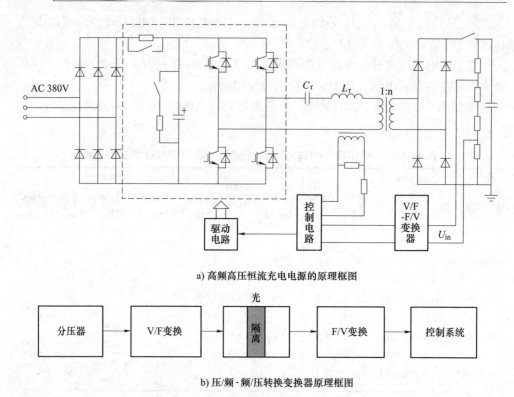

a) 高频高压恒流充电电源的原理框图

b) 压/频 - 频/压转换变换器原理框图

图 4-16　压/频-频/压转换在高频高压恒流充电电源中应用原理框图

如图 4-16b 所示，采用 V/F-F/V 变换器，利用高性能的 V/F 变换器件可以获得线性度高、宽带宽和无死区等优点。由于需要隔离的电压达到上 kV，甚至高达 10kV，采用光耦已经无法满足要求。同时，考虑到成本和调试难易程度，选择了 V/F-F/V 转换的隔离方式。此方法实现电路简单，成本较低，并且可以获得高线性度。选用光纤提高了隔离电压等级，并能进行信号的远距离传输，获得较好的响应速度。

分压器采样得到的模拟信号 U_{in} 经过前级滤波后，再经过 V/F 变换器转换成相应的频率信号，频率信号经过光纤发送器的 LED 转换成光信号，然后经光纤传输至光纤接收器，最后利用 F/V 转换电路将频率信号还原成电压信号 U_{out}，从而完成了充电电压测量信号的传输过程。电压频率转换的主要方式有两种：多谐振荡式和电荷平衡式。多谐振荡压频变换器，如 AD654，价格便宜、功耗低、能输出单位占空比的方波，但是精度较低，而且输入信号必须是正信号，对负信号无效。电荷平衡式压频变换器，如 AD 650AD、AD 652AQ 和 VFC320 的精度大大提高，而且输入信号可以是双极性，输出信号是脉冲串。不过它们的缺点是输入阻抗较低。

光纤链路主要由光纤发送器、光纤、光纤接收器以及相应的接头组成。发送器将电信号转换成光信号，然后经光纤传输，接收器将光纤传送过来的光信号转换成电信号，所以光纤两端没有直接的电联系，实现了电气隔离。可选安华高的发送器 HFBR1521、接收器 HFBR2521 构建，其数据传输速率为 5MBd。光纤采用直径 1mm 的单芯多模塑料光纤。关于它们的使用方法、设计步骤将在本书后续章节中讲述。

当然，在电力电子装置的工作现场，借助电压频率变换器（VFC），经常将温度传感器输出的模拟量，转换成脉冲序列，通过光耦（当然也可以是后面简述的隔离器件）进行隔离处理后送出。在主机侧，通过一个 VFC 电路，再将脉冲序列还原成模拟信号。这是一种有效、简单且易行的模拟量传输方式，可以消除光耦非线性特性的不良影响。

4.3　磁隔离器件典型应用

4.3.1　通用型数字磁隔离器

磁隔离是 ADI 公司 iCoupler 专利技术，是基于芯片级变压器的隔离技术。与传统光电耦合器中采用的发光二极管（LED）和光电二极管不同，iCoupler 磁隔离技术通过采用晶圆级工艺直接在片上制作变压器。如图 4-17 所示，其中图 4-17a 表示 iCoupler 磁隔离超级变压器原理图，图 4-17b 和图 4-17c 为 iCoupler 磁隔离变压器芯片集成的示意图。

如图 4-17b 和 c 所示，变压器电流脉冲通过一个绕组，形成一个很小的局部磁场，从而在另一个绕组生成感应电流。电流脉冲很短（为 1ns），因此平均电流很低。变压器采用差分连接，提供高达 100kV/μs 的出色共模瞬变抗扰度（Common mode transient immunity：CMTI），对比而言，光电耦合器通常约为 15kV/μs。磁性耦合对变压器绕组间距离的依赖性也弱于容性耦合对板间距离的依赖性，因此，变压器线圈之间的绝缘层可以更厚，从而获得更高的隔离能力。结合聚酰亚胺薄膜的低应力特性，使用聚酰亚胺的变压器比使用 SiO_2 的电容更容易实现高级隔离性能。

如图 4-17 所示，iCoupler 磁耦隔离器的一个显著特点是能够将发送和接收通道集成在同一个封装中。由于 iCoupler 磁隔离变压器本身是双向的，所以只要将合适的电路放置在变压器的任意一边，信号就可以按照任意方向通过。按照这种工作方式，我们可采用多种收发通道配置来提供多通道隔离器，用来替代之前的光耦产品。

我们将几种典型的磁耦隔离器产品罗列如下：

（1）单通道：ADUM1100 单通道、隔离 2.5kV（有效值）电压、速度可选 25Mbit/s 和 100Mbit/s、最大延迟时间 18ns、兼容 3V/5V 工作电压、最高工作温度

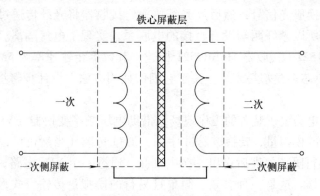

a) 超级隔离变压器原理示意图

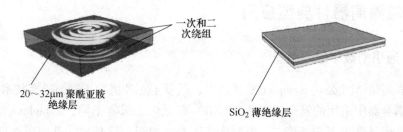

b) iCoupler 磁隔离变压器芯片　　　　　　c) 层间结构

图 4-17　基于 iCoupler 技术的磁隔离器件示意图

105℃、封装 SO-8。

（2）双通道：ADUM1200/1201 双通道、隔离 2.5kV（有效值）电压、速度可选 1Mbit/s、10Mbit/s 和 25Mbit/s、兼容 3V/5V 作电压、最高工作温度 105℃、封装 SO-8。

（3）三通道：ADUM1300/1301 三通道、隔离 2.5kV（有效值）电压、速度可选 1Mbit/s、10Mbit/s 和 90Mbit/s、兼容 3V/5V 工作电压、最高工作温度 105℃、封装 SO-16。

（4）四通道：ADUM1400/1401/1402 四通道、隔离 2.5kV（有效值）电压、速度可选 1Mbit/s、10Mbit/s 和 90Mbit/s、兼容 3V/5V 工作电压、最高工作温度 105℃、封装 SO-16。

图 4-18 所示为双通道数字隔离器 ADUM1200/1201 的原理框图。

图 4-18a 表示隔离器 ADUM1200 的原理框图，它是 2 路输出通道（单方向，简记为：2/0 通道方向性）。

图 4-18b 表示隔离器 ADUM1201 的原理框图，它是 1 路输出通道、1 路输入通道方向性（双方向，简记为：1/1 通道方向性）。

如图 4-18 所示，双通道数字隔离器 ADUM1200/1201 的引脚 V_{IA}、V_{IB} 分别表示

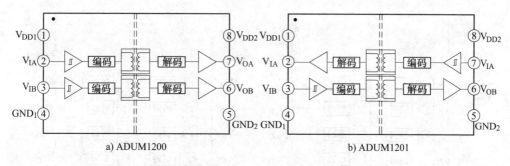

a) ADUM1200　　　　　　　　　　　　　b) ADUM1201

图 4-18　双通道数字隔离器 ADUM1200/1201 的原理框图

输入引脚，对应地，引脚 V_{OA}、V_{OB} 分别表示输出引脚；引脚 V_{DD1}、V_{DD2} 分别表示隔离器一次侧和二次侧的电源引脚，对应地，引脚 GND_1、GND_2 分别表示一次侧和二次侧电源的参考地。双通道数字隔离器 ADUM1200/1201 的电源电压范围为 2.7~5.5V，可以实现低电压供电。电源和参考地之间需要接入 $0.01~0.1\mu F$ 电容，以滤除高频干扰，电容和电源之间的距离应该在 20mm 以内，这样可以达到更好的滤波效果。由于两个隔离通道高度匹配，通道间串扰很小，并且采用两通道输入输出反向设计，可大大简化隔离器与所隔离两端的硬件连接。

　　为了讲述方便起见，我们在这里作个约定：

　　1）将数字隔离器件的一次侧视为逻辑侧、输入侧或者第 1 侧，有时候又被称为隔离器的左侧；

　　2）将数字隔离器件的二次侧视为接口侧、输出侧或者第 2 侧，有时候又被称为隔离器的右侧。

　　在后续讲述中如果没有特别说明，就按照此约定来理解。

　　图 4-19 所示为四通道数字隔离器 ADUM1410/1411/1412 的原理框图。

　　如图 4-19 所示，引脚 V_{IA}、V_{IB}、V_{IC} 和 V_{ID} 分别表示输入引脚和对应地；引脚 V_{OA}、V_{OB}、V_{OC} 和 V_{OB} 分别表示输出引脚；引脚 V_{DD1}、V_{DD2} 分别表示隔离器一次侧和二次侧的电源引脚，对应地，引脚 GND_1、GND_2 分别表示一次侧和二次侧电源的参考地。需要提醒的是，引脚 2 和 8 均表示 GND_1，它们在芯片内部已经短接，在设计它们的外围电路时，需要将它们在外部共（短接）起来；引脚 9 和 15 均表示 GND_2，它们在芯片内部已经短接，在设计它们的外围电路时，需要将它们在外部共（短接）起来。

　　如图 4-19a 所示，ADUM1410 是 4 路输入通道（单方向，简记为：4/0 通道方向性）。

　　如图 4-19b 所示，ADUM1411 是 3 路输入通道、1 路输出通道方向性（双方向，简记为：3/1 通道方向性）。

　　如图 4-19c 所示，ADUM1412 是 2 路输入通道、2 路输出通道方向性（双方向，简记为：2/2 通道方向性）。

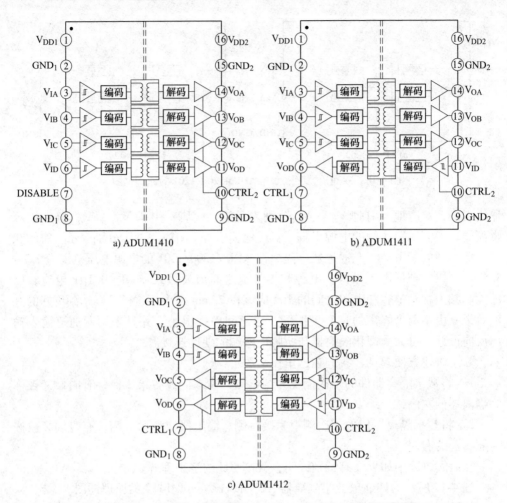

a) ADUM1410

b) ADUM1411

c) ADUM1412

图 4-19 四通道数字隔离器 ADUM1410/1411/1412 的原理框图

由此可见，ADUM1411 和 ADUM1412 两种器件可以双向通信；3V/5V 电平转换；工作温度最高可达 105℃；数据速率最高可达 10Mbit/s。需要提醒的是：

(1) 当 5V 电源时的耗能：

1) 每个通道 1.3mA（最大值，0~2Mbit/s）；

2) 每个通道 4.0mA（最大值，10Mbit/s）。

(2) 当 3V 电源时的耗能：

1) 每个通道 0.8mA（最大值，0~2Mbit/s）；

2) 每个通道 1.8mA（最大值，10Mbit/s）。

图 4-19a 中所示的引脚 DISABLE 表示芯片的输入禁用引脚，即禁用隔离器输入，暂停直流刷新电路。引脚 $CTRL_2$ 表示芯片的默认输出控制脚，即控制输入电源断开时输出所处的逻辑状态。当 $CTRL_2$ 为高电平或断开且 V_{DD1} 关闭（未供电）时，

引脚 V_{OA}、V_{OB}、V_{OC} 和 V_{OD} 输出为高电平；当 $CTRL_2$ 为低电平且 V_{DD1} 关闭（未供电）时，V_{OA}、V_{OB}、V_{OC} 和 V_{OD} 输出为低电平；当 V_{DD1} 电源接通时，此引脚不起作用。

图 4-19b 中所示的引脚 $CTRL_1$ 默认输出控制，即控制输入电源断开时输出所处的逻辑状态。当 $CTRL_1$ 为高电平或断开且 V_{DD2} 关闭（未供电）时，V_{OD} 输出为高电平；当 $CTRL_1$ 为低电平且 V_{DD2} 关闭（未供电）时，V_{OD} 输出为低电平；当 V_{DD2} 电源接通时，此引脚不起作用。

图 4-19b 中所示的引脚 $CTRL_2$ 表示芯片的默认输出控制脚，即控制输入电源断开时输出所处的逻辑状态。当 $CTRL_2$ 为高电平或断开且 V_{DD1} 关闭（未供电）时，引脚 V_{OA}、V_{OB} 和 V_{OC} 输出为高电平；当 $CTRL_2$ 为低电平且 V_{DD1} 关闭（未供电）时，V_{OA}、V_{OB} 和 V_{OC} 输出为低电平；当 V_{DD1} 电源接通时，此引脚不起作用。

图 4-19c 中所示的引脚 $CTRL_1$ 默认输出控制，即控制输入电源断开时输出所处的逻辑状态。当 $CTRL_1$ 为高电平或断开且 V_{DD2} 关闭（未供电）时，V_{OC} 和 V_{OD} 输出为高电平；当 $CTRL_1$ 为低电平且 V_{DD2} 关闭（未供电）时，V_{OC} 和 V_{OD} 输出为低电平；当 V_{DD2} 电源接通时，此引脚不起作用。

图 4-19c 中所示的引脚 $CTRL_2$ 表示芯片的默认输出控制脚，即控制输入电源断开时输出所处的逻辑状态。当 $CTRL_2$ 为高电平或断开且 V_{DD1} 关闭（未供电）时，引脚 V_{OA}、V_{OB} 输出为高电平；当 $CTRL_2$ 为低电平且 V_{DD1} 关闭（未供电）时，V_{OA}、V_{OB} 输出为低电平；当 V_{DD1} 电源接通时，此引脚不起作用。

为方便读者正确使用它们，其真值表见表 4-15 所示。

表 4-15　四通道隔离器 ADUM141X 的真值表

V_{IX} 输入	$CTRL_X$ 输入	$V_{DISABLE}$ 状态	V_{DD1} 状态	V_{DD2} 状态	V_{OX} 输入	功 能 说 明
高电平	无关	低电平或悬空	有电	有电	高电平	正常工作，数据为高电平
低电平	无关	低电平或悬空	有电	有电	低电平	正常工作，数据为低电平
无关	高电平或悬空	高电平	无关	有电	高电平	输入禁用，输出处于 $CTRL_X$ 所决定的默认状态
无关	低电平	高电平	无关	有电	低电平	输入禁用，输出处于 $CTRL_X$ 所决定的默认状态
无关	高电平或悬空	无关	无电	有电	高电平	输入无电。输出处于 $CTRL_X$ 所决定的默认状态。输出在 V_{DD1} 电源恢复后的 $1\mu s$ 内恢复到输入状态
无关	低电平	关	无电	有电	低电平	输入无电。输出处于 $CTRL_X$ 所决定的默认状态。输出在 V_{DD1} 电源恢复后的 $1\mu s$ 内恢复到输入状态
无关	无关	无关	有电	无电	高阻	输出无电。输出引脚处于高阻态。输出在 V_{DD2} 电源恢复后的 $1\mu s$ 内恢复到输入状态

针对表 4-15 所述的四通道隔离器 ADUM141X 的真值表，需要说明的是：

1）V_{IX} 和 V_{OX} 指给定通道（A、B、C 或 D）的输入和输出信号。

2）$CTRL_X$ 指给定通道（A、B、C 或 D）输入侧的默认输出控制信号。

3）DISABLE 引脚仅适用于 ADuM1410 芯片。

4）V_{DD1} 指给定通道（A、B、C 或 D）输入侧的电源。

5）V_{DD2} 指给定通道（A、B、C 或 D）输出侧的电源。

几种典型的数字磁隔离器见表 4-16 所示。

表 4-16 几种典型的数字磁隔离器

型号	通道	隔离电压 (有效值)/V	传输速率 /Mbit/s	工作电压 /V	工作温度 /℃	封装
ADUM1100ARZ	1/0	2.5k	25	3.0~5.5	−40~105	SO-8
ADUM3100ARZ	1/0	2.5k	25	3.0~5.5	−40~105	SO-8
ADUM1200ARZ	2/0	2.5k	1	2.7~5.5	−40~105	SO-8
ADUM1201ARZ	1/1	2.5k	1	2.7~5.5	−40~105	SO-8
ADUM1200WURZ	2/0	2.5k	25	3.0~5.5	−40~125	SO-8
ADUM2200BRWZ	2/0	5k	10	3.0~5.5	−40~105	SOW-16
ADUM3200ARZ	2/0	2.5k	1	2.7~5.5	−40~105	SO-8
ADUM3201ARZ	1/1	2.5k	1	2.7~5.5	−40~105	SO-8
ADUM3210TRZ	2/0	2.5k	10	3.0~5.5	−40~125	SO-8
ADUM3211BRZ	1/1	2.5k	10	3.0~5.5	−40~105	SO-8
ADUM1300ARWZ	3/0	2.5k	1	2.7~5.5	−40~105	SOW-16
ADUM1301ARWZ	2/1	2.5k	1	2.7~5.5	−40~105	SOW-16
ADUM1310ARWZ	3/0	2.5k	1	2.7~5.5	−40~105	SOW-16
ADUM1311ARWZ	2/1	2.5k	1	2.7~5.5	−40~105	SOW-16
ADUM3300ARWZ	3/0	2.5k	1	2.7~5.5	−40~105	SOW-16
ADUM3301ARWZ	3/1	2.5k	1	2.7~5.5	−40~105	SOW-16
ADUM1400ARWZ	4/0	2.5k	1	2.7~5.5	−40~105	SOW-16
ADUM1401ARWZ	3/1	2.5k	1	2.7~5.5	−40~105	SOW-16
ADUM1402ARWZ	2/2	2.5k	1	2.7~5.5	−40~105	SOW-16
ADUM1410ARWZ	4/0	2.5k	1	2.7~5.5	−40~105	SOW-16
ADUM1411ARWZ	3/1	2.5k	1	2.7~5.5	−40~105	SOW-16
ADUM1412ARWZ	2/2	2.5k	1	2.7~5.5	−40~105	SOW-16
ADUM2400AWZ	4/0	5k	1	2.7~5.5	−40~105	SOW-16
ADUM2401ARWZ	3/1	5k	1	2.7~5.5	−40~105	SOW-16
ADUM2402ARWZ	2/2	5k	1	2.7~5.5	−40~105	SOW-16

（续）

型号	通道	隔离电压 （有效值）/V	传输速率 /Mbit/s	工作电压 /V	工作温度 /℃	封装
ADUM3400ARWZ	4/0	2.5k	1	2.7~5.5	-40~105	SOW-16
ADUM3401ARWZ	3/1	2.5k	1	2.7~5.5	-40~105	SOW-16
ADUM3402ARWZ	2/2	2.5k	1	2.7~5.5	-40~105	SOW-16
ADUM3440CRWZ	4/0	2.5k	150	3.0~5.5	-40~125	SOW-16
ADUM3441CRWZ	3/1	2.5k	150	3.0~5.5	-40~125	SOW-16
ADUM3442CRWZ	4/0	2.5k	150	3.0~5.5	-40~125	SOW-16
ADUM4400ARWZ	4/0	5k	1	2.7~5.5	-40~105	SOW-16
ADUM4401ARWZ	3/1	5k	1	2.7~5.5	-40~105	SOW-16
ADUM4402ARWZ	2/2	5k	1	2.7~5.5	-40~105	SOW-16
ADUM7440ARQZ	4/0	1000	1	3.0~5.5	-40~105	QSOP~16
ADUM7441ARQZ	3/1	1000	1	3.0~5.5	-40~105	QSOP~16
ADUM7442ARQZ	2/2	1000	1	3.0~5.5	-40~105	QSOP~16
ADUM1510BRWZ	5/0	2.5k	10	4.5~5.5	-40~105	SOW-16

4.3.2　集成 DC/DC 的数字磁隔离器

基于 iCoupler 磁隔离技术器件的另一个新特点是：用于隔离数据信号的变压器线圈还可用做隔离 DC/DC 变换器的变压器。这样就允许将数据隔离和电源隔离两种功能都集成在一个封装内，正如采用 isoPower® 技术的 ADUM524x 和 ADUM540x 系列 iCoupler 磁耦隔离器。集成 DC/DC 电源隔离，使隔离电路设计更简化，如：ADUM5401/5402/5403/5404，集成有 DC/DC 变换器的四通道隔离器。隔离器 ADUM5401/5402/5403/5404，具有 3.3V 或 5.0V 调节输出，最高 500mW 输出功率，四个 DC-25Mbit/s 信号隔离通道，施密特触发器输入，16 引脚 SOIC 封装，爬电距离大于 8.0mm，工作温度最高可达 105℃。其中，ADUM5401 为 3 路输出通道、1 路输入通道方向性（双方向，简记为：3/1 通道方向性），类似地，ADUM5402 为双方向（2/2 通道方向性），ADUM5403 为双方向（1/3 通道方向性），ADUM5404 为单方向（0/4 通道方向性）。

图 4-20 所示为隔离器 ADUM5401/5402/5403/5404 的原理框图和实物图。

分析隔离器 ADUM5401/5402/5403/5404 原理框图，现将其工作原理简述如下：

1）隔离器 ADUM5401/5402/5403/5404 集成 isoPower 的隔离式 DC/DC 变换器，即芯片级隔离式 DC/DC 变换器。

2）采用二次侧控制器结构，集成隔离脉宽调制（PWM）反馈。

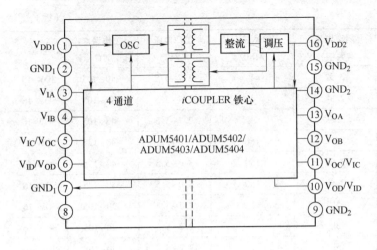

a) 原理框图   b) ADUM5401 实物图

图 4-20 　隔离器 ADUM5401/5402/5403/5404 原理框图和实物图

3）V_{DD1} 为振荡电路提供电源，该电路将开关电流输入一个芯片级空心变压器。传输至二次侧的电源经过整流并调整到 3.3V 或 5V。

4）二次侧 V_{ISO} 控制器通过产生 PWM 控制信号调整输出，该控制信号通过专用 iCoupler 数据通道被送到一次侧 V_{DD1}。PWM 调制振荡电路来控制传送到二次侧的功率，通过反馈可以实现更高的功率和效率。

图 4-21 所示为基于 ADUM5401 的 4～20mA 输入隔离式数据采集系统的原理图。

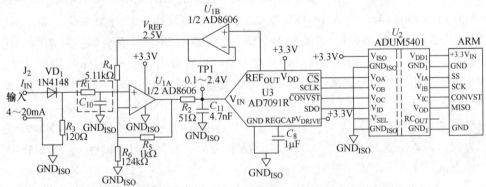

图 4-21 　基于 ADUM5401 的 4～20mA 输入隔离式数据采集系统的原理图

分析 4～20mA 输入隔离式数据采集系统的原理图得知，它只采用了 12 位 300kSPS 的 ADC（SPI 接口）、三个有源器件，单电源供电，可处理 4～20mA 的输入信号。室温校准后在 ±10℃ 温度变化范围内的总误差为 ±0.06%（满量程），是 PEE 装置中测量应用的理想之选。该电路尺寸小巧使得该组合成为业界领先的 4～

20mA 数据采集系统解决方案,在这种系统中精度、速度、成本和尺寸极为关键。数据和电源相互隔离,因而该电路具有出色的高电压耐受性,同时还能有效免疫恶劣工业环境下常见的接地环路干扰问题。现将基于 ADUM5401 的 4~20mA 输入隔离式数据采集系统的设计过程说明如下:

1)该电路由一个输入电流-电压变换器、一个电平转换电路、一个 ADC 级和一个输出隔离级构成。4~20mA 输入信号由电阻 R_3 转换成电压。在 R_3 为 120Ω 且输入电流为 4~20mA 的情况下,电平转换电路的输入电压为 0.48~2.4V。二极管 VD_1 用于提供保护,使电路免受输入电流源意外反向连接的影响。

2)R_3 上的电压由 U_{1A} 运算放大器进行电平转换和衰减,该运算放大器是双通道 AD8606 的一半。该运算放大器的输出为 0.1~2.4V,与 ADC 的输入范围相匹配(0~2.5V),裕量为 100mV 用于维持线性度。来自 AD7091R ADC 的缓冲基准电压源(V_{REF} = 2.5V)用于生成所需失调。U_{1A} 运算放大器的输出电压的表达式为

$$V_{\text{U1A\_OUT}} = I_{\text{IN}} R_3 \left(1 + \frac{R_5 R_4 R_6}{R_4 + R_6} \right) - V_{\text{REF}} \frac{R_5}{R_4} \tag{4-39}$$

3)AD8606(U_{1B})的另一半用于缓冲 AD7091R(U_3)A/D 转换器的内部 2.5V 基准电压源。本应用中选用 AD8606 的原因是该器件具有低失调电压(最大值 65μV)、低偏置电流(最大值 1pA)和低噪声(最大值 12nV/$\sqrt{\text{Hz}}$)等特性。在 3.3V 电源下,功耗仅为 9.2mW。

4)运算放大器的输出级后接一个单极点 RC 滤波器(R_2、C_{11}),用于降低带外噪声。RC 滤波器的截止频率设为 664kHz。可添加一个可选滤波器(R_1、C_{10}),以便在出现低频工业噪声的情况下,进一步降低滤波器截止频率。在这类情况下,由于信号带宽较小,因此可以降低 AD7091R 的采样速率。

5)选择 AD7091R 12 位 1MSPS SAR ADC 是因为其在 3.3V(1.2mW)电源供电时的功耗超低,仅为 349μA。AD7091R 还内置一个 2.5V 的基准电压源,其典型漂移为 ±4.5×10^{-6}/℃[⊖]。输入带宽为 7.5MHz,且与高速串行 SPI 接口兼容。AD7091R 采用小型 10 引脚 MSOP 封装。

4.3.3 基于磁隔离器的触发电路

门级驱动型磁隔离器提供高边及低边控制信号隔离,直接驱动 IGBT/MOSFET,典型器件如下:

1)具有 100mA 输出能力的集成高端电源的隔离半桥驱动器 ADUM5230。

2)具有 4A 输出能力的隔离式单通道栅极驱动器 ADUM3123。

3)具有 4A 输出能力的隔离式双通道栅极驱动器 ADUM3220/3221。

⊖ 漂移常用单位为 10^{-6}/℃,它是相对概念,举例说明:如果量程为 5V,那么当漂移为 ±4.5×10^{-6}/℃ 时,换算得到就是:4.5×10^{-6}×5V/℃ = 0.0225mV/℃。

1. 基于 ADUM5230 的触发电路

图 4-22 所示为门极驱动型磁隔离器 ADUM5230 的原理框图、引脚图和实物图。

如图 4-22a 所示，ADUM5230 是一款隔离半桥门极驱动器，可提供独立和隔离的高端与低端输出。该隔离器件包括一个提供隔离高端电源的集成 DC-DC 变换器，消除了与外部电源配置（如自举电路）相关的成本、PCB 尺寸与工作性能难以兼顾的难题。隔离器 ADUM5230 的高端隔离电源，不仅能为 ADUM5230 高端输出端供电，而且可为 ADUM5230 中适用的任何外部缓冲器电路供电。与采用高压电平转换方法的门极驱动器相比，ADUM5230 在输入端和任一输出端之间提供了真正的电源隔离。每一个输出端的工作电压相对于输入端的工作电压而言，电压差可以高达±700V，因此低端可工作于负压状态，高端与低端之间的差分电压可高达700V（峰值）。

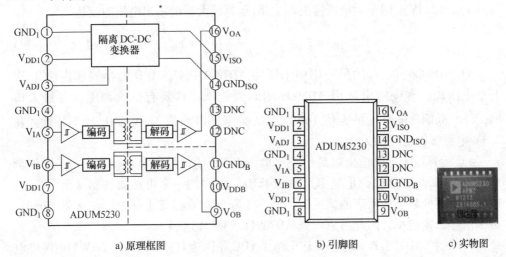

a) 原理框图   b) 引脚图   c) 实物图

图 4-22   门极驱动型磁隔离器 ADUM5230

图 4-22b 表示隔离器 ADUM5230 的引脚图。

图 4-22c 表示隔离器 ADUM5230 的实物图。

隔离器 ADUM5230 的引脚定义及其功能说明见表 4-17 所示。

表 4-17   隔离器 ADUM5230 的引脚定义及其功能说明

引脚号	定义	功 能 说 明
1、4、8	GND_1	输入逻辑的参考电压端（地）
2、7	V_{DD1}	输入的电压端，4.5~5.5V
3	V_{ADJ}	内置 DC-DC 变换器的调整端（可以悬空）
5	V_{IA}	逻辑输入 A 端
6	V_{IB}	逻辑输入 B 端

（续）

引脚号	定义	功　能　说　明
9	V_{OB}	B 信号输出端
10	V_{DDB}	B 信号输出端的电压端，12~18V
11	GND_B	B 信号输出端的参考电压端（地）
12、13	DNC	悬空不接
14	GND_{ISO}	A 信号输出端和隔离输出电源的参考电压端（地）
15	V_{ISO}	隔离输出电源端
16	V_{OA}	A 信号输出端

隔离器 ADUM5230 的真值表见表 4-18 所示。

表 4-18　隔离器 ADUM5230 的真值表

V_{IA} 输入	V_{IB} 输入	V_{DD1} 状态	V_{ISO} 状态	V_{DDB} 状态	V_{OA} 输出	V_{OB} 输出
H	H	有效	有效	有效	H	H
H	L	有效	有效	有效	H	L
L	H	有效	有效	有效	L	H
L	L	有效	有效	有效	L	L
X	X	欠压	未供电	X	L	L
X	X	有效	欠压	未供电	L	L
X	H	有效	欠压	有效	L	H
X	X	有效	欠压	有效	L	L
H	X	有效	有效	欠压	H	L
L	X	有效	有效	欠压	L	L

提醒：表 4-18 中的 H 表示逻辑高电平输入或输出；L 表示逻辑低电平输入或输出；X 表示无关逻辑输入或输出。

图 4-23 所示为利用隔离器 ADUM5230 触发单桥臂 MOSFET 的典型电路图。将来自 CPU 模块的控制桥臂上下管子的 PWM_1 脉冲和 PWM_2 脉冲经由反相器，传送到 ADUM5230 隔离之后，再传送到外接的功率放大器件扩流，充当 MOSFET 的触发脉冲，当然，利用它也可以充当 IGBT 的触发脉冲。

如图 4-23 所示，它存在三种参考地接线端子，即

1）GND_1 为隔离器一次侧隔离电源（+5V）的参考地；

2）GND_{ISO} 为上桥臂管子触发脉冲的隔离电源（V_{ISO}）的参考地；

3）GND_B 为下桥臂管子触发脉冲的外接隔离电源（V_{DDB}）的参考地。

图 4-23 所示的上桥臂管子的触发脉冲的电源由内置于隔离器 ADUM5230 的隔

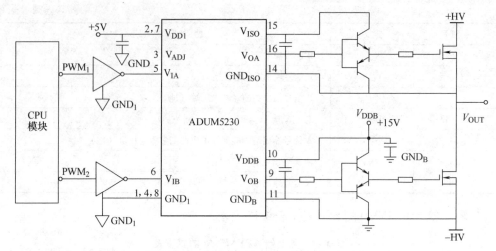

图 4-23   利用隔离器 ADUM5230 触发单桥臂 MOSFET 的典型电路图

离电源（V_{ISO}）提供，下桥臂管子的触发脉冲的电源由外接的隔离电源（V_{DDB}）提供，本例设计为 +15V 供电，隔离器 ADUM5230 的一次侧电源（V_{DD1}），由外接的隔离电源（+5V）提供。

2. 基于 ADUM3123 的触发电路

图 4-24 所示为隔离器 ADUM3123 的原理框图与引脚图。

分析隔离器 ADUM3123 的原理框图得知：

1）隔离器 ADUM3123 作为隔离式单通道栅极驱动器，输出的驱动峰值电流高达 4.0A。

2）二次侧至输入端隔离工作电压为 537V（峰值），高工作频率高达 1MHz，3.3~5V 输入逻辑电平，4.5~18V 输出驱动电平。

3）隔离器和驱动器传播延迟不超过 64ns，高共模瞬变抗扰度（高达 25kV/μs），工作结温高达 125℃，8 引脚窄体 SOIC 封装（简记为 SOW-8 封装）。

图 4-24b 表示隔离器 ADUM3123 的引脚图。

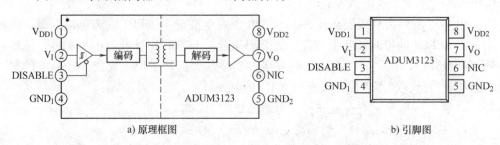

a) 原理框图   b) 引脚图

图 4-24   隔离器 ADUM3123 的原理框图与引脚图

隔离器 ADUM3123 的引脚定义及其功能说明见表 4-19 所示。

表 4-19　隔离器 ADUM3123 的引脚定义及其功能说明

引脚号	引脚名称	功　能　说　明
1	V_{DD1}	输入的电压端，3.0~5.5V
2	V_I	逻辑输入端
3	DISABLE	使能控制端，低电平有效
4	GND_1	输入逻辑的参考电压端（地）
5	GND_2	信号输出端的参考电压端（地）
6	NIC	悬空不接
7	V_O	信号输出端
8	V_{DD2}	输出的电压端，4.5~18V

隔离器 ADUM3123 的真值表见表 4-20 所示。

表 4-20　隔离器 ADUM3123 的真值表

V_I 输入	DISABLE 使能	V_{DD1} 状态	V_{DD2} 状态	V_O 输出
H	L	有效	有效	H
L	L	有效	有效	L
X	H	有效	有效	L
L	L	未供电	有效	L
X	X	有效	未供电	不确定

提醒：表 4-20 中的 H 表示逻辑高电平输入或输出；L 表示逻辑低电平输入或输出；X 表示无关逻辑输入或输出。

图 4-25 所示为基于隔离器 ADUM3123 的 MOSFET/IGBT 单管驱动电路原理图。将来自 CPU 模块的控制 PWM_1 的使能信号（DISABLE）经由反相器，传送到 AD-UM3123，低电平有效；将来自 CPU 模块的控制管子的 PWM_1 脉冲经由反相器，传送到 ADUM3123 隔离之后，再传送到外接的功率放大器件扩流，充当 MOSFET/IGBT 的触发脉冲。图 4-25 中所示的二极管 VD_Z 选择 18V 齐纳二极管，电阻 R_3 取值为数 kΩ~10kΩ。为了 IGBT 驱动需要，工程师经常分两种门极电阻进行设计，即开通时门极电阻（R_{on}）和关断时门极电阻（R_{off}）。

图 4-25a 表示基于隔离器 ADUM3123 的单电源 V_{CC2} 驱动电路。ADUM3123 的一次侧电源（V_{DD1}），由外接的隔离电源（V_{CC1} = +5V）提供；触发脉冲的电源（V_{DD2}）由外接的隔离电源（V_{CC2}）提供，本例设计为 V_{CC2} = +15V 供电；本图存在两种参考地接线端子，即 GND_1［为隔离器一次侧隔离电源（+5V）的参考地］、GND_2［为管子触发脉冲的外接隔离电源（V_{CC2}）的参考地］。

图 4-25b 表示基于隔离器 ADUM3123 的双电源驱动电路，即电源 V_{CC2} 和 V_{EE}。ADUM3123 的一次侧电源（V_{DD1}），由外接的隔离电源（V_{CC1} = +5V）提供；触发脉

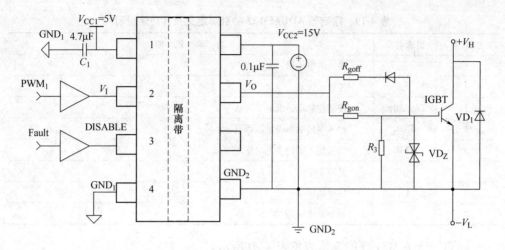

a) 单电源触发

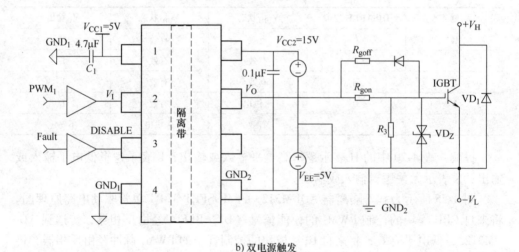

b) 双电源触发

图 4-25　基于隔离器 ADUM3123 的 MOSFET/IGBT 单管驱动电路原理图

冲的电源（V_{DD2}），由外接的隔离电源（V_{CC2} 和 V_{EE}）提供，本例设计为 $V_{CC2} =$ +15V、$V_{EE} = +5V$ 供电；本图存在两种参考地接线端子，即 GND_1［为隔离器一次侧隔离电源（+5V）的参考地］、GND_2［为管子触发脉冲的外接隔离电源（V_{CC2} 和 V_{EE}）的参考地］。

　　单电源驱动（即电源 V_{CC2}）时，在基于隔离器 ADUM3123 的 MOSFET/IGBT 驱动电路中，栅极电阻 R_g 的取值可以参考 HCPL-3120 的选择方法，栅极电阻 R_g 的取值为

$$R_g \geqslant \frac{V_{OH}}{I_{O(峰值)}} = \frac{V_{CC2} - 0.1}{4} \qquad (4-40)$$

式中，V_{OH} 表示隔离器 ADUM3123 输出端的高电平，根据它的参数手册得知，在

V_{CC2} 供电时，V_{OH} 的最小值和典型值分别为 $V_{CC2}-0.1V$ 和 V_{CC2}；$I_{O(峰值)}$ 表示它输出的峰值电流，即 4A。

双电源驱动（即电源 V_{CC2} 和 V_{EE}）时，栅极电阻 R_g 的取值为

$$R_g \geqslant \frac{V_{OH}}{I_{O(峰值)}} = \frac{V_{CC2} + |V_{EE}| - 0.1}{4} \tag{4-41}$$

图 4-26 所示为利用隔离器 ADUM3123 触发三相逆变桥的典型电路图。

图 4-26a 表示基于隔离器 ADUM3123 的三相 IGBT 逆变桥驱动电路，它采用单电源 V_{CC2} 驱动。

图 4-26b 表示基于隔离器 ADUM3123 的三相 IGBT 逆变桥驱动电路，它采用双电源驱动，即电源 V_{CC2} 和 V_{EE}。

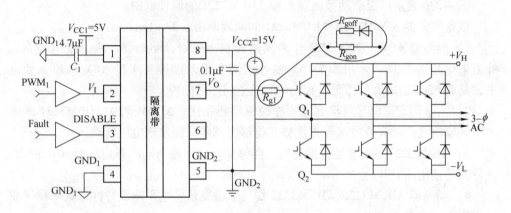

a) 单电源触发

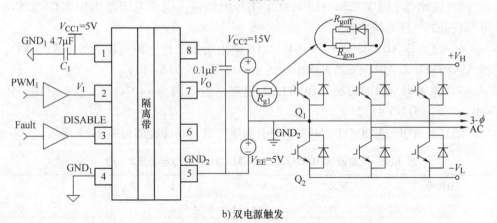

b) 双电源触发

图 4-26　利用隔离器 ADUM3123 触发三相逆变桥的典型电路图

3. 基于 ADUM3220/3221 的触发电路

图 4-27 所示为门极驱动型磁隔离器 ADUM3220/3221 的原理框图。

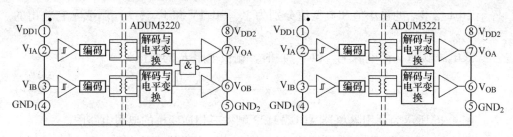

a) ADUM3220 原理框图　　　　　　　　b) ADUM3221 原理框图

图 4-27　门极驱动型磁隔离器 ADUM3220/3221 的原理框图

图 4-27a 表示门极驱动型磁隔离器 ADUM3220 的原理框图。

图 4-27b 表示门极驱动型磁隔离器 ADUM3221 的原理框图。

根据隔离器 ADUM3220/ADUM3221 的原理框图 4-27 得知：

1）隔离器 ADUM3220/3221 作为隔离式双通道栅极驱动器，两个输出的驱动峰值电流高达 4.0A。采用 3.3～5V 输入逻辑电平，且具有 4.5～18V 输出驱动电平，具有 60ns 的最大传播延迟和 5ns 的通道间匹配能力。

2）与采用高压电平转换方法的栅极驱动器相比，ADUM3220/ADUM3221 的输入与各输出之间具有真电流隔离优势，能够跨越隔离栅实现电压转换。

3）ADUM3220 拥有直通保护逻辑，能够防止两路输出同时开启，而 ADUM3221 允许两路输出同时开启。

4）隔离器 ADUM3220/ADUM3221 均可提供默认低电平输出特性，这对栅极驱动应用来说是必不可少的。

5）隔离器 ADUM3220/ADUM3221 工作时的输入电源电压范围为 3.0～5.5V，可与较低的电压系统兼容。

6）隔离器 ADUM3220B/ADUM3221B 输出端的工作电源电压为 8～18V，隔离器 ADUM3220A/ADUM3221A 输出端的工作电源电压为 5～18V。

7）隔离器 ADUM3220/ADUM3221 规定结温范围为 -40～125℃，8 引脚窄体 SOIC（简记为 SO-8）封装。

隔离器 ADUM3220/ADUM3221 的引脚定义及其功能说明见表 4-21 所示。

表 4-21　隔离器 ADUM3220/ADUM3221 的引脚定义及其功能说明

引脚号	定义	功　能　说　明
1	V_{DD1}	输入的电压端，3.0～5.5V
2	V_{IA}	逻辑 A 输入端
3	V_{IB}	逻辑 B 输入端
4	GND_1	输入逻辑的参考电压端（地）
5	GND_2	信号输出端的参考电压端（地）

（续）

引脚号	定义	功　能　说　明
6	V_{OB}	B 信号输出端
7	V_{OA}	A 信号输出端
8	V_{DD2}	输出的电压端，4.5~18V

表 4-22 所示为隔离器件 ADUM3220 的正逻辑真值表。

表 4-22　隔离器件 ADUM3220 的正逻辑真值表

V_{IA} 输入	V_{IB} 输入	V_{DD1} 状态	V_{DD2} 状态	V_{OA} 输出	V_{OB} 输出
L	L	有效	有效	L	L
L	H	有效	有效	L	H
H	L	有效	有效	H	L
H	H	有效	有效	L	L
X	X	无电源	无电源	L	L
X	X	有效	有效	不确定	不确定

补充说明：表 4-22 中的 H 表示逻辑高电平输入或输出；L 表示逻辑低电平输入或输出；X 表示无关逻辑输入或输出。

表 4-23 所示为隔离器件 ADUM3221 正逻辑真值表。

表 4-23　隔离器件 ADUM3221 的正逻辑真值表

V_{IA} 输入	V_{IB} 输入	V_{DD1} 状态	V_{DD2} 状态	V_{OA} 输出	V_{OB} 输出
L	L	有效	有效	L	L
L	H	有效	有效	L	H
H	L	有效	有效	H	L
H	H	有效	有效	H	H
X	X	无电源	无电源	L	L
X	X	有效	有效	不确定	不确定

补充说明：表 4-23 中的 H 表示逻辑高电平输入或输出；L 表示逻辑低电平输入或输出；X 表示无关逻辑输入或输出。

对比分析真值表 4-22 和表 4-23 得知：

1）在电源 V_{DD1} 和 V_{DD2} 均有效时，对于 ADUM3220 的正逻辑而言，在 V_{IA} 和 V_{IB} 均为高电平时，它们的输出 V_{OA} 和 V_{OB} 均为低电平。

2）在 V_{IA} 和 V_{IB} 均为高电平时，ADUM3221 的正逻辑的输出 V_{OA} 和 V_{OB} 均为高电平。

由此可见，在单桥臂上下管子的控制方面，隔离器 ADUM3220 比 ADUM3221

更有优势，前者可以避免上下管子直通；在双管并联的驱动方面，隔离器 ADUM3221
比 ADUM3220 更有优势。

图 4-28 所示为利用隔离器 ADUM3221 触发双管 MOSFET/IGBT 并联的典型电
路图。

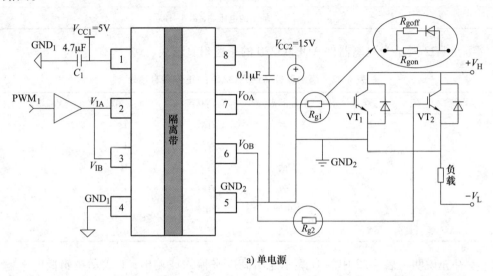

a) 单电源

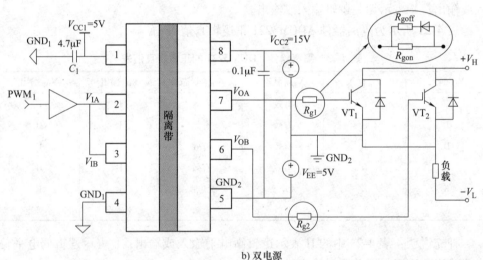

b) 双电源

图 4-28　隔离器 ADUM3221 触发双管 MOSFET/IGBT 并联的原理图

图 4-28a 表示基于隔离器 ADUM3221 单电源 V_{CC2} 的驱动电路。ADUM3221 的一
次侧电源（V_{DD1}），由外接的隔离电源（本例设计为 V_{CC1} = +5V）提供；触发脉冲
的电源（V_{DD2}）由外接的隔离电源（V_{CC2}）提供，本例设计为 V_{CC2} = +15V 供电。本
图存在两种参考地接线端子，即

1）GND_1 为隔离器一次侧隔离电源（+5V）的参考地；

2）GND_2 为管子触发脉冲的外接隔离电源（V_{CC2}）的参考地。

图 4-28b 表示基于隔离器 ADUM3221 双电源的驱动电路，即电源 V_{CC2} 和 V_{EE}。ADUM3221 的一次侧电源（V_{DD1}），由外接的隔离电源（本例设计为 V_{CC1} = +5V）提供；触发脉冲的电源（V_{DD2}）由外接的隔离电源（V_{CC2} 和 V_{EE}）提供，本例设计为 V_{CC2} = +15V、V_{EE} = +5V 供电。本图存在两种参考地接线端子，即

1）GND_1 为隔离器一次侧隔离电源（+5V）的参考地；

2）GND_2 为管子触发脉冲的外接隔离电源（V_{CC2} 和 V_{EE}）的参考地。

为方便读者对比，几种典型的磁隔离式栅极驱动器参数见表 4-24 所示。

表 4-24　几种典型的磁隔离式栅极驱动器参数对比

器件型号	隔离通道	绝缘电压（有效值）等级/kV	最小脉冲宽度/ns	输出电压范围/V	输出电流（峰值）/A	输入逻辑电平	最大温度/℃	封装
ADUM4138	1	5	50	12~24	6	CMOS	150	SOW-28
ADUM4137	1	5	50	12~18	6	CMOS	150	SO-28
ADUM4135	1	5	50	12~35	4	CMOS	125	SOW-16
ADUM4136	1	5	50	12~35	4	CMOS	125	SOW-16
ADUM3123	1	5	50	4.5~18	4	CMOS	125	SO-8
ADUM3220	2	2.5	50	4.5~18	4	CMOS	125	SO-8
ADUM3221	2	2.5	50	4.5~18	4	CMOS	125	SO-8
ADUM3223	2	3	50	4.5~18	4	CMOS	125	SO-16
ADUM3224	2	3	50	4.5~18	4	CMOS	125	SO-16
ADUM4223	2	5	50	4.5~18	4	CMOS	125	SOW-16
ADUM4224	2	5	50	4.5~18	4	CMOS	125	SOW-16
ADUM7223	2	2.5	50	4.5~18	4	CMOS	125	LGA-14
ADUM7234	2	1	100	12~18	4	CMOS	105	SO-16
ADUM4121-1	1	5	50	4.5~35	2	CMOS	125	SO-8
ADUM4121	1	5	50	4.5~35	2	CMOS	125	SO-8
ADUM4120-1	1	5	50	4.5~35	2	CMOS	125	SO-6
ADUM4120	1	5	50	4.5~35	2	CMOS	125	SO-6
ADUM6132	1	3.7	50	12.5~17	0.2	CMOS	85	SOW-16
ADUM1233	2	2.5	80	12~18	0.1	TTL	105	SOW-16
ADUM1234	2	2.5	100	12~18	0.1	CMOS	105	SOW-16
ADUM5230	2	2.5	100	12~18	0.1	CMOS	105	SOW-16

4.3.4 使用磁隔离器的注意事项

我们搜集并整理了关于数字隔离器设计过程中经常遇见的几个问题及其使用注意事项，现将它们总结如下：

1. 数字隔离器两端电源供电问题

如果所选择的数字隔离器自身没有集成隔离式 DC/DC 电源，那么，建议按照它的参数手册推荐的工作条件，为它们两端外接合适的隔离式电源模块。由于隔离势垒隔离了两端，每端均可在建议的工作条件下独立施加电压值。

举例来说：隔离器 ADUM140X（包括 ADUM1400、ADUM1401 和 ADUM1402），它们的原理框图如图 4-29 所示。可以为 V_{DD1} 外接 $3.3V_1$ 电源，也可以为它外接 $5V_1$ 电源。同埋，可以为 V_{DD2} 外接 $3.3V_2$ 电源，也可以为它外接 $5V_2$ 电源。外接 $3.3V_1$ 电源与外接 $3.3V_2$ 电源表示它们是两个隔离的 DC/DC 电源模块。同理，外接 $5V_1$ 电源与外接 $5V_2$ 电源表示它们是两个隔离的 DC/DC 电源模块。

需要提醒的是，必须为其两端采用独立电源供电的隔离器，要求这两个电源的参考地不能共起来，否则，如果不采用独立电源供电，就没有起到电气隔离的作用。

图 4-29 中所示的引脚 V_{IA}、V_{IB}、V_{IC} 和 V_{ID} 分别表示输入引脚，对应地，引脚 V_{OA}、V_{OB}、V_{OC} 和 V_{OB} 分别表示输出引脚；引脚 V_{DD1}、V_{DD2} 分别表示隔离器一次侧和二次侧的电源引脚，对应地，引脚 GND_1、GND_2 分别表示一次侧和二次侧电源的参考地。需要提醒的是，引脚 2 和 8 均表示 GND_1，在设计它们的外围电路时，需要将它们在外部共（短接）起来；引脚 9 和 15 均表示 GND_2，在设计它们的外围电路时，需要将它们在外部共（短接）起来。

图 4-29a 中所示，它的通道简记为 4/0，引脚 VE_2 表示芯片的输出使能引脚，高电平有效。当引脚 VE_2 为高电平或断开时，引脚 V_{OA}、V_{OB}、V_{OC} 和 V_{OD} 输出为高电平；当 VE_2 为低电平时，V_{OA}、V_{OB}、V_{OC} 和 V_{OD} 输出为低电平。

图 4-19b 中所示，它的通道简记为 3/1，引脚 VE_1 输入控制使能端，高电平有效。当 VE_1 为高电平或断开，V_{OD} 输出为高电平；当 VE_1 为低电时，V_{OD} 输出为低电平。引脚 VE_2 表示芯片的输出控制使能端，高电平有效。当 VE_2 为高电平或断时，引脚 V_{OA}、V_{OB}、V_{OC} 输出为高电平；当 VE_2 为低电平时，V_{OA}、V_{OB}、V_{OC} 输出为低电平。

图 4-19c 中所示，它的通道简记为 2/2，引脚 VE_1 输入控制使能端，高电平有效。当 VE_1 为高电平或断开时，V_{OC} 和 V_{OD} 输出为高电平；当 VE_1 为低电时，V_{OC} 和 V_{OD} 输出为低电平。引脚 VE_2 表示芯片的输出控制使能端，高电平有效。当 VE_2 为高电平或断时，引脚 V_{OA} 和 V_{OB} 输出为高电平；当 VE_2 为低电平时，V_{OA} 和 V_{OB} 输出为低电平。

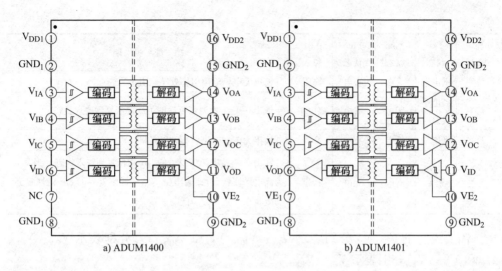

a) ADUM1400　　b) ADUM1401

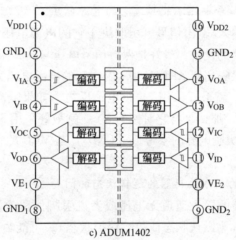

c) ADUM1402

图 4-29　隔离器 ADUM140X 的原理框图

　　由此可见，隔离器 ADUM1400 只能单向通信，隔离器 ADUM1401 和 ADUM1402，可以双向通信。

　　为方便读者正确使用四通道隔离器 ADUM140X，其真值表见表 4-25 所示。

表 4-25　四通道隔离器 ADUM140X 的真值表

V_{IX} 输入	V_{EX} 状态	V_{DD1} 状态	V_{DD2} 状态	V_{OX} 输入	功　能　说　明
高电平	高电平 或悬空	有电	有电	高电平	正常工作，数据为高电平
低电平	高电平 或悬空	有电	有电	低电平	正常工作，数据为低电平

（续）

V_{IX} 输入	V_{EX} 状态	V_{DD1} 状态	V_{DD2} 状态	V_{OX} 输入	功　能　说　明
无关	低电平	有电	有电	高阻	输出无电。输出引脚处于高阻态
无关	高电平或悬空	无电	有电	高电平	输出在 V_{DD1} 电源恢复后的 1μs 内恢复到输入状态
无关	低电平	无电	有电	高阻	输出无电。输出引脚处于高阻态
无关	无关	有电	无电	待定	输出在 V_{DD2} 电源恢复后的 1μs 内恢复到输入状态（当 V_{EX} 为高电平或悬空）；输出在 V_{DD2} 电源恢复后的 8ns 内恢复到高阻状态（当 V_{EX} 为低电平）

需要说明的是：V_{IX} 分别表示 V_{IA}、V_{IB}、V_{IC} 和 V_{ID}；V_{OX} 分别表示 V_{OA}、V_{OB}、V_{OC} 和 V_{OD}。V_{EX} 分别表示 V_{E1}、V_{E2}。

2. 数字隔离器信号电压不能超过它的电源电压

数字隔离器的输入/输出信号电压取决于它的电源电压。因此，如果要使数字隔离器兼容它所对接的设备，最好是保持信号电压与隔离器电源电压相同。

举例说明：如果隔离器 ADUM140X 二次侧的电源电压为 5V，那么，与它对接的微控制器（MCU）就最好采用 5V 供电；反之，如果隔离器 ADUM140X 二次侧的电源电压为 3.3V，那么，与它对接的 MCU 就最好采用 3.3V 供电。并且要求隔离器 ADUM140X 二次侧电源的参考地（GND_2）与 MCU 的参考地（GND_{MCU}）必须短接（即共地）。

3. 无输入信号的数字隔离器的逻辑状态的问题

如果数字隔离器的输入通道无电压或者说引脚保留为浮置，它相应的输出引脚为预定义状态（称为默认状态或故障保护状态），可能为低，也可能为高，这取决于所选器件的特性。

举例说明：对隔离器 ADUM140X 而言，如表 4-25 所示的工况：V_{IX} 为无关电平且 V_{EX} 为高电平或者悬空时，如果该芯片的一次侧电源上电速度比二次侧电源慢的时候，芯片输出端在 V_{DD1} 电源恢复后的 1μs 内之前呈现高电平，之后才能恢复到输入状态，这在 IGBT 触发控制时要特别小心，否则，IGBT 会在上电瞬间（控制器状态待定的过渡过程中），出现短时导通的情况，这对具有上下桥臂式的逆变器而言，极易出现桥臂直通的问题。因此，在写控制软件时，在上电初始化过程中必须要做到控制指令"开出闭锁"，确保驱动板输出的脉冲呈现无效电平（即不能开通 IGBT 管子）。

4. 数字隔离器未用通道的处理问题

数字隔离器未用通道的输入引脚，可出于测试目的保留为浮置，但在应用中，浮置未用引脚会导致产品的抗噪度下降。浮置的引脚尤其当系统进行电磁兼容性

（EMC）测试时，更易于拾取噪声。为使系统不受到此噪声影响，最好的做法是将通道输入锁定在各自默认的逻辑状态（要么低电平、要么高电平）。

4.4 继电器件典型应用

4.4.1 概述

在电力电子装置中，经常要用到功率接口电路，以便于驱动各种类型的负载，如直流伺服电机、步进电机和各种电磁阀等。这种接口电路一般具有带负载能力强、输出电流大和工作电压高的特点。工程实践表明，提高功率接口的抗干扰能力，是保证工业自动化装置正常运行的关键。就抗干扰设计而言，很多场合下，我们既能采用光耦隔离驱动，也能采用继电器隔离驱动，当然基于它们共同作用的隔离电路也是经常使用的。

一般情况下，对于响应时间要求很快、低功率场合可以采用大部分光耦和磁隔离器进行功率接口电路设计；对于响应时间要求很快、较大功率场合，则可以选择部分光耦和磁隔离器件。相比而言，对于那些响应速度要求不是很高的起停操作，建议采用继电器隔离来设计功率接口，这是因为继电器的响应延迟时间需数 ms ~ 数十 ms，通流能力较强。利用继电器进行功率驱动接口电路设计，有时候可以有效削减电路设计的难度、缩小控制板尺寸以及降低驱动板散热量。

4.4.2 继电器使用技巧

4.4.2.1 继电器线圈瞬变电压的抑制方法

理论研究与实践表明，继电器线圈（以直流继电器为例）是感性负载，在电源断电瞬间产生的瞬变电压，有时高达几 kV，如此高的电压足以损坏相关元器件，不仅如此，由于其含有丰富的谐波，可通过线路间的分布电容、绝缘电阻侵入控制系统，导致误动作。为防止元器件损坏、电路误动作等，就必须采取抑制措施。

1）如图 4-30a 所示，线圈两端要加续流二极管，根据实际工况，酌情选用 1N4007、1N4148 和 1N5403 等。

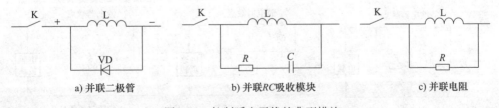

a) 并联二极管   b) 并联RC吸收模块   c) 并联电阻

图 4-30 抑制瞬变干扰的典型措施

2）如图 4-30b 所示，构建由电阻 R 和电容 C 串联组成的机械触点的熄火花电路。其原理是用电容转换触点分断时负载电感 L 上的能量，从而避免在触点上产生过电压和电弧造成的电磁干扰，最终由电阻吸收这部分能量。R 取值为几十 Ω~几百 Ω，C 取值为 $0.01~0.33\mu F$，对具体应用电路最好先做实验选定最佳参数值。

3）并联电阻。图 4-30c 所示为并联电阻抑制瞬变干扰电路，图中 K 为电路的控制开关，L 为继电器线圈的电感。该抑制电路的关键是正确选择所并联的电阻值，阻值过大起不了作用，过小会增加功耗，且易烧坏开关触点。例如 48V 直流继电器应并联 $1k\Omega/5W$ 电阻为宜，连接不必考虑电源的极性。

4）其他方式。如图 4-31a 所示，可以使用并联电阻+二极管支路的方式；如图 4-31b 所示，采用并联双向二极管（VD）或稳压管 VZ 的方式。

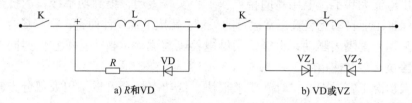

a) R 和VD　　　　　　　b) VD或VZ

图 4-31　抑制继电器线圈瞬变干扰的其他措施

在并联电阻+二极管支路方式（R 和 VD）中，电源与二极管的极性不能颠倒（图 4-31a 中已经标识了"+"和"−"），采用这种方式能减少释放时间，提高动态响应性。并联双向稳压二极管（VZ）方式不必考虑电源极性，延时时间短，但必须保证稳压二极管的耐压至少是电源电压的两倍，即

$$V_D \geq (2~3)V_{CC} \tag{4-42}$$

式中，V_D 表示稳压二极管的耐压参数；V_{CC} 表示继电器线圈工作时的电源电压。

4.4.2.2　机械触点尖峰电压的抑制方法

断开继电器负载时，为防止开关触点产生火花放电，除了在线圈两端加能量释放通路外，也可在开关触点两端增加并联保护网络，一般最常用的是 RC 保护网络。该保护网络可延长接点的耐久性，防止噪声及减小电弧引起接点烧毁。

图 4-32a 所示为继电器开关触点干扰抑制的典型电路，其中 R、C 串联后跨接在开关触点两端，当开关断开时电感性负载中存储的能量通过 RC 网络放电，避免

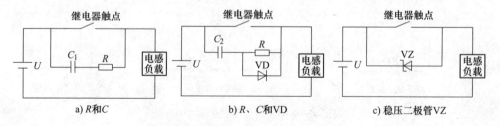

a) R和C　　　　　　b) R、C和VD　　　　　　c) 稳压二极管VZ

图 4-32　抑制继电器触点瞬变干扰的措施

了触点间产生放电。R、C 的选择应根据触点的电流和电压来确定，电阻 R 相对于触点电压为 1V 时，通常选择 $0.5 \sim 1\Omega$；电容 C 相对于触点电流为 1A 时，通常选择 $0.33 \sim 1.0\mu F$。但是由于负载的性质和离散特性等的不同，必须考虑电容 C 具有抑制触点断开时的放电效果，视具体情况而定，在一般情况下使用合适耐压的电容器为宜。

图 4-32a 和 b 所示电阻的选择，应考虑两个方面的因素：

1）在开关断开瞬间，希望 R 越小越好，以便电感上存储的能量变成电容器上的能量；

2）当开关闭合时，希望 R 尽可能地大，以免电容器上的能量通过开关触点放电时电流太大而烧毁触点。

一般情况下，开关触点间存在两种形式的击穿电压，即气体火花放电和金属弧光放电。要防止气体火花放电，应控制触点间电压低于 300V；要防止金属弧光放电，应控制触点间的起始电压上升率小于 $1V/\mu s$，并把触点间的瞬态电流控制在 0.4A 以下。

图 4-32b 所示为一种改进型的抑制电路，即在电阻 R 上并联一只二极管 VD。在开关断开时，电感中的能量通过由 R、C 和 VD 组成的电路释放，由于二极管正向导通，内阻很小，能量很快释放；当开关闭合时，充满电的电容 C 通过电阻 R 和开关触点放电，由于二极管是反向偏置不导通，释放电流仅从电阻 R 上流过，如果 R 选取足够大，就不会引起触点烧坏。

另外，如图 4-32c 所示，还可采用在开关触点两端并联稳压二极管 VZ 的抑制电路。在图 4-32c 中，当开关触点断开时，触点两端出现高电压形成火花放电，由于稳压管的稳压特性，使触点两端的电压不会大于电源电压的 1.5 倍，从而抑制了瞬变电压和火花。这种电路由于仅用一个元件，电路简单而且效果不错。一般情况下，电感性负载比纯阻性负载更容易产生气体火花放电和金属弧光放电，只要选择适当的抑制电路，可以达到和纯阻性负载相同的效果。

4.4.2.3　基于晶体管驱动继电器的设计方法

当继电器线圈驱动电流只有数 mA 或者数十 mA（如 $0.1 \sim 0.5A$ 的微功率继电器和 $0.5 \sim 1.0A$ 的小功率继电器），只需要采用晶体管 [如 9014（NPN 型、$I_{CM} \leqslant 100mA$、$BV_{(CEO)} \leqslant 50V$、$\beta = 85 \sim 300$）、8050（NPN 型、$I_{CM} \leqslant 1.5A$、$BV_{(CEO)} \leqslant 25V$、$\beta = 60 \sim 300$）] 构建驱动电路即可，如图 4-33a 所示，现将设计方法说明如下：

1）用它驱动继电器时，建议将继电器线圈放置在集电极端，因为当继电器为 ON 时给线圈施加额定电压；当继电器为 OFF 时，使线圈电压为零，这是一种避免故障的使用方法。并且，在低电压电路（5V 以下）中，请选择考虑到晶体管的饱和压降的继电器品种。在 5V 电路里，建议使用线圈额定电压为 4.5V 型继电器。

2）当晶体管 Tr 基极输入高电平时，晶体管饱和导通，集电极变为低电平，因

此继电器线圈通电，触点吸合。加载在线圈的电压 V_{Relay} 为

$$V_{\text{Relay}} = V_{\text{CC}} - V_{\text{SAT}} \qquad\qquad (4\text{-}43)$$

式中，V_{CC} 为继电器供电电源；V_{SAT} 为晶体管 Tr 饱和压降，一般小于或等于 0.5V。

由此可见，加载在线圈的电压 V_{Relay} 近似等于继电器供电电源 V_{CC}，即

$$V_{\text{Relay}} = V_{\text{CC}} - V_{\text{SAT}} \approx V_{\text{CC}} \qquad\qquad (4\text{-}44)$$

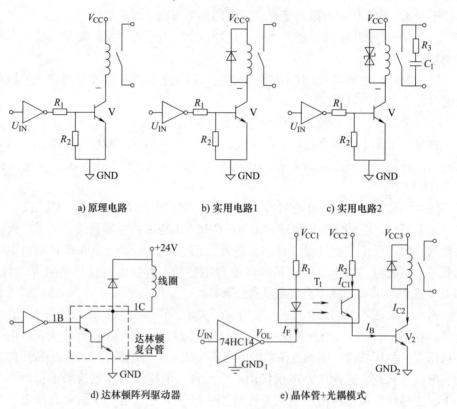

a) 原理电路   b) 实用电路1   c) 实用电路2

d) 达林顿阵列驱动器   e) 晶体管+光耦模式

图 4-33 用晶体管驱动继电器的典型电路

3）当晶体管 V 基极输入低电平时，晶体管截止，继电器线圈断电，触点断开。假设继电器供电电源 $V_{\text{CC}} = \text{DC24V}$，那么，晶体管 V 可视为控制开关，一般选取 $V_{\text{CBO}} \approx V_{\text{CEO}} \geqslant 24\text{V}$ 为合适，放大倍数 β 一般选择 120~240。电阻 R_1 主要起限流作用，降低晶体管 V 功耗，其取值方法为

$$I_{\text{B}} = \frac{V_{\text{IN\_H}} - V_{\text{BE}}}{R_1} \geqslant \frac{V_{\text{CC}} - V_{\text{SAT}}}{\beta R_{\text{Relay}}} \qquad\qquad (4\text{-}45)$$

式中，I_{B} 为基极电流；$V_{\text{IN\_H}}$ 为基极输入端的高电平电压；V_{BE} 为基极-发射极压降；β 为 V 放大倍数。为了确保 V 深度饱和，I_{B} 适当取较大值，但是，需要兼顾电阻 R_1 的功耗。

电阻 R_2 使晶体管 V 可靠截止，阻值为数 kΩ~10kΩ。二极管 VD 反向续流，抑

制浪涌，一般选 1N4148、1N1007 和 1N4007 即可。

根据前面的分析得知，如果急速关断继电器的线圈电流，会产生急剧的高电压脉冲。这个电压如果超过晶体管的耐电压的话，会导致晶体管劣化、破损。因此，必须连接浪涌吸收元件。如图 4-33b 所示，直流继电器接二极管时续流效果会比较好。作为此回路中的二极管的额定电流的取值为继电器线圈流过的电流，即

$$I_D \approx I_{Coil} \tag{4-46}$$

式中，I_D 表示二极管的额定电流参数；I_{Coil} 表示流过继电器线圈的工作电流。

二极管的额定电压取值依据为电源电压 2 倍以上的电压，即

$$V_D \approx (2 \sim 3) V_{CC} \tag{4-47}$$

式中，V_D 表示稳压二极管的耐压参数；V_{CC} 表示继电器线圈工作时的电源电压。

接续流二极管，作为抑制浪涌电压是很好的对策，但是会发生继电器断开时间长的问题。因此，必须缩短时间，用稳压二极管连接比常规二极管效果要好，如图 4-33c 所示。

当驱动电流需要较大，如数百 mA 时，驱动中功率继电器（如 2.0~5.0A 的中功率继电器）、电磁开关和部分接触器等低压器件，建议采用达林顿阵列驱动器，如图 4-33d 所示。达林顿阵列驱动器是由多对两个晶体管组成的达林顿复合管构成，具有高输入阻抗、高增益、输出功率大及保护措施完备的特点，同时多对复合管也非常适用于电力电子装置主控板接口系统中的多路 I/O 负载。达林顿阵列驱动器有 ULN2003、MC1416 和 ULN2803 等。比如 ULN2003 非门电路，它包含 7 个单元、NPN 晶体管矩阵、每个单元驱动电流最大可达 350mA、最大驱动电压为 50V、采用双列 16 脚封装，并且内部还集成了一个消线圈反电动势的二极管，因此，它特别适用于由 TTL 或 COMS 器件与达林顿管组成的驱动电路中。

当然，还可以根据实际需要，采用晶体管+光耦的驱动电路，如图 4-33e 所示，形成光耦一级隔离、继电器二级隔离的双重隔离模式，特别适用于强电磁干扰的环境场合。

4.4.2.4　基于晶闸管驱动继电器的设计方法

晶闸管分单向晶闸管和双向晶闸管两种。双向晶闸管也叫三端双向晶闸管，简称 TRIAC。双向晶闸管在结构上相当于两个单向晶闸管反向连接，这种晶闸管具有双向导通功能，其通断状态由门极 G 决定，在门极 G 上加正脉冲（或负脉冲）可使其正向（或反向）导通。这种装置的优点是控制电路简单，没有反向耐压问题，因此特别适合做交流无触点开关使用。

用单向晶闸管驱动继电器（如超过 10A 的大功率继电器）时，如图 4-34a 和 b 所示，需要特别注意电路灵敏度及干扰误动作。

继电器触点的接入与交流电源相位同步时，电气寿命可能会极度降低，尤其需要引起注意，如：

1）使用晶闸管使继电器为 ON、OFF 时，在电源直接使用半波整流，晶闸管

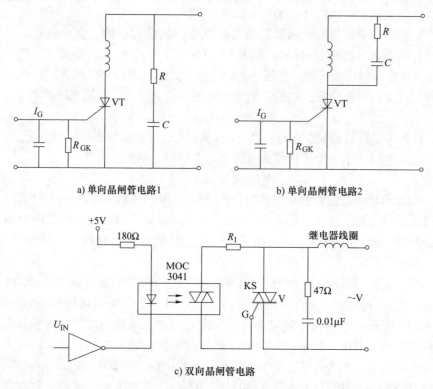

a) 单向晶闸管电路1

b) 单向晶闸管电路2

c) 双向晶闸管电路

图 4-34 用晶闸管驱动继电器的电路

的恢复变得能够简单进行。

2）此时，继电器的动作时间及复位时间容易与电源频率同步，负载通断的时间也容易变为同步。

3）如温度控制那样，负载为加热器等大电流负载时，会出现继电器触点有时只在峰值电流时通断，有时只在零相位时通断的现象。

4）容易出现寿命极端长和寿命极端短的偏差。

图 4-34c 所示为经由光耦 MOC3041 的双向晶闸管驱动继电器的典型驱动电路。其工作原理为：当来自 CPU 模块的输出信号 U_{IN} 为高电平时，经由反相器位低电平，光耦一次侧发光二极管导通，使其二次侧的光电晶闸管导通，导通电流再触发双向晶闸管开通，从而驱动继电器线圈。

4.4.2.5 固态继电器驱动方法

固态继电器（Solid State Relays）用字母"SSR"表示，这是一种全部由固态电子元件组成的无触点开关器件，由于这种器件利用了晶体管、双向晶闸管等半导体的开关特性，因而可达到无触点无火花地接通和断开电路的目的，故又被称为"无触点开关"。

图 4-35a 所示为电磁继电器实物图，图 4-35b 所示为固态继电器实物图。对比发现，在相同驱动能力的情况下，固态继电器的尺寸要小得多。

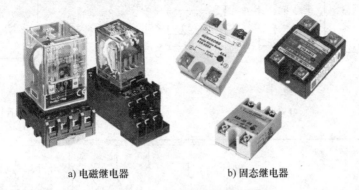

a) 电磁继电器　　　　　　　　b) 固态继电器

图 4-35　两种继电器实物图对比

固态继电器 SSR 的输入端与晶体管、TTL、CMOS 电路兼容，输出端利用器件内的电子开关来接通和断开负载。SSR 的输出端可以是直流也可以是交流，分别称为直流型 SSR 和交流型 SSR，两种元件不能混用。

1）直流型 SSR 内部的开关组件为功率晶体管。

2）交流型 SSR 内部的开关组件为双向晶闸管。而交流型 SSR 按控制触发方式不同又可分为过零型和移相型两种：

1）过零型交流 SSR 是指当输入端加入控制信号后，需等待负载电源电压过零时，SSR 才为导通状态；而断开控制信号后，也要等待交流电压过零时，SSR 才为断开状态。

2）移相型交流 SSR 的断开条件同过零型交流 SSR，但其导通条件简单，只要加入控制信号，不管负载电流相位如何，立即导通。

由于应用最广泛的是过零型，因此，我们以过零型交流 SSR 的原理为例进行讲述。

图 4-36a 所示为交流 SSR 的原理框图。

图 4-36b 所示为交流 SSR 的电路符号。

图 4-36a 中的部件①～④构成交流 SSR 的主体。由于 SSR 只有两个输入端（A 和 B）及两个输出端（C 和 D），所以它是一种四端器件。工作时只要在 A、B 端加上一定的控制信号（弱电信号），就可以控制 C、D 两端之间的"通"和"断"，从而实现输出端大电流负载的通断功能，因此已被广泛应用于电力电子装置及其系统中。

图 4-36c 所示为一种典型的交流 SSR 内部电路原理图。现将交流 SSR 的原理简述如下：

（1）光电耦合电路①：将 A、B 端输入的控制信号变为开关信号（数字信

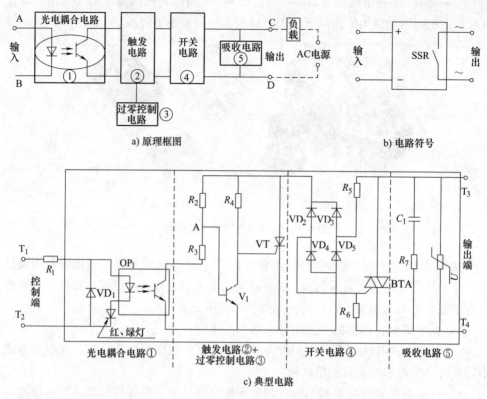

图 4-36 交流型 SSR 工作原理的示意图

号），这样可使 SSR 的输入端很容易做到与任何输入信号相匹配，因此，光耦隔离电路是在输入与输出之间起信号传递作用，同时使两端在电气上完全隔离，故可直接与计算机输入、输出接口相接，即受逻辑电平"1"与"0"的控制。

（2）触发电路②：产生符合要求的触发信号，驱动开关电路④工作。

（3）过零控制电路③：当 A、B 端加入控制信号时，交流电压过零时，SSR 即为导通状态；只有当断开 A、B 端的控制信号后，SSR 在交流电电过零（零电位）时，才转换为断开状态。这样可防止电路在开、关过程中产生高次谐波对电网造成污染。

（4）开关电路④：收到触发电路②产生符合要求的触发信号时，才能开通。

（5）吸收电路⑤：为防止从电源中传来的尖峰、浪涌电压对开关器件双向晶闸管的冲击和干扰（甚至误动作）而设，一般采用 R、C 串联电路或非线性电阻（压敏电阻器）组成吸收电路。

交流型 SSR 主要用于交流大功率控制。一般取输入电压为 4~32V，输入电流小于 500mA。它的输出端为双向晶闸管，一般额定电流为 1A 至几百 A，电压多为

AC380V 或 AC220V。

图 4-37 所示为基于晶体管驱动固态继电器的典型电路。

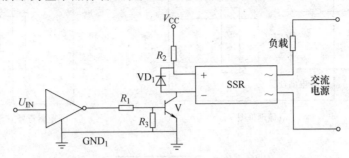

图 4-37 用晶体管驱动交流 SSR 的典型电路

现将用晶体管驱动交流 SSR 的电路原理及其参数设计方法简述如下:

1)当数据线 U_{IN} 输出数字"0"时,经反相器变为高电平,使 NPN 型晶体管导通,交流 SSR 输入端得电,则其输出端接通大型交流负载设备。

2)交流型 SSR 的触发电流 I_{SSR} 表示为

$$I_{SSR} \approx \frac{V_{CC} - V_{SAT} - V_{SSR}}{R_2} \qquad (4-48)$$

式中,R_2 表示串接在交流型 SSR 触发回路的电阻;V_{CC} 表示串接在交流型 SSR 触发回路的工作电源;V_{SAT} 表示晶体管的饱和压降;V_{SSR} 表示交流型 SSR 开通时一次侧的压降,此值取决于反相器的具体型号,可查其参数手册得到。

3)晶体管基极电流 I_B 可以表示为

$$I_B = \frac{V_{OH} - V_{BE}}{R_1} \qquad (4-49)$$

式中,R_1 表示串接在晶体管基极的电阻;V_{BE} 表示晶体管的基极 B-发射极 E 之间的压降;V_{OH} 表示反相器输出高电平时的电压,此值取决于反相器的具体型号,可查其参数手册得到。

直流型 SSR 的输入控制信号与输出完全同步。直流型 SSR 主要用于直流大功率控制,一般取输入电压为 4~32V,输入电流为 5~10mA。它的输出端为晶体管输出,输出工作电压为 30~180V。

图 4-38a 所示为直流 SSR 的原理框图。

图 4-38b 所示为直流 SSR 的电路符号。

图 4-38c 所示为基于晶体管的直流 SSR 的典型驱动电路。

现将基于晶体管的直流 SSR 的驱动电路的原理与参数计算方法简述如下:

1)当数据线 U_{IN} 输出数字"0"时,经反相器变为高电平,使 NPN 型晶体管导通,直流 SSR 输入端得电,则其输出端接通大型直流负载设备。

2)直流型 SSR 的触发电流 I_{SSR} 可以表示为

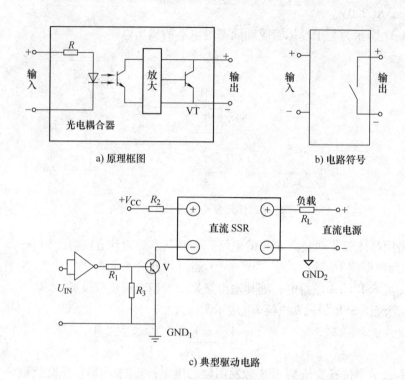

a) 原理框图　　　　　　b) 电路符号

c) 典型驱动电路

图 4-38　直流 SSR 的电路

$$I_{SSR} \approx \frac{V_{CC} - V_{SAT} - V_{SSR}}{R_2} \tag{4-50}$$

式中，R_2 表示串接在直流型 SSR 触发回路的电阻；V_{CC} 表示串接在直流型 SSR 触发回路的工作电源；V_{SAT} 表示晶体管的饱和压降；V_{SSR} 表示交流型 SSR 开通时一次侧的压降，此值取决于反相器的具体型号，可查其参数手册得到。

3）晶体管基极电流 I_B 可以表示为

$$I_B = \frac{V_{OH} - V_{BE}}{R_1} \tag{4-51}$$

式中，R_1 表示串接在晶体管基极的电阻；V_{BE} 表示晶体管的基极 B-发射极 E 之间的压降；V_{OH} 表示反相器输出高电平时的电压，此值取决于反相器的具体型号，可查其参数手册得到。

图 4-38c 中的电阻 R_2 取值为数 kΩ ~ 10kΩ。当然，在实际使用中，要特别注意固态继电器的过电流与过电压保护以及浪涌电流的承受等工程问题，在选用固态继电器的额定工作电流与额定工作电压时，一般要远大于实际负载的电流与电压，而且输出驱动电路中仍要考虑增加阻容吸收组件。具体电路与参数请参考生产厂家有关手册。

4.5　光纤连接器典型应用

4.5.1　概述

电力电子装置（PEE）的主功率器件，在开关过程中会产生很高的电流和电压变化率，继而通过电路中的寄生参数（如寄生电容和电感）产生的电磁噪声对采样设计提出复杂的要求。传统功率变换器的控制单元与采样单元多采用直接对接。数字信号处理器通过采样信号做出反应，传输给功率单元做相应动作。如果采样传输出现错误，可能导致整个系统的瘫痪。

目前较为常用的方法就是采用光纤隔离的措施，利用它构成实时通信模块，该模块常常由发送单元、接收单元、电源以及光纤通信介质构成。发送单元作为信号发送起点（如发送光纤头），接收单元作为数据接收终点（如接收光纤头），中间部分为光纤通信介质。发送单元将高速采样数据依特定协议编码并通过光纤通信媒质输出到接收单元，接收单元再将数据正确还原提供给其他设备使用。每个发送单元可以构成多通道，并以高速光纤总线传输数据，每个接收单元可支持多路光纤同时解码，所得采样数据最后置于存储单元供电力电子系统核心数字信号处理器随时读取。这种方式的突出优点是网络传输速度快、抗干扰能力强以及传输效率高。这种方法具有优良的绝缘性能和暂态特性，对复杂电力电子系统隔离采样及信号传输有工程实用价值。

光纤连接器，也就是接入光模块的光纤接头，也有好多种，且相互之间不可以互用。如图 4-39 所示，包括 FC 圆形带螺纹（配线架上用得最多）、ST 卡接式圆形、SC 卡接式方形（路由器交换机上用得最多）、LC（与 SFP 模块配套）、MU（单模光纤头）、SMA（激光器光源连接头）等。

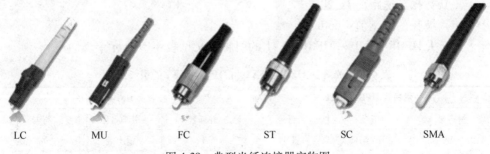

| LC | MU | FC | ST | SC | SMA |

图 4-39　典型光纤连接器实物图

4.5.2　光纤收发器 HFBR-05XX 使用技巧

光纤收发器 HFBR-05XX 的实物如图 4-40 所示。

图 4-40 光纤收发器 HFBR-05XX 的实物图

光纤收发器 HFBR-05XX 的不同型号见表 4-26 所示。

表 4-26 光纤收发器 **HFBR-05XX** 的不同型号

信号速率/Bd	距离 （25℃）/m	推荐距离/m	发送头	接收头
40k	120	110	HFBR-1523	HFBR-2523
1M	20	10	HFBR-1524	HFBR-2524
1M	55	45	HFBR-1522	HFBR-2522
5M	30	20	HFBR-1521	HFBR-2521

我们以多功能连接的通用光纤连接发送光纤头 HFBR-15XX 和接收光纤头 HFBR-25XX 为例进行分析。光纤头 HFBR-1521 和 HFBR-2521 系列的典型参数为：

（1）数据率：5MBd。

（2）正向电流 I_F：1000mA。

（3）数据转送距离 l：20m。

（4）波长的典型值：660nm。

光纤头 HFBR-15X1 和 HFBR-25X1 的引脚定义见表 4-27 所示。

表 4-27 光纤头 **HFBR-15X1** 和 **HFBR-25X1** 的引脚定义

发送头 HFBR-15X1			接收头 HFBR-25X1		
引脚号	引脚名称	符号	引脚号	引脚名称	符号
1	LED 阳极	TX+	1	输出端	V_O
2	RCLED 阴极	TX−	2	地	GND
			3	电源端	V_{CC}
	—		4	负载端	R_L
3、4、5、8	悬空不接	N. C.	5、8	悬空不接	N. C.

图 4-41 所示为发送头 HFBR-1521 和接收头 HFBR-2521 的典型电路。现将其工作原理和参数选型计算方法简述如下：

1）图 4-41a 为发送头 HFBR-1521 的典型电路，图中二极管 VD_1 选择快恢复二极管，电容 C_2 根据调试波形情况，酌情选择数十 pF 或者几个 nF。

2）图 4-41b 为接收头 HFBR-2521 的典型电路，图中 1 脚和 4 脚短接，电容 C_4 根据调试波形情况，酌情选择数十 pF 或者几个 nF。

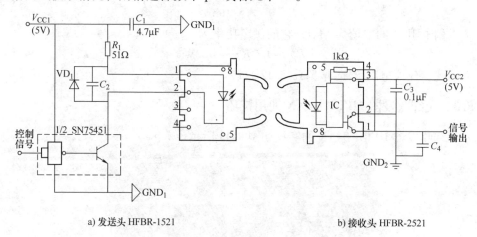

a) 发送头 HFBR-1521　　　　　　　　　　b) 接收头 HFBR-2521

图 4-41　收发光纤头的典型电路（5MBd）

3）图 4-41a 中所示电阻为限流电阻 R_1，它的取值对所接光纤长度密切相关，因为它将影响发送头 HFBR-1521 中发光管 LED 的电流 I_F 的大小。现将标准光纤长度 l 与电流 I_F 之间的关系曲线绘制于图 4-42a 中，电流 I_F 与发光管 LED 的管压降 V_F 之间的关系曲线绘制于图 4-42b 中。

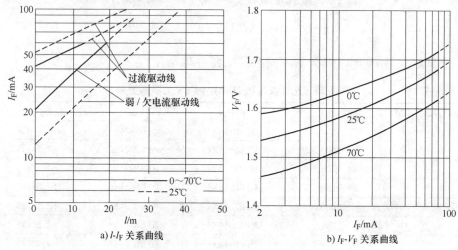

a) l-I_F 关系曲线　　　　　　　　　　b) I_F-V_F 关系曲线

图 4-42　光纤头 HFBR-1521 特征曲线

电阻 R_1 的取值方法为

$$R_1 = \frac{V_{CC} - V_F}{I_F} \qquad (4-52)$$

本例，如果选择 $I_F = 60\text{mA}$，根据电流 I_F 与管压降 V_F 之间的关系曲线查得 $V_F = 1.6\text{V}$，则电阻 R_1 的取值为

$$R_1 = \frac{V_{CC} - V_F}{I_F} = \frac{5\text{V} - 1.6\text{V}}{60\text{mA}} \approx 57\Omega \qquad (4-53)$$

本例电阻 R_1 的取值为 51Ω，它的额定功率为

$$P_{R_1} = I_F I_F R_1 \approx 0.2\text{W} \qquad (4-54)$$

因此，建议电阻 R_1 选择 $51\Omega/2512$ 封装。

4.5.3　光纤收发器 HFBR-04XX 使用技巧

光纤收发器 HFBR-04XX 的实物如图 4-43 所示。

图 4-43　光纤收发器 HFBR-04XX 的实物图

光纤收发器 HFBR-04XX 的不同型号见表 4-28 所示。

表 4-28　光纤收发器 **HFBR-04XX** 的不同型号

信号速率/MBd	推荐距离/m	发送头	接收头	光纤尺寸/m
5	1500	HFBR-14X2	HFBR-24X2	200 HCS
5	2000	HFBR-14X4	HFBR-24X2	62.5/125
20	2700	HFBR-14X4	HFBR-24X6	62.5/125
32	2200	HFBR-14X4	HFBR-24X6	62.5/125
55	1400	HFBR-14X4	HFBR-24X6	62.5/125
125	700	HFBR-14X4	HFBR-24X6	62.5/125
155	600	HFBR-14X4	HFBR-24X6	62.5/125
175	500	HFBR-14X4	HFBR-24X6	62.5/125

我们以多功能连接的通用光纤连接器为例进行讲述。其中 HFBR-14XX 表示发送光纤头，HFBR-24XX 表示接收光纤头。光纤头 HFBR-1412 和 HFBR-2412 的典型参数为：

（1）数据率：5MBd。

（2）正向电流 I_F：100mA。

（3）数据转送距离：1500m。

（4）波长，典型值：820nm。

光纤头 HFBR-14X2/14X4 和 HFBR-24X2 的引脚定义见表 4-29 所示。

表 4-29　光纤头 HFBR-14X2/14X4 和 HFBR-24X2 的引脚定义

发送头 HFBR-14X2/14X4			接收头 HFBR-24X2		
引脚号	引脚名称	符号	引脚号	引脚名称	符号
2、6、7	LED 阳极	TX+	6	输出端	V_O
3	RCLED 阴极	TX–	3、7	地	GND
—			2	电源端	V_{CC}
1、4、5、8	悬空不接	N. C.	1、4、5、8	悬空不接	N. C.

图 4-44 所示为发送头 HFBR-14XX 和接收头 HFBR-24X2 的典型电路。现将其工作原理和参数选型计算方法简述如下：

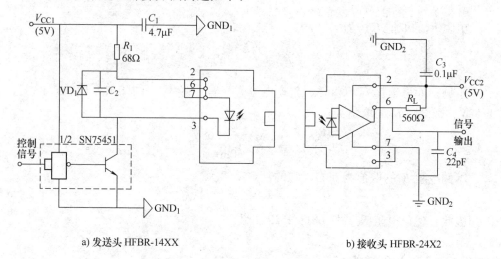

a) 发送头 HFBR-14XX　　　　　　　　b) 接收头 HFBR-24X2

图 4-44　收发光纤头的典型电路（5MBd）

1）图 4-44a 为发送头 HFBR-14XX 的典型电路，图中二极管 VD_1 选择快恢复二极管，电容 C_2 根据调试波形情况，酌情选择数十 pF 或者几个 nF。

2）图 4-44b 为接收头 HFBR-24X2 的典型电路，输出端需要接上拉电阻 R_L，兼顾信号速率和光纤头内置开关管通流能力（建议不能超过 20mA 为宜），推荐取值数百~数千 Ω，电容 C_4 根据调试波形情况，酌情选择数十 pF 或者几个 nF。

3）图 4-44a 中所示电阻为限流电阻 R_1，它的取值对所接光纤长度密切相关，因为它将影响发送头 HFBR-14XX 中发光管 LED 的电流 I_F 的大小。现将标准光纤长度 l 与电流 I_F 之间的关系曲线绘制于图 4-45a 中，电流 I_F 与发光管 LED 的管压降 V_F 之间的关系曲线绘制于图 4-45b 中。

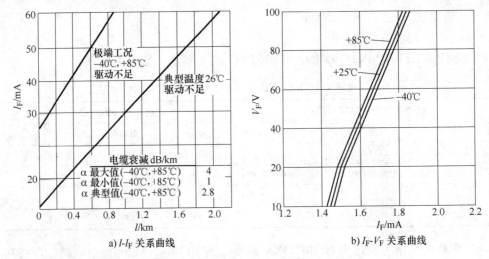

a) l-I_F 关系曲线   b) I_F-V_F 关系曲线

图 4-45   光纤头 HFBR-14XX 的特征曲线

电阻 R_1 的取值方法为

$$R_1 = \frac{V_{CC} - V_F}{I_F} \qquad (4-55)$$

本例，如果选择 $I_F = 60\text{mA}$，根据电流 I_F 与管压降 V_F 之间的关系曲线查得 $V_F = 1.68\text{V}$，则电阻 R_1 的取值为

$$R_1 = \frac{V_{CC} - V_F}{I_F} = \frac{5\text{V} - 1.68\text{V}}{60\text{mA}} \approx 55\Omega \qquad (4-56)$$

本例电阻 R_1 的取值为 68Ω，它的额定功率为

$$P_{R_1} = I_F I_F R_1 = 0.244\text{W} \qquad (4-57)$$

因此，建议电阻 R_1 选择 $68\Omega/2512$ 封装。

4.6   典型综合应用示例

4.6.1   蓄电池充电器中的隔离器件

1. 概述

蓄电池充电器，将高频开关电源技术与嵌入式微机控制技术有机地结合，运用智能动态调整技术，实现优化充电特性曲线，有效延长蓄电池的使用寿命。它采用恒流/W 阶段/恒压/小恒流四个阶段充电方式，具有充电效率高、可靠性高、操作简便、重量轻和体积小等特点。

蓄电池充电器主要技术参数见表 4-30 所示。

表 4-30　蓄电池充电器主要技术参数

名　称	说　明	备　注
输入电压	AC 220(1±20%)V	或 AC 380(1±20%)V
效率	>85%	
功率因素	>0.85	
负载调整率	<1%	
电压调整率	<0.1%	
输出 DC 纹波电压	<1%	
整机过热保护值	80~85℃	
绝缘电阻	≥20MΩ	
耐压，输入对机壳	≥AC1500V	
输入对输出	≥AC1500V	
输出对机壳	≥AC1500V	
无故障运行时间	≥50000h	
环境温度	-20~50℃	
相对湿度	20%~80%	

对蓄电池来说，充电器是最早采用了变压器式充电器。但由于变压器式充电器体积过大、笨重、造价低且充电效率低，因此很少被采用，被广泛使用的是电子充电器。充电器输入交流电压为 220V 左右，输出端接蓄电池，其充电方式有：

1）以大电流脉冲充电间歇放电、补偿。

2）以恒流、恒压浮充，保持对被充的蓄电池提供稳定的充电压及电流。

充电器具有输出短路保护、输出过电压、过电流保护及过冲保护功能，保证蓄电池使用寿命。由于快速充电技术的发展，使传统的铅酸蓄电池快速充电性能不好的概念已有了新的改变。实验证明：多数阀控式铅酸电池可以承受快速充电，而且合理的快速充电对延长电池寿命不但无害而且有利。因此，对蓄电池的充电要求包括：

1）充电电压、充电电流。

2）选择变压器的额定功率、电压和电流。

3）必要的整流、限流和稳压电路元件必须要达到所负载的电压、电流的最大指标。

2. 信号链路及其隔离器件

图 4-46 所示为蓄电池充电器的典型拓扑及其信号链路，为了阐释方便起见，图中重点给出充电控制器系统的信号链路。针对蓄电池充电器的设计而言，要求做到低功耗、高效率。在蓄电池充电器的信号链路中，需要选择包括反馈信号拾取、强电回路中的电流与电压检测、数字 I/O 与驱动脉冲的隔离、电源管理以及通信隔离接口等重要器部件。

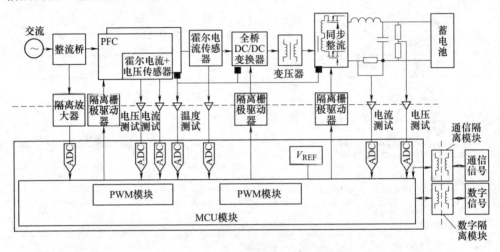

图 4-46　蓄电池充电器的典型拓扑

现将蓄电池充电器的典型拓扑及其信号链路的组成原理简述如下：

1) 借助传感器（如霍尔电压和电流传感器、分流器以及分压器等）将反应整流桥的电压和电流的弱信号经由隔离放大器处理后，传送到常规 A/D 转换器处理，将得到的数字信号传送到 MCU 模块。

2) 利用传感器（如霍尔电压和电流传感器）将反应功率因数校正模块（PFC）的电压和电流的弱信号经由隔离放大器处理后，传送到常规 A/D 转换器处理，将得到的数字信号传送到 MCU 模块。

3) 由于本装置的冷板压装有功率因数校正模块（PFC）、全桥 DC/DC 变换器和同步整流器，需要凭借温度传感器（如 PT100 或 PT1000）将反应冷板温度的弱信号，经由隔离放大器处理后，传送到常规 A/D 转换器处理，将得到的数字信号传送到 MCU 模块。

4) 工程师大多采用霍尔电流传感器将直流母线（DC-LINK）电流的弱信号经由隔离放大器处理后，传送到常规 A/D 转换器处理，将得到的数字信号传送到 MCU 模块。

5) 将 MCU 模块（如 DSP、ARM 等）输出的 PWM 触发脉冲经由隔离栅极驱动器，分别传送到 PFC 模块、全桥 DC/DC 变换器和同步整流器，按照既定策略控制相应的功率开关器件依序开通与关断。

6）经常是借助分流器和分压器，将反应同步整流器输出端电压和电流的弱信号经由隔离放大器处理后，传送到常规 A/D 转换器处理，将得到的数字信号传送到 MCU 模块。

7）通信信号（如 RS-422/485、CAN 和以太网等）借助各自的通信隔离模块，与 MCU 模块进行交互。

8）数字信号（如 I/O 等）借助 iCoupler 数字隔离器，与 MCU 模块进行逻辑控制处理。

需要说明的是，在本例电流检测环节，给出了分流器、霍尔电流传感器和电流检测放大器三种方案，如果采用分流器检测电流时，又有基于隔离放大器+常规 A/D 转换器的方案和基于常规放大器+隔离式 A/D 转换器的方案；如果采用霍尔电流传感器检测电流时，也有基于隔离放大器+常规 A/D 转换器的方案和基于常规放大器+常规 A/D 转换器的方案。如果采用电流检测放大器检测电流时，也有基于隔离放大器+常规 A/D 转换器的方案和基于常规放大器+隔离 A/D 转换器的方案。

在本例电压检测环节，给出了分压器和霍尔电压传感器两种方案，如果采用分压器检测电压时，又有基于隔离放大器+常规 A/D 转换器的方案和基于常规放大器+隔离式 A/D 转换器的方案；如果采用霍尔电压传感器检测电压时，也有基于隔离放大器+常规 A/D 转换器的方案和基于常规放大器+常规 A/D 转换器的方案。

本例涉及的隔离放大器的选型，请参见本书第三章隔离放大器的选型方法。涉及的隔离栅极驱动器，请参见本章的磁隔离器件的选型。需要使用到的通信隔离器件，请参见本书第五章的通信隔离器件的选型方法。

4.6.2　再生能源储存变换器中的隔离器件

1. 概述

能源是关系到一个国家经济健康持续发展，战略安全的重大问题。目前我国传统的化石能源消费在整个能源消费结构中占据主导地位。但是随着时间推移，化石能源的逐渐耗尽，可再生能源将逐渐替代传统能源成为主体。因此研究分析我国可再生能源的开发、利用等将有重要意义。可再生能源主要包括太阳能、地热能、水力能、风能和生物质能等。许多国家尤其是发达国家都在大力发展可再生能源，旨在保证各自的能源安全。近年来我国在可再生能源领域方面也得到了迅速发展。

根据国家发改委提供的数据，我们可以分析我国自从改革开放以来能源消费总量在不断地增长。1978 年的消费总量是 688.0 万吨标准煤。其中的煤炭消费占据 63.7% 的主导地位，水力发电次之，石油最小。到了 20 世纪八九十年代，我国的能源消费量有了一个很大的提高。到了 2000 年时能源消费总量已经达到 2942.6 万吨标准煤，约是 1978 年的 4.3 倍。而且煤炭占据总量的 54.4%，石油占据 23.3%，水电占据 22.3%。进入 21 世纪以来，我国的能源消费总量以及结构上都有很大的变化，不仅体现在总量的增加，而且呈现多元化发展的态势，如天然气和风力发电。这些能源的消费污染小、储量大，所以近年来发展迅速。到了 2009 年能源消费总量是 8916.5 万吨标准煤，其中占主导地位的仍然是煤炭为 67.6%，而天然气已经占到总能源消费的 1.3%，风力发电占到了 0.3%。可再生能源的利用不仅调整了我国整体的能源消费结构，而且对于我国的可持续发展以及节能减排都有重要意义。全球太阳能发电量由原来的 1 亿 kW 增加为 1.38 亿 kW，风力发电由 2.83 亿 kW 增加为 3.18 亿 kW，涨幅明显，其中增长最为显著的是中国。

2. 信号链路及其隔离器件

图 4-47 所示为一种典型的再生能源储存变换器的拓扑及其信号链路图，分为功率组件和充电管理与计量两个部分，主要包括以下几个关键性器部件：

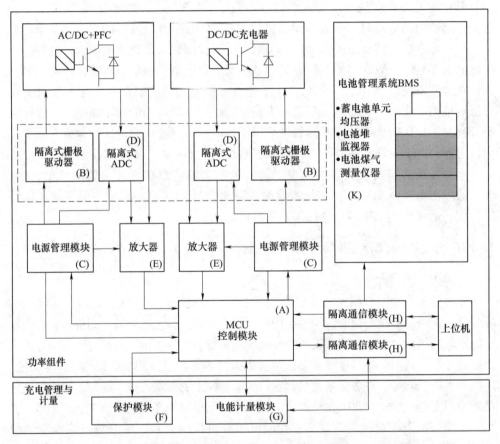

图 4-47　再生能源储存变换器的典型拓扑及其信号链路图

（1）AC/DC+PFC 变换器：整流器模块，将电网或者其他来源的交流电整流变换成所需要的直流电源。

（2）DC/DC 充电器：将整流变换成所得的直流电源，进行斩波变换成蓄电池充电所需的直流电源。

（3）MCU 控制模块：作为再生能源储存变换器的核心，执行 AC/DC 整流变换策略、DC/DC 斩波控制策略以及保护策略，并与上位机进行实时信息交互。

（4）其他模块：包括隔离通信模块、保护模块和电能计量模块等。

因此，针对再生能源储存变换器系统的设计，要求满足低功耗、高可靠和易兼容等目标。在再生能源储存变换器的信号链路中，需要选择包括反馈回路的检测、强电回路中的电流与电压检测、数字 I/O 与驱动脉冲的隔离、电源管理、接口和通信等关键性器件。

分析再生能源储存变换器的拓扑及其信号链路图 4-47 得知：

1）在所示的 AC/DC+PFC 变换器中，需要电流、电压和温度检测环节，如果采用分流器检测电流时，可以分为基于隔离放大器+常规 A/D 转换器的方案和基于常规放大器+隔离式 A/D 转换器的方案；如果采用分压器检测电压时，可以分为基于隔离放大器+常规 A/D 转换器的方案和基于常规放大器+隔离式 A/D 转换器的方案；如果采用霍尔传感器测试电流和电压时，建议采用基于隔离放大器+常规 A/D 转换器的方案；如果采用 PT100 或者 PT1000 测试 AC/DC+PFC 转换器的温度时，建议采用基于隔离放大器+常规 A/D 转换器的方案。当然，如果所选择的 MCU 控制模块本身就内置有 A/D 转换器时，就不需要外置 A/D 转换器。

2）在所示的 DC/DC 充电器中，需要电流、电压和温度检测环节，如果采用分流器检测电流时，可以分为基于隔离放大器+常规 A/D 转换器的方案和基于常规放大器+隔离式 A/D 转换器的方案；如果采用分压器检测电压时，可以分为基于隔离放大器+常规 A/D 转换器的方案和基于常规放大器+隔离式 A/D 转换器的方案；如果采用霍尔传感器测试电流和电压时，建议采用基于隔离放大器+常规 A/D 转换器的方案；如果采用 PT100 或者 PT1000 测试 AC/DC+PFC 转换器的温度时，建议采用基于隔离放大器+常规 A/D 转换器的方案。当然，如果所选择的 MCU 控制模块本身就内置有 A/D 转换器时，就不需要外置 A/D 转换器。

3）在所示的 MCU 控制模块，视具体情况，可以选择 DSP、ARM 等芯片（最好内置有 A/D 变换器）。

4）将 MCU 控制模块（主要由 DSP 或 ARM 充当）输出的触发脉冲，传送到电源管理模块处理后，经由隔离式栅极驱动器触发器传送到 AC/DC+PFC 变换器，按照既定策略控制 IGBT 依序开通与关断。

5）将 MCU 控制模块（主要由 DSP 或 ARM 充当）输出的触发脉冲，传送到电源管理模块处理后，经由隔离式栅极驱动器触发器传送到 DC/DC 充电器，按照既定策略控制 IGBT 依序开通与关断。

6）上位机经由隔离式通信模块与 MCU 控制模块之间完成信息交互，如 RS-485、CAN 和以太网等借助各自的信号隔离模块，与 MCU 控制模块进行信息交互。

为方便读者选型，这些关键性器件的选型方法见表 4-31 所示。表 4-31 中列举的器件的重要性能参数见表 4-32 所示。

表 4-31　再生能源储存变换器的信号链路关键性器件的选型列表

(A) 控制处理器	(B) 隔离式栅极驱动器	(C) 电源管理 IC	(D) ADC 和基准电压源	(E) 信号调理
ADSP-CM411F/ADSP-CM412F/	ADUM4135/ADUM4136/	LT3999/LT3580/LTM8023/	ADR441/ADR34xx/	ADA4077-2/OP2177/
ADSP-CM413F/ADSP-CM416F/	ADUM4120/ADUM4121/	LTM8022/LTM8032/LTM8031/		AD8066
ADSP-CM417F/ADSP-CM418F/	ADUM3223/ADUM4223/	ADP2443/ADP1621/ADP1720/	AD7401A/AD7403	
ADSP-CM419F	ADUM7223	ADUM3070/ADUM6000		

(F) 保护和安全	(G) 电能计量	(H) 通信接口	(K) 电池管理
AD7616	ADE7953/ADE7880	ADM3251E	电池气表
AD7091R		ADM3252E	LTC4150
AD8604		ADM101E	LTC2341
ADA4666		ADM3101E	LTC2942
AD8607		ADM3053E	LTC2943
ADA4528		ADM3054	LTC2944
AD8639		ADM2481	主动电池平衡
AD7606		ADM2483	LTC3300
AD7607		ADM2484E	LTC3305
AD7266		ADM2486	LT8584
AD7265		ADM2490E	电池堆监控器
		ADM2491E	LTC6801
		ADM2587E	LTC6802
			LTC6803
			LTC6804
			LTC6811
			LTC6820
			无线电池管理
			LTC6811 和 LTC5800

表 4-32 再生能源储存变换器的信号链路的关键性器件的重要性能参数

器件型号	说明	主要特性	优势
		处理器	
ADSP-CM411 ADSP-CM412 ADSP-CM413F	处理器	高达 240MHz 的 ARM ® Cortex ®-M4, 160KB SRAM 和 1MB 闪存, 3 路 16 位 ADC, 2.7MSPS, 集成 FFT 和 CORDIC 加速度计	ARM 处理器, 可用于各种新能源控制器系统
ADSP-CM416 ADSP-CM417 ADSP-CM418 ADSP-CM419F	处理器	高达 240MHz 的 ARM Cortex-M4, 100MHz 的 ARM Cortex-M0, 160KB SRAM 和 1MB 闪存, 6 路 16 位 ADC, 4.3MSPS, 集成 FFT 和 CORDIC 加速度计	ARM 处理器, 可用于各种新能源控制器系统
		隔离式栅极驱动器	
ADUM3223 ADUM4223	隔离式栅极驱动器	带片上隔离的 2 通道栅极驱动器 [工作电压大于 849V（峰值）], 传播延迟小于 54ns, 通道间匹配小于 5ns	超快速、隔离式 2 通道栅极驱动, 适合电桥应用, 低传播延迟
ADUM4135 ADUM4136	用于 IGBT/MOSFET 的隔离式栅极驱动器	集成保护功能 (ULVO, DESAT) 的隔离式栅极驱动器, 最高 5kV 隔离, 100kV/μs CMTI, 4A 驱动能力, 55ns 传播延迟	100kV/μs CMTI 和低传播延迟
ADUM4120	用于 IGBT/MOSFET 的隔离式栅极驱动器	精密时序特性, 2A 隔离式 5kV（有效值）隔离, 采用 6 引脚宽体 SOIC 封装, 爬电距离为 8mm	150kV/μs CMTI 和低传播延迟
ADUM4121	用于 IGBT/MOSFET/SiC/GaN 的隔离式栅极驱动器	集成内部米勒箝位的高压、隔离式栅极驱动器, 具有热关断功能的 2A 输出能力	150kV/μs CMTI 和低传播延迟
ADUM7223	隔离式半桥驱动器	隔离式半桥栅极驱动器, 提供独立且隔离的高端和低端输出, 4A 驱动能力	高工作频率: 1MHz（最大值）, 精密时序特性
		通信隔离器件	
ADUM2587E	隔离式 RS-485/RS-422 收发器	半双工或全双工, 500kbit/s, 5V 或 3.3V 工作电压, 5kV（有效值）隔离	集成隔离式 DC/DC 变换器; ±15kV 的 ESD 保护能力

（续）

器件型号	说明	主要特性	优势
		通信隔离器件	
ADM2484E	半双工/全双工 RS-485 收发器	5kV$_{(有效值)}$信号隔离，ESD 保护，500kbit/s，可配置半双工或全双工	±15kV ESD 保护
ADM2490E	高速、全双工 RS-485 收发器	5kV$_{(有效值)}$信号隔离、高速（16Mbit/s）、ESD 保护、全双工 RS-485 收发器	数据速率：16Mbit/s
ADM101E	微型 RS-232 收发器	传输速率：460kbit/s；5V 单电源	超低功耗关断模式：1μA
ADM3251E	隔离式单通道 RS-232 线路驱动器/接收机	2.5kV$_{(有效值)}$完全隔离（电源和数据）RS-232 收发器，460kbit/s 数据速率，1路 Tx 和 1路 Rx	集成 isoPower®的隔离式 DC/DC 变换器
ADM3054	隔离 CAN 收发器	5kV$_{(有效值)}$信号隔离高速 CAN 收发器，提供系统总线保护	数据速率可高达 1Mbit/s
ADM3053	隔离 CAN 收发器	信号和电源隔离 CAN 收发器，符合 ISO 11898 标准，数据速率高达 1Mbit/s	集成隔离式 DC/DC 变换器、集成 CAN 总线的单芯片模式
		电能计量	
ADE7880	三相电能计量（带谐波监控）	T_A=25℃时，在 1000∶1 的动态范围内有功和无功电能误差小于 0.1%；在 3000∶1 的动态范围内有功和无功电能误差小于 0.2%	带高性能谐波分析的多相电能计量
ADE7953	单相电能计量	在 3000∶1 的动态范围内有功和无功电能计量误差小于 0.1%；在 500∶1 的动态范围内瞬时 $I_{(有效值)}$ 和 $V_{(有效值)}$ 的测量误差小于 0.2%	高性能、宽动态范围
		电源管理	
ADUM6000	隔离式 DC/DC 变换器	5kV$_{(有效值)}$集成 isoPower®的隔离式 DC/DC 变换器，最高 400mW 输出功率	易于使用的 DC/DC 变换器，配合 AD7403 使用可实现基于电阻分流的电流检测方案

型号	描述	参数	特性
ADUM3070	集成反馈功能的隔离式开关稳压器	可调的稳压输出：3.3~24V，效率高达 80%	内置补偿的隔离 PWM 反馈
LT3999	具有占空比控制的低噪声、1A 驱动能力、1MHz 开关频率推挽 DC/DC 驱动器	宽输入工作范围：2.7~36V；集成可编程限流的双通道 1A 开关能力；可编程开关频率：50kHz~1MHz	提供隔离电源的高电压、高频 DC/DC 变压器驱动器
LT3580	DC/DC 变换器	集成 2A 开关能力、软起动和同步功能的升压/反相 DC/DC 变换器	可轻松配置为升压或反相变换器
LTM8022	DC/DC μModule ® 电源模块	宽输入电压范围：3.6~36V；输出电压：0.8~10V；输出电流：1A	电源模块
ADP2443	3A、36V、同步降压 DC/DC 稳压器	输入电压：4.5~36V；最短快速导通时间：50ns；可编程开关频率：200kHz~1.8MHz	逐周期电流限值，带打嗝保护
保护和安全			
AD7266	多通道 ADC	AD7266 是一款 12 位双核高速、低功耗的逐次逼近型 ADC，采用 2.7~5.25V 单电源供电，最高吞吐速率可达 2MSPS	同步采样，带多路复用器
AD7616	16 通道 DAS，内置 16 位、双极性输入、双路同步采样 ADC	信噪比（SNR）：92dB（500kSPS，2 倍过采样），可独立选择的通道输入范围：±10V、±5V、±2.5V	双通道同步采样
AD7606	8 通道、16/14 位、同步 ADC	真双极性模拟输入范围：±10V、±5V，5V 模拟单电源，2.3~5V 的 V_{DRIVE}，1MΩ 模拟输入阻抗，模拟输入带过压保护功能	8 通道同步采样，5V 单电源
AD8607	精密、双通道、微功耗、轨到轨输入输出放大器	低失调电压：40μV（典型值）；低输入偏置电流：1pA（最大值）；低噪声：25nV/$\sqrt{Hz}$（最大值）；微功耗：每个放大器 50μA（最大值）	微功耗

（续）

器件型号	说明	主要特性	优势
ADA4528	5.0V 超低噪声、零漂移、轨到轨输入输出	低失调电压: 2.5μV（最大值）；低失调电压漂移: 0.015μV/℃（最大值）；低噪声: 5.6nV/√Hz (f=1kHz, A_V=100)；97nV (峰-峰值) (f=0.1~10Hz, A_V=100)	超低噪声
		信号调理放大器	
ADA4077-2	放大器	30V、4MHz、7nV/√Hz，低失调和漂移，高精度双通道放大器	高精度双通道放大器
AD8066	放大器	高性能，145MHz高精度双通道放大器	高速：-3dB 带宽：145MHz（G=+1）
		ADC 和基准电压源	
AD7403	隔离式 Σ-Δ 转换器	隔离式 Σ-Δ 转换器，5kV 隔离，±250mV（±320mV 满量程），88dB 和 14 位+ENOB	基准电压源具有超低噪声、高精度和低温度漂移性能
ADR34xx	基准电压源	最大温度系数：8×10⁻⁶/℃，工作温度范围：-40~125℃，输出电流：+10mA 源电流，-3mA 灌电流	最大 8×10⁻⁶/℃，低成本基准电压源
ADR441	基准电压源	基准电压源具有超低噪声、高精度和低温度漂移性能	超低噪声（0.1~10Hz）
		电池管理	
LTC6801 LTC6802 LTC6803 LTC6804	电池堆栈监控器	监控多达 12 个串联连接的锂离子电池单元，可串叠架构支持大于1000V 系统，最大 1% 的过电压检测电平误差，可调过电压和欠电压检测自检功能通过使用差分信号保证精度和鲁棒检测性能	针对汽车和交通运输应用而设计，AEC-Q100 通用用系列数据可用于特定封装
LTC4150	电池气表	指示充电量和极性，±50mV 检测电压范围	LTC4150 适用于 1 单元或 2 单元锂离子电池以及 3~6 单元 NiCd

LTC2941 LTC2942 LTC2943 LTC2944	电池气表	指示累加的电池充电和放电高精度，模拟集成高端检测 1% 充电精度	针对汽车和交通运输应用而设计，AEC-Q100 通用系列数据可用于特定封装
LTC3300	主动电池平衡	双向同步反激平衡多达 6 个串联连接的锂离子或磷酸铁锂电池单元，平衡电流高达 10A（外部设置），与 LTC680x 系列多单元电池堆栈监控器无缝集成，双向架构可最大程度地降低平衡时间以及高达 92% 的充电传输效率可堆叠架构支持大于 1000V 系统	针对汽车和交通运输应用而设计，AEC-Q100 通用系列数据可用于特定封装
LT8584	主动电池平衡	电池单元的平均放电电流：2.5A（典型值），集成 6A，50V 电源开关与 LTC680x 系列无缝集成：无须附加软件，设计用于可选平衡电流和温度在关断模式下监控超低静态电流，可设计用于 ISO26262 兼容系统	集成遥测接口的 2.5A 单芯片主动电池平衡器
LTC6811	电池堆栈监控器	LTC6804 的引脚兼容升级版，测量多达 12 个串联连接的电池单元，最大总测量误差为 1.2mV，可堆叠架构支持 100s 电池单元内置 isoSPI™ 接口	多单元电池堆监控器，可测量多达 12 个串联的电池单元，总测量误差小于 1.2mV
LTC6820	电池堆栈监控器	1Mbit/s 隔离 SPI 数据通信，使用标准变压器实现简单的电气隔离，单条双绞线上的双向接口支持长达 100m 的电缆，极低 EMI 敏感性和辐射，针对高抗噪能力或低功耗应用可配置，设计用于 ISO26262 兼容系统	针对汽车和交通运输应用而设计，AEC-Q100 通用系列数据可用于特定封装

请读者注意的是，本例涉及的隔离放大器的选型方法，请参见本书第 3 章隔离放大器的相关内容。涉及的隔离栅极驱动器，请参见本章的磁隔离器件的选型方法。需要使用到的通信隔离器件，请参见本书第 5 章的通信隔离器件的选型方法。

4.6.3 数字电流环变送器设计分析

1. 概述

在电力电子装置应用现场，经常需要远距离传输控制指令，惯用做法就是借着 4~20mA 完成信号远距离传输。因为，长久以来，人们经常采用二线制的 4~20mA 电流环变送器的方式，来采集工业控制现场的温度与压力等重要参数。这种方式可使电源和信号的传递使用同一对双绞线完成，可较好地抑制长距离传送使电压下降，以及来自电机、功率开关和工业设备的噪声对变送器的干扰。

传统的模拟变送器需要对被传送的信号的温度漂移和非线性进行补偿与校准，才能达到一定精度要求。通用方法是用精密电位器来调整参数，这需要人工干预，而且易受到环境条件和使用时间的影响，存在一些不稳定的因素，这样就很难保证被测参数的测量准确性和稳定性。如采用早期数字处理方法，电流环需要信号调理、A/D 转换器与 D/A 转换器以及单片机等电路，由于器件自身功耗的问题，电路工作电流会超过 4mA 的限制要求，存在设计上的瓶颈而无法实现。

2. 信号链路及其隔离器件

随着 IC 技术迅速发展，TI 公司推出了用做数字电流环的 D/A 转换器。在 D/A 转换器基础上，配置低功耗的 A/D 转换器、微控制器（MCU）以及精密运放，可以将所选 IC 工作电流控制在小于或等于 4mA，完成数字电流环变送器设计，其组成原理框图如图 4-48 所示。

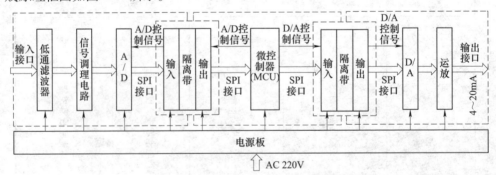

图 4-48　数字电流环变送器原理框图

分析原理框图 4-48 得知，该数字电流环变送器主要包括以下几个环节：

（1）处理来自现场传感器的模拟信号的低通滤波器、调理电路，完成信号的拾取、滤波和放大处理。

（2）A/D 转换器：将模拟量转换成数字量，选择具有 SPI 输出端口的 A/D 转换器，如 ADS1220 变换器，它是一款精密的 24 位 Σ-ΔA/D 转换器，所集成的多种特性能够降低系统成本并减少小型传感器信号测量应用中的组件数量。

图 4-49 所示为 ADS1220 变换器的原理框图。分析 ADS1220 变换器的原理框图得知：

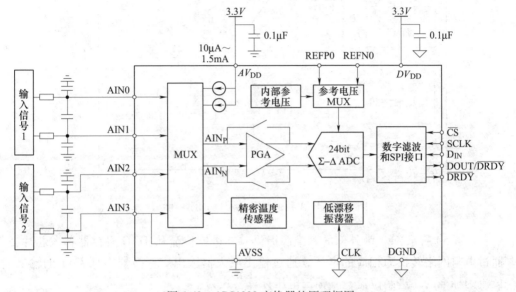

图 4-49　ADS1220 变换器的原理框图

1）ADS1220 变换器内含：一个复用器（MUX）、一个低噪声高输入阻抗的可编程增益放大器（PGA）、一个 2.048V 数模转换电压基准、一个振荡器、两个可编程电流源、一个数字滤波器和 SPI 接口。

2）ADS1220 变换器通过灵活的输入复用器实现两个差分输入或四个单端输入；两个可编程电流源为外部传感器提供激励电流，电流为 $10 \sim 1500\mu A$；可编程数据速率高达 2kSPS。当采样频率为 20SPS 时，数字滤波器能够实现 50Hz 和 60Hz 同步抑制。

3）其内部 PGA 提供高达 128V/V 的增益，此 PGA 使得 ADS1220 非常适用于小传感器信号测量应用。

（3）数字隔离器：可以选择 SPI 数字隔离器。

（4）微控制器（MCU），如 DSP、ARM 或者 FPGA 等。

（5）数字隔离器：可以选择 SPI 数字隔离器。

（6）D/A 转换器：将数字量转换成模拟量，选择具有 SPI 接口的 D/A 转换器，如 DAC7311，它是采用 SC70 的低功率、单通道 $1.8 \sim 5.5V$、80mA、电压输出的 12 位 D/A 转换器，它内部的数模转换采用的是电阻网络的组成形式，其原理框图如

图 4-50 所示。

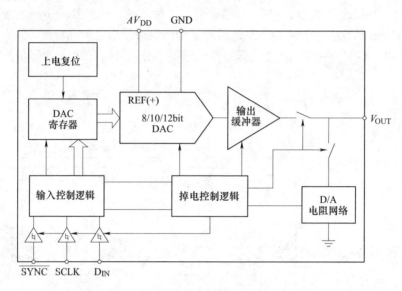

图 4-50   D/A 转换器 DAC7311 的原理框图

图 4-50 所示 AV_{DD} 由外部的基准源提供。二进制位流从 DAC 寄存器移入芯片，通过电阻网络转换为相应的电压，通过输出放大器输出。变换器 DAC7311 的输入位流为标准的二进制位流，其输出电压计算公式为

$$V_{DAC} = V_{OUT} = AV_{DD} \frac{D}{2^n} \tag{4-58}$$

式中，n 为转换精度（DAC7311 的 $n=12$）；D 为输入的二进制流对应的十进制值；AV_{DD} 为外部基准源电压。由于本例选择低压差电源芯片（LDO）TPS7A1601，将其输出电压设定为 3.3V，因此 AV_{DD} 取值 3.3V。

所以，DAC7311 的输出电压 $V_{DAC}(V_{OUT})$ 计算公式为

$$V_{DAC} = V_{OUT} = 3.3V \times \frac{D}{2^n} \tag{4-59}$$

当然，本例也可以选择其他电源芯片，如 REF3030（额定输出 3V）、REF3033（额定输出 3.3V）、REF3220（额定输出 2.048V）。如果本例 DAC 采用 5.0V 充当 AV_{DD} 电源时，如：REF505，那么 DAC7311 的输出电压 V_{DAC}（V_{OUT}）计算公式为

$$V_{DAC} = V_{OUT} = 5V \times \frac{D}{2^n} \tag{4-60}$$

（7）精密运放：可以选择零漂移、低失调电压和轨至轨运放，如 OPA317 系列 CMOS 运算放大器，其中 OPA317 为单运放，OPA2317 为双运放，OPA4317 为四运放。由于它们采用了自动校准技术的零漂移系列放大器，在整个时间和温度范围内的偏移电压非常低（最大 90μV）且几乎零漂移，并且静态电流只有 35μA

（最大值）。OPA317 放大器具有轨到轨输入和输出以及几乎不变的 $1/f$ 噪声特性，因此是许多应用的理想选择，更容易设计到系统中。此类器件经过优化，适合在 $1.8(\pm 0.9V) \sim 5.5V(\pm 2.75V)$ 的低电压状态下工作。OPA317（单通道版本）提供 SC70-5、SOT23-5 和 SOIC-8 三种封装。OPA2317（双通道版本）提供 VSSOP-8 和 SOIC-8 两种封装。OPA4317 提供标准 SOIC-14 和 TSSOP-14 两种封装。所有器件版本的额定工作温度范围均为 $-40 \sim 125℃$。

（8）电源模块：为全部器件提供电源。

MCU 通过 SPI 总线可分别在 ADC（如 ADS1220）及 DAC（如 DAC7311、DAC161S997 等）之间进行通信。MCU 数据处理及校准过程为：

1）通过 SPI 总线接收 ADC 的原始代码，进行偏移量、增益误差校准及非线性补偿，将 ADC 代码转换为对应的物理量值。

2）DAC 经增益误差校准后，将测得物理量值转成 DAC 代码，通过 SPI 总线注入 DAC 数据寄存器。

3. 4~20mA 信号链路分析与设计

我们以 DAC7311 与 OPA317 为例，分析 4~20mA 回路电路的设计过程，包括重要参数的计算方法、合理性判据等重要内容。

图 4-51 所示为基于 DAC7311 与 OPA317 的 4~20mA 回路的电路原理图。

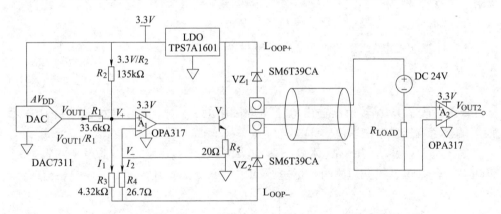

图 4-51　基于 DAC7311 与 OPA317 的 4~20mA 回路电路图

设计目标参数见表 4-33 所示。

表 4-33　设计目标参数

回路电源电压/V	DAC 输出电压/V	输出电流/mA	误差
12~36V	0~3.3V	4~20mA	<1% FSR⊖

⊖　FSR（Full Scale Range），满量程。

本例采用 DC24V 供电，可以调节串联回路（包括电源芯片、变送器和负载电阻）中的电流。变送器中的有源电路从回路电流获得电源，这意味着所有器件的电流消耗必须小于零标度电流，该零标度电流在某些应用中可能低至 3.5mA。稳压器可以降低环路电压，从而为 D/A 转换器、运算放大器和附加电路供电。运算放大器会偏置晶体管，以调节从 Loop+ 流至 Loop-的电流。该电路通常也可以用于两线制现场传感器、变送器，如流量变送器、液位变送器、压力变送器和温度变送器等。

设计剖析：

1）为应用选择具有所需分辨率和精度的单通道 D/A 转换器。使用具有低失调电压和低温漂的运算放大器 OPA317，以最大程度地减小误差。

2）选择低功耗 D/A 转换器、运算放大器和稳压器，以确保总传感器变送器静态电流小于 4mA。

3）通过选择较大的 R_3/R_4 比率来最大程度地减小流经 R_1、R_2 和 R_3 的电流，以最大限度减小电阻器的热漂移。

4）针对 $R_1 \sim R_4$ 使用精密低漂移电阻器，以最大程度地降低误差。

5）使用具有宽输入电压范围和低压差的稳压器（如：TPS7A1601），以支持各种环路电源电压。

6）在进出线端串接 ESD 抑制器/TVS 二极管，如：SM6T39CA，起到保护作用。

设计步骤：

1）计算流过电阻 R_1 的电流 I_1 的表达式为

$$I_1 = \frac{V_{DAC}}{R_1} + \frac{V_{REG}}{R_2} \tag{4-61}$$

式中，V_{DAC} 表示 D/A 转换器输出电压（即图中的 V_{OUT1}）；V_{REG} 表示提供给 D/A 转换器的参考电压，本例取值 3.3V。

放大器 A_1 驱动 NPN 晶体管 V（如 2N3904，$V_{CBO} = 60V$，$V_{CEO} = 40V$，$I_C = 200mA$）的基极，根据运放的"虚短"和"虚断"的特性，满足下面的表达式：

$$\begin{cases} V_+ = I_1 R_3 \\ V_- = I_2 R_4 \\ V_+ = V_- \end{cases} \tag{4-62}$$

2）可以计算流过电阻 R_4 的电流 I_2，其表达式为

$$I_2 = \frac{I_1 R_3}{R_4} \tag{4-63}$$

3）输出回路的电流 I_{OUT} 的表达式为

$$I_{OUT} = I_2 + I_1 = \left(\frac{R_3}{R_4} + 1 \right) \times \left(\frac{V_{DAC}}{R_1} + \frac{V_{REG}}{R_2} \right) \tag{4-64}$$

将 DAC 输出电压的表达式代入输出回路的电流 I_{OUT} 的表达式，则有

$$I_{OUT}(D) = \left(\frac{R_3}{R_4} + 1\right) \times \left(3.3V \times \frac{D}{2^n}\frac{1}{R_1} + \frac{V_{REG}}{R_2}\right) \tag{4-65}$$

图 4-51 中所示的串接在晶体管的发射极的电阻 R_5，是用以降低晶体管 V 的增益，从而降低电压-电流变换器的闭环增益，确保其稳定。

4）选择较大的 R_3/R_4 比率：

$$\frac{R_3}{R_4} = \frac{4.32k\Omega}{26.7\Omega} \tag{4-66}$$

5）根据零标度电流（$I_{OUT,ZS} = 4mA$），即

$$\frac{V_{DAC}}{R_1} = 0 \tag{4-67}$$

6）此时由稳压器电压和增益比率（R_3/R_4）计算 R_2，即

$$R_2 = \frac{V_{REG}}{I_{OUT,ZS}} \times \left(1 + \frac{R_3}{R_4}\right) = \frac{3.3V}{4mA} \times \left(1 + \frac{4.32k\Omega}{26.7\Omega}\right) \approx 134.31k\Omega \tag{4-68}$$

电阻 R_2 有两种选择，即 133kΩ 和 135kΩ（均为 E192 电阻系列）。

7）根据满标度 DAC 输出电压（3.0V）和 16mA 的电流范围计算 R_1，以设置满标度电流，即

$$R_1 = \frac{V_{DAC,FS}}{I_{OUT,SPAN}} \times \left(1 + \frac{R_3}{R_4}\right) = \frac{3.3V}{16mA} \times \left(1 + \frac{4.32k\Omega}{26.7\Omega}\right) \approx 33.58k\Omega \tag{4-69}$$

电阻 R_1 取值 33.6kΩ（为 E192 电阻系列）。

8）根据所选的电阻值计算零标度输出电流，即

$$\begin{cases} I_{OUT,ZS} = \dfrac{V_{REG}}{R_2} \times \left(1 + \dfrac{R_3}{R_4}\right) = \dfrac{3.3V}{133k\Omega} \times \left(1 + \dfrac{4.32k\Omega}{26.7\Omega}\right) \approx 4.039mA \\[3mm] I_{OUT,ZS} = \dfrac{V_{REG}}{R_2} \times \left(1 + \dfrac{R_3}{R_4}\right) = \dfrac{3.3V}{135k\Omega} \times \left(1 + \dfrac{4.32k\Omega}{26.7\Omega}\right) \approx 3.98mA \end{cases} \tag{4-70}$$

相比而言，电阻 R_2 取值 135kΩ（E192 电阻系列）。

9）根据所选的电阻器值计算满标度电流，即

$$I_{OUT,FS} = \left(\frac{V_{DAC}}{R_1} + \frac{V_{REG}}{R_2}\right) \times \left(1 + \frac{R_3}{R_4}\right) = \left(\frac{3.3V}{33.6k\Omega} + \frac{3.3V}{135k\Omega}\right) \times \left(1 + \frac{4.32k\Omega}{26.7\Omega}\right)$$
$$\approx 19.97mA \tag{4-71}$$

本例低压差线性稳压器（Low Dropout Voltage，LDO）可以选择 TPS7A1601，它针对连续或断续（备用电源）电池供电应用而设计，超低静态电流在此类应用中对于延长系统电池寿命至关重要。TPS7A1601 具有使能引脚（EN）和一个具有用户可编程延迟的集成开漏高电平有效的电源正常输出（PG）。这些引脚专用于需要进行电源轨排序、基于微控制器的电池供电类应用。它适应宽输入电压范围（3~60V）、超低静态电流（≤5μA）、输出电流 100mA。

图 4-52 所示为电源芯片 TPS7A1601 的典型接线图。

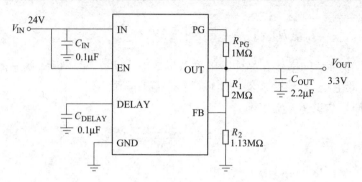

图 4-52　电源芯片 TPS7A1601 的典型接线图

现将图 4-52 中所示的引脚定义及其功能说明如下:

1) IN 为芯片的电源输入端 (推荐值 5.5~40V), 在它与参考地 GND 之间并接 10μF 钽电容和 0.1μF 瓷片电容。

2) EN 为它的使能熟练度, 可以直接连接输入端 IN 上。

3) PG 为它的状态良好端子, 为开漏输出端 (外接上拉电阻)。

4) DELAY 为表征电源状态良好的延迟时间端, 外接电容, 其取值范围为 100pF~100nF。

5) OUT 为输出端, 需要并接滤波电容, 其推荐取值为 2.2~100μF。

6) FB 为它的反馈调整端, 外接电阻 R_1 和 R_2 用以控制输出端 OUT 的电压达到用户的设定值。

电源芯片 TPS7A1601 输出电压的 V_{LDO} 表达式为

$$V_{LDO} = \left(\frac{R_1}{R_2} + 1 \right) \times V_{REF} \tag{4-72}$$

式中, V_{REF} 为参考电压, 其范围为 1.169~1.217V, 典型值为 1.193V。

电源芯片 TPS7A1601 输出端的分压电阻取值见表 4-34 所示。

表 4-34　电源芯片 **TPS7A1601** 输出端的分压电阻取值

V_{LDO}/V	R_1	R_2	$V_{LDO}/(R_1+R_2) \ll I_Q$	准确度
1.194	0Ω	∞	0μA	±2%
1.8	1.18MΩ	2.32MΩ	514nA	±(2%+0.14%)
2.5	1.5MΩ	1.37MΩ	871nA	±(2%+0.16%)
3.3	2MΩ	1.13MΩ	1056nA	±(2%+0.35%)
5	3.4MΩ	1.07MΩ	1115nA	±(2%+0.39%)
10	7.87MΩ	1.07MΩ	1115nA	±(2%+0.42%)
12	14.3MΩ	1.58MΩ	755nA	±(2%+0.18%)
15	42.2MΩ	3.65MΩ	327nA	±(2%+0.19%)
18	16.2MΩ	1.15MΩ	1038nA	±(2%+0.26%)

本例所讲述方法，可以拓展应用。为方便读者选型，相关器件总结见表 4-35 所示。

表 4-35 相关器件总结

器件	主 要 特 性
D/A 转换器	
DAC7311	12 位分辨率、单通道、超低功耗、1LSB INL、SPI、2~5.5V 电源
DAC8560	16 位分辨率、单通道、内部基准电压、低功耗、4LSB INL、SPI、2~5.5V 电源
DAC8830	16 位分辨率、单通道、超低功耗、非缓冲输出、1LSB INL、SPI、2.7~5.5V 电源
DAC161S997	16 位、4~20mA 电流输出、100uA 电源电流、SPI、2.7~3.3V 电源
放大器	
TLV9001	低功耗、0.4mV 失调电压、轨至轨 I/O、1.8~5.5V 电源
OPA317	零漂移、低失调电压、轨至轨 I/O、35uA 最大电源电流、2.5~5.5V 电源
OPA333	微功耗、零漂移、低失调电压、轨至轨 I/O、1.8~5.5V 电源

我们接着以 DAC161S997（16 位分辨率、单通道、超低功耗）为例，讲解它的使用方法、设计步骤和参数确定依据等重要内容。

图 4-53 所示为 DAC161S997 的原理框图。

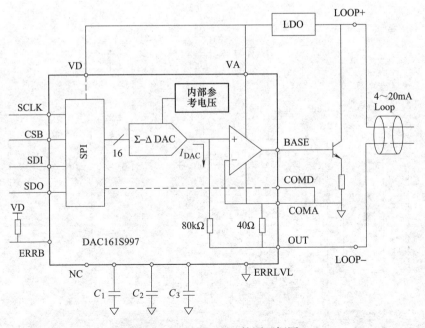

图 4-53 DAC161S997 的原理框图

分析 DAC161S997 的原理框图得知：

1）DAC161S997 是一种非常低功耗的 16 位 Σ-Δ 的 D/A 转换器（DAC），用于

在工业标准 4~20mA 电流回路上传输模拟输出电流。

2）DAC161S997 具有用于数据传输和 DAC 功能配置的简单 4 线 SPI。为了减少紧凑型环路供电应用中的功率和元件数量，DAC161S997 包含一个内部超低功率电压基准和一个内部振荡器。DAC161S997 的低功耗导致系统其余部分有额外电流可用。

3）DAC161S997 的环路驱动与公路可寻址远程传感器（HART）调制器接口，允许将 FSK 调制的数字数据注入 4~20mA 电流环路。这种规格和功能的结合使 DAC161S997 成为 2 线和 4 线工业发射机的理想选择。

4）DAC161S997 采用 16 针 4mm×4mm WQFN 封装，并在−40~105℃的扩展工业温度范围内指定。

DAC161S997 的推荐参数见表 4-36 所示。

表 4-36　DAC161S997 的推荐参数

参数符号	参数名称	最小值	最大值
V_A、V_{DD}	电源/V	2.7	3.6
T_A	温度/℃	−40	105

图 4-54 所示为 DAC161S997 的典型接线原理框图。

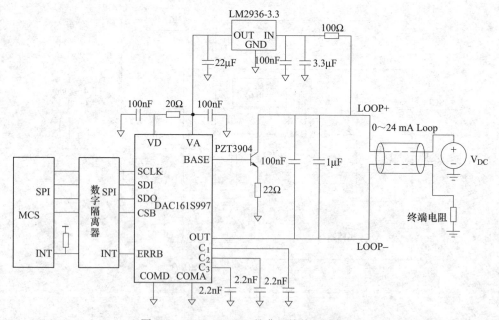

图 4-54　DAC161S997 的典型接线原理框图

分析 DAC161S997 的典型接线原理框图可知：

1）MCU 通过 SPI 总线可与 DAC161S997 进行通信。DAC 经增益误差校准后，将测得物理量值转成 DAC 代码，通过 SPI 总线注入 DAC 数据寄存器所在环路接口电路中。

基于 DAC161S997 的输出回路的电流 I_{OUT} 的表达式为

$$I_{OUT}(D) = 24\text{mA} \times \frac{D}{2^{16}} \tag{4-73}$$

式中，D 代表全 16 位代码空间，即为 0x0000H~0xFFFFH。

2）要解决输入高压电源（10~30V）与 DAC 供电 3.3V 的接口问题，通常采用线性稳压器（LDO）。

3）DAC 输出环路电流加 NPN 晶体管进行电流放大，使电流动态范围达到 4~20mA，以符合工业标准电流环的技术要求。

4）肖特基二极管 VD_2、VD_3 用于极性和 ESD 保护，VD_1 作用是在最小环路电流条件下，LDO 得到足够输入电压产生稳定的 3.3V 电源电压，保证 DAC 正常工作。

5）电容 C_1、C_2 和 C_3 为 3 阶 RC 低通滤波器外接电容，减小电容值可以提高瞬态响应速度，其值至少要大于 1nF。

为方便加深理解，与 DAC161S997 变换器类似的器件 DAC161P997 对比见表 4-37 所示。

表 4-37　变换器 DAC161S997 与 DAC161P997 对比

参数名称	DAC161S997	DAC161P997	参数名称	DAC161S997	DAC161P997
分辨率/Bits	16	16	模拟电源（Min）/V	2.7	2.7
DAC 通道数	1	1	模拟电源（Max）/V	3.6	3.6
INL(Max)（+/−LSB）	9	9	DNL(Max)（+/−LSB）	0.5	0.5
输出范围 Max（V 或 mA）	24	24	数字电源（Min）/V	2.7	2.7
输出形式	电流	电流	数字电源（Max）/V	3.6	3.6
接口特征	串口 SPI	单线	增益误差（Max）（%FSR）	0.22	0.22
参考电压类型	外部	外部	调制原理	Δ-Σ	Δ-Σ
工作温度/℃	−40~105	−40~105	功耗（Typ）/MW	0.33	0.33
引脚与封装	16WQFN	16WQFN			

第 5 章 应用于电力电子装置中的
通信隔离处理技术

电力电子变换器能将电力从交流转换为直流（整流器），直流转换为直流（斩波器），直流转换为交流（逆变器），同频率交流转换为交流（交流控制器），变频率交流转换为交流（周波变换器），它们是五种类型的电力电子变换器。已经广泛用于加热控制、电能变换、特种交流和直流电源、电化学调节控制、直流和交流电机驱动、静态无功补偿和有源谐波滤波等不同领域和场合。既涉及电力电子变换器输入端和输出端的状态监测（如电流和电压），又涉及本体自身的状态监测（如电流、电压、温度和湿度等），还要与上位机进行信息交互并按照其给定指令工作，这必然依赖通信来完成。

5.1 概述

5.1.1 通信隔离处理的必要性

图 5-1 所示为一种应用于电机变换器的典型拓扑及其信号链路图。我们以它为例，重点画出该变换器及其控制系统的信号链路，以便分析这类系统信号隔离的必要性、典型隔离器件的处理方法及其设计步骤等问题。

图 5-1 表示的是由直流总线供电的典型三相逆变器拓扑及其信号链路图。分析该拓扑及其信号链路图得知：

1）直流电源通常是通过二极管桥式整流器和容性/感性滤波器直接从交流电源产生获取。在大部分工业现场应用中，直流总线电压为 300~1000V，采用脉宽调制（PWM）方案，以 2~10kHz 不等的开关频率切换功率管 $IGBT_1$~$IGBT_6$，从而在电机端子上产生幅值可变、频率可调的三相正弦交流电压。

2）PWM 信号在电机控制器（一般用微控制器或 FPGA 来实现）中产生。这些信号一般是低压信号不具备带载能力，即它们不能直接用于功率管的开通和关断控制。为了正确开通和关断功率管，PWM 控制指令都以相关功率管发射极为接地基准，将其触发指令的电压电平进行电平转换、输出电流进行有效放大。

3）由主控芯片（如单片机、ARM 或 DSP 等）通过通信接口与被控制系统之间实现信号交互，而被控制系统的应用环境往往比较复杂，会存在高压、雷击和大电流等情况。如果直接把其与主控制系统连在一起的话，上述危险信号极有可能毁坏整个系统，尤其是噪声电压的高电平可能会由外部电流或电压源〔如：强

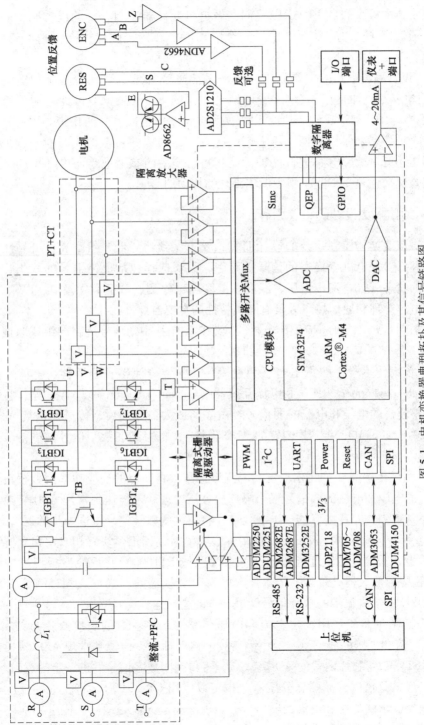

图 5-1　电机变换器典型拓扑及其信号链路图

电（功率部件）和闪电］耦合到通信收发模块，造成信息错乱，严重时会对整个应用系统造成极大的危害。所以我们在做电机变换器控制系统的设计时，一定要把包括通信模块在内的全部弱信号安全隔离考虑在内，确保可靠保护敏感电路，使其免受现场应用中因偶尔出现的高电压击穿而损伤。

4）设置隔离电路的主要原因，就是保护通信电路不受危险电压和电流的影响。在图 5-1 所示的应用实例中，即使是小量的 AC 电流也有可能对通信器部件（如 RS-232、RS-422/485、CAN、以太网和 I^2C 等）造成致命的伤害。因此，需要采用一个隔离层来保护它们，将它们一次侧与二次侧的参考地隔开而不共地。当然，隔离还可对敏感电路进行保护，使其高压环境的参考地与弱电环境的参考地不会耦合起来，免受工业应用中偶尔出现的扰动的影响。

5.1.2 通信隔离设计的重要内容

针对该变换器控制系统的设计而言，要求做到功耗低、效率高、可靠性高以及兼容性好。在电机变换器的信号链路中，需要选择包括反馈信号的采集、强电回路中的状态（如电流、电压、温度和湿度等）检测、数字 I/O 接口、PWM 驱动脉冲、电源管理和通信接口等具有隔离特性的重要器部件。

如图 5-1 所示，现将应用于电机变换器典型拓扑中的信号链路的组成原理简述如下：

1）借助传感器［如霍尔电压和电流传感器、分流器、分压器、电压互感器（Potential Transformer，PT）和电流互感器（Current Transformer，CT）等］将获取的反应整流桥的电压和电流的弱信号经由隔离放大器处理后，传送到常规 A/D 转换器处理（如 STM32F4 芯片内置的 ADC 模块），将得到的数字信号做进一步的逻辑运算。

2）利用传感器（如霍尔电压和电流传感器）将获取的反应功率因数校正模块（PFC）的电压和电流的弱信号经由隔离放大器处理后，传送到常规 A/D 转换器处理（如 STM32F4 芯片内置的 ADC 模块），将得到的数字信号做进一步的逻辑运算。

3）由于本装置的冷板压装有整流桥、功率因数校正模块（PFC）和全桥 DC/AC 变换器，需要凭借温度传感器（如 PT100 或 PT1000）将反应冷板温度的弱信号，经由隔离放大器处理后，传送到常规 A/D 转换器处理（如 STM32F4 芯片内置的 ADC 模块），将得到的数字信号做进一步的逻辑运算。

4）工程师大多采用霍尔电流和电压传感器，将获取的反应直流母线（DC-LINK）电流和电压的弱信号，经由隔离放大器处理后，传送到常规 A/D 转换器处理（如 STM32F4 芯片内置的 ADC 模块），将得到的数字信号做进一步的逻辑运算。

5）经常是借助分流器和分压器（也可以采用 CT 和 PT），将获取的反应 DC/AC 变换器输出端电压和电流的弱信号，经由隔离放大器处理后，传送到常规 A/D 转换器处理（如 STM32F4 芯片内置的 ADC 模块），将得到的数字信号做进一步的逻辑运算。

6）将 CPU 模块（如 DSP、ARM 等，本例为 STM32F4 芯片）发送的 PWM 触发脉冲经由隔离栅极驱动器（如光耦、数字隔离器和专用栅极驱动器等），分别传送到 PFC 模块和全桥 DC/AC 变换器，按照既定策略控制相应的功率开关器件依序开通与关断。

7）通信信号（如 RS-232、RS-422/485、CAN、以太网和 I^2C 等）借助各自的通信隔离模块（图中全部给出了它们的典型器件型号），与 CPU 模块进行信息交互。

8）数字信号（如 I/O、驱动脉冲等）借助数字隔离模块，再将它们传送到 CPU 模块中，进行逻辑控制处理。

9）位置信息（如编码器、旋转变压器等）借助专用处理芯片处理，经由数字隔离模块（如：数字隔离器、光耦等）隔离后，再与 CPU 模块进行逻辑控制处理。

需要说明的是，由于有关检测、数字隔离和栅极驱动等环节已经在前面章节介绍了，因此，本章只重点讲述通信模块（如 RS-232、RS-422/485、CAN、以太网和 I^2C 等）的工作原理、隔离措施和设计方法等重要内容。

5.2　串口 RS-232 通信及其隔离措施

5.2.1　概述

所谓通信协议是指通信双方的一种约定。约定包括对数据格式、同步方式、传送速度、传送步骤、检纠错方式以及控制字符定义等问题做出统一规定，通信双方必须共同遵守。因此，也叫作通信控制规程，或称传输控制规程，它属于 OSI 七层参考模型中的数据链路层。目前，采用的通信协议有两类：异步协议和同步协议。同步协议又有面向字符、面向比特以及面向字节计数三种。OSI 参考模型（OSI/RM）的全称是开放系统互连参考模型（Open System Interconnection Reference Model，OSI/RM），它是由国际标准化组织 ISO 提出的一个网络系统互连模型，是网络技术的基础，也是分析、评判各种网络技术的依据，它揭开了网络的神秘面纱，让其有理可依、有据可循。

1. TTL 电平与 EIA 电平的区别

在讲述串行通信接口电路之前，需要学习一下 TTL 电平与 EIA 电平各自特点。TTL 电平信号被利用的最多是因为通常数据表示采用二进制规定，+5V 等价于逻辑"1"，0V 等价于逻辑"0"，因此，称它们为 TTL（transistor-transistor logic gate：晶体管-晶体管逻辑电平）信号系统，这是计算机处理器控制的设备内部各部分之间通信的标准技术。TTL 电平信号对于计算机处理器控制的设备内部的数据传输是很理想的，其原因在于：

1）计算机处理器控制的设备内部的数据传输对于电源的要求不高且热损耗也较低，另外 TTL 电平信号直接与集成电路连接而不需要价格昂贵的线路驱动器以及接收器电路。

2）计算机处理器控制的设备内部的数据传输是在高速下进行的，而 TTL 接口的操作恰能满足这个要求。TTL 型通信大多数情况下，是采用并行数据传输方式，而并行数据传输对于超过 3m（10ft）的距离就不适合了。这是由于可靠性和成本两方面的原因。因为在并行接口中存在着偏相和不对称的问题，这些问题对可靠性均有影响；另外对于并行数据传输，电缆以及连接器的费用比串行通信方式要高一些。

RS-232C 标准采用 EIA 电平，专门规定：

① "1" 的逻辑电平为 $-3 \sim -15V$；

② "0" 的逻辑电平为 $+3 \sim 15V$。

3）由于 EIA 电平与 TTL 电平完全不同，必须进行相应的电平转换，MC1488 完成 TTL 电平到 EIA 电平的转换，MC1489 完成 EIA 电平到 TTL 电平的转换。还有模块（如 MAX232）既可以完成 TTL→EIA 转换，还可以执行 EIA→TTL 的电平转换，方便将 RS-232C 和微控制器（MCU）串口中的 TTL 电平进行相互转换，使得它们可以相互通信。

4）当前 MCU 芯片串口电平的标准是 TTL 电平标准，即高电平为 $+5V$，低电平为 $0V$，而 RS-232C 的电平标准是 EIA 电平标准，即低电平为 $+3 \sim 15V$，高电平为 $-3 \sim -15V$。在实际应用中常用 $\pm 12V$ 或 $\pm 15V$，在 PC 电脑中因所用的芯片或电路不同，通常为 $\pm 9 \sim \pm 12V$。要注意的是在 RS-232C 中任何一条信号线的电压均为负逻辑关系，其噪声容限为 2V，也就是说要求接收器能识别低至 $+3V$ 的信号，将其作为逻辑 "0" 处理；将高到 $-3V$ 的信号作为逻辑 "1" 处理。

2. 串行通信接口的基本任务

现将串行通信接口的基本任务总结如下：

（1）实现数据格式化转换：因为来自 CPU 的是普通的并行数据，所以，接口电路应具有实现不同串行通信方式下的数据格式化转换的任务。在异步通信方式下，接口自动生成起止式的帧数据格式。在面向字符的同步方式下，接口要在待传送的数据块前加上同步字符。

（2）进行串/并转换：串行传送，数据是一位一位串行传送的，而计算机处理数据是并行数据。所以当数据由计算机送至数据发送器时，首先把串行数据转换为并行数据才能送入计算机处理。因此串/并转换是串行接口电路的重要任务。

（3）控制数据传输速率：串行通信接口电路，应具有对数据传输速率（即波特率）进行选择和控制的能力。

（4）进行错误检测处理：在发送时，接口电路对传送的字符数据自动生成奇偶校验位或其他校验码；在接收时，接口电路检查字符的奇偶校验或其他校验码，确定是否发生传送错误。

（5）进行 TTL 与 EIA 电平转换：CPU 和终端均采用 TTL 电平及正逻辑，它们与 EIA 采用的电平及负逻辑不兼容，需在接口电路中进行转换处理。

（6）提供 EIA-RS-232C 接口标准所要求的信号线：远距离通信采用 MODEM 时，需要 9 根信号线；近距离零 MODEM 方式时，只需要 3 根信号线。这些信号线由接口电路提供，以便与 MODEM 或终端进行联络与控制。

为了完成上述串行接口的任务，串行通信接口电路一般由可编程的串行接口芯片、波特率发生器、EIA 与 TTL 电平变换器以及地址译码电路组成。其中，随着大规模集成电路技术的发展，通用的同步（Universal Synchronous Receiver Transmitter：USRT）和异步（Universal Asynchronous Receiver Transmitter：UART）串口接口芯片的种类也越来越多，如 8250、8250A、16450、16C451、16550、16550A、16550AF、16550AFN、16C551 和 16C552 等。8250 是 IBM PC 及兼容机使用的第一种串口芯片，这是一种相对来说很慢的芯片，有时候装载到它的寄存器速度太快，它来不及处理，就会出现数据丢失现象。8250 有 7 个寄存器，支持的最大波特率为 56kB。8250A 是 8250 的修正版，修正了一些小问题，增加了一个用来表示安装了 8250 的寄存器，最大速度还是 56kB。16450 是 8250A 的快速版，加快了处理器存取它的速度，但最大速度还是 56kB。16C451 是 16450 的 CMOS 版本，16550A 与 8250 的软件兼容，而前者提供更高的性能。16550A 的最大波特率为 256kB，16550A 的引脚与 8250、8250A 和 16450 相同。16550A 性能增强的关键是使用了先进先出（FIFO），它有 16 字节的发送 FIFO 寄存器和 16 字节的接收 FIFO 寄存器。16C551 是 16550AF 的 COMS 版本。16C552 是在一个芯片上包含两个 16C551。

上述器件的基本功能是相似的，即用于实现上面提出的串行通信接口的基本任务，且都是可编程的。因此，利用它们作为串行通信接口电路的核心芯片，会简化电路的设计、缩小 PCB 的物理尺寸以及降低装置结构的复杂度。

3. 串行通信的物理标准

为了使计算机、电话以及其他通信设备之间互相通信，现在，已经对串行通信建立了几个一致的概念和标准，这些概念和标准属于三个方面，即传输率、电特性，信号名称和接口标准。现将它们简述如下：

（1）传输率：就是指每秒传输多少位。传输率也常叫波特率，国际上规定了一个标准波特率系列，即 110bit/s、300bit/s、600bit/s、1200bit/s、4800bit/s、9600bit/s 和 19200bit/s。大多数 CRT 终端都能够按波特率 110~9600bit/s 中的任何一种波特率工作。打印机由于机械速度比较慢而使传输波特率受到限制，所以，一般串行打印机均工作在 110 波特率，点针式打印机由于其内部有较大的行缓冲区，所以可以按高达 2400 波特的速度接收打印信息。大多数接口的接收波特率和发送波特率可以分别设置，而且，可以通过编程来指定。

（2）RS-232-C 标准：RS-232-C 标准对两个方面作了规定，即信号电平标准和控制信号线的定义。RS-232-C 采用负逻辑规定逻辑电平，信号电平与通常的 TTL 电平也不兼容，如前所述，RS-232-C 将 $-5 \sim -15\mathrm{V}$ 规定为"1"，$+5 \sim 15\mathrm{V}$ 规定为"0"。

4. RS-232 接口的引脚定义

RS-232 接口又称之为 RS-232 口、串口、异步口或一个 COM（通信）口。RS-232 是其最明确的名称。在计算机世界中，大量的接口是使用串口进行数据连接的，连接的硬件就是 RS-232 九芯电缆。RS-232 电缆两端，一端为公头（DB9 针式），另一端为母头（DB9 孔式），主要使用 RS-232 口作为与电脑连接的数据通道，并使用了一种常见的最简单的连接方式，只使用其中的三根电缆线直接焊接相连。

串口通信距离较近时（小于 12m），可以用电缆线直接连接标准 RS-232 端口（相比而言，RS-422 和 RS-485 适用于较远距离传输）；若距离较远时，需附加调制解调器（MODEM）。最为简单且常用的就是三线制接法，即地、接收数据和发送数据三脚相连，本文只涉及最为基本的接法，且直接用 RS-232 相连。

目前较为常用的串口有 9 针串口（DB9）和 25 针串口（DB25）两种，见表5-1所示。

表 5-1　常用 DB9 和 DB25 的串口信号引脚及其定义

9 针串口（DB9）			25 针串口（DB25）		
引脚号	引脚名称	缩写名	引脚号	引脚名称	缩写名
1	数据载波检测	DCD	8	数据载波检测	DCD
2	接收数据	RXD	3	接收数据	RXD
3	发送数据	TXD	2	发送数据	TXD
4	数据终端准备	DTR	20	数据终端准备	DTR
5	信号地	GND	7	信号地	GND
6	数据终端准备好	DSR	6	数据终端准备好	DSR
7	请求发送	RTS	4	请求发送	RTS
8	清除发送	CTS	5	清除发送	CTS
9	振铃指示（2）	DELL	22	振铃指示（2）	DELL

表 5-2 所示为 RS-232C 串口通信（三线制）的接线方法。

表 5-2　RS-232C 串口通信（三线制）接线方法

9 针-9 针				25 针-25 针				9 针-25 针			
公头		母头		公头		母头		公头		母头	
2	接收数据	3	发送数据	3	接收数据	2	发送数据	2	接收数据	2	发送数据
3	发送数据	2	接收数据	2	发送数据	3	接收数据	3	发送数据	3	接收数据
5	信号地	5	信号地	7	信号地	7	信号地	5	信号地	7	信号地

现将 RS-232C 串口通信（三线制）接线方法介绍如下：

1）串口传输数据只要有接收数据针脚和发送针脚就能实现。同一个串口的接收脚和发送脚直接用线相连，两个串口相连或一个串口和多个串口相连同一个串口的接收脚和发送脚直接用线相连，其中 9 针串口和 25 针串口，均是 2 脚与 3 脚直接相连。

2）表 5-2 所示接线方法是对微机标准串行口而言的，还有许多非标准设备，如接收 GPS 数据或电子罗盘数据，只要记住一个原则：接收数据针脚（或线）与发送数据针脚（或线）相连，信号地对应相接，就没有问题。

不过需要提醒读者，在串口调试中需要引起重视的内容包括：

1）不同编码机制不能混接，如 RS-232C 不能直接与 RS-422 接口相连，市面上有专用 RS-232C 的变换器售卖，也有专用 RS-422 的变换器售卖。

2）线路焊接要牢固，不然程序没问题，却会因为接线问题误事。

3）串口调试时，准备一个好用的调试工具，如串口调试助手、串口精灵等，往往会有事半功倍之效果。

4）强烈建议不要带电插拔串口，插拔时至少有一端是断电的，否则串口极易损坏。

5.2.2　隔离型 RS-232 收发器

由于在电力电子装置（PEE）的使用现场，串口通信 RS-232 的电缆网络与主控器之间易受电压尖峰和接地环路的影响，因此，在使用这类器件时，需要防范这些问题，并构建了隔离型 RS-232 工作环境。本书以 ADI 公司提供的 RS-232 隔离式收发器为例，讲解它们的使用方法、电路设计技巧。ADI 公司通过 isoPower® 集成式 DC/DC 变换器和 iCoupler® 技术，可在噪声环境中实现电源隔离和信号隔离，从而满足系统可靠性要求。

表 5-3 所示为几种典型的隔离型 RS-232 接口芯片。

表 5-3　几种典型的隔离型 RS-232 接口芯片

型号名称	传输速率(max)/(bit/s)	通道数	隔离电压(有效值)/V	CMTI(min)/(V/μs)	电源 Vs+		温度范围/℃
					最小值/V	最大值/V	
ADM3252E	460k	2	2.5k	25k	3	5.5	−40~85
ADM3251E	460k	1	2.5k	25k	4.5	5.5	−40~85
LTM2882-5	1M	2	2.5k	30k	4.5	5.5	−40~85
LTM2882-3	1M	2	2.5k	30k	3.0	3.6	−40~85

1. 隔离器 ADM3251E

ADM3251E 是一款 2.5kV 完全隔离、单通道 RS-232 收发器，采用 5V 单电源供电，数据速率高达 460kbit/s 的高速隔离器。该隔离器适于工作在苛刻的电气环境，或频繁插拔 RS-232 电缆的环境中。隔离器 ADM3251E 集成了双通道数字隔离器、基于 isoPower 技术的芯片级 DC/DC 隔离电源。

图 5-2a 所示为隔离器 ADM3251E 的实物图。

图 5-2b 所示为隔离器 ADM3251E 的引脚图。

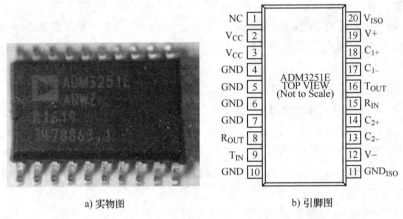

a) 实物图   b) 引脚图

图 5-2 隔离器 ADM3251E 的实物图和引脚图

表 5-4 所示为隔离器 ADM3251E 的引脚定义及其功能说明。其中，接线端 T_{IN} 接受 TTL/CMOS 输入电平，它以 GND 作为参考地，然后耦合到隔离栅上，经过反相处理，再传送到收发器部分，以隔离地 GND_{ISO} 作为参考地。接线端 R_{IN} 输入信号经由隔离栅耦合、反相处理后出现在 R_{OUT} 引脚上，它以 GND 为参考地。

表 5-4 隔离器 ADM3251E 的引脚定义及其功能说明

引脚编号	引脚名称	功 能 说 明
1	NC	不连接。此引脚应总保持无连接
2、3	V_{CC}	电源输入引脚。V_{CC} 与地之间需要 $0.1\mu F$ 去耦电容。当 V_{CC} 引脚有 $4.5\sim5.5V$ 的电压时，集成的 DC/DC 变换器即被使能。如果这个电压降低到 $3.0\sim3.7V$，集成的 DC/DC 变换器即被禁用
4、5、6、7、10	GND	芯片一次侧电源 V_{CC} 的参考地
8	R_{OUT}	接收器输出。此引脚输出 CMOS 逻辑电平
9	T_{IN}	发射器（驱动器）输入。此引脚接受 TTL/CMOS 电平
11	GND_{ISO}	隔离器二次侧电源 V_{ISO} 的参考地
12	V−	内部产生的负电源
13、14	C_{2-}，C_{2+}	电荷泵电容的正和负连接。这两个引脚连接外部电容 C_2；推荐用 $0.1\mu F$ 电容，但可以使用最大 $10\mu F$ 的更大的电容
15	R_{IN}	接收器输入。这个输入接受 RS-232 信号电平
16	T_{OUT}	发射器（驱动器）输入。此引脚输出 RS-232 信号电平

（续）

引脚编号	引脚名称	功 能 说 明
17、18	C_{1-}，C_{1+}	电荷泵电容的正和负连接。这两个引脚连接外部电容 C_1；推荐使用 $0.1\mu F$ 电容，但可以使用最大 $10\mu F$ 的更大的电容
19	V+	内部产生的正电源
20	V_{ISO}	隔离器二次侧经隔离获得的电源电压。V_{ISO} 与地之间需要 $0.1\mu F$ 去耦电容。当集成的 DC/DC 变换器使能时，V_{ISO} 引脚不能外接电源（即不需要由外部电源供电）。如果集成的 DC/DC 变换器禁用时，通过给此引脚提供 $3.0 \sim 5.5V$ 的电压来为二次侧提供电源

图 5-3 所示为隔离器 ADM3251E 的原理框图，分析原理框图得知：

1）隔离器 ADM3251E 由收发信号处理模块（执行收发信号的编码和解码）、电源与电压变换模块（执行电源电压的倍压模块和负压变换器）等组成。

2）隔离器 ADM3251E 的接收器输入端 R_{IN}，已经在芯片内部集成了一个 $5k\Omega$ 的下拉电阻。

3）由于隔离器 ADM3251E 内置了基于 iCoupler 技术的芯片级 DC/DC 变换器，它的一次侧电源范围为 DC$3.0 \sim 5.5V$，因此，真正实现 RS-232 接口的电气隔离。其中，V_{CC} 为振荡电路提供电源，该电路将开关电流输入一个芯片级空心变压器，能量被传送到二次侧，在此处被整流成为高压直流，且二次侧电源被线性地调整到 $5.0V$ 左右，且为二次侧数据模块和 V_{ISO} 提供电源。

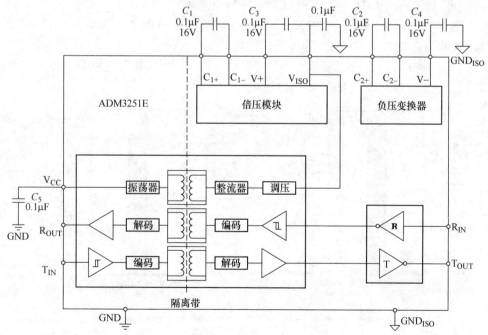

图 5-3　隔离器 ADM3251E 的原理框图

4）隔离器ADM3251E可以在一次侧电源V_{CC}的控制下，确保芯片级DC/DC变换器处于使能或者禁止的工作状态，即当芯片一次侧电源V_{CC}外接4.5~5.5V电源时，芯片级DC/DC变换器处于使能状态；反之，当芯片一次侧电源V_{CC}外接3.0~3.7V电源时，芯片级DC/DC变换器处于禁止状态，此时，该芯片的引脚V_{ISO}需要外接3.0~5.5V电源和12mA（最大值）的二次侧电流I_{ISO}，ADM3251E的信号通道才可以继续正常工作，如果芯片级DC/DC变换器处于禁止状态时，当芯片的引脚V_{ISO}不接外部合适的电源，芯片是不能正常工作的。

为了讲述方便起见，我们在这里作个约定：

1）将通信隔离器件的一次侧视为逻辑侧、输入侧或者第1侧，有时候又被称为隔离器的左侧。

2）将通信隔离器件的二次侧视为接口侧、输出侧、总线侧或者第2侧，有时候又被称为隔离器的右侧。

在后续讲述中如果没有特别说明，就按照此约定来理解。

现将隔离器ADM3251E可以实现的重要功能总结如下：

1）电源与收发数据的电气隔离。

2）电荷泵电压倍压和负压转换。

3）5.0V逻辑到EIA/TIA-232E的发生器变换。

4）EIA/TIA-232E到5.0V逻辑的接收器变换。

图5-4a所示为隔离器ADM3251E的二次侧无外接电源，但是，必须要求它的一次侧电源范围为DC4.5~5.5V，即外接+5V电源。

图5-4b所示为隔离器ADM3251E的二次侧外接3.3V电源，此时要求它的一次侧电源范围为DC3.0~3.7V，即外接+3.3V_1电源。

如图5-4b所示，由于隔离器ADM3251E的二次侧电源范围为DC3.0~5.5V，即可以外接3.3V电源（如外接+3.3V_2电源）。

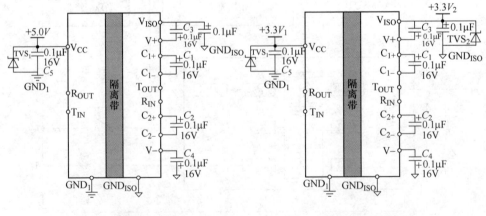

a) 二次侧无外接电源　　　　　　　　　　b) 二次侧外接3.3V电源

图5-4　用于RS-232收发器的隔离的ADM3251E典型应用

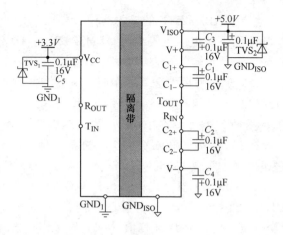

c) 二次侧外接 5V 电源

图 5-4　用于 RS-232 收发器的隔离的 ADM3251E 典型应用（续）

如图 5-4c 所示，隔离器 ADM3251E 的二次侧也可以外接 5V 电源，即外接+5V
电源。

图 5-5 所示为隔离器 ADM3252E 的原理框图，它是双通道 RS-232 隔离器。

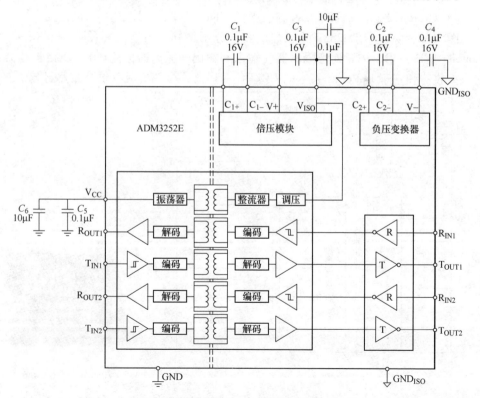

图 5-5　隔离器 ADM3252E 的原理框图

需要说明的是，隔离器 ADM3251E 的接收器输入端 R_{IN1} 和 R_{IN2}，已经在芯片内部分别集成了一个 $5k\Omega$ 的下拉电阻。隔离器 ADM3252E 与 ADM3251E 非常类似，前者为双通道（T_{IN1}/T_{OUT1}、R_{OUT1}/R_{IN1}、T_{IN2}/T_{OUT2}、R_{OUT2}/R_{IN2}），后者为单通道（T_{IN}/T_{OUT}、R_{OUT}/R_{IN}），它们的使用方法基本相似，就不赘述。

2. 隔离器 LTM2882

作为 RS-232 隔离式收发器，可在 1min 承受 2.5kV（有效值），内置隔离的 DC/DC 电源模块，输出 5V（高达 200mA），无须外部元件，用于提供灵活数字接口的 1.62~5.5V 逻辑电源，实现 1Mbit/s（当负载为 250pF/3kΩ）、250kbit/s（当负载为 1nF/3kΩ）和 100kbit/s（当负载为 2.5nF/3kΩ 的 TIA/EIA-232-F）的高速操作，能够承受 ±10kV 的 ESD 而不发生损坏或闭锁（Latch-up），可承受高达 30kV/μs 的共模瞬变电压，高达 560V（峰值）的共模工作电压，真正符合 RS-232 标准的输出电平。该芯片采用扁平（15mm×11.25mm）表面贴装型 BGA 和 LGA 封装，占用较小的 PCB 尺寸。

根据 LTM2882 的参数手册得知：

1）LTM2882 分为 LTM2882-3 和 LTM2882-5 两种规格。

2）LTM2882-3 的逻辑侧（一次侧）电源 V_{CC} 为 3.3V。

3）LTM2882-5 的逻辑侧（一次侧）电源 V_{CC} 为 5.0V。

4）LTM2882-3 和 LTM2882-5 的引脚都相同，逻辑原则也是一致的。

图 5-6a 所示为 LTM2882 的原理框图，分析得知，由于隔离器 LTM2882 采用 iCoupler 集成技术，内置通道隔离器（输入和输出的隔离通信接口）、线路驱动器、输入接收器和基于 isoPower 技术的 DC/DC 变换器，全部集成于单个芯片封装中。

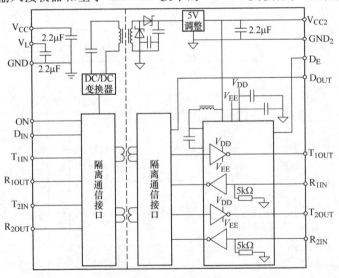

a) 原理框图 b) LTM2882Y-3 实物图

图 5-6 隔离器 LTM2882 的原理框图和实物图

图 5-6b 所示为 LTM2882Y-3 的实物图。

为方便读者阅读理解，表 5-5 所示为隔离器 LTM2882-3 和 LTM2882-5 的一次侧与二次侧的引脚定义及其功能说明。

表 5-5　隔离器 LTM2882-3 和 LTM2882-5 的引脚定义与功能说明

引脚编号	引脚名称	描　　述
逻辑侧（一次侧）引脚定义		
A1	R_{2OUT}	通道 2 的接收器的输出端
A2	T_{2IN}	通道 2 的驱动器的输入端
A3	R_{1OUT}	通道 1 的接收器的输出端
A4	T_{1IN}	通道 1 的驱动器的输入端
A5	D_{IN}	逻辑输入端，当它为高电平时，则 D_{OUT} 为高电平；反之，当它为低电平时，则 D_{OUT} 为低电平；该脚不能悬空
A6	ON	使能输入端，当它为高电平时，则器件有效；反之，当它为低电平时，则器件复位；该脚不能悬空
A7	V_L	逻辑控制的电源端，为 D_{IN}、R_{2OUT}、T_{2IN}、R_{1OUT}、T_{1IN} 和 ON 提供电源，其工作电源范围为 $1.62\sim5.5V$，该脚与 GND 之间并接 $2.2\mu F$ 电容
A8、B7、B8	V_{CC}	芯片的电源端，其工作电源范围为 $3.0\sim3.6V$（LTM2882-3）、$4.5\sim5.5V$（LTM2882-5），该脚与 GND 之间并接 $2.2\mu F$ 电容
B1~B6	GND	芯片参考地
隔离侧（总线侧又称二次侧）引脚定义		
K1~K7	GND_2	隔离侧（总线侧）的参考地
K8、L7、L8	V_{CC2}	芯片隔离侧（总线侧）的电源端，它由 V_{CC} 经由隔离的 DC/DC 变换得到，幅值为 5V，为 R_{1IN}、R_{2IN}、D_E、D_{OUT} 提供电源，该脚与 GND_2 之间并接 $2.2\mu F$ 电容
L1	R_{2IN}	通道 2 的接收器的输入端，当 R_{2IN} 为低电平时，则 R_{2OUT} 为高电平；反之，当 R_{2IN} 为高电平时，则 R_{2OUT} 为低电平
L2	T_{2OUT}	通道 2 的驱动器的输出端，受 T_{2IN} 控制，当 D_E 为低电平时，该脚为高阻态
L3	R_{1IN}	通道 1 的接收器的输入端，当 R_{1IN} 为低电平时，则 R_{1OUT} 为高电平；反之，当 R_{1IN} 为高电平时，则 R_{1OUT} 为低电平
L4	T_{1OUT}	通道 1 的驱动器的输出端，受 T_{1IN} 控制，当 D_E 为低电平时，该脚为高阻态
L5	D_{OUT}	逻辑输出，与 D_{IN} 逻辑一致，但是电气隔离
L6	D_E	驱动器输出的使能端，当它为低电平时，两个 RS-232 通道的驱动器输出端 T_{1OUT} 和 T_{2OUT} 均为高阻态；反之，当它高电平时，两个 RS-232 通道的驱动器输出端有效

5.2.3 RS-232接口电路的防护设计

由于串口RS-232的使用环境比较恶劣（处于高压电力电子装置中，存在雷击环境），为确保它能够可靠工作，建议读者在模块的输出端T_{OUT}、输入端R_{IN}外接由TVS管子、防雷器件和热敏电阻PTC（Positive Temperature Coefficient Thermistor）等构成的端口防护电路（包含静电保护（Electro-Static Discharge：ESD）和过电压保护（Electrical Over Stress：EOS））。

图5-7所示为基于隔离器ADM3251E的RS-232接口的防护电路典型接法。图中的PTC+TVS管形成回路，当有大的交流电压灌入时，PTC开始发热，进而形成高阻，保证后续电路不至于被过电流击穿。这种设计方法，能保证RS-232端口耐受市电或者工业电直接接入，保证数分钟通电而不损坏。

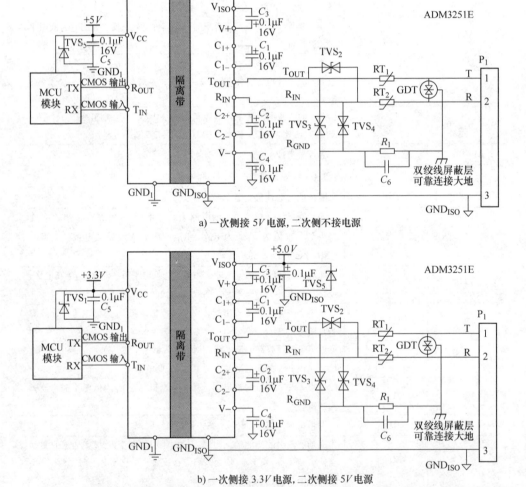

a) 一次侧接5V电源，二次侧不接电源

b) 一次侧接3.3V电源，二次侧接5V电源

图5-7 基于隔离器ADM3251E的RS-232接口的防护电路典型接法

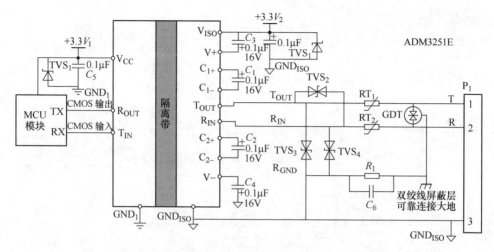

c) 一次侧接 3.3V_1 电源,二次侧接 3.3V_2 电源

图 5-7　基于隔离器 ADM3251E 的 RS-232 接口的防护电路典型接法（续）

在设计隔离器 ADM3251E 的电源外围电路时，需要注意的是：

1）隔离器 ADM3251E 一次侧外接 5V 电源，二次侧不用外接电源，如图 5-7a 所示。

2）隔离器 ADM3251E 一次侧外接 3.3V 电源，二次侧可以外接 5V 电源，如图 5-7b所示。

3）隔离器 ADM3251E 一次侧外接 3.3V_1 电源，二次侧可以外接 3.3V_2 电源，如图 5-7c 所示。

4）为了确保隔离器件安全、可靠工作，请不要热插拔它。

图 5-7 所示接口电路所需 ESD 和 EOS 保护器件及其推荐参数见表 5-6 所示。

表 5-6　隔离接口 ADM3251E 的典型保护器件及其参数列表

标号	型号	标号	型号
TVS$_1$	SMBJ5.0A 或 SMBJ5.0CA	TVS$_2$	SMBJ30CA
RT$_1$、RT$_2$	JK250-180T	TVS$_3$、TVS$_4$	SMBJ18CA
R_1	1MΩ、1206	TVS$_5$	SMBJ6.5A 或 SMBJ6.5CA
C_6	102、2kV、1206	GDT	B3D090L
U_1	ADM3251E 模块		

图 5-8 所示为基于隔离器 ADM3252E 的 RS-232 接口的防护电路典型接法，它是典型的双通道防护电路。

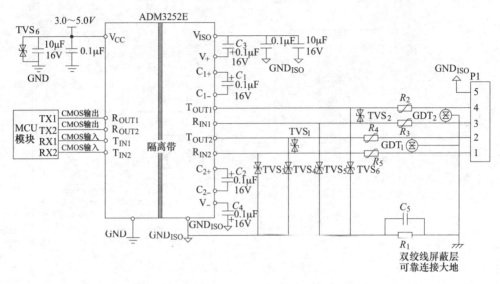

图 5-8 基于隔离器 ADM3252E 的 RS-232 接口的防护电路典型接法

图 5-8 所示的接口电路所需 ESD 和 EOS 保护器件见表 5-7 所示。为了确保隔离器件安全、可靠工作，请不要热插拔它。

表 5-7 隔离接口 ADM3252E 的典型保护器件列表

标号	型号	标号	型号
C_5	102、2kV、1206	GDT_1、GDT_2	B3D090L
R_1	1MΩ、1206	TVS_1、TVS_2	SMBJ30CA
R_2、R_3、R_4、R_5	SMD1206-010	TVS_3、TVS_4、TVS_5、TVS_6	SMBJ18CA
U_1	隔离模块	ADM3252E	

鉴于 LTM2882 使用环境的特殊性，因此，建议读者在使用它们时，需要在输出端口设置防护措施（ESD 保护+EOS 保护）。

图 5-9 所示为隔离器 LTM2882 的典型防护电路。为了确保隔离器件安全、可靠工作，请不要热插拔它。

图 5-9 所示典型防护电路的外围保护器件及其推荐参数见表 5-8 所示。

表 5-8 隔离器 LTM2882 的接口防护电路的推荐参数列表

标号	型号	标号	型号
C_1	102、2kV、1206	GDT_1、GDT_2	B3D090L
R_1	1MΩ、1206	TVS_1、TVS_2	SMBJ30CA
R_2、R_3、R_4、R_5	SMD1206-010	TVS_3、TVS_4、TVS_5、TVS_6	SMBJ18CA

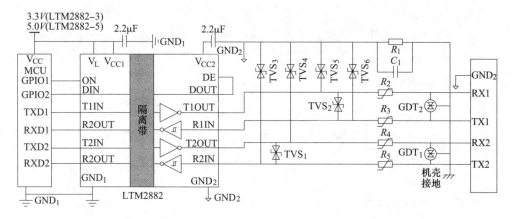

图 5-9　隔离器 LTM2882 的典型防护电路

5.3　串口 RS-422/485 通信及其隔离措施

5.3.1　概述

RS-232、RS-422 与 RS-485 都是串行数据接口标准，都是由电子工业协会 EIA（Electronic Industry Association）制订并发布的。RS（Recommended Standard）是英文"推荐标准"的缩写，在通信工业领域，习惯将上述标准以 RS 作前缀称谓。

5.3.1.1　RS-422/485 特点

RS-422 是由 RS-232 发展而来，它是为弥补 RS-232 之不足而提出的。为改进 RS-232 通信距离短、速率低的缺点，RS-422 定义了一种平衡通信接口，将传输速率提高到 10Mbit/s，传输距离延长到 1219.2m（4000ft）（速率低于 100kbit/s 时），并允许在一条平衡总线上连接最多 10 个接收器。RS-422 是一种单机发送、多机接收的单向、平衡传输规范，被命名为 TIA/EIA-422-A 标准。

为扩展应用范围，EIA 又于 1983 年在 RS-422 基础上制定了串口 RS-485 标准，增加了多点、双向通信能力，即允许多个发送器连接到同一条总线上，同时增加了发送器的驱动能力和冲突保护特性，扩展了总线共模范围，后命名为 TIA/EIA-485-A 标准。

串口 RS-485 只规定了平衡驱动器和接收器的电特性，而没有规定接插件、传输电缆和通信协议。串口 RS-485 标准定义了一个基于单对平衡线的多点、双向（半双工）通信链路，是一种极为经济、并具有相当高噪声抑制、传输速率、传输距离和宽共模范围的通信平台，允许在简单的一对双绞线上进行多点、双向通信，它所具有的噪声抑制能力、数据传输速率、电缆长度及可靠性是其他标准无法比拟的。因此，许多不同领域都采用串口 RS-485 作为数据传输链路。例如电信设备、局域网、蜂窝基站、工业控制、汽车电子和仪器仪表等。这项标准得到广泛接受的另外一个原因是它的通用性。串口 RS-485 标准只对接口的电气特性做出规定，而不涉及接插件、电缆或协议，在此基础上用户可以建立自己的高层通信协议。

5.3.1.2 RS-422/485 性能指标及其标准

串口 RS-422 与 RS-485 的性能指标及其相关电气标准见表 5-9 所示。

表 5-9　串口 RS-422 与 RS-485 的性能指标及其电气标准对比

规格	RS-422	RS-485
传输模式	平衡	平衡
电缆长度（在 90kbit/s 下）	1219.2m（4000ft）	1219.2m（4000ft）
电缆长度（在 10Mbit/s 下）	15.24m（50ft）	15.24m（50ft）
最大数据传输速度	10Mbit/s	10Mbit/s
最小差动输出	±2V	±1.5V
最大差动输出	±10V	±6V
接收器敏感度	±0.2V	±0.2V
最小驱动器负载	100Ω	60Ω
最大驱动器数量	1	32 负载单位
最大接收器数量	10	32 负载单位

（1）现将串口 RS-485 与 RS-232 对比如下：

1）抗干扰性。串口 RS-485 接口是采用平衡驱动器和差分接收器的组合，抗噪声干扰性好。RS-232 接口使用一根信号线和一根信号返回线而构成共地的传输形式，这种共地传输容易产生共模干扰。

2）传输距离。RS-485 接口的最大传输距离标准值为 1200m（9600bit/s 时），实际上可达 3000m。串口 RS-232 传输距离有限，最大传输距离标准值为 50m，实际上也只能用在 15m 左右。

3）通信能力。RS-485 接口在总线上是允许连接多达 128 个收发器，用户可以利用单一的 RS-485 接口方便地建立设备网络。串口 RS-232 只允许一对一通信。

4）传输速率。串口 RS-485 的数据最高传输速率为 10Mbit/s。串口 RS-232 传输速率较低，在异步传输时，波特率为 20kbit/s。

5）信号线。RS-485 接口组成的半双工网络，一般只需两根信号线，发送和接收都是 A 和 B。RS-232 接口一般只使用 RXD、TXD 和 GND 三根线。

6）电气电平值。串口 RS-485 的逻辑"1"以两线间的电压差为+(2~6)V 表示；逻辑"0"以两线间的电压差为-(2~6)V 表示。在串口 RS-232-C 中任何一条信号线的电压均为负逻辑关系，即逻辑"1"为：-5~-15V；逻辑"0"为+5~15V。

（2）串口 RS-422 的电气性能与 RS-485 完全一样，现将它们的主要区别总结如下：

1）串口 RS-422 有 4 根信号线，两根发送（Y、Z）、两根接收（A、B）。由于 RS-422 的收与发是分开的，所以可以同时收和发（全双工模式）。

2）串口 RS-485 只有两根数据线，发送和接收都是 A 和 B。由于 RS-485 的收与发是共用两根线的，所以不能同时收和发（半双工模式）。

3）串口 RS-485 标准采用平衡式发送，差分式接收的数据收发器来驱动总线，具体规格要求为：接收器的输入电阻 R_{IN} 大于或等于 12kΩ，驱动器能输出 ±7V 的共模电压，输入端的电容小于或等于 50pF。

4）串口 RS-422 最多可以接 10 个节点，其中一个为主设备，其余为从设备。

5）串口 RS-485 在节点数为 32 个、配置了 120Ω 的终端电阻的情况下，驱动器至少还能输出电压 1.5V（终端电阻的大小与所用双绞线的参数有关）。

为加深理解，串口总线 RS-232、RS-422 和 RS-485 对比见表 5-10 所示。

表 5-10　串口总线 RS-232、RS-422 和 RS-485 对比

规格	RS-232	RS-422	RS-485
工作方式	单端	差分	差分
节点数	1 收，1 发	1 发 10 收	1 发 32 收
最大传输距离	15m	1200m	1200m
最大传输速率	200kbit/s	10Mbit/s	10Mbit/s
最大驱动输出电压	±25V	−0.25~6V	−7~12V
输出信号电平（带载最小）	±5~±15V	±2.0V	±1.5V
输出信号电平（空载最大）	±25V	±6V	±6V
驱动器负载阻抗	3~7kΩ	100	54/120
摆率（最大值）	30V/μs	N/A	N/A
接收器输入电压范围	±15V	−10~10V	−7~12V
接收器输入门限	±3V	±200mV	±200mV
接收器输入阻抗	3~7kΩ	4kΩ（最小）	≥12kΩ
驱动器共模电压	N/A	−3~3V	−1~3V
接收器共模电压	N/A	−7~7V	−7~12V

5.3.1.3　串口 RS-422 与 RS-485 的引脚定义

串口 RS-422 采用四线制，即 A、B、Y 和 Z，一般还有一个地线。它最多可以接 10 个节点，其中一个为主设备，其余为从设备。从设备之间不能通信，故串口 RS-422 支持"点对多"的双向通信。接收器输入阻抗为 4kΩ，发送端最大负载的驱动能力为 10×4kΩ+100Ω（匹配电阻）。由于串口 RS-485 是在串口 RS-422 基础

上发展起来的,它采用一对差分线 A 和 B,再加一个使能信号可以使得 A 和 B 处于高阻状态。串口 RS-485 标准满足串口 RS-422 规范,因此,串口 RS-485 驱动器可以在串口 RS-422 网络中应用。

对比而言,串口 RS-232 是单端输入输出,双工工作时至少需要数字地线、发送线和接收线三条线(异步传输),还可以加其他控制线完成同步等功能。串口 RS-422 通过两对双绞线可以全双工工作且对收发互不影响,而串口 RS-485 只能是半双工方式工作,收发不能同时进行,但它只需要一对双绞线。如果它们均用 DB9 接插件时,串口 RS-232 虽有 9 个脚,但实际上大多数仅仅采用 3 个;串口 RS-422 是 4 个引脚,最多再加信号地、屏蔽层共计 6 个引脚;串口 RS-485 是 2 个引脚,最多加信号地或者使能共计 3 个引脚。

表 5-11 所示为基于 DB9 接插件的串口 RS-422/485 的引脚定义及其功能说明。

表 5-11 基于 DB9 接插件的串口 RS-422/485 的引脚定义及其功能说明

DB9 公头		DB9 母头	
3	B RXD−接收数据	3	Z TXD 发送数据
4	A RXD+接收数据	4	Y TXD+发送数据
5	Y TXD+发送数据	5	A RXD+接收数据
7	Z TXD−发送数据	7	B RXD−接收数据

5.3.1.4 使用串口总线 RS-422 与 RS-485 的注意事项

1. 正确连线与设置

1)布线时应该尽量使用一条单一的连续的信号通道作为总线,从总线到节点的引出线尽量短,以便使信号在各支路末端反射后与原信号的叠加对总线信号的影响最低。

2)总线在布线时,应避免与动力线系统电源线靠近且平行布置,尽量与其距离远一些布置。

3)整个系统中尽量使用一种电缆。各收发器应尽量均匀地分布于总线上,不能某一段总线上安装过多的收发器或过长的分支引入到总线。注意总线特性阻抗的连续性,在阻抗不连续点会发生信号的反射。

4)串口设置要一致。

5)采取收发同名接线原则,即 A 接 A、B 接 B,设备一定要共地。

6)一般采用双绞线,加屏蔽效果更好。

7)MCU 采用内部晶振时,在高低温下因频率偏移导致波特率有所变化,从而导致通信异常,尽可能采样外部晶振。

8)整个网络接口芯片电源必须电压一致,工作电压为 3.3V 的驱动芯片接到 5V 的网络中长时间工作会被烧毁。

9）不要带电插拔串口，至少要有一端处于掉电状态时，才能插拔串口。

2. 组网时阻抗匹配

在使用串口 RS-422 与 RS-485 总线网络时，一般需要设置终接电阻进行匹配。但在短距离与低速率下可以不用考虑终端匹配。那么在什么情况下不用考虑匹配呢？理论上，在每个接收数据信号的中点进行采样时，只要反射信号在开始采样时衰减到足够低就可以不考虑匹配。但这在实际上难以掌握，有这样的经验可以用来判断在什么样的数据速率和电缆长度时需要进行匹配，即当信号的转换时间（上升或下降时间）超过电信号沿总线单向传输所需时间的 3 倍以上时就可以不加匹配。例如具有限斜率特性的 RS-485 接口芯片 MAX483，它的输出信号的上升或下降时间最小为 250ns，典型双绞线上的信号传输速率约为 0.2m/ns（24AWG 的 PVC 电缆），那么只要数据速率在 250kbit/s 以内、电缆长度不超过 16m，例如采用 MAX483 作为 RS-485 接口时就可以不加终端匹配。

一般来讲，在使用串口 RS-422 与 RS-485 总线网络时，终端需要匹配。现将典型匹配简述如下：

1）采用终接电阻方法，串口 RS-422 在总线电缆的远端并接电阻，串口 RS-485 则应在总线电缆的开始和末端都需并接终接电阻。终接电阻一般在串口 RS-422 网络中取 100Ω，在串口 RS-485 网络中取 120Ω。相当于电缆特性阻抗的电阻，因为大多数双绞线电缆特性阻抗为 100~120Ω。这种匹配方法简单有效，但有一个缺点，匹配电阻要消耗较大功率，对于功耗限制比较严格的系统不太适合。

2）如图 5-10a 所示，比较省电的匹配方式是 RC 匹配。利用一只电容 C 隔断直流成分，可以节省大部分功率。但电容 C 的取值是个难点，需要在功耗和匹配质量间进行折衷。

3）如图 5-10b 所示，采用二极管的匹配方法。这种方案虽未实现真正的"匹配"，但它利用二极管的箝位作用能迅速削弱反射信号，达到改善信号质量的目的，节能效果显著。

图 5-10 中所示的 G 表示发送器、R 表示接收器。

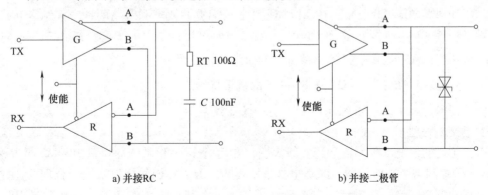

a) 并接RC　　　　　　　　　　　　　　　b) 并接二极管

图 5-10　串口 RS-422/485 的终端匹配方法

3. 瞬态防护措施

瞬态防护包括 ESD 和 EOS 两种典型保护内容。信号接地措施，只对低频率的共模干扰有保护作用，对于频率很高的瞬态干扰就无能为力了。由于传输线对高频信号而言就是相当于电感，因此对于高频瞬态干扰，接地线实际等同于开路。这样的瞬态干扰虽然持续时间短暂，但可能会有成百上千伏的电压。在实际应用的电力电子装置环境下，经常存在高频瞬态干扰问题。一般在切换大功率感性负载如电机、变压器和继电器等，或在闪电过程中，都会产生幅度很高的瞬态干扰，如果不加以适当防护就会损坏 RS-422/485 通信接口。对于这种瞬态干扰可以采用隔离或旁路的方法加以防护。现将措施总结如下：

1）选择具有抗雷击、抗静电冲击特性的芯片。如果传输线架在条件比较恶劣的户外，接口芯片乃至整个系统都有可能遭到雷击。接口芯片在使用、运输和焊接等过程中都有可能受到静电的冲击。雷击和静电冲击都有可能损坏芯片，甚至导致整个系统瘫痪。此类芯片有 MAX458E、MAX487E、MAX1487E 和 SN75LBC184 等。

2）采用隔离保护方法。这种方案实际上将瞬态高压转移到隔离接口中的电隔离层上，由于隔离层的高绝缘电阻，不会产生损害性的浪涌电流，起到保护接口的作用。通常采用高频变压器、光耦等元件实现接口的电气隔离，已有器件厂商将所有这些元器件集成在一片 IC 中，使用起来非常简便，如 Maxim 公司的 MAX1480/MAX1490；又如 ADI 公司的 ADM2795E、ADM2682E、ADM2687E、ADM2582E 和 ADM2587E 等隔离器件，它们的隔离电压可达 2500V 甚至更高。采用隔离方案的优点是可以承受高电压、持续时间较长的瞬态干扰，实现起来也比较容易，缺点是成本较高。

3）使用旁路保护方法。这种方案利用瞬态抑制元件，如：TVS、MOV 和气体放电管等，将危害性的瞬态能量旁路到大地。此方案的优点是成本较低，缺点是保护能力有限，只能保护一定能量以内的瞬态干扰，持续时间不能很长，而且需要有一条良好的连接大地的通道，实现起来比较困难。

如图 5-11a 和 b 所示，在实际应用中，经常是将隔离和旁路两种方案结合起来灵活加以运用。在这种混合方法中，隔离器件串扰在接口的大幅度瞬态干扰进行隔离，旁路元件则保护接口不被过高的瞬态电压击穿。

5.3.1.5 串口 RS-422 与 RS-485 的抗干扰措施

在电力电子装置系统（PEE）中，接地技术是很重要的，但常常被忽视或者由于接地处理不当，经常会导致 PEE 系统不能稳定工作，甚至出现通信系统无法正常工作的情况。我们的运行实践表明，在运行于 PEE 系统的串口 RS-422 与 RS-485 传输网络的接地问题，同样也是很重要的，因为它们的接地系统不合理，往往会影响整个网络的稳定性、安全性和可靠性，尤其是在工作环境比较恶劣的 PEE

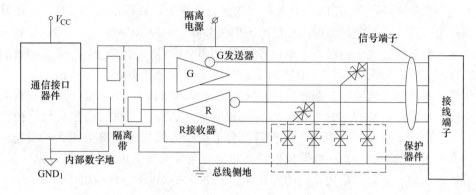

a) 基于"隔离+旁路"保护方法的RS-422接口电路

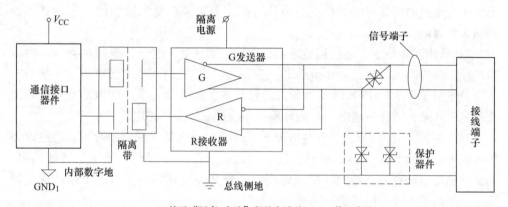

b) 基于"隔离+旁路"保护方法的RS-485接口电路

图 5-11　串口 RS-422 与 RS-485 的隔离+旁路保护电路

中，一旦避免不了远距离传输时，问题更加明显，所以，对于它们的接地需要更为重视、要求更严。

实际上，在很多情况下，连接串口 RS-422、RS-485 通信链路时，只是简单地用一对双绞线将各个接口的"A"、"B"端连接起来，而经常忽略了信号地的连接问题，这种连接方法在许多场合可能是可以正常工作的，但却埋下了很大的隐患，主要有以下两个方面的原因：

（1）共模干扰的问题：由于串口 RS-422 与 RS-485 接口均采用差分方式传输信号，并不需要相对于某个参照点来检测信号，系统只需检测两线之间的电位差就可以了。但人们往往忽视了收发器的共模电压是有一个范围的，如串口 RS-422 共模电压范围为-7~7V，而串口 RS-485 收发器共模电压范围为-7~12V，只有满足上述条件，整个网络才能正常工作。当网络线路中共模电压超出它们正常范围时，就会影响通信的稳定性与可靠性，甚至损坏通信接口。

（2）EMI 的问题：发送驱动器输出信号中的共模部分需要一个返回通路，如没有一个低阻抗的返回通道（信号地），就会以辐射的形式返回源端，整个总线就会像一个巨大的天线向外辐射电磁波。正因为如此，串口 RS-422 与 RS-485 尽管采用差分平衡传输方式，但对整个串口 RS-422 或 RS-485 网络，必须有一条低阻抗的信号地回路。一条低阻抗信号地将两个接口的工作地连接起来，使共模干扰电压被短路。这条信号地可以是额外的一条线（非屏蔽双绞线），或者是屏蔽双绞线的屏蔽层，这是最通常的接地方法。值得注意的是，这种做法仅对高阻抗型共模干扰有效，由于干扰源的内阻大，短接后不会形成很大的接地环路电流，对于通信不会有太大影响。当共模干扰源内阻较低时，会在接地线上形成较大的环路电流，影响正常通信。所以，根据我们的实践经验，建议采取以下三种措施：

1) 如果干扰源内阻不是非常小，可以在接地线上加限流电阻以限制干扰电流。接地电阻的增加可能会使共模电压升高，但只要控制在适当的范围内就不会影响正常通信。

2) 采用浮地技术，隔断接地环路，实践表明这是一种非常有效的方法。因为当共模干扰内阻很小时，上述措施 1) 已不能奏效，此时可以考虑将引入干扰的节点（例如处于恶劣的 PEE 现场设备）浮置起来，也就是将系统的电路地与机壳或大地隔离开来，这样就隔断了接地环路，不会形成较大环路电流。

3) 采用隔离接口方法。有些情况下，出于安全或其他方面的考虑，电路地必须与机壳或大地相连，不能悬浮，这时可以采用隔离接口芯片来隔断接地回路，但是，仍然应该有一条地线将隔离侧两端的公共端与其相应接口的工作地连接起来，这个问题千万不可小觑。

5.3.2　隔离型 RS-422/485 收发器

1. 概述

ADI 公司提供了各种标准的 iCoupler® 隔离型 RS-422/485 收发器，可满足多种应用需求。串口 RS-485 规范符合真正多点通信网络的要求，根据该标准，单个（双线）总线上最多可以连接 32 个驱动器和 32 个接收器。部分串口 RS-485 收发器改变输入阻抗以允许最多 8 倍的节点连接至同一总线。

隔离型 RS-422/485 接口的典型收发器见表 5-12 所示。

表 5-12　隔离型 RS-422/485 接口的典型收发器

型号名称	速率（max）/(bit/s)	全双工/半双工	绝缘电压（有效值）/V	CMTI（min）/V/μs	电源 V_{s+}/V		温度范围/℃
					最小值	最大值	
ADM2795E	2.5M	半双工	5k	75k	1.7	5.5	−55~125
ADM2682E	16M	两种方式	5k	25k	3	5.5	−40~85
ADM2687E	500k	两种方式	5k	25k	3	5.5	−40~85
ADM2582E	16M	两种方式	2.5k	25k	3	5.5	−40~85

（续）

型号名称	速率（max）/(bit/s)	全双工/半双工	绝缘电压（有效值）/V	CMTI（min）/V/μs	电源 V_{s+}/V		温度范围/℃
					最小值	最大值	
ADM2587E	500k	两种方式	2.5k	25k	3	5.5	−40~85
ADM2490E	16M	全双工	5k	25k	2.7	5.5	−40~105
ADM2491E	16M	两种方式	5k	25k	3	5.5	−40~85
ADM2481	500k	半双工	2.5k	25k	3	5.5	−40~85
ADM2482E	16M	两种方式	2.5k	25k	3	5.5	−40~85
ADM2483	500k	半双工	2.5k	25k	2.7	5.5	−40~85
ADM2484E	500k	两种方式	5k	25k	3	5.5	−40~85
ADM2485	16M	半双工	2.5k	25k	2.7	5.5	−40~85
ADM2486	20M	半双工	2.5k	25k	2.7	5.5	−40~85
ADM2487E	500k	两种方式	2.5k	25k	3	5.5	−40~85
LTM2881CY-3#PBF	20M	两种方式	2.5k	30k	1.62	5.5	0~70
LTM2881CY-5#PBF	20M	两种方式	2.5k	30k	1.62	5.5	0~70

2. 隔离型收发器 ADM2582E/ADM2587E

符合 ANSI/TIA/EIARS-485-A-98 和 ISO8482 的 1987（E）标准，ADM2582E/ADM2587E 是高集成度的隔离型 RS-422/485 收发器，可配置为半双工或全双工，支持 15kV 的 ESD 保护及信号和电源隔离。该器件适用于多点传输线上的高速通信。内部采用基于 isoPower™ 技术的芯片级隔离式 DC/DC 变换器，无须外加 DC/DC 隔离模块，简化了电路板设计过程，缩小电路板尺寸。

在工程实践中，利用隔离器 ADM2582E/ADM2587E 的高集成度及稳定性，改变传统的基于分立器件的隔离方案，总线最多支持与 256 个节点连接，开路和短路故障保护接收器输入、热关断保护，其高共模瞬变抗扰度 CMTI（High Common Mode Transient Immunity）高达 25kV/μs。其中，隔离器 ADM2582E 的速率为 16Mbit/s，隔离器的 ADM2587E 速率为 500kbit/s，电源 V_{CC} 的范围为 3.0~5.5V（即采用 3.3V 或 5V 单电源供电），引脚完全兼容。

图 5-12a 所示为 ADM2582E/ADM2587E 的实物图。

图 5-12b 所示为 ADM2582E/ADM2587E 的引脚图。

表 5-13 所示为隔离器 ADM2582E/ADM2587E 的引脚定义及其功能说明。

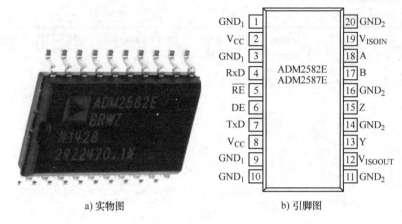

a) 实物图   b) 引脚图

图 5-12   隔离器 ADM2582E/ADM2587E 的实物图与引脚图

表 5-13   隔离器 ADM2582E/ADM2587E 的引脚定义及其功能说明

引脚编号	名称	描　　述
1	GND_1	逻辑侧的参考地
2	V_{CC}	逻辑侧的电源。推荐使用一个 $0.1\mu F$ 和一个 $10\mu F$ 去耦电容并接在引脚 1 和 2 之间
3	GND_1	逻辑侧的参考地
4	RxD	接收器的输出端。当 （A-B） > 200mV 时输出高电平；当 （A-B） < −200mV 时输出低电平。当接收器被禁用时，输出为三态，也就是/RE 为高电平时
5	RE	接收器的使能输入端，低电平有效输入。当它为低电平时，接收器被使能；当它为高电平时，接收器被禁用
6	DE	驱动器的使能输入端。当它为高电平时，驱动器被使能；当它为低电平时，驱动器被禁用
7	TxD	驱动器的输入端。传输数据从此引脚输入
8	V_{CC}	逻辑侧的电源。推荐使用一个 $0.1\mu F$ 和一个 $0.01\mu F$ 去耦电容并接在引脚 8 和 9 之间
9、10	GND_1	逻辑侧的参考地
11	GND_2	总线侧的参考地
12	V_{ISOOUT}	隔离电源输出端。此引脚必须从外部连接到 V_{ISOIN} 引脚端。推荐使用一个 $0.1\mu F$ 去耦电容和一个 $10\mu F$ 储能电容并接在引脚 11 和 12 之间
13	Y	驱动器的同相输出端
14、16	GND_2	总线侧的参考地
15	Z	驱动器的反相输出端
17	B	接收器的反相输出端

（续）

引脚编号	名称	描　　述
18	A	接收器的同相输出端
19	V$_{ISOIN}$	隔离电源的输入端。此引脚必须从外部连接到 V$_{ISOOUT}$ 引脚端。推荐使用一个 0.1μF 和一个 0.01μF 去耦电容并接在引脚 20 和 19 之间
20	GND$_2$	总线侧的参考地

图 5-13 所示为隔离器 ADM2582E/ADM2587E 的原理框图，分析原理框图得知：

1）隔离器 ADM2582E/ADM2587E 采用 iCoupler 集成技术，将一个 3 通道隔离器、一个三态差分线路驱动器、一个差分输入接收器和 ADI 公司的基于 isoPower 技术的 DC/DC 变换器，全部集成于单个芯片封装中。

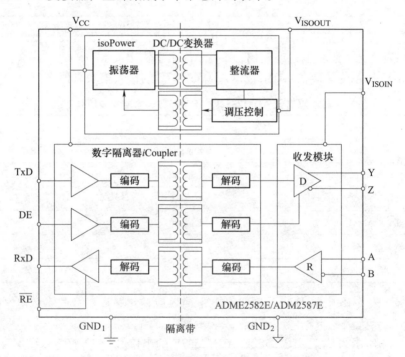

图 5-13　隔离器 ADM2582E/ADM2587E 的原理框图

2）由于该芯片可以采用 3.3V 或者 5V 单电源供电，因此，能够有效实现串口 RS-422/485 的信号与电源的电气隔离。

3）隔离器 ADM2582E/ADM2587E 功能上相当于集成了三个单通道光耦和一个串口 RS-485 收发器，速率是 16Mbit/s（ADM2582E）或者 500kbit/s（ADM2587E），封装是宽体 SOIC（简记 SOW-16），低功耗工作：2.5mA 最大值，工作温度范围：-40~85℃。

4）隔离器 ADM2582E/ADM2587E 的发送模块具有高电平有效使能特性，接收模块也具有低电平有效使能特性，当它禁用时可使接收模块的输出端处于高阻抗状态。

表 5-14 所示为隔离器 ADM2582E/ADM2587E 的发送模块真值表。

表 5-14　隔离器 ADM2582E/ADM2587E 的发送模块真值表

输　　　入		输　　　出	
DE	TxD	Y	Z
H	H	H	L
H	L	L	H
L	X	Z	Z
X	X	Z	Z

提醒：表 5-14 中的 H 表示逻辑高电平输入或输出；L 表示逻辑低电平输入或输出；X 表示无关逻辑输入或输出；Z 表示高阻态输出。

表 5-15 所示为隔离器 ADM2582E/ADM2587E 的接收模块真值表。

表 5-15　隔离器 ADM2582E/ADM2587E 的接收模块真值表

输　　　入		输　　　出
A-B	$\overline{RE}$	RxD
>-0.03V	L 或 NC	H
<-0.2V	L 或 NC	L
-0.2V<A-B<-0.03V	L 或 NC	X
输入开路	L 或 NC	H
X	H	Z

提醒：表 5-15 中的 H 表示逻辑高电平输入或输出；L 表示逻辑低电平输入或输出；X 表示无关逻辑输入或输出；Z 表示高阻态输出。

图 5-14 所示为基于 ADM2582E/ADM2587E 的串口 RS-422/485 总线半双工接线方式，最大接节点数小于或等于 256 个，图中 A 与 Y 短接、B 与 Z 短接。

图 5-15 所示为基于 ADM2582E/ADM2587E 的串口 RS-422/485 总线全双工接线方式，最大接节点数小于或等于 256 个。为了使反射最小，建议将信号线在接收端用其特性阻抗 R_T 进行端接，且使总线上的分支线长度尽可能地短，尤其是对于半双工的应用时，信号线的两端都要进行端接，毕竟它们两端都会成为接收端。

3. 隔离型收发器 LTM2881

作为串口总线 RS-422/485 的隔离式收发器，通用型 CMOS 隔离通道，能够承

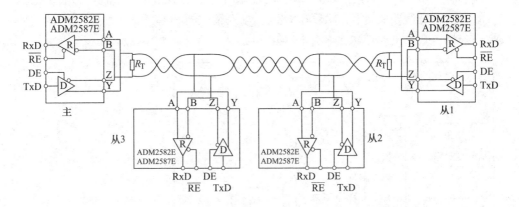

图 5-14　串口 RS-422/485 总线的半双工接线方式（基于 ADM2582E/ADM2587E）

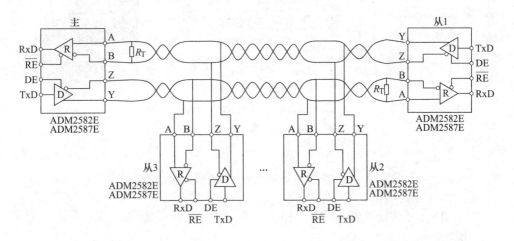

图 5-15　串口 RS-422/485 总线的全双工接线方式（基于 ADM2582E/ADM2587E）

受 2.5kV（有效值）（一分钟），内置隔离的 DC/DC 电源模块，它输出 5V（高达 200mA），无须外部元件，就能实现高达 20Mbit/s 或低速 250kbit/s 的数据速率，在收发器接口耐受高达 ±15kV 的 ESD 冲击，可承受的高达 30kV/μs 的共模瞬变，高达 560V（峰值）的连续工作电压，集成可选 120Ω 终端，分为输入电源 3.3V（LTM2881-3）或输入电源 5.0V（LTM2881-5）两种规格芯片，用于提供灵活数字接口的 1.62~5.5V 逻辑电源引脚，小外形的扁平（15mm×11.25mm）表面贴装型 BGA 和 LGA 封装。

图 5-16 所示为隔离器 LTM2881 的原理框图和实物图。其中，图 5-16a 表示隔离器 LTM2881 的原理框图，图 5-16b 表示隔离器 LTM2881-3 的实物图。

分析隔离器 LTM2881 的原理框图 5-16a 得知：

隔离器 LTM2881 采用 iCoupler 集成技术，内置通道隔离器（输入和输出的隔离通信接口）、线路驱动器（RX 和 DX）、输入接收器和基于 isoPower 技术的 DC/DC 变换器，全部集成于单个芯片封装中。

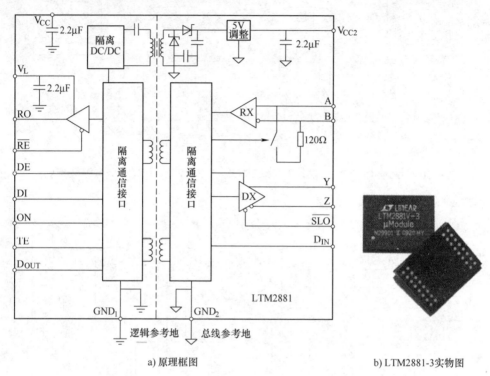

a) 原理框图   b) LTM2881-3实物图

图 5-16　隔离器 LTM2881 的原理框图和实物图

表 5-16 所示为隔离器 LTM2881-3 和 LTM2881-5 的一次侧与二次侧的引脚定义及其功能说明。

表 5-16　隔离器 LTM2881-3 和 LTM2881-5 的引脚定义及其功能说明

引脚编号	引脚名称	描　　述
逻辑侧（一次侧）引脚定义		
A1	D_{OUT}	逻辑输出端，它对应隔离端 D_{IN}，当通信失败时，D_{OUT} 为高阻状态
A2	TE	终端电阻的使能端，当它为高电平时，A、B 之间并接 120Ω 的终端电阻
A3	DI	驱动器输入端，当 DE 为高电平时，使能驱动器输出端，且 DI 为低电平时，驱动器同相端（Y）输出低电平、反相端（Z）输出高电平；反之，当 DI 为高电平时，使能驱动器输出端，驱动器同相端（Y）输出高电平、反相端（Z）输出低电平
A4	DE	驱动器使能端，当它为低电平时，驱动器禁用，其输出端 Y 和 Z 为高阻态；当它为高电平时，驱动器使能

（续）

引脚编号	引脚名称	描　　述
逻辑侧（一次侧）引脚定义		
A5	RE	接收器使能端，当它为低电平时，接收器使能输出；当它为高电平时使得接收器输出端 RO 为高阻态
A6	RO	接收器输出端，在接收器使能输出（/RE 为低电平）时，当 A-B > 200mV 时，接收器输出端 RO 为高电平；反之，A-B< 200mV 时，接收器输出端 RO 为低电平。在通信失败时，接收器输出端 RO 为高阻态
A7	V_L	逻辑控制的电源端，为 D_{IN}、R_{2OUT}、T_{2IN}、R_{1OUT}、T_{1IN} 和 ON 提供电源，其工作电源范围为 1.62~5.5V，该脚与 GND 之间并接 2.2μF 电容
A8	ON	逻辑侧的使能端，确保电源和通信信息穿过隔离栅，当 ON 为高电平时，逻辑侧使能，电源和通信信息能够穿过隔离栅；当 ON 为低电平时，逻辑侧复位，总线侧（隔离输出端）没有电源
B1~B5	GND	逻辑侧的参考地
B6~B8	V_{CC}	芯片逻辑侧的电源端，其工作电源范围为 3.0~3.6V（LTM2881-3）、4.5~5.5V（LTM2881-5），在芯片内部该脚与 GND 之间并接 2.2μF 电容
隔离侧（总线侧）引脚定义		
L1	D_{IN}	隔离侧逻辑输入端，当 D_{IN} 为高电平时，D_{OUT} 为高电平；反之，当 D_{IN} 为低电平时，D_{OUT} 为低电平
L2	/SLO	驱动器速率控制输入端，当它为低电平时，控制驱动器为低压摆率模式以降低 EMI；反之，当它为高电平时，控制驱动器为高压摆率模式
L3	Y	驱动器同相输出端，当驱动器禁用时，它为高阻态
L4	Z	驱动器反相输出端，当驱动器禁用时，它为高阻态
L5	B	接收器反相输入端，当 TE 为低电平或者隔离侧没有电源时，接收器输入阻抗大于 96kΩ
L6	A	接收器同相输入端，当 TE 为低电平或者隔离侧没有电源时，接收器输入阻抗大于 96kΩ
L7、L8	V_{CC2}	隔离侧电源端，借助内置的隔离 DC/DC 变换器得到 5V 电源，芯片内部该脚与 GND_2 之间并接 2.2μF 电容
K1~K8	GND_2	隔离侧（总线侧）的参考地

图 5-17a 所示为基于 LT2881 的串口 RS-485 总线的全双工接线示意图。

图 5-17b 所示为基于 LT2881 的串口 RS-485 总线的 3 节点半双工组网示意图。在半双工组网的接线方式图 5-17b 中，需要重视的是：

（1）芯片一致性问题：芯片最好都为 LT2881-3，也可以都为 LT2881-5，即确保电平一致较为稳妥。

（2）控制端 TE 的处理问题：A 组与 B 组的终端电阻一端受控于第 1# 的 LT2881 的逻辑侧电源 V_{CC1} 控制 TE，另一端受控于第 2# 的 LT2881 的逻辑侧电源 V_{CC2} 控制 TE，将第 3# 的 LT2881 逻辑侧的 TE 接 GND4。

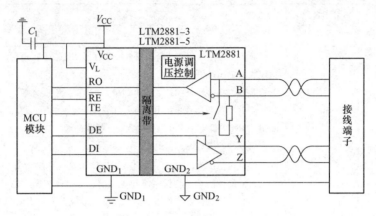

a) 全双工接线方式

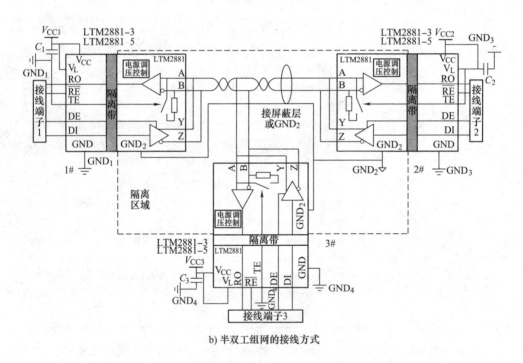

b) 半双工组网的接线方式

图 5-17　基于 LT2881 的串口 RS-485 总线的典型接线示意图

（3）隔离电源的设置问题：存在三组电源，即 $V_{CC1} \sim V_{CC3}$；有四种参考地，即 $GND_1 \sim GND_4$。其中：GND_1 为第 1#芯片 LT2881 的一次侧参考地；GND_3 为第 2#芯片 LT2881 的一次侧参考地；GND_4 为第 3#芯片 LT2881 的一次侧参考地；GND_2 为 3 个芯片 LT2881 的二次侧参考地。

5.3.3 基于光耦的 RS-422/485 收发器设计

可以利用 3.3V/5V 高速逻辑门极光耦，构建隔离型 RS-422/485 接口收发器，用于支持没有接地回路或危险电压系统之间的隔离通信。如选择飞兆半导体公司的 FOD8012 光耦，将可靠隔离、高度集成的两只光耦通道置于一个双向配置中，方便构建更加强健的通信系统。

图 5-18 所示为基于两个光耦（FODM8061+FOD8012）构建的隔离型 RS-422/485 收发器的原理框图。其中，光耦 FODM8061 是具有高抗干扰、3.3V/5V 供电、10Mbit/s 的逻辑门输出（集电极开路：OC）典型光电耦合器。光耦 FOD8012 是一种具有高 CMR、双向、逻辑栅极的典型光电耦合器。利用 MCU 的 GPIO 端口充当使能端，借助两个光耦将 MCU 模块的串口与 RS485 收发器连接一体。

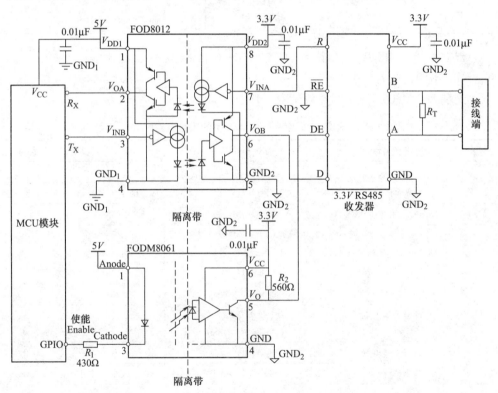

图 5-18 基于光耦构建的隔离型 RS-422/485 收发器原理框图

光耦 FODM8061 支持隔离式通信，允许数字信号在不传导接地环路或危险电压的情况下在系统间通信。该器件采用共面封装技术 Optoplanar®，优化了 IC 设计，通过高共模瞬变抑制规格特点实现了高抗噪能力。该光电耦合器在输入端包括一个 AlGaAS 材料的 LED，该 LED 光耦合至一个高速集成光电检测器逻辑门。检测器 IC 输出是一个开路集电极肖特基箝位晶体管。在-40~110℃可确保耦合参数。该光耦 5mA 的最大输入信号将提供 13mA 的最小输出灌电流（扇出系数为 8）。

光耦 FODM8061 的推荐参数见表 5-17 所示。

表 5-17 光耦 FODM8061 的推荐参数

参数符号	参数名称	最小值	最大值
T_A	工作温度/℃	-40	+110
V_{CC}，V_{DD}	电源电压/V	3.0	5.5
V_{FL}	低电平幅值/V	0	0.8
I_{FH}	高电平输入电流/mA	6.3	15
I_{FL}	低电平输入电流/μA		250
N	扇出系数（$R_L = 1\text{k}\Omega$）/TTL 电平负载		5
R_L	输出上拉电阻/Ω	330	4k

根据表 5-17 得知，光耦 FODM8061 的 I_F 推荐值不超过 15mA、最小值为 6.3mA。本例暂取 $I_F = 7\text{mA}$。

光耦 FODM8061 的工作参数见表 5-18 所示。

表 5-18 光耦 FODM8061 的工作参数

参数符号	参数名称	测试条件	最小值	典型值	最大值
		输入特征参数			
V_F	发光管压降/V	$I_F = 10\text{mA}$	1.05	1.45	1.8
BV_R	反向输入击穿电压/V	$I_R = 10\text{μA}$	5.0		
I_{FHL}	输入电流门槛值/mA	$V_O = 0.6\text{V}$，I_{OL}（sinking）= 13mA，$T_A < 85℃$		3.4	5.0
		$T_A = 85~110℃$		4.2	7.5
		输出特征参数			
V_{OL}	低电平输出电压幅值/V	I_F = 额定 I_{FHL}，I_{OL}（sinking）= 13mA		0.4	0.6
I_{OH}	高电平输出时电流/μA	$I_F = 250\text{μA}$，$V_O = 3.3\text{V}$		8.0	50.0
		$I_F = 250\text{μA}$，$V_O = 5.0\text{V}$		2.1	30.0
I_{CCL}	低电平输出时电源电流/mA	$I_F = 10\text{mA}$，$V_{CC} = 3.3\text{V}$		6.0	8.5
		$I_F = 10\text{mA}$，$V_{CC} = 5.0\text{V}$		7.5	10.0
I_{CCH}	高电平输出时电源电流/mA	$I_F = 0\text{mA}$，$V_{CC} = 3.3\text{V}$		4.0	7.0
		$I_F = 0\text{mA}$，$V_{CC} = 5.0\text{V}$		6.0	9.0

查表 5-18 得知发光二极管的管压降的 V_F 为 1.05~1.8V，我们暂取 $V_F = 1.1\text{V}$，那么电阻 R_1 的最大值为

$$R_1 = \frac{V_{CC1} - V_F}{I_F} = \frac{(5 - 1.1)V}{7mA} \approx 557\Omega \tag{5-1}$$

暂取 $V_F = 1.8V$，$I_F = 15mA$，那么电阻 R_1 的最小值为

$$R_1 = \frac{V_{CC1} - V_F}{I_F} = \frac{(5 - 1.8)V}{15mA} \approx 213\Omega \tag{5-2}$$

本例取值电阻 $R_1 = 430\Omega$，那么流过发光二极管的 I_F 为

$$I_F = \frac{V_{CC1} - V_F}{R_1} \geqslant \frac{(5 - 1.5)V}{430\Omega} \approx 8.1mA \tag{5-3}$$

电阻 R_1 的额定功率为

$$P_{R_1} = I_F{}^2 R_1 = 8.1mA \times 8.1mA \times 430\Omega \approx 28mW \tag{5-4}$$

因此，电阻 R_1 取值为 $430\Omega/0805$（5%）封装。

流过光耦输出端的电流的表达式为

$$I_C = \frac{V_{CC2} - V_{SAT}}{R_2} \tag{5-5}$$

式中，V_{CC2} 表示光耦二次侧的电源；V_{SAT} 为光耦二次侧开通时的饱和压降；R_2 表示光耦二次侧的上拉电阻。根据所选择的光耦参数表 5-18 得知 V_{SAT} 即为它输出端低电平的电平值，即 $0.4 \sim 0.6V$。当电源 V_{CC2} 取值 3.3V 时，I_C 暂时取值 13mA，那么 R_2 为

$$\begin{cases} R_2 = \dfrac{V_{CC2} - V_{SAT}}{I_C} = \dfrac{(3.3 - 0.4)V}{13mA} \approx 223\Omega \\[3mm] R_2 = \dfrac{V_{CC2} - V_{SAT}}{I_C} = \dfrac{(3.3 - 0.6)V}{13mA} \approx 208\Omega \end{cases} \tag{5-6}$$

由于光耦二次侧上拉电阻的取值大小，将直接影响它的动态特性参数（如上升沿时间、下降沿时间）。建议按照计算值的 $2 \sim 3$ 倍取值，本例取值 560Ω，该值比所给的参数手册中的动态时间常数的测试条件（取值为 350Ω）稍微大些。

本例选择光耦 FODM8061+FOD8012 构建隔离型 RS-422/485 收发器，具有如下显著特征：

1）卓越的噪声抗扰度，包括共模瞬态抗扰度（Common Mode Transient Immunity：CMTI）与电源抑制（Power Supply Rejection：PSR）指标。

2）高达 25Mbit/s 的高带宽和 6ns 脉冲宽度失真。

3）3.3V 和 5V 双电源供电，支持 CMOS 和电平转换能力。

4）电气特性可保证超越整个工业温度范围（-40~110℃）。

5）通过 UL1577（3,750 VACRMS 持续 1min）与 DIN EN/IEC60747-5-2 认证，验证了增强可靠性。

可用于通信领域充当隔离端口的其他高速光耦见表 5-19 所示。

表 5-19　可用于通信系统的典型高速光耦

器件 型号	封装 类型	数据 速率 /Mbit/s	V_{CC} /V	I_{FT} Max /mA	V_{OL} Max /V	I_{CCL} Max. /mA	t_{PLH} /t_{PHL} Max. /ns	PWD Max. /ns	CMR Typ /kV/μs	V_{ISO} ACRM /V	温度 范围 T_{op} /℃
FODM8071	MFP (SO-5)	20	3.0~5.5	5	0.1	4.8	55	20	40	3750	−40~110
FODM8061	MFP (SO-5)	10	3.0~5.5	5	0.6	8.5	85	25	40	3750	−40~110
FODM611	MFP (SO-5)	10	4.5~5.5	5	0.6	10	100	35	40	3750	−40~85
FOD060L	SO-8	10	3.0~5.5	5	0.6	10	90	25	50	3750	−40~85
HCPL0600	SO-8	10	4.5~5.5	5	0.6	13	100	35	—	3750	−40~85
HCPL0601	SO-8	10	4.5~5.5	5	0.6	13	100	35	10	3750	−40~85
HCPL0611	SO-8	10	4.5~5.5	5	0.6	13	100	35	20	3750	−40~85
FOD260L	DIP-8	10	3.0~5.5	5	0.6	13	90	25	50	5000	−40~85
6N137M	DIP-8	10	4.5~5.5	5	0.6	13	100	35	—	5000	−40~85
HCPL2601M	DIP-8	10	4.5~5.5	5	0.6	13	100	35	10	5000	−40~85
HCPL2611M	DIP-8	10	4.5~5.5	5	0.6	13	100	35	15	5000	−40~85

5.3.4　RS-422/485 接口电路的防护设计

　　处于高压电力电子装置中的串口 RS-422/485 的使用环境特殊性，经常存在雷击风险，为确保它能够可靠工作，建议读者在使用模块时，需要考虑它的 ESD 和 EOS 保护。

　　以隔离器 ADM2582E 为例，它具有 2.5kV 信号和电源隔离、±15kV 的 ESD 保护。如果系统要求为 8kV 接触放电，此时就需要在 A/B 线间、A/B 线对地加 TVS 管子来保护芯片。而 TVS 管尽量选用高速、低容值和大通流量的，当然够用就好，不必追求过高的性能，且它的起动电压和截止电压选取要恰当，以防止 TVS 管子误动作，从而干扰 RS-422/485 的正常通信。当然，还要考虑到 RS-422/485 总线上的共模电压部分。在进行 RS-422/485 总线的 PCB 布板时，尽量使 RS-422/485 隔离器件靠近电源输出端，使电源线路尽量短，要保证接线良好，TVS 管接地路径也要尽量粗短。总之，外接由 TVS 管子、防雷器件构成端口的 ESD 保护电路，结合正确使用 RS-422/485 总线隔离器件以及合理的 PCB 布局，才能真正实现端口的 ESD 保护。

　　根据实践经验得知，通常 ESD 冲击到来，会造成三种类型的芯片损伤：

　　1）一旦击穿，不可恢复。

　　2）闩锁（闭锁，Latch-up）反应。遇到这种情况后，重新上电后又会消失，但长时间闩锁状态，则会使芯片烧毁。

3）软损伤，这种损伤并不会使芯片马上失效，但会使芯片可靠性降低。软损伤是最具有隐蔽性、也最伤脑筋。因为它往往要到客户现场用过一段时间后才会暴露或者被发现。曾经我们有一个电力电子装置，做 ESD 测试都能过，但在现场运行一段时间后总是出现通信断续。起初我们怀疑是软件的问题，后来由于偶然因素被用户错误地将备用板插上去了就不再出现类似问题。于是，我们初步确定是这块通信板的硬件问题。进一步测试并分析之后，我们才发现是这块板卡在做 ESD 冲击测试实验时导致芯片软损伤的原因所致。

另外一个方面就是 RS-422/485 总线的过电压保护措施。很多系统还会要求 RS-422/485 接口能耐受市电或者工业电直接接入，保证数分钟通电不损坏。为适应这样的要求，就需要重视以下几个方面的设计问题：

1）布板时要留足爬电距离。

2）光耦、变压器（有些系统是采用外置电源供电）、DC/DC 隔离电源的隔离效果要好。

3）在布板时，应注意在防护回路间的线宽要足够大（通常 0.5mm 线宽可通过 1A 电流，具体因 PCB 不同而不同），以承受大电流的通过。

图 5-19 所示为隔离器 ADM2582E/ADM2587E 接口电路的防护设计原理图。

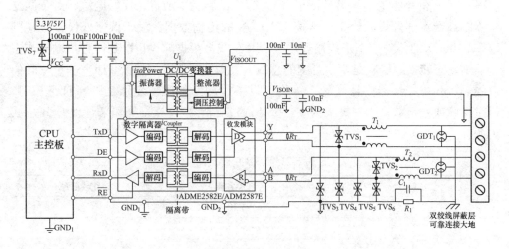

图 5-19　隔离器 ADM2582E/ADM2587E 接口电路的防护设计原理图

鉴于电力电子装置运行环境比较恶劣（毕竟存在高压、雷击等工况），建议读者需要在模块总线侧，采用如 TVS 管、共模电感、防雷管或使用屏蔽双绞线或同一网络单点接大地等保护措施。

图 5-19 所示的隔离器 ADM2582E/ADM2587E 接口电路推荐的防护器件及其参数见表 5-20 所示。

表 5-20　隔离器 ADM2582E/ADM2587E 接口防护电路的推荐参数

标号	型号	标号	型号
C_1	102，2kV，1206	TVS_1，TVS_2	SMBJ12CA
R_1	1MΩ，1206	TVS_3，TVS_4，TVS_5，TVS_6	SMBJ6.5CA
T_1，T_2	B82793S0513N201	TVS_7	SMBJ6.5A 或者 SMBJ6.5CA
U_1	ADM2582E/ADM2587E	GDT_1，GDT_2	B3D090L

5.4　USB 通信及其隔离措施

5.4.1　概述

随着计算机硬件技术的飞速发展，基于 USB（Universal Serial Bus：通用串行总线）的外围设备在电力电子装置控制器中的应用，它支持各种 PC 与外设之间的连接。目前市面通用的主要是 USB1.1、USB2.0、USB3.0 和 USB3.1。

1. USB 的硬件结构

USB 采用四线电缆，引脚定义见表 5-21 所示，其中两根是用来传送数据（D+、D-）的串行通道，另外两根（V_{CC}、GND）为下游设备提供电源，对于高速且需要高带宽的外设，USB 以全速 12Mbit/s 的传输数据；对于低速外设，USB 则以 1.5Mbit/s 的传输速率来传输数据。USB 总线会根据外设情况在两种传输模式中自动地动态转换。USB 是基于令牌的总线，类似于令牌环网络或 FDDI 基于令牌的总线。USB 主控制器广播令牌，总线上设备检测令牌中的地址是否与自身相符，通过接收或发送数据给主机来响应。USB 通过支持悬挂/恢复操作来管理 USB 总线电源。

表 5-21　USB 引脚定义

引脚编号	信号名称	缆线颜色
1	VCC	红
2	Data-（D-）	白
3	Data+（D+）	绿
4	Ground	黑

USB 系统采用级联星型拓扑，该拓扑由三个基本部分组成：主机（Host）、集线器（Hub）和功能设备。主机也称为根、根结或根 Hub，它做在主板上或作为适配卡安装在计算机上，主机包含主控制器和根集线器（Root Hub），控制着 USB 总线上的数据和控制信息的流动，每个 USB 系统只能有一个根集线器，它连接在主控制器上。集线器是 USB 结构中的特定成分，它提供叫作端口（Port）的点将设

备连接到 USB 总线上，同时检测连接在总线上的设备，并为这些设备提供电源管理，负责总线的故障检测和恢复。集线可为总线提供能源，亦可为自身提供能源（从外部得到电源），自身提供能源的设备可插入总线提供能源的集线器中，但总线提供能源的设备不能插入自身提供能源的集线器或支持超过四个的下游端口中，如总线提供能源设备的需要超过 100mA 电源时，不能同总线提供电源的集线器连接。

2. USB 的接口

从一个设备回连到主机，称为上行连接；从主机到设备的连接，称为下行连接。为了防止回环情况的发生，上行和下行端口使用不同的连接器。所以 USB 在电缆和设备的连接中分别采用了两种类型的连接头，即图 5-20 所示的 A 型连接头和 B 型连接头。

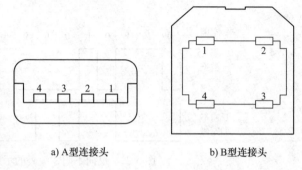

a) A型连接头　　　b) B型连接头

图 5-20　USB 的连接头形状示意图

A 型连接头，用于上行连接，即在主机或集线器上有一个 A 型插座，而在连接到主机或集线器的电缆的一端是 A 型插头。在 USB 设备上有 B 型插座，而 B 型插头在从主机或集线器接出的下行电缆的一端。采用这种连接方式，可以确保 USB 设备、主机/集线器和 USB 电缆始终以正确的方式连接，而不出现电缆接入方式出错，或直接将两个 USB 设备连接到一起的情况。

3. USB 的通信格式

传统的信号传输方式大多使用"正信号"或者"负信号"二进制表达机制，这些信号利用单线传输。用不同的信号电平范围来分别表示"1"和"0"，它们之间有一个临界值，如果在数据传输过程中受到中、低强度的电磁干扰时，高低电平不会突破临界值，那么信号传输是仍然可以正常进行的。但是，如果遇到强电磁干扰时，高低电平就很有可能突破临界值，由此会造成数据传输时出错。差分信号技术最大的特点就是必须使用两条线路才能表达一个比特位，用两条线路传输信号的压差作为判断"1"还是"0"的依据。这种做法的优点是具有极强的抗干扰性。倘若遭受外界强烈干扰，两条线路对应的电平同样会出现大幅度提升或降低的情况，但二者的电平改变方向和幅度几乎相同，电压差值就可始终保持相对稳定，因此数据的准确性并不会因干扰噪声而有所降低。

图 5-21 所示为 USB 在电缆上使用差动信号传输的示意图。正是基于这些特点，在 USB 的数据包特别使用到反向不归零编码（NRZI）。

图 5-22 所示为 USB 在电缆上使用反向不归零编码的传输示意图。

现将反向不归零编码的基本原理简述如下：

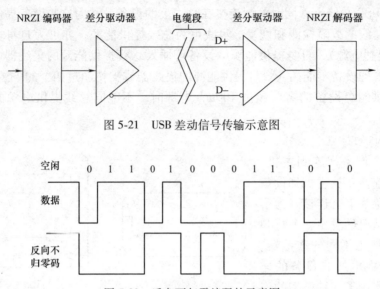

图 5-21 USB 差动信号传输示意图

图 5-22 反向不归零编码的示意图

1）反向不归零编码由传送信息的 USB 代理程序完成；然后，被编码的数据通过差分驱动器送到 USB 电缆上；紧接着，接收器将输入的差分信号进行放大，将其送给解码器。使用该编码和差动信号传输方式可以更好地保证数据的完整性并减少噪声干扰。

2）使用反向不归零编码方式可以保证数据传输的完整性，而且不要求传输过程中有独立的时钟信号。反向不归零编码不是一个新的编码方式，它在许多方面都有应用。

3）在反向不归零编码时，遇到"0"时转换，遇到"1"时保持。反向不归零码必须保持与输入数据的同步性，才能确保数据采样正确。反向不归零码数据流必须在一个数据窗口被采样，无论前一个位时间是否发生过转换。解码器在每个位时间采样数据以检查是否有转换。

4）若重复相同的"1"信号一直进入时，就会造成数据长时间无法转换，逐渐地积累，而导致接收器最终丢失同步信号的状况，使得读取的时序会发生严重的错误。因此，在 NRZI 编码之间，还需执行所谓的位填充的工作。位填充要求数据流中如果有连续的六个"1"就要强行转换。致使接收器在反向不归零码数据流中最多每七个位就检测到一次跳转。这样可以确保接收器与输入数据流的同步性。反向不归零码的发送器要把"0"（填充位）插到数据流中。接收器必须被设计成能够在连续的六个"1"之后识别一个自动跳转，并且立即扔掉这六个"1"之后的"0"位。

图 5-23 所示为 USB 电缆使用双向不归零编码和差动信号传输的示意图，分析得知：

1）第一行是传送到接收器的原始数据。注意数据流包括连续的八个"1"。

2）第二行表示对原始数据进行了位填充，在原始的第六个和第七个"1"之间填入了一个"0"。

3）第七个"1"延时一个位时间让填充位插入，接收器知道连续六个"1"之后将是一个填充位，所以该位就要被忽略。注意，如果原始数据的第七个位是"0"，填充位也同样插入，在填充过的数据流中就会有两个连续的"0"。

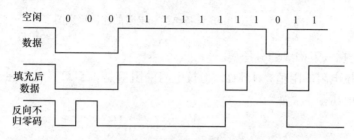

图 5-23　USB 电缆使用双向不归零编码和差动信号传输的示意图

4. USB 的接线方式

在 USB 设备连接时，USB 系统能自动检测到这个连接，并识别出其采用的数据传输速率。USB 采用在 D+或 D−线上增加上拉电阻的方法来识别低速和全速设备。USB 支持三种类型的传输速率：1.5Mbit/s 的低速传输、12Mbit/s 的全速传输和 480Mbit/s 的高速传输。

图 5-24 所示为低速 USB 设备电缆和电阻的连接示意图，在低速 USB 端的 D−线上增加上拉电阻。

图 5-24　低速 USB 设备电缆和电阻的连接示意图

图 5-25 所示为全速 USB 设备电缆和电阻的连接示意图，在低速 USB 端的 D+线上增加上拉电阻。

对比分析图 5-24 和图 5-25 得知：

1）当主控制器或集线器的下行端口上没有 USB 设备连接时，其 D+线和 D−线的下拉电阻使得这两条数据线的电压都是近地电平（0V）。

2）当全速/低速设备连接以后，电流流过由集线器的下拉电阻和设备在 D+线

图 5-25 全速 USB 设备电缆和电阻的连接示意图

与 D-线的上拉电阻构成的分压器。

由于下拉电阻的阻值是 15kΩ，上拉电阻的阻值是 1.5kΩ，所以在 D+与 D-线上会出现的电压差 V_{DD} 为

$$V_{DD} = \frac{15 V_{CC}}{15 + 1.5} \approx 0.91 V_{CC} \tag{5-7}$$

分析表达式（5-7）得知：在 D+/D-线上会出现的电压差 V_{DD} 为高电平，当 USB 主机探测到 D+与 D-线的电压差已经接近高电平，而其他的线保持接地时，它就知道全速/低速设备已经连接了。

5.4.2 USB 总线隔离器

1. 概述

USB 受欢迎的一个重要原因就是其简单的 4 线接口设计，不但可以为外设供电，还可以在外设和 PC 间充当串行数据链路。

图 5-26 所示为标准的全速 12Mbit/s 的 USB 非隔离式连接示意图。分析 USB 非隔离式连接示意图得知：

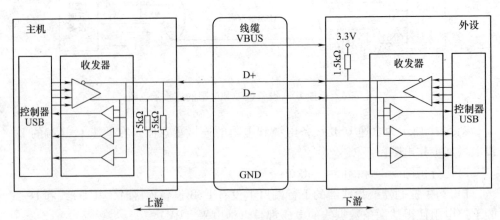

图 5-26 标准的全速 12Mbit/s 的 USB 非隔离式连接示意图

1) VBUS 线可以为外设提供+5V 电源，GND 为接地线，而 D+和 D-则用来传输数据。

2) 信号是双向半双工传输，意味着数据可以在线缆的任意方向流动，但是无论何时，最多只有一个发射器可以有效驱动该线缆。

3) 在通信过程中，USB 发射器驱动差分或单端状态信号到 D+和 D-线。数据被组织成数据包，其中有特别的信号序列标识数据包的头部和尾部。有时，总线会处于空闲状态，也就意味着没有发射器处于活跃状态，此时与线缆两端相连的电阻在 D+和 D-线建立起"空闲"总线状态。空闲状态会促成两个数据包之间总线的初始化，并使主机了解外设何时连接或断开以及外设期望的通信速率（1.5Mbit/s 或 12Mbit/s）。

现在想象一下对主机和外设进行电气隔离的方法，如本书前面章节提到的方法，采用由隔离栅、光耦或者磁耦变压器等隔离方式构建的专用隔离器件。

图 5-27 所示为标准的全速 12Mbit/s 的 USB 隔离式连接示意图。分析 USB 隔离式连接示意图得知：

1) 有关 D+和 D-线的信息可以穿过隔离层，但是电流不可以穿过隔离层。

2) 在这种情况下，接地端 1（上游侧接地基准 GND$_1$）是独立于接地端 2（下游侧接地基准 GND$_2$）的一个单独节点。

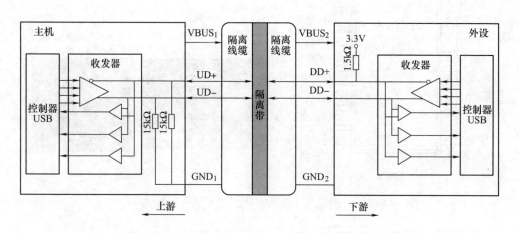

图 5-27　标准的全速 12Mbit/s 的 USB 隔离式连接示意图

可以应用于图 5-27 的 USB 总线隔离器，如 ADUM3160/4160，是 ADI 公司专有 iCoupler® 技术、兼容 USB2.0、提供完全隔离的 1.5Mbit/s 和 12Mbit/s 数据速率的典型 USB 总线磁隔离器，它们不仅能够降低系统成本、减小设计尺寸、缩短设计时间，而且能够满足最苛刻的工业标准，适应其工作环境。

几款典型 USB 总线磁隔离器见表 5-22 所示。

表 5-22　几款典型的 USB 总线磁隔离器

型号名称	速率（max）/（bit/s）	传输延时（max）/ns	绝缘电压（有效值）/V	CMTI（min）/（V/μs）	电源 V_{s+}/V		温度范围
					最小值	最大值	
LTM2894CY#PBF	12M	300	7.5k	50k	4.4	36	0~70℃
LTM2884CY#PBF	12M	300	2.5k	30k	4.4	16.5	0~70℃
ADUM3160	12M	325	2.5k	25k	4	5.5	−40~85℃
ADUM4160	12M	325	5k	25k	4	5.5	−40~85℃

2. USB 总线磁隔离器原理

隔离器 ADUM3160 [绝缘等级：2.5kV（有效值）]、隔离器 ADUM4160 [绝缘等级：5kV（有效值）]，都是低速（1.5Mbit/s）和全速（12Mbit/s）数据速率的双向通信的 USB 总线磁隔离器典型代表，完全兼容 USB2.0，xD+ 和 xD− 线路短路保护功能，3.3V 和 5V（双模电源配置）工作电压，高达大于 25kV/μs 的共模瞬变抗扰度。

图 5-28a 所示为隔离器 ADUM3160/4160 的引脚图。

图 5-28b 所示为隔离器 ADUM3160/4160 的实物图。

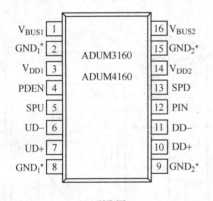

a) 引脚图　　　　　　　　　　　b) 实物图

图 5-28　隔离器 ADUM3160/4160 的引脚和实物图

隔离器 ADUM3160/4160 的引脚定义及其功能说明见表 5-23 所示。

表 5-23　隔离器 ADUM3160/4160 的引脚定义及其功能说明

引脚标号	引脚名称	方向	功 能 说 明
1	V_{BUS1}	电源	第 1 侧输入电源。如果隔离器由 USB 总线电压 4.5~5.5V 供电，则将 V_{BUS1} 引脚连接到 USB 电源总线。如果隔离器从一个 3.3V 电源供电，则将 V_{BUS1} 连接到 VDD$_1$ 和外部 3.3V 电源。需要一个旁路电容至 GND$_1$

（续）

引脚标号	引脚名称	方向	功　能　说　明
2	GND$_1^*$	回路	地 1。隔离器第 1 侧的接地基准点。引脚 2 与引脚 8 内部互连，建议将这两个引脚均连至公共地
3	V$_{DD1}$	电源	第 1 侧输入电源。如果隔离器由 USB 总线电压 4.5～5.5V 供电，则 V$_{DD1}$引脚应通过一个旁路电容到 GND$_1$。可能需要上拉的信号线，如 PDEN 和 SPU 等，应与此引脚相连。如果隔离器从一个 3.3V 电源供电，则将 V$_{BUS1}$连接到 V$_{DD1}$和外部 3.3V 电源。需要一个旁路电容至 GND$_1$
4	PDEN	输入	下拉使能。退出复位状态时读取此引脚。该引脚必须连接到 V$_{DD1}$，才能正常工作。在退出复位状态的同时，如果此引脚连接到 GND$_1$，则下游下拉电阻断开，允许进行缓冲器阻抗测量
5	SPU	输入	速度选择上游缓冲器。高电平有效逻辑输入。当 SPU 为高电平时，选择全速压摆率、时序和逻辑规则；当 SPD 为低电平时，选择低速压摆率、时序和逻辑规则。此输入必须通过连接到 VDD$_1$ 而设为高电平，或者通过连接到 GND$_1$ 而设为低电平，并且必须与引脚 13 保持一致（两个引脚同时为高电平或低电平）
6	UD-	输入/输出	上游 D-
7	UD+	输入/输出	上游 D+
8	GND$_1^*$	回路	参考地 1。隔离器第 1 侧的接地基准点
9	GND$_2^*$	回路	参考地 2。隔离器第 2 侧的接地基准点
10	DD+	输入/输出	下游 D+
11	DD-	输入/输出	下游 D-
12	PIN	输入	上游上拉使能。PIN 控制上游端口上拉电阻的电源连接
13	SPD	输入	速度选择下游缓冲器。高电平有效逻辑输入。当 SPU 为高电平时，选择全速压摆率、时序和逻辑规则；当 SPD 为低电平时，选择低速压摆率、时序和逻辑规则。此输入必须通过连接到 V$_{DD2}$而设为高电平，或者通过连接到 GND$_2$而设为低电平，并且必须与引脚 5 保持一致（两个引脚同时为高电平或低电平）
14	V$_{DD2}$	电源	第 2 侧输入电源。如果隔离器由 USB 总线电压 4.5～5.5V 供电，则 V$_{DD2}$引脚应通过一个旁路电容到 GND$_2$。可能需要上拉的信号线，如 SPD 等，可以与此引脚相连。如果隔离器从一个 3.3V 电源供电，则将 V$_{BUS2}$连接到 V$_{DD2}$和外部 3.3V 电源。需要一个旁路电容旁路至 GND$_2$
15	GND$_2^*$	回路	参考地 2。隔离器第 2 侧的接地基准点。引脚 9 与引脚 15 内部互连，建议将这两个引脚均连至公共地

（续）

引脚标号	引脚名称	方向	功 能 说 明
16	V_{BUS2}	电源	第 2 侧输入电源。如果隔离器由 USB 总线电压 4.5~5.5V 供电，则将 V_{BUS2} 引脚连接到 USB 电源总线。如果隔离器从一个 3.3V 电源供电，则将 V_{BUS2} 连接到 V_{DD2} 和外部 3.3V 电源。需要一个旁路电容旁路至 GND_2

作为典型的 USB 数字隔离器 ADUM3160/4160，集成在 16 引脚小型的 SOIC 封装中（简记 SO-16）。

图 5-29 所示为隔离器 ADUM3160/4160 的原理框图。

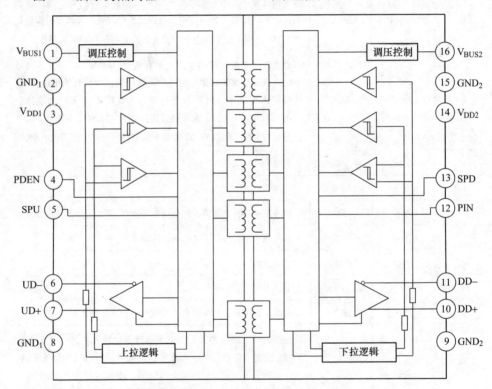

图 5-29　隔离器 ADUM3160/4160 的原理框图

分析隔离器 ADUM3160/4160 的原理框图得知：

1) 隔离器 ADUM3160/4160 包含一对 USB 收发器、5 条 iCoupler 数字隔离通道、控制逻辑和两个"电压调节器"。此外，该器件还包括一个 1.5kΩ 的上游侧上拉电阻和下游侧数个 15kΩ 的下拉电阻。

2) 隔离器 ADUM3160/4160 的 USB 收发器由一个简化控制器进行控制，无须完全解码和分析数据包即可实现隔离功能。此外，它还可以监控 UD+、UD-、DD+ 和 DD-，识别指示空闲总线、数据包头和数据包尾的信号，从而在忽略数据包内容的同时正确地使能或去使能 USB 收发器。

3）当在下游侧从主机向外设传输数据包时，图 5-29 中上方的两条隔离通道处于有效状态，用做上游侧 USB 接收器和下游侧 USB 发射器。数据从 UD+/UD−拷贝到 DD+/DD−。当数据包传输结束时，USB 隔离器检测到尾部序列后就会去使能所有 USB 收发器，使总线进入空闲状态。如果接下来外设开始向上游侧传输数据包，USB 隔离器检测到数据包头部序列后就会使能第三条和第四条隔离通道以及上游侧 USB 发射器，并将数据从 UD+/UD−拷贝到 DD+/DD−，直到数据包传输结束。然后，总线再次进入空闲状态，所有发射器也被关闭，等待新的数据传输。

4）隔离器 ADUM3160/4160 使用第五条隔离通道来传递下游侧控制线路的状态信息，从而激活一个集成于上游侧的上拉电阻，这使得下游端口能够控制上游端口何时连接 USB 总线。该引脚可以连接到外设上拉电阻、一条控制线路或 V_{DD2} 引脚，具体取决于何时执行初始总线连接。将该引脚连接到外设上拉电阻可以使上游侧上拉电阻模拟其状态，同时隔离器 ADUM3160/4160 的下拉电阻可以模拟连接到主机的下拉电阻的状态。所有有效与空闲状态均可从隔离阻障的一侧复制到另一侧。

5）隔离器 ADUM3160/4160 的隔离通道是使用芯片级变压器技术，实现隔离通信信号的数字隔离。每一单个通道的运行速度均超过 100Mbit/s，可以轻松支持 12Mbit/s 的全速 USB 数据传输。把所有通道集成到一个单独的芯片上可以实现对时间的严密控制，从而降低定时误差，以满足 USB 的定时要求。此外，穿过隔离器 ADUM3160/4160 的全部传播延迟相当于穿过一个标准 USB 集线器的延迟，且静态功耗要低于空闲总线的 USB 限制值。电压调节器支持电源选项，即如要使用 5V 电源（例如上游侧）为 USB 隔离器的一侧供电，则要将该 5V 电源连接到合适的 V_{BUS} 引脚（如 V_{BUS1}）上，且将 V_{DD1} 设为断开状态。当传感器检测到电压是应用于 V_{BUS1} 而非 V_{DD1} 时，传感器会激活 3.3V 调节器，为 V_{DD1} 供电。要想使用 3.3V 电源（例如下游侧）为 USB 隔离器的一侧供电，要将 3.3V 电源与 V_{BUS2} 和 V_{DD2} 相连接。当传感器检测到两侧引脚上同时出现外加电压时，就会去使能片上调节器，直接使用外接 3.3V 电源。

隔离器 ADUM3160/4160 的真值表、控制信号和电源（正逻辑）见表 5-24 所示。

表 5-24　隔离器 ADUM3160/4160 的真值表、控制信号和电源（正逻辑）

V_{SPU} 输入	V_{BUS1}，V_{DD1} 状态	V_{D+}，V_{D-} 状态	V_{SPD} 输入	V_{BUS2}，V_{DD2} 状态	V_{DD+}，V_{DD-} 状态	V_{PIN} 输入	备　注
H	有电	有效	H	有电	有效	H	输入和输出逻辑设置为全速逻辑规则和时序
L	有电	有效	L	有电	有效	H	输入和输出逻辑设置为低速逻辑规则和时序

（续）

V_{SPU} 输入	V_{BUS1}，V_{DD1} 状态	V_{D+}，V_{D-} 状态	V_{SPD} 输入	V_{BUS2}，V_{DD2} 状态	V_{DD+}，V_{DD-} 状态	V_{PIN} 输入	备　注
L	有电	有效	H	有电	有效	H	不允许：V_{SPU} 和 V_{SPD} 必须设为相同的值。USB 主机检测到通信错误
H	有电	有效	L	有电	有效	H	不允许：V_{SPU} 和 V_{SPD} 必须设为相同的值。USB 主机检测到通信错误
X	有电	Z	X	有电	Z	L	上游第 1 侧对 USB 线缆呈现为断开状态
X	无电	X	X	有电	Z	X	当 V_{DD1} 上没有电源时，下游数据输出驱动器在 32 位时间内回到高阻态。下游侧在高阻态初始化
X	有电	Z	X	无电	X	X	当 V_{DD2} 上没有电源时，上游侧在 32 位时间内断开上拉电

提醒：表 5-24 中的 H 表示逻辑高电平输入或输出；L 表示逻辑低电平输入或输出；X 表示无关逻辑输入或输出；Z 表示高阻态输出。

3. USB 总线磁隔离器电路设计方法

利用隔离器 ADUM3160/4160，将一个 USB 端口面对上游的 USB 外设集成一体，如图 5-30 所示，外围 USB 器件借助 USB 接口，经由隔离器 ADUM3160/4160，与 MCU 之间进行信息交互。

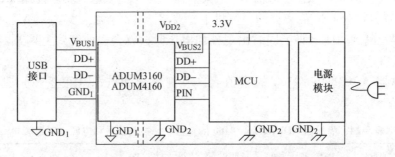

图 5-30　隔离器 ADUM3160/4160 的典型应用电路示意图

现将设计要点总结如下：

1）USB 主机通过电缆为隔离器 ADUM3160/4160 的上游侧供电。

2）外设电源为隔离器 ADUM3160/4160 的下游侧供电。

3）隔离器的 DD+/DD-线路与外设控制器接口，UD+/UD-线路连接到电缆或主机。

4）外设的数据速率是固定的，在设计时确定。隔离器 ADUM3160/4160 具有配置引脚 S_{PU} 和 S_{PD}，用于确定各侧的缓冲器速度和逻辑规则。这些参数必须采用同样的设置，并且与所需的外设速度相匹配，参见隔离器 ADUM3160/4160 的真值表。

5）当 USB 电缆外设端（即 ADUM4160 的上游侧）的 U_{D+} 或 U_{D-} 线路被拉高时，开始 USB 枚举。该事件的时序由耦合器下游侧的 PIN 输入控制。

6）上拉和下拉电阻位于耦合器内部。只需外部串联电阻和旁路电容便可工作。

7）在多数 USB 收发器中，3.3V 电压是通过 LDO 调节器（low dropout regulator，是一种低压差线性稳压器）从 5V 的 USB 总线获得。隔离器 ADUM3160/4160 的上游侧和下游侧均内置 LDO 调节器。LDO 输出电压在 V_{DD1} 和 V_{DD2} 引脚上提供电源。某些情况下，特别是在隔离的外围设备一侧，可能没有 5V 电源可用。隔离器 ADUM3160/4160 能够旁路调节器，直接采用 3.3V 的外接电源工作。每侧有 2 个电源引脚，即 V_{BUSx} 和 V_{DDx}，现将它们的配置方法说明如下：

1）如果 V_{BUSx} 接 5V 电源，则内部电源调节器会产生 3.3V 电压，可为 xD+ 和 xD-驱动器供电。当然，V_{DDx} 也可外接 3.3V 电源，以实现外部电路并为外部上拉电阻等提供偏置电源。

2）如果只有 3.3V 电源可用，则可以利用它同时为 V_{BUSx} 和 V_{DDx} 供电，此时将会禁用电源调节器，并直接从外接的 3.3V 电源为耦合器供电。

图 5-31 所示为一个典型的电源配置方法 1，其中：

图 5-31a 表示耦合器的上游侧直接从 USB 总线获得+5V 电源，此时芯片内部一次侧的电源调节器会产生 3.3V 电压；下游侧由外接+3.3V_2 电源供电，此时芯片内部二次侧的电源调节器被禁用。

图 5-31b 表示耦合器的上游侧获得+3.3V_1 电源，此时芯片内部一次侧的电源调节器被禁用；下游侧由外接+3.3V_2 电源供电，此时芯片内部二次侧的电源调节器被禁用。

图 5-32 所示为一个典型的电源配置方法 2，其中：

图 5-32a 表示耦合器的上游侧由外接+3.3V_1 电源供电，此时芯片内部一次侧的电源调节器被禁用；下游侧直接从 USB 总线获得电源+5V_2 电源，此时芯片内部二次侧的电源调节器会产生 3.3V 电压。

图 5-32b 表示耦合器的上游侧直接从 USB 总线获得电源+5V_1 电源，此时芯片内部一次侧的电源调节器会产生 3.3V 电压；下游侧直接从 USB 总线获得电源+5V_2 电源，此时芯片内部二次侧的电源调节器会产生 3.3V 电压。

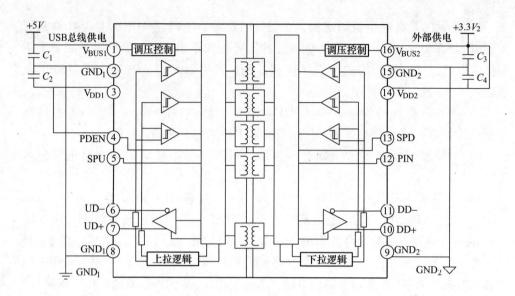

a) 上游侧直接从USB总线获得电源+5V(芯片内置的一次侧电源变换器有效)

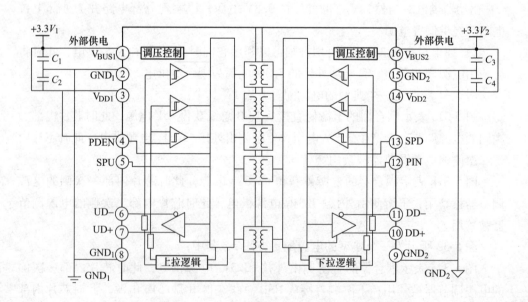

b) 上下游均由外接+3.3V供电(芯片内置的一次侧和二次侧电源变换器禁用)

图 5-31　USB 接口的电源配置方法 1

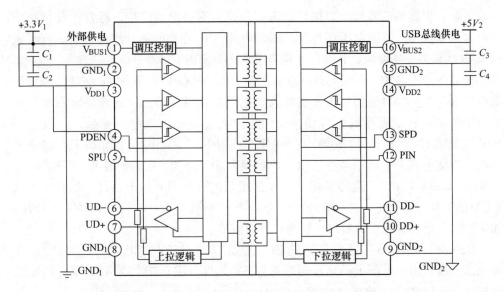

a) 上游由外接+3.3V_1供电，下游由+5V_2供电(芯片内置的二次侧电源变换器有效)

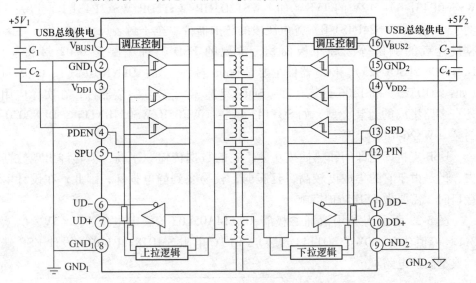

b) 上下游均由+5V供电(芯片内置的一次侧和二次侧电源变换器有效)

图 5-32　USB 接口的电源配置方法 2

5.4.3　USB 接口电路的防护设计

因 USB 端口广泛应用在 PEE（电力电子装置）上，并且需要进行电力状态信息和装置健康数据的传输，因此，该端口的 ESD（静电）保护和 EOS（过电压）保护，便成了提高产品可靠性的标配，下面将介绍一些方案供参考。USB 端口的静电防护，根据测试等级、数据传输速率和是否需要浪涌防护，通常涉及物料的结电容（C_{JMAX}）、箝位电压（V_{BR}）、峰值电流（I_{pp}）和峰值功率（P_{pp}）。有时根据布 PCB 板的特殊要求，封装尺寸也是考虑的重要因素。

普通的静电防护，一般测试标准有接触 2kV/空气 4kV、接触 4kV/空气 8kV 以及接触 8kV/空气 15kV 等，读者也可以根据产品本身的特点，选择要求测试的标准。USB 端口若不需要数据传输，ESD 防护通常不考虑结电容参数，一般选用 10pF 左右器件，如 7pF 的 WE05DF-BN/WE05D9-B 等。USB2.0 端口百兆传输速率一般选择结电容 1pF 以下器件，如 1pF 的 WE05DLCF-B、0.5pF 的 WE05DUCF-B。USB3.0/USB3.1 端口千兆传输速率必须选用结电容 0.5pF 以下器件，如 0.3pF 的 WE05DRF-B。信号线上的 ESD 防护，为方便 SMD 批量生产，一般选择双向器件，如果产品电路有特殊设计要求一般选择单向器件。

USB 端口的 EOS（过电压）防护，比如 120V/150V/200V/250V/300V/350V 等测试等级。由于市面上的适配器除常规 5V 以外，还有 7V/9V/15V 等不同输出电压标准，USB 端口 EOS 防护相应多采用 7V 的 TVS（如：WS07D3HP/WS07DP/WS7.0P4S1-B）、12V 的 TVS（如：WS12D3HP/WS12DP/WS12P4S1-B）以及 24V 的 TVS（如：WS24P4S1-B）等电压段的防护器件。至于封装尺寸的选择，主要依据设计者的测试等级和布板面积，常规的 ESD 器件主要是 0402 封装（如：DFN1006-2LSOD923），EOS 器件主要是 0603 封装（如：DFN1610-2L）、0805 封装（如：SOD323）和 1206 封装（如：SOD123）。除了分立封装器件，在实际应用中还有多路集成的封装类型，如 SOT143 封装（WE05R/WS054RXLC）、DFN2020-6L 封装（WS26-4R6N）等。

USB 支持即插即用和热插拔功能，它的数据传输速率高，不容许出现数据缺失，但是由于它的集成度较高，且脆弱，较易受到静电损坏，因此，在设计 USB 接口时，需要做 ESD 防护措施。

图 5-33 所示为利用浪涌二极管 UET14A05L03（额定电压 $V_{BR} = 5V$、$C_{JMAX} = 3pF$、峰值功率 500W、SOT143 封装）、PPTC 电阻 SMD1812P110TF 设计 USB 端口的典型防护电路。

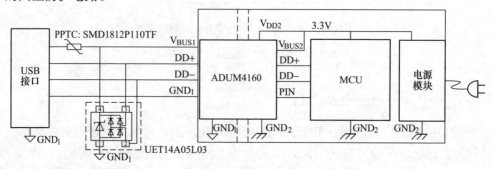

图 5-33　USB 端口的典型防护电路（单路）

图 5-33 所示的 ESD 器件结电容小，可高效地实现 USB 接口高速的数据传输要求，因为它拥有极低的漏电流，可减少正常工作下的功率损耗，且响应速率快，可以在 ESD 脉冲上升时间内保护 USB 元件，同时该产品封装为 SOT-26，封装体积小，可节约 PCB 的空间。

图 5-33 所示为单路 USB 端口的防护电路典型接法。双路 USB 端口的防护电路，其防护方法与单路类似，只是选择 4 路的 ESD 器件，如 SRV05-4，如图 5-34 所示。阵列器件 SRV05-4 是一种 ESD 静电保护器件，主要保护电压敏感元件免受瞬态电压事件，且本产品具有很好的箝位能力、电容值低、电压值低、漏电流低和响应速度快等特点，非常适用在空间有限的电路板上做静电保护，额定电压 $V_{BR}=5V$、$C_{JMAX}=1.2pF$、峰值功率 350W，采用 SOT-26 封装。类似的器件，如 UDT26A05L05，额定电压 $V_{RWM}=5V$、$C_{JMAX}=3pF$、峰值功率 500W，采用 SOT23-6L 封装。

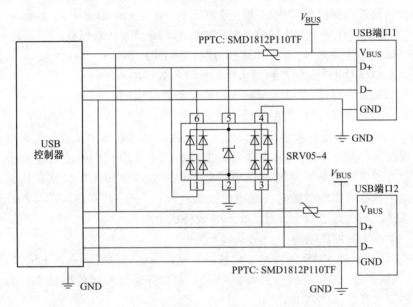

图 5-34　USB 端口的典型防护电路（双路）

5.5　SPI 通信及其隔离措施

5.5.1　概述

SPI 是串行外设接口（Serial Peripheral Interface）的缩写，是一种高速、全双工和同步的通信总线，并且在芯片的引脚上只占用四根线（SDI、SDO、SCLK 和 CS），节约了芯片的引脚，同时为 PCB 的布局上节省空间，提供方便，正是出于这种简单易用的特性，越来越多的芯片集成了这种通信协议。在电力电子装置中，经常会选择多通道、同步采样 16 位 A/D 转换器，如 AD7606（8 通道）、AD7656（6 通道）、AD7386（4 通道）、AD7380（2 通道），也会采用 ADS1258、TLV2543 等，它们都可以采用 SPI 通信，MCU 之间经由 SPI 端口与它们进行数据传输。

SPI 接口总线是基于串行传输的思想，已经被制定为标准，成为常用的外围器件连接方式。SPI 在芯片的引脚上只占用 4 根线，节约了芯片的引脚，同时为 PCB 的布局上节省空间提供了方便，正是出于这种简单易用的特性，SPI 接口除应用于 A/D 转换器之外，近年来被广泛应用于外部移位寄存器、D/A 转换器、串行 EEP-ROM 和 LED 显示驱动器等外部设备的扩展。SPI 接口可以共享，便于组成带多个 SPI 接口器件的系统。其传送速率可编程，连接线少，具有良好的扩展性。

1. SPI 的基本原理

SPI 的通信原理很简单，它以主从方式工作，这种模式通常有一个主设备和一个或多个从设备，需要至少 4 根线（全双工），事实上 3 根也可以（单向传输时，半双工）。也是所有基于 SPI 的设备共有的，它们是 SDI（数据输入）、SDO（数据输出）、SCLK（时钟）和 CS（片选）。现将它们简述如下：

（1）SDO/MOSI：主设备数据输出，从设备数据输入。

（2）SDI/MISO：主设备数据输入，从设备数据输出。

（3）SCLK：时钟信号，由主设备产生。

（4）CS/SS：从设备使能信号，由主设备控制。当有多个从设备的时候，因为每个从设备上都有一个片选引脚接入到主设备机中，当我们的主设备和某个从设备通信时将需要从设备对应的片选引脚电平拉低或者是拉高。也就是说只有片选信号为预先规定的使能信号时（高电位或低电位），主芯片对此从芯片的操作才有效。这就使在同一条总线上连接多个 SPI 设备成为可能。

在一个 SPI 时钟周期内，会完成如下操作：

1）主设备通过 MOSI 线发送 1 位数据，从设备通过该线读取这 1 位数据。

2）从设备通过 MISO 线发送 1 位数据，主设备通过该线读取这 1 位数据。这是通过移位寄存器来实现的。

如图 5-35 所示，主设备和从设备各有一个移位寄存器，且二者连接成环。随着时钟脉冲，数据按照从高位到低位的方式依次移出主设备寄存器和从机寄存器，并且依次移入从设备寄存器和主设备寄存器。当寄存器中的内容全部被移出时，相当于完成了两个寄存器内容的交换。

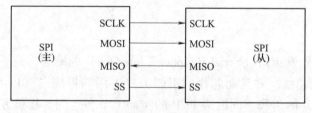

图 5-35　主从设备 SPI 通信接线的示意图

　　SPI 是一个环形总线结构，其时序其实很简单，主要是在 SCLK 的控制下，两个双向移位寄存器进行数据交换。CS 是从芯片是否被主芯片选中的控制信号，接下来就是负责通信的 3 根线了。通信是通过数据交换完成的，这里先要知道 SPI 是串行通信协议，也就是说数据是一位一位传输的。这就是 SCLK 时钟线存在的原因，由 SCLK 提供时钟脉冲，SDI、SDO 则基于此脉冲完成数据传输。数据输出通过 SDO 线，数据在时钟上升沿或下降沿时改变，在紧接着的下降沿或上升沿被读取。完成一位数据传输，输入也使用同样原理。因此，至少需要 8 次时钟信号的改变（上沿和下沿各位一次），才能完成 8 位数据的传输。

　　图 5-36 所示为 SPI 组网的示意图。

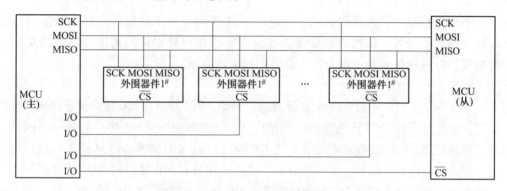

图 5-36　SPI 通信接线的基本方法

　　分析 SPI 组网的示意图得知：

　　1）SCLK 信号线只由主设备控制，从设备不能控制信号线。同样，在一个基于 SPI 的设备中，至少有一个主控设备。与普通的串行通信不同，普通的串行通信一次连续传送至少 8 位数据，而 SPI 允许数据一位一位地传送，甚至允许暂停，因为 SCLK 时钟线由主控设备控制，当没有时钟跳变时，从设备不采集或传送数据。也就是说，主设备通过对 SCLK 时钟线的控制可以完成对通信的控制，此即为 SPI 传输方式的一个显著优点。

　　2）SPI 也是一个数据交换协议，因为 SPI 的数据输入和输出线独立，所以允许同时完成数据的输入和输出。不同的 SPI 设备的实现方式不尽相同，主要是数据改变和采集的时间不同，在时钟信号上沿或下沿采集有不同定义，具体请参考相关器件的文档。

　　3）主设备能够控制时钟，因为 SPI 通信并不像 UART 或者 IIC 通信那样有专门的通信周期、专门的通信起始信号和专门的通信结束信号，所以 SPI 协议能够通过控制时钟信号线，当没有数据交流的时候，时钟线要么是保持高电平要么是保持低电平。也正是由于 SPI 通信没有指定的流控制，没有应答机制确认是否接收到数据，所以跟 IIC 总线协议比较起来，在数据可靠性上有一定的缺陷。

综上所述，SPI 通信的显著特点就是高速、同步、全双工、非差分和总线式，是典型的主从机通信模式，具有支持全双工通信、通信数据简单以及传输速率快等优点。

2. SPI 通信接口隔离的常规方法

以某发射器中的电源电压采集单元作为示例进行讲述。现将设计要求简述如下：

1）实现对 4 组电源（分别用于不同设备）的电压 0~1000V 进行采集。

2）每组包括多个电源输入信号，各组电源不共地，电源内部各个电源共地。

第一，常规的设计思路。

采用并行接口，包括数据线、地址线、片选信号、读写信号、起动转换信号和转换结束信号等，信号线数较多，如果在并行接口处设计隔离电路，会增加设计难度，且采用很多光电耦合器也会增加较大的成本。

第二，实用的设计思路。

基于 SPI 接口，隔离分组 A/D 原理进行采集。SPI 接口与 I2C 接口都是同步串行接口，在处理器和 A/D 转换器的应用很广泛，信号线很少，SPI 接口的帧同步信号经过逻辑处理后便于实现对不同单元（相互隔离）的 A/D 转换器（从设备）进行选择，隔离电路既设计简单，又节约成本。因此选用具有 SPI 接口的 A/D 转换器并在数字接口处进行隔离是切合实际而且降低成本的做法。目前，包括高精度、高速A/D转换器在内的很多器件都设计有 SPI 接口，如：TLV2543、ADS1258 等。

图 5-37 所示为具有 SPI 接口的 TLV2543 变换器原理框图。

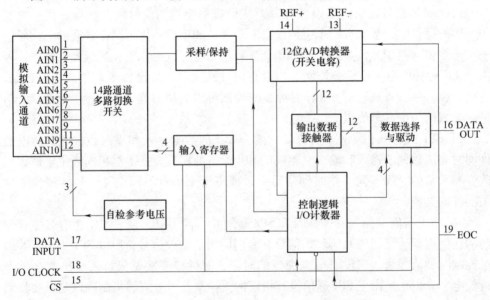

图 5-37　具有 SPI 接口的 TLV2543 变换器原理框图

分析 TLV2543 变换器原理框图得知：

1）TLV2543 作为 TI 公司生产的 12 位开关电容逐次逼近式 A/D 转换器，具有高速、高精度、低噪声和 CMOS 工艺等显著特点，它有 11 路模拟输入通道（AIN0~AIN10）和 3 个内部自测电压模式。

2）TLV2543 变换器的 DIN 为串行数据输入端，DOUT 为 A/D 转换结果的三态串行输出端。从数据输入端（DIN）输入 8 位控制字，可以编程控制输入通道、输出数据长度、输出数据方向以及输出数据极性。CLK 为 I/O 时钟，REF+为正基准电压端，REF-为负基准电压端，V_{CC} 为电源，GND 为地。片内系统时钟与从 I/O 端口的 CLK 端输入的外部时钟同步。

3）芯片有两个输出端：

① 数据输出端（DOUT）输出转换得到的数字量。

② 转换结束信号（EOC）指示转换完成。

为了实现多路电源电压信号的采集，采用图 5-38 所示的硬件架构图。下面分析它的组成思路。

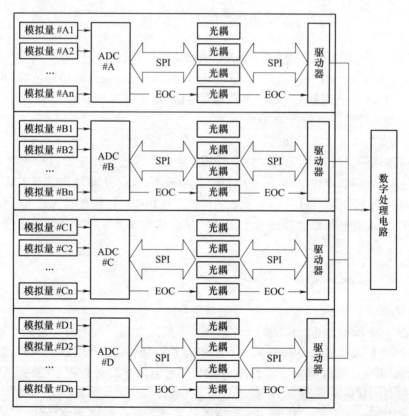

图 5-38　电源电压采集单元的硬件架构图

分析电源电压采集单元的硬件架构图得知：

1）硬件电路包括：数字处理电路、信号调理电路、模数转换电路、SPI 接口隔离电路和电源转换电路。

2）数字处理电路的核心是 DSP，假设采用 TI 公司的 TMS320C6713。此 DSP 拥有较丰富的片内资源，包括内置 256KB 存储器、2 路 McBSP（可配置为 SPI 接口）、2 路 32 位计数器等，并支持 4 路外部中断，使用很广泛。McBSP 接口依靠数据线 D（R/X）、帧同步线 FS（R/X）和移位时钟线 CLK（R/X）共计 6 个信号，即可实现数据发送和接收。其中 DX 和 DR 引脚完成与外部设备进行通信时数据的发送和接收，可由 CLKX、CLKR、FSX 和 FSR 实现时钟和帧同步的控制。

3）在发送数据时，CPU 将要发送的数据写到发送数据寄存器 DXR，然后在 FSX 和 CLKX 作用下，由 DX 引脚输出。

4）在接收数据时，来自 DR 引脚的数据则在 FSR 和 CLKR 的作用下，从数据寄存器 DRR 中读出数据。CLKX、CLKR、FSX 和 FSR 既可以由内部采样率发生器产生，也可以由外部设备驱动。TMS320C6713 芯片的 McBSP 的数据同步时钟具有停止控制选项，因此可以与 SPI 协议兼容。对 SPI 接口数字信号进行隔离采用光电隔离的方式。

5）4 组 SPI 接口隔离耦合后与 DSP 的 SPI 接口互连。4 个 ADC 以 SPI 从模式方式工作，DSP 以 SPI 主模式方式工作。DSP 的 SPI 接口发送的信号包括 FSX 帧同步信号、CLKX 串行时钟信号和 DX 数据发送信号。CLKX 和 DX 无须控制，可直接经过驱动和隔离后连接到各个 ADC。

6）为了对 4 个 ADC 分时进行控制，须产生 4 个帧同步信号 FSX1～FSX4，这 4 个信号分别用于选择 4 个 ADC，并表征 SPI 接口串行数据传输的过程。当 FSX1～FSX4 分别有效时，4 个 ADC 会分别通过 ADC 的 DX 引脚发出同步串行数据。DX1～DX4 经过输出端为 OC 门的光电隔离后直接相连，这种线与方式可简化逻辑。4 个 ADC 在 A/D 转换结束后还会发出转换结束信号 EOC1～EOC4，这些信号也需要进行光电隔离。

5.5.2　SPI 总线磁隔离器基本原理

1. 概述

如图 5-38 所示，基于光耦的 SPI 隔离方案虽然有效，但是由于光耦数量太多，会导致 PCB 板尺寸过大。如果采用专用串行外设接口（SPI）数字隔离器，隔离 SPI 总线，即可大幅度降低所需 PCB 的物理尺寸，简化设计过程、提高设计速度，且具有较高的数据完整性。

与光电耦合器不同，基于 SPI 隔离器的实施方案，可以增强性能，并且由于 PCB 布局空间尺寸减小而缩短了信号传输路径，为隔离式 SPI 数据通信提供简单、紧凑的切实可行的思路。

2. SPI 隔离器 ADUM6421A

几种典型的 SPI 隔离器件见表 5-25 所示。

表 5-25　典型 SPI 的隔离器件

型号	速率（max）/（bit/s）	时延（max）/s	通道数	一次侧输入/V	二次侧输入/V	V_{s+}（min）/V	Vs+（max）/V	Package
ADUM6421A	150M	17n	4	3	1	1.7	5.5	SOW-28
LTM2810	20M	100n	6	5	5	1.62	5.5	BGA-36
ADP1031	16.6M	15n	7	3	1	1.8	5.5	LFCSP-41
LTM2895	100M		10	9	8	3	5.5	BGA-36
LTM2886	20M		6	0	2	1.62	5.5	BGA-32
LTM2893	100M		9	9	8	3	5.5	BGA-36
LTM2893-1	100M		10	10	8	3	5.5	BGA-36
LTM2887	20M		6	0	2	1.62	5.5	BGA-32
ADUM4150	40M	14n	6	3	3	3	5.5	SO-12
ADUM4151	34M	14n	7	5	3	3	5.5	SO-20
ADUM4152	34M	14n	7	4	3	3	5.5	SO-20
ADUM4153	34M	14n	7	3	4	3	5.5	SO-20
ADUM4154	34M	14n	7	4	3	3	5.5	SO-20
ADUM3150	40M	14n	6	3	3	3	5.5	SSOP-20
ADUM3151	34M	14n	7	5	3	3	5.5	SSOP-20
ADUM3152	34M	14n	7	4	3	3	5.5	SSOP-20
ADUM3153	34M	14n	7	3	4	3	5.5	SSOP-20
ADUM3154	34M	14n	7	4	3	3	5.5	SSOP-20
LTM2892	20M		6	0	2	1.62	5.5	BGA-24
LTC6820	1M		1			2.7	5.5	MSOP-16
LTM2883	20M		6	0	2	1.62	5.5	BGA-32

我们以基于 isoPower 技术集成有：芯片级 DC/DC 变换器、四个 DC~100Mbit/s 信号隔离通道的 ADUM6421A 为例，讲述使用它们的设计技巧。

图 5-39 所示为隔离器 ADUM6420A/6421A/6422A 的原理框图。

分析原理框图得知：

1）源控（PCS）表示它受到 PDIS（电源使能端）的控制，当 PDIS（电源使能端）接参考地 GND_1 时，电源有效，振荡器才能工作，二次侧整流器、调压控制环节才能配套工作，二次侧电源 V_{ISO} 才会输出电压。

2）均采用 28 引脚细间距 SOIC 封装（简记 SO-28），最小爬电距离为 8.3mm，高温运行：125℃（最大值），高共模瞬变抗扰度：100kV/μs。三者的区别在于：

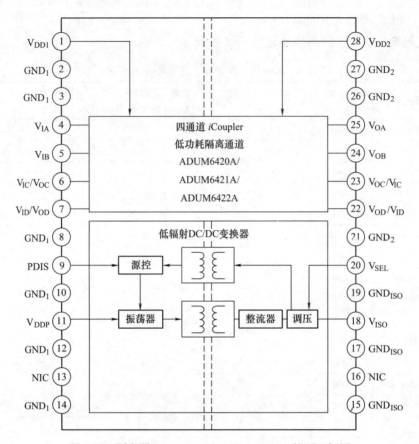

图 5-39　隔离器 ADUM6420A/6421A/6422A 的原理框图

①　ADUM6420A 的一次侧有四个输入端，即 V_{IA}、V_{IB}、V_{IC} 和 V_{ID}，没有输出端；相应地，二次侧对应有四个输出端，即 V_{OA}、V_{OB}、V_{OC} 和 V_{OD}，如图 5-40a 所示。

②　ADUM6421A 的一次侧有三个输入端，即 V_{IA}、V_{IB} 和 V_{IC}，一个输出端 V_{OD}；相应地，二次侧对应有三个输出端，即 V_{OA}、V_{OB} 和 V_{OC}，一个输入端 V_{ID}，如图 5-40b 所示。

③　ADUM6422A 的一次侧有两个输入端，即 V_{IA} 和 V_{IB}，两个输出端 V_{OC} 和 V_{OD}；相应地，二次侧对应有两个输出端，即 V_{OA} 和 V_{OB}，两个输入端 V_{IC} 和 V_{ID}，如图 5-40c 所示。

图 5-41 所示为隔离器 ADUM6420A/6421A/6422A 的电源接口电路示意图。由于它们借助 isoPower 技术集成芯片级隔离 DC/DC 变换器，具有输出高达 100mA 电流的能力，不过，要求该芯片的电源使能端 PDIS 接参考地 GND_1 时，电源才会有效。

图 5-41 中所示芯片的二次侧的磁珠 FB_1 和 FB_2 可以选择 Taiyo Yuden 公司的磁

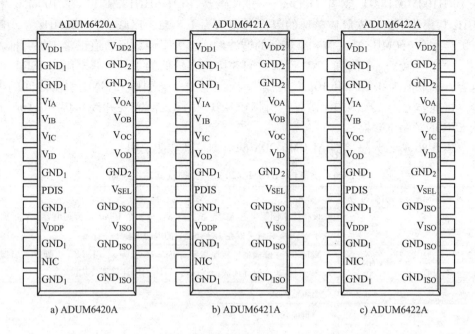

图 5-40　隔离器 ADUM6420A/6421A/6422A 的引脚图

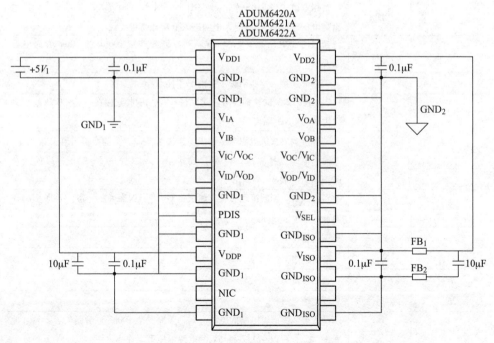

图 5-41　隔离器 ADUM6420A/6421A/6422A 的电源接口电路示意图

珠 BKH1005LM182-T 或者 Murata 公司的磁珠 BLM15HD182SN1。在 100MHz 和 1GHz 频率范围内，铁氧体磁珠的阻抗必须约为 1.8kΩ，以减少在 180MHz 一次侧开关频率和 360MHz 二次侧和整流器的谐波发射。为了使数据通道正常工作，推荐在一次侧电源 V_{DD1} 引脚和 GND_1 引脚之间并接具有较低的等效串联电阻（ESR）的电容，其取值为 0.1μF 和 10μF。要求一次侧电源 V_{DD1} 引脚和 GND_1 引脚之间的电容尽可能靠近。二次侧的电源 V_{DD2} 引脚和 GND_2 引脚之间需要并接 0.01~0.1μF 的低 ESR 的旁路电容器。

表 5-26 所示为隔离器 ADUM6420A 的引脚及其功能说明。

表 5-26   隔离器 ADUM6420A 的引脚及其功能说明

引脚编号	引脚符号	功 能 说 明
1	V_{DD1}	设备第 1 侧逻辑电路的电源。V_{DD1} 需要一个 100nF 的旁路电容。V_{DD1} 独立于 V_{DDP}，并且可以在 1.7~5.5V 的电源电压下工作
2、3、8、10、12、14	GND_1	接地 1。主隔离器的接地参考。引脚 2、引脚 3、引脚 8、引脚 10、引脚 12 和引脚 14 为内部连接，建议将 GND_1 引脚连接到公共接地
4	V_{IA}	逻辑输入 A
5	V_{IB}	逻辑输入 B
6	V_{IC}	逻辑输入 C
7	V_{ID}	逻辑输入 D
9	PDIS	禁用电源。当 PDIS 连接到 GND_1 时，电源变换器处于活动状态。当逻辑高电压施加到 PDIS 时，电源进入低功耗待机模式
11	V_{DDP}	初级电源电压为 4.5~5.5V。V_{DDP} 需要并接 100nF 和 10μF 旁路电容于 GND_1
13、16	NIC	未内部连接。这些引脚未在内部连接
15、17、19	GND_{ISO}	V_{ISO} 在第 2 侧的接地参考。建议将 GND_{ISO} 引脚连接在一起。GND_{ISO} 引脚在内部与 GND_2 隔离
18	V_{ISO}	外部负载的次级电源电压输出。连接至 V_{DD2}，为隔离器通道供电
20	V_{SEL}	输出电压选择输入。将 V_{SEL} 连接至 V_{ISO} 以提供 5V 输出，或连接至 GND_{ISO} 以获取 3.3V 输出
21、26、27	GND_2	V_{DD2} 在第 2 侧的接地参考。建议将 GND_2 引脚连接在一起。GND_2 引脚在内部与 GND_{ISO} 隔离
22	V_{OD}	逻辑输出 D
23	V_{OC}	逻辑输出 C
24	V_{OB}	逻辑输出 B
25	V_{OA}	逻辑输出 A
28	V_{DD2}	设备第 2 侧逻辑电路的电源。V_{DD2} 需要一个 100nF 的旁路电容。V_{DD2} 独立于 V_{ISO}，可以在 1.7~5.5V 的电源电压下工作

表 5-27 所示为隔离器 ADUM6421A 的引脚及其功能说明。

表 5-27　隔离器 ADUM6421A 的引脚及其功能说明

引脚编号	引脚符号	功能说明
1	V_{DD1}	设备第 1 侧逻辑电路的电源。V_{DD1} 需要并接 0.10μF 的旁路电容于 GND_1。V_{DD1} 独立于 V_{DDP}，并且可以在 1.7~5.5V 的电源电压下工作
2、3、8、10、12、14	GND_1	接地 1。主隔离器的接地参考。引脚 2、引脚 3、引脚 8、引脚 10、引脚 12 和引脚 14 内部连接，建议将 GND_1 引脚连接到公共接地
4	V_{IA}	逻辑输入 A
5	V_{IB}	逻辑输入 B
6	V_{IC}	逻辑输入 C
7	V_{OD}	逻辑输出 D
9	PDIS	禁用电源。当 PDIS 连接到 GND_1 时，电源变换器处于活动状态。当逻辑高电压施加到 PDIS 时，电源进入低功耗待机模式
11	V_{DDP}	DC/DC 变换器电源电压为 4.5~5.5V。V_{DDP} 需要并接 0.10μF 和 10μF 旁路电容于 GND_1
13、16	NIC	未内部连接。这些引脚未在内部连接
15、17、19	GND_{ISO}	隔离式 DC/DC 变换器的接地。通过一个铁氧体磁珠将 GND_{ISO} 引脚连接到 PCB 接地。GND_{ISO} 引脚在内部与 GND_2 隔离
18	V_{ISO}	外部负载的次级电源电压输出。V_{ISO} 需要并接 0.10μF 和 10μF 的电容于 GND_{ISO}。通过铁氧体磁珠将 V_{ISO} 连接到外部负载
20	V_{SEL}	输出电压选择输入。将 V_{SEL} 连接至 V_{ISO} 以提供 5V 输出，或连接至 GND_{ISO} 以获取 3.3V 输出
21、26、27	GND_2	V_{DD2} 在第 2 侧的接地参考。建议将 GND_2 引脚连接在一起。GND_2 引脚在内部与 GND_{ISO} 隔离
22	V_{ID}	逻辑输入 D
23	V_{OC}	逻辑输出 C
24	V_{OB}	逻辑输出 B
25	V_{OA}	逻辑输出 A
28	V_{DD2}	设备第 2 侧逻辑电路的电源。V_{DD2} 需要并接 100nF 旁路电容。V_{DD2} 独立于 V_{ISO}，可以在 1.7~5.5V 的电源电压下工作

表 5-28 所示为隔离器 ADUM6422A 的引脚及其功能说明。

表 5-28　隔离器 ADUM6422A 的引脚及其功能说明

引脚编号	引脚符号	功能说明
1	V_{DD1}	设备第 1 侧逻辑电路的电源。V_{DD1} 需并接 0.10μF 的旁路电容于 GND_1。V_{DD1} 独立于 V_{DDP}，并且可以在 1.7~5.5V 的电源电压下工作
2、3、8、10、12、14	GND_1	接地 1。主隔离器的接地参考。引脚 2、引脚 3、引脚 8、引脚 10、引脚 12 和引脚 14 内部连接，建议将 GND_1 引脚连接到公共接地
4	V_{IA}	逻辑输入 A

（续）

引脚编号	引脚符号	功 能 说 明
5	V_{IB}	逻辑输入 B
6	V_{OC}	逻辑输出 C
7	V_{OD}	逻辑输出 D
9	PDIS	禁用电源。当 PDIS 连接到 GND_1 时，电源变换器处于活动状态。当逻辑高电压施加到 PDIS 时，电源进入低功耗待机模式
11	V_{DDP}	DC/DC 变换器电源电压为 4.5~5.5V。V_{DDP} 需要并接 0.10μF 和 10μF 旁路电容于 GND_1
13、16	NIC	未内部连接。这些引脚未在内部连接
15、17、19	GND_{ISO}	隔离式 DC/DC 变换器的接地。通过一个铁氧体磁珠将 GND_{ISO} 引脚连接到 PCB 接地。GND_{ISO} 引脚在内部与 GND_2 隔离
18	V_{ISO}	外部负载的次级电源电压输出。V_{ISO} 需要并接 0.10μF 和 10μF 电容于 GND_{ISO}。通过铁氧体磁珠将 V_{ISO} 连接到外部负载
20	V_{SEL}	输出电压选择输入。将 V_{SEL} 连接至 V_{ISO} 以获得 5V 输出，或将 GND_{ISO} 连接至 3.3V 输出
21、26、27	GND_2	V_{DD2} 在第 2 侧的接地参考。建议将 GND_2 引脚连接在一起。GND_2 引脚在内部与 GND_{ISO} 隔离
22	V_{ID}	逻辑输入 D
23	V_{IC}	逻辑输入 C
24	V_{OB}	逻辑输出 B
25	V_{OA}	逻辑输出 A
28	V_{DD2}	设备第 2 侧逻辑电路的电源。V_{DD2} 需要一个 100nF 的旁路电容。V_{DD2} 独立于 V_{ISO}，可以在 1.7~5.5V 的电源电压下工作

表 5-29 所示为数据部分真值表（正逻辑）。

表 5-29 数据部分真值表（正逻辑）

V_{DDI}状态	V_{Ix}输入	V_{DDO}状态	V_{Ox}输出	注 释
供电	高	供电	高	正常运行，数据高
供电	低	供电	低	正常运行，数据低
无关	无关	无供电	高阻	输出关闭
无供电	低	供电	低	输出默认为低
无供电	高	供电	不确定	如果在没有电源的情况下将高电平施加到输入，则该输入会寄生地为输入侧供电，从而导致不可预测的操作

需要提醒的是，表 5-29 所示的 V_{DDI} 和 V_{DDO} 分别指给定通道的输入侧和输出侧的电源电压。V_{Ix} 和 V_{Ox} 指给定通道（通道 A、通道 B、通道 C 或通道 D）的输入和输出信号。

表 5-30 所示为电源部分真值表（正逻辑）。

表 5-30　电源部分真值表（正逻辑）

V_{DDP}/V	V_{SEL} 输入	PDIS 输入	V_{ISO}/V
5	高	低	5
5	无关	高	0
5	低	低	3.3
5	无关	高	0

3. 构成 SPI 隔离器的典型方法

SPI 协议通常需要四个单向单端通道组成，即 SPI 主机输出三个信号（时钟、串行数据和从器件选择），一条串行数据线来自从器件返回给主器件，在数 kbit/s 和数 Mbit/s 数据速率下，此物理层使 SPI 成为比较容易在主器件和从器件之间实现电气隔离的协议。

对于全双工通信，标准四通道数字隔离器，即三个正向通道和一个反向通道（3/1）的标准数字隔离器，就足以实现透明的"直接使用"式传输方式。数字隔离器是 SPI 隔离的选择，这是因为它们具有低传播延迟、良好的通道间匹配、紧凑的单芯片特性，方便构成鲁棒性好的通信系统。这些特性使数字隔离器优于光电耦合器解决思路。

图 5-42 显示了利用通用四通道标准数字隔离器（3/1）作为"直接使用"式 SPI 总线电气隔离的设计思路。

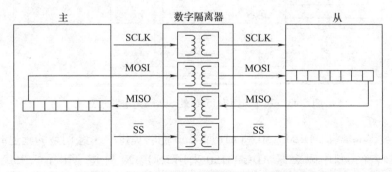

图 5-42　基于标准数字隔离器的 SPI 隔离示意图

表 5-31 所示为利用"直接使用"式全双工数字隔离器的最大 SPI 时钟速率的总结表。

表 5-31 "直接使用"式全双工数字隔离器的最大 SPI 时钟速率汇集

器件型号	数据速率 (max)/(Mbit/s)	传播延迟 (max)/ns	SPI 时钟 (max)	备 注
ADUM1401ARWZ	1	100	500kHz	隔离式 SPI 基准
ADUM1441	2	180	1MHz	超低功耗,本质安全,支持 IEC60079-11 标准下的 IS-IS 隔离
ADUM7441	25	50	5MHz	成本敏感型基本隔离
ADUM141D ADUM141E	150	13	19.2MHz	对辐射噪声和传导噪声有很高的抗干扰能力,1.8V 工作电压,提供小到 QSOP 的封装选项
ADUM241D ADUM241E	150	13	19.2MHz	对辐射噪声和传导噪声有很高的抗干扰能力,1.8V 工作电压,5kV 耐受电压
ADUM3151 ADUM3152 ADUM3153	34	14	17.8MHz	高数据速率,三个额外的 250kbit/s 控制/信号通道,小尺寸 SSOP 封装
ADUM4151 ADUM4152 ADUM4153	34	14	17.8MHz	高数据速率,三个额外的 250kbit/s 控制/信号通道,5kV 耐受电压

图 5-43 所示为基于五通道数字隔离器(3/2)ADUM152N 的 SPI 隔离电路示意图。ADUM152N 的最大脉冲宽度失真为 4.5ns,最大同向通道匹配为 4.0ns,理论上可以获得最大 38.4MHz 的时钟速度。当然,实践中,读者还需要考虑走线长度和从器件响应延迟时间等参数。

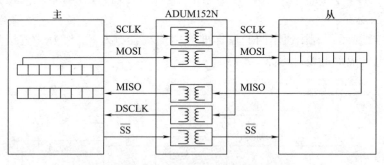

图 5-43 基于 ADUM152N 的 SPI 隔离电路示意图

SPI 数字隔离器 ADUM3150 和 ADUM4150 能够提供一个经调整的延迟时钟信号作为标准特性,其中隔离器 ADUM3150 采用 SSOP-20 封装[耐压 3.75kV(有效值)],ADUM4150 采用 SO-20 封装[耐压 5kV(有效值)]。

如图 5-44 所示,利用隔离器 ADUM3150 构成 SPI 隔离电路。ADUM3150 在主器件侧实现了一个延迟电路,延迟时钟(DCLK)信号在 ADUM3150 出厂测试期间进行调整,以匹配各隔离器的往返传播延迟。

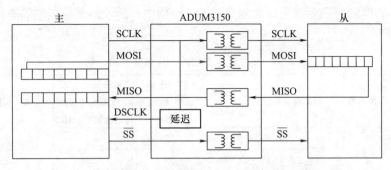

图 5-44　基于 ADUM3150 的 SPI 隔离电路示意图

几种典型的隔离器如 ADUM3150、ADUM152N 等的 SPI 时钟最大值见表 5-32 所示。

表 5-32　典型隔离器的 SPI 时钟最大值汇集

器件型号	电源电压（V）	SPI 时钟（max）/MHz	独　有　特　性
ADUM152N ADUM162N	1.7~5.5	38.4	对辐射噪声和传导噪声有很高的抗干扰能力，1.8V 工作电压
ADUM252N ADUM262N	1.7~5.5	38.4	对辐射噪声和传导噪声有很高的抗干扰能力，1.8V 工作电压，5kV 耐受电压
ADUM3150 ADUM4150	3.0~5.5	40	延迟时间特性，两个额外的 250kbit/s 控制/信号通道，小尺寸 SSOP 封装

独立电源在某些应用中可能不经济或不可行，因为在这些设计中，初级端需要利用隔离电源来为次级端器件供电。传统隔离电源解决方法体积庞大，难以满足隔离鲁棒性和认证要求。可以选择将 isoPower® 或 μModule® 集成一体的器件，如 ADUM5411，它提供四个隔离信号通道和高达 150mW 的集成隔离电源，但仅占用 90mm² 的 PCB 区域，包括支持性旁路电容，内置的 150mW 的集成隔离电源，通常足以满足精密 ADC 或低功耗的微控制器单元（MCU）的电源需求。

图 5-45 所示为基于 ADUM5411 的 SPI 隔离电路示意图。

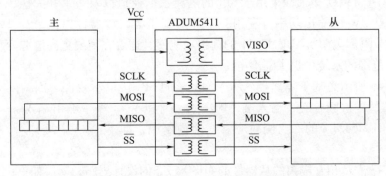

图 5-45　基于 ADUM5411 的 SPI 隔离电路示意图

在隔离电源容量要求更高的隔离式 SPI 应用中，涉及的其他典型隔离器件，见表 5-33 所示。

表 5-33 集成隔离电源的 SPI 隔离器件汇集

器件型号	通道数	隔离电源电压	隔离电源	数据速率（最大值）/（Mbit/s）	"直接使用"式全双工 SPI 时钟（最大值）/MHz	备注
ADUM5411	3/1	固定，3.3~5V	150mW	150	19.2	—
ADUM5401	3/1	固定，3.3~5V	500mW	25	4.1	—
LTM2883-5	6	可调，3.3~5.5V	100mW	20	4	集成 I²C 接口 μ 模块
LTM2883-3	6	可调，3.3~5.5V	100mW	20	4	集成 I²C 接口 μ 模块
LTM2886-3	6	可调，3.3~5.5V；±5V	500mW	20	4	集成 I²C 接口 μ 模块
LTM2886-5	6	可调，3.3~5.5V；±5V	500mW	20	4	集成 I²C 接口 μ 模块
LTM2887-3	6	可调，3.3~5.5V；固定 5V	500mW	20	4	集成 I²C 接口 μ 模块
LTM2887-5	6	可调，3.3~5.5V；固定 5V	500mW	20	4	集成 I²C 接口 μ 模块
ADUM3471	3/1	可调，3.3~24V	2W	25	4.1	—

对比分析表 5-33 列举的集成隔离电源的 SPI 隔离器件得知：

1）ADUM5401 可以自行提供高达 500mW 的隔离电源输出。ADUM5401 还有控制其他兼容 isoPower 器件的能力。ADUM5401 可以用做主器件并将其脉宽调制（PWM）信号发送到一个或多个 ADUM5000 器件，从而调节自身和每个 ADUM5000 从器件。

2）LTM2883、LTM2886 和 LTM2887 是 6 通道数字 μ 模块隔离器且集成有 I²C 接口 μ 模块，尤其是 LTM2887 能够提供高达 0.5W 的输出功率，并有多种输出电压范围可供选择。

3）ADUM3471 集成四个用于 SPI 的隔离数据通道以及一个开关稳压器，且能够提供高达 2W 的输出功率。利用一个外部变压器，该器件提供最高 2W、3.3~24V 的调节隔离电源。ADUM3471 的输出功能使其适合在需要更高电源容量和更宽电源电压范围的系统中提供隔离电源。

图 5-46 所示为基于隔离器 ADUM6421A 的 SPI 接口示意图。因为隔离器 ADUM6421A 的一次侧有三个输入端，即 V_{IA}、V_{IB} 和 V_{IC}，一个输出端 V_{OD}；相应地，隔离器 ADUM6421A 的二次侧对应有三个输出端，即 V_{OA}、V_{OB} 和 V_{OC}，一个输入端 V_{ID}。

图 5-47 表示相互隔离的从器件的 MISO 三态的设计思路，简述如下：

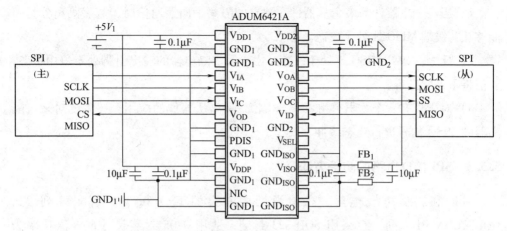

图 5-46　基于隔离器 ADUM6421A 的 SPI 接口示意图

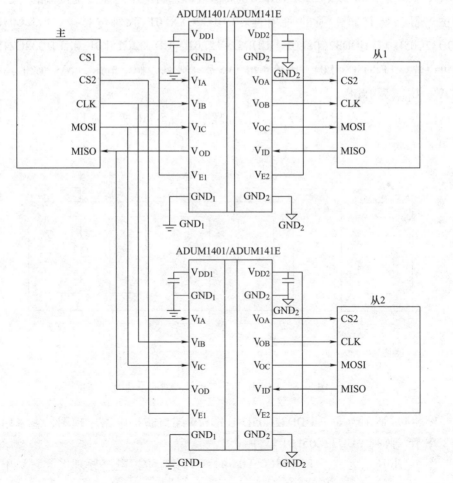

图 5-47　相互隔离的从器件的 MISO 三态的设计思路

1）当一个主器件与多个从器件在独立的隔离平面上通信时，数字隔离器必须能够让初级端 MISO 线处于三态。

2）反之，如果 MISO 不处于三态，由于数字隔离器的输出引脚处于争用状态，通信将不可能进行。

3）对于具有一个主器件和多个非隔离/隔离从器件的应用，还需要对来自隔离器的 MISO 信号进行三态缓冲。

5.5.3 SPI 接口电路的防护方法

可以利用低负载电容、高浪涌抵御能力的 ESD 和 TVS 管子阵列，如 UDD32CXXL01 系列，它采用 SOD-323 封装，适用 0805 封装尺寸，峰值功率为 350W、额定电压从 3.3~24V 不等，是通信端口、高电压高速传统接口的首选端口保护产品，具有非常强的通用性。UDD32CXXL01 系列包括：UDD32C03L01、UDD32C05L01、UDD32C08L01、UDD32C12L01、UDD32C15L01 和 UDD32C24L01。也可以选择 LESO8C05L04，内置 4 组 TVS 管子阵列，额定电压为 5V、峰值功率为 500W、C_{JMAX} 为 15pF。

图 5-48a 所示为 UDD32CXXL01 的原理图。图 5-48b 所示为 LESO8C05L04 的原理图。

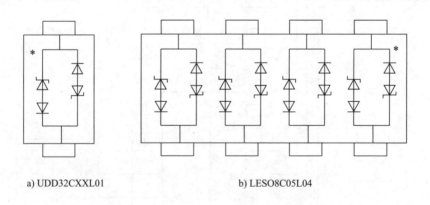

a) UDD32CXXL01　　　　　　　　　　b) LESO8C05L04

图 5-48　ESD 和 TVS 二极管阵列的原理图

图 5-49a 所示为基于 UDD32C05L01 的 SPI 端口防护电路原理图，它采用了 4 个 TVS 管子阵列 UDD32C05L01 器件。

图 5-49b 所示为基于 LESO8C05L04 的 SPI 端口防护电路原理图，它采用了 1 个 TVS 管子阵列 LESO8C05L04 器件。

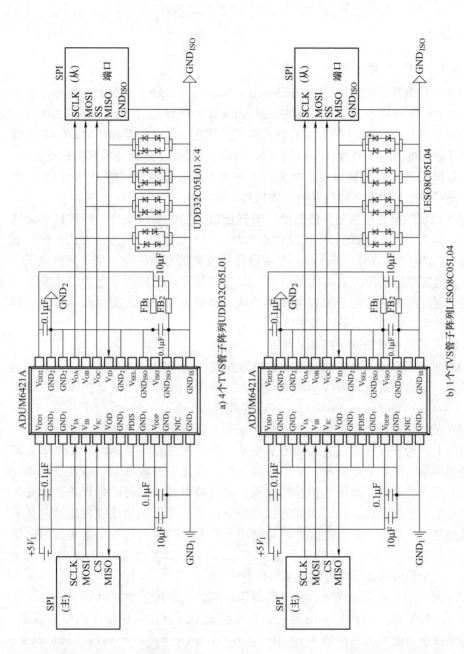

a) 4个TVS管子阵列UDD32C05L01

b) 1个TVS管子阵列LESO8C05L04

图 5-49　基于 ESD 和 TVS 二极管阵列的 SPI 端口防护电路

5.6　CAN 通信及其隔离措施

5.6.1　概述

5.6.1.1　CAN 总线简介

CAN 是控制器局域网络（Controller Area Network，CAN）的简称，是由以研发和生产电力电子装置电子产品著称的德国 BOSCH 公司开发的，并最终成为国际标准（ISO11898），是国际上应用最广泛的现场总线之一。在北美和西欧，CAN 总线协议已经成为电力电子装置计算机控制系统和嵌入式工业控制局域网的标准总线，并且拥有以 CAN 为底层协议专为大型货车和重工机械车辆设计的 J1939 协议。该协议的健壮性使其用途延伸到其他自动化和工业应用。

CAN 协议的特性包括完整性的串行数据通信、提供实时支持、传输速率高达 1Mbit/s、同时具有 11 位的寻址以及检错能力。CAN 总线是一种多主方式的串行通信总线（CANH 和 CANL 两根线），基本设计规范要求有高的位速率，高抗电子干扰性，并且能够检测出产生的任何错误。CAN 总线除广泛应用于电力电子装置之外，还大量应用于电力电子装置电控制系统、电梯控制系统、安全监测系统、医疗仪器、纺织机械和船舶运输等领域。

1. CAN 总线通信介质访问控制方式

CAN 采用了 3 层模型：物理层、数据链路层和应用层。CAN 支持的拓扑结构为总线型。传输介质为双绞线、同轴电缆和光纤等。采用双绞线通信时，速率为 1Mbit/s（40m）、50kbit/s（10km），结点数多达 110 个。

CAN 的通信采用多主竞争方式结构：网络上任意节点均可以在任意时刻主动地向网络上其他节点发送信息，而不分主从，即当发现总线空闲时，各个节点都有权使用网络。在发生冲突时，采用非破坏性总线优先仲裁技术：当几个节点同时向网络发送消息时，运用逐位仲裁原则，借助帧中开始部分的标识符，优先级低的节点主动停止发送数据，而优先级高的节点可不受影响地继续发送信息，从而有效地避免了总线冲突，使信息和时间均无损失。CAN 的传输信号采用短帧结构（有效数据最多为 8 个字节）。在 1Mbit/s 通信速率时，最长的等待时间为 0.15ms，完全可以满足现场控制的实时性要求。

CAN 突出的差错检验优势，如 5 种错误检测、出错标定和故障界定；CAN 传输信号为短帧结构，因而传输时间短，受干扰概率低。这些保证了出错率极低，剩余错误概率为报文出错率的 4.7×10^{-11}。另外，CAN 节点在严重错误的情况下，具有自动关闭输出的功能，以使总线上其他节点的操作不受其影响。因此，CAN 具有高可靠性。

CAN 的通信协议主要由 CAN 总线控制器完成。CAN 控制器主要由实现 CAN

总线协议部分和微控制器接口部分电路组成。通过简单的连接即可完成 CAN 协议的物理层和数据链路层的所有功能，应用层功能由微控制器完成。CAN 总线上的节点既可以是基于微控制器的智能节点，也可以是具有 CAN 接口的 I/O 器件。

2. CAN 系统的硬件组成

CAN 总线用户接口简单，编程方便。CAN 总线属于现场总线的范畴，CAN 总线系统的一般组成模式，如图 5-50 所示。

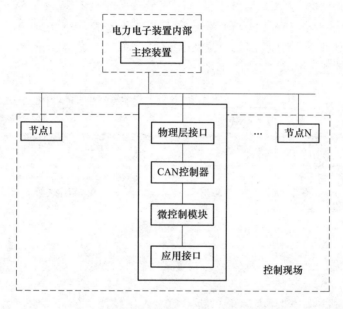

图 5-50　CAN 总线系统的一般组成模式

CAN 网络拓扑结构采用总线式结构，这种网络结构简单、成本低，并且采用无源抽头连接，系统可靠性高。通过 CAN 总线连接各个网络节点，形成多主机控制器局域网。信息的传输采用 CAN 通信协议，通过 CAN 控制器来完成。各网络节点一般为带有微控制器的智能节点完成现场的数据采集和基于 CAN 协议的数据传输，节点可以使用带有在片 CAN 控制器的微控制器，或选用一般的微控制器加上独立的 CAN 控制器来完成节点功能。传输介质可采用双绞线、同轴电缆或光纤。

3. CAN 总线电平特点

CAN 总线协议对物理层没有严格定义，给使用者较大的灵活性，同时也给设计者带来了困难。CAN 总线的信号传输采用差分通信信号，差分通信具有较强的抗干扰能力。CAN 收发器的差动信号放大器在处理信号时，会用 CANH 数据线的电压减去 CANL 数据上的电压，这两个数据线的电位差可对应两种不同逻辑状态进行编码。

如图 5-51 所示，在静止状态时，这两条导线上作用有相同预先设定值，该值称为静电平。对于 CAN 驱动数据总线来说，这个值大约为 2.5V。静电平也称为隐性状态，因为连接的所有控制单元均可修改它。在显性状态时，CANH 线上的电压值会升高一个预定值（对 CAN 驱动数据总线来说，这个值至少为 1V）。而 CANL 线上的电压值会降低一个同样值（对 CAN 驱动数据总线来说，这个值至少为 1V）。于是在 CAN 驱动数据总线上，CANH 线就处于激活状态，其电压不低于 3.5V（2.5V+1V=3.5V），而 CANL 线上的电压值最多可降至 1.5V（2.5V-1V=1.5V）。因此在隐性状态时，CANH 线与 CANL 线上的电压差为 0V，在显性状态时该差值最低为 2V，如果 CANH-CANL>2，那么比特为 0，为显性；反之，如果 CANH-CANL=0，那么比特为 1，为隐性。

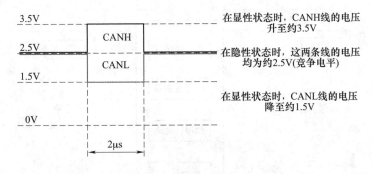

图 5-51　CAN 总线电平的示意图

CAN 控制器芯片的片内输出驱动器和输入比较器可编程，它可方便地提供多种发送类型，诸如：单线总线、双线总线（差分）和光缆总线。它可以直接驱动总线，若网络的规模比较大，节点数比较多，需要外加总线驱动元件，以增大输出电流。

如图 5-52 所示，它采用了 CAN 收发器作为 CAN 控制器和物理总线之间的接口，提供向总线的差动发送能力和对 CAN 控制器的差动接收能力。分析图 5-52 得知：

1）一个完整的 CAN 总线节点应该包含微控制器、CAN 控制器和 CAN 收发器三个部分。

2）微控制器负责完成 CAN 控制器的初始化，与 CAN 控制器进行数据传递。

3）CAN 控制器负责将数据以 CAN 报文的形式传递，实现 CAN 协议数据链路层的功能。

4）CAN 收发器是 CAN 控制器与 CAN 物理总线的接口，为总线提供差动发送功能，也为控制器提供差动接收功能。

需要补充说明的是，部分微控制器集成有 CAN 控制器，因此，节点方案有两种，如图 5-52a 和 b 所示。

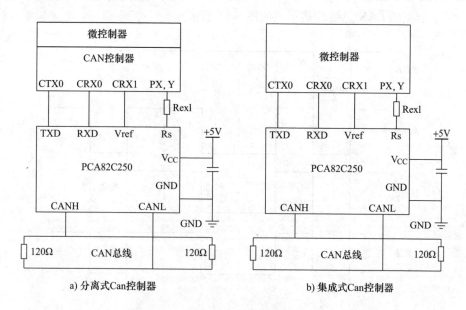

a) 分离式 Can 控制器　　　　　　　　　b) 集成式 Can 控制器

图 5-52　CAN 总线物理接口（CANH+CANL）示意图

5.6.1.2　CAN 总线通信原理

当 CAN 总线上的一个节点（站）发送数据时，它以报文形式广播给网络中所有节点。对每个节点来说，无论数据是否是发给自己的，都对其进行接收。每组报文开头的 11 位字符为标识符，定义了报文的优先级，这种报文格式称为面向内容的编址方案。在同一系统中标识符是唯一的，不可能有两个站发送具有相同标识符的报文。当一个站要向其他站发送数据时，该站 CPU 将要发送的数据和自己的标识符传送给本站的 CAN 控制器芯片，并处于准备状态；当它收到总线分配时，转为发送报文状态。CAN 控制器芯片将数据根据协议组织成一定的报文格式发出，这时网上的其他站点处于接收状态。每个处于接收状态的站对接收到的报文进行检测，判断这些报文是否是发给自己的，以确定是否接收它。

当多个站点同时发送消息时，需要进行总线仲裁，每个控制单元在发送信息时通过发送标识符来识别。所有的控制单元都是通过各自的 RX 线来跟踪总线上的一举一动并获知总线的状态。每个发射器将 TX 线和 RX 线的状态一位一位地进行比较，采用"线与"机制，"显性"位可以覆盖"隐性"位；只有所有节点都发送"隐性"位，总线才处于"隐性"状态。CAN 是这样来进行调整的：TX 信号上加有一个"0"的控制单元。用标识符中位于前部的"0"的个数就可调整信息的重要程度，从而就可保证按重要程度的顺序来发送信息。标识符中的号码越小，表示该信息越重要，优先级越高。发送低优先级报文的节点退出仲裁后，在下次总线空闲时重发报文。

三个节点的 CAN 总线仲裁示意如图 5-53 所示。

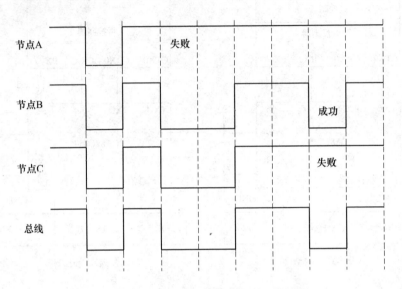

图 5-53　三个节点的 CAN 总线仲裁示意图

5.6.1.3　CAN 总线的特点

CAN 总线采用双线串行通信方式，检错能力强，可在高噪声干扰环境中工作，具有实时性强、传输距离较远、抗电磁干扰能力强和成本低等优点，当然还包括：

（1）具有优先权和仲裁功能：多个控制模块通过 CAN 控制器，挂到 CAN 总线上，形成多主机局部网络，可根据报文的 ID 决定接收或屏蔽该报文。

（2）可靠的错误处理和检错机制：发送的信息遭到破坏后，可自动重发。节点在错误严重的情况下具有自动退出总线的功能。报文不包含源地址或目标地址，仅用标志符来指示功能信息、优先级信息。

5.6.2　CAN 总线磁隔离器基本原理

1. 概述

我们以 ADI 的隔离式 CAN 收发器 ADM3053 为例进行讲述，它提供数据链路层、硬件协议（例如内嵌入部分 ADI Blackfin ® 处理器中）与 CAN 总线的物理走线之间的差分物理层接口。由于它们有集成 iCoupler ® 和 isoPower ® 隔离的收发器，所以可以提供完全隔离式现成 CAN 物理层。

几种典型的隔离式 CAN 收发器见表 5-34 所示。

表 5-34　典型的隔离式 CAN 收发器

器件型号	通道数	速率(max)/(bit/s)	时延(max)/s	隔离电源		绝缘电压(有效值)/V	CMTI(min)/(V/μs)	Vs+		封装
				Iout(max)/A	Vout(min)/V			最小值/V	最大值/V	
ADM3056E	1	12M	150n		1.8	5.7k		1.7	5.5	SO-16
ADM3057E	1	12M	150n			5k	75k	1.7	5.5	SOW-16
ADM3050E	1	12M	145n			5.7k	75k	1.7	5.5	SOW-16, SO-8
ADM3055E	1	12M	150n			5k	75k	1.7	5.5	SO-20
LTM2889-3	1	4M	275n	125m	3	2.5k	30k	1.62	5.5	BGA-32
LTM2889-5	1	4M	275n	200m	3	2.5k	30k	1.62	5.5	BGA-32
ADM3054	1	1M	250n			5k	25k	3	5.5	SOW-16
ADM3052	1	1M	250n			5k	25k	3	5.5	SOW-16
ADM3053	1	1M	250n	195m	5	2.5k	25k	3	5.5	SOW-20

2. CAN 隔离器 ADM3053

图 5-54 表示隔离器 ADM3053 的原理框图。

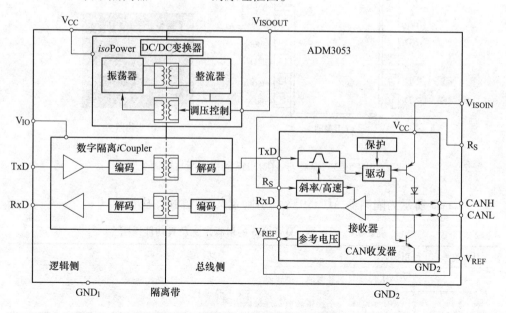

图 5-54　隔离器 ADM3053 的原理框图

分析隔离器 ADM3053 的原理框图得知:

1) 隔离器 ADM3053 作为 CAN 物理层的隔离式收发器,集隔离式 DC/DC 变换器、双通道隔离器和 CAN 收发器于单个宽体 SOIC 表贴封装中（简记 SOW-20）。

2）片内振荡器输出一对方波，以驱动内部变压器提供隔离电源。该器件采用 5V 单电源供电，在 CAN 协议控制器与物理层总线之间创建一个完全隔离的接口，它能以最高 1Mbit/s 的数据速率工作。

3）ADM3053 信号隔离是在接口的逻辑侧实现的。该器件通过数字隔离部分和收发器部分实现信号的隔离。施加到 TxD 引脚的数据以逻辑地（GND_1）作为参考地，它通过在隔离栅上耦合出现在收发器部分，此时以隔离地（GND_2）作为参考地。同样地，单端接收器输出信号以收发器部分的隔离地为参考，它通过在隔离栅上耦合出现在 RXD 引脚，此时以逻辑地（GND_1）为参考。信号隔离侧通过 V_{IO} 引脚来供电，可接收 3.3V 或 5V 的逻辑信号。

图 5-55a 所示为隔离器 ADM3053 的引脚图。

图 5-55b 所示为隔离器 ADM3053 的实物图。

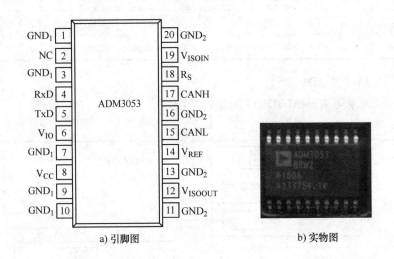

a) 引脚图   b) 实物图

图 5-55 隔离器 ADM3053 的引脚图与实物图

表 5-35 所示为隔离器 ADM3053 的引脚定义及其功能说明。

表 5-35 隔离器 ADM3053 的引脚定义及其功能说明

引脚编号	引脚名称	功 能 说 明
1	GND_1	参考地，逻辑侧
2	NC	不连接。请勿连接该引脚
3	GND_1	参考地，逻辑侧
4	RxD	接收器输出数据
5	TxD	驱动器输入数据

（续）

引脚编号	引脚名称	功　能　说　明
6	V_{IO}	iCoupler 电源。建议在引脚 6 和 GND_1 之间并接一个 $0.1\mu F$ 和一个 $0.01\mu F$ 去耦电容
7	GND_1	参考地，逻辑侧
8	V_{CC}	isoPower 电源。建议在引脚 8 和引脚 9 之间并接一个 $0.1\mu F$ 和一个 $10\mu F$ 去耦电容
9	GND_1	参考地，逻辑侧
10	GND_1	参考地，逻辑侧
11	GND_2	参考地，总线侧
12	V_{ISOOUT}	隔离电源输出。该引脚必须从外部连接至 V_{ISOIN}。建议在引脚 12 和引脚 11 之间连接一个 $10\mu F$ 储能电容和一个 $0.1\mu F$ 去耦电容
13	GND_2	参考地（总线侧）
14	V_{REF}	基准电压输出
15	CANL	低电平 CAN 电压输入/输出
16	GND_2	参考地（总线侧）
17	CANH	高电平 CAN 电压输入/输出
18	R_S	动态电阻输入
19	V_{ISOIN}	隔离电源输入。该引脚必须从外部连接至 V_{ISOOUT}。建议在引脚 19 和引脚 20 之间连接一个 $0.1\mu F$ 和一个 $0.01\mu F$ 去耦电容
20	GND_2	参考地（总线侧）

根据隔离器 ADM3053 参数手册得知，它的引脚 18（R_S）支持两种工作模式：

（1）高速模式：在高速工作模式下，发送器输出晶体管以尽可能快的速度在开、关两种状态之间进行切换。在这一模式下，未对上升和下降斜率进行限定。建议采用一根屏蔽导线，以免出现 EMI 问题。通过将引脚 18 与地相连，可选择高速模式。

（2）斜率控制模式：在斜率控制模式下，允许采用一根非屏蔽双绞线或一对平行的线作为总线。为降低 EMI，应对上升斜率和下降斜率加以限制。上升斜率和下降斜率可通过引脚 18 与地之间连接一个电阻来编程。斜率与引脚 18 的输出电流值成比例变化。

CAN 总线有主动和被动两种状态。当 CANH 和 CANL 之间的差分电压大于 0.9V 时，总线呈现主动状态；当 CANH 和 CANL 之间的差分电压小于 0.5V 时，总线呈现被动状态。当总线处于主动状态时，CANH 引脚处于高电平状态，CANL 引脚处于低电平状态；当总线处于被动状态时，CANH 和 CANL 引脚均处于高阻抗状态。

表 5-36 所示为隔离器 ADM3053 中 CAN 发送的真值表。

表 5-36   隔离器 ADM3053 中 CAN 发送的真值表

电源状态		输入		输出	
V_{IO}	V_{CC}	TxD	总线状态	CANH 电平	CANL 电平
供电	供电	低电平	主动	高电平	低电平
供电	供电	高电平	被动	高阻	高阻
供电	供电	悬空	被动	高阻	高阻
关	供电	无关	被动	高阻	高阻
供电	关	低电平	不确定	不确定	不确定

表 5-37 所示为隔离器 ADM3053 中 CAN 接收的真值表。

表 5-37   隔离器 ADM3053 中 CAN 接收的真值表

电源状态		输入		输出
V_{IO}	VCC	V_{ID} = CANH 电平-CANL 电平	总线状态	RxD
供电	供电	≥0.9V	主动	低电平
供电	供电	≤0.5V	被动	高电平
供电	供电	0.5V<V_{ID}<0.9V	无关	不确定
供电	供电	输入供电路	被动	高电平
关	供电	无关	无关	不确定
供电	关	无关	无关	高电平

图 5-56 所示为基于隔离器 ADM3053 的 CAN 总线的典型接口电路示意图。每个 CAN 网络可接入 110 个单路隔离 CAN 收发模块，通用模块最长通信距离为 10km，高速模块支持最低波特率为 40kbit/s，最长通信距离为 1km。如果需要接入更多节点或更长通信距离时，可通过 CAN 中继器等设备扩展。

CAN 总线通信距离与通信速率以及现场应用相关，可根据实际应用和参考相关标准设计，通信线缆选择双绞线或屏蔽双绞线并尽量远离干扰源。远距离通信时，终端电阻的取值，需要考虑通信距离、线缆阻抗以及节点数量等因素。

5.6.3   基于光耦的 CAN 收发器

可以利用 3.3V/5V 高速逻辑门极光耦，构建隔离式 CAN 收发器，用于支持没有接地回路或危险电压系统之间的隔离通信。

举例说明：选择飞兆半导体公司的 FOD8012 光耦（高 CMR、双向），将可靠隔离、高度集成的两只光耦通道置于一个双向配置中，从而构建更加强健的通信系统，在工业系统需要的超长时间内，具有更低的传输出错率、更低的系统故障率和已经得到充分验证的可靠性，同时降低了设计与器件成本。

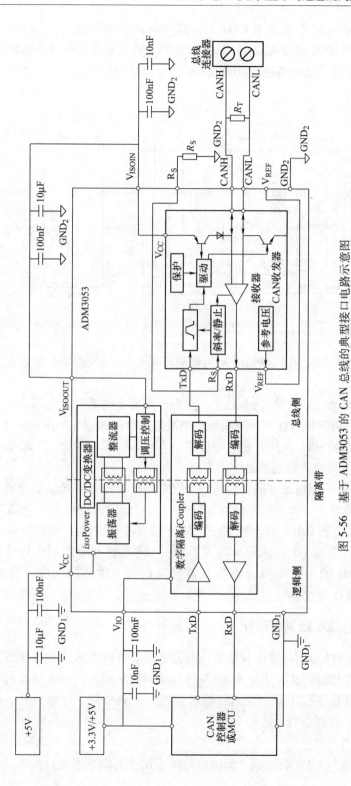

图 5-56 基于 ADM3053 的 CAN 总线的典型接口电路示意图

图 5-57 所示为基于光耦 FOD8012 构建的隔离式 CAN 收发器原理框图。将 CAN 控制器或者 MCU 经由光耦 FOD8012 与 CAN 收发器连接一体，解决强电磁干扰和电气隔离作用，速度高达 5MHz 以上。

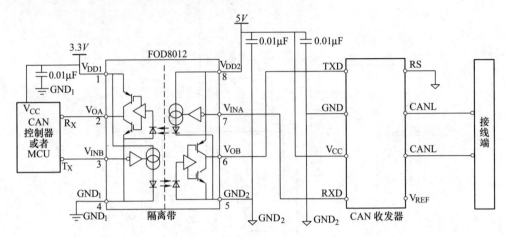

图 5-57　基于光耦 FOD8012 构建的隔离式 CAN 收发器原理框图

之所以选择类似光耦 FOD8012 来构建隔离式 CAN 收发器，在于它们具有如下显著特征：

1）光耦 FOD8012A 是一款全双工、双向、高速逻辑栅极光电耦合器，支持隔离式通信，允许数字信号在不传导接地环路或危险电压的情况下在系统间通信。

2）光耦 FOD8012A 采用共面封装技术 Optoplanar® ，并优化了 IC 设计，以实现 20kV/μs 的共模噪声抑制的最小额定值。

3）该高速逻辑栅极光电耦合器与 2 个以双向配置布置的光学耦合通道高度集成，并采用紧凑型 8 引脚小尺寸封装。每个光电耦合器通道包含一个高速 AlGaAs LED，由一个耦合到 CMOS 探测器 IC 的 CMOS 缓冲器 IC 驱动。探测器 IC 包括一个集成式光电二极管、一个高速跨导放大器和一个带输出驱动器的电压比较器。耦合到高效率 LED 的 CMOS 技术可实现低功耗以及非常高的速度（传播延迟为 60ns，脉宽失真度为 15ns）。

5.6.4　CAN 总线电磁兼容设计

由于 CAN 总线应用环境比较恶劣，电力电子装置内的触发和功率管系统等都会产生较大的干扰。因此除了完善 CAN 总线的通信功能外，还应该具有较强的抗干扰能力。硬件抗干扰主要措施有：滤波技术、去耦电路、屏蔽技术、隔离技术和接地技术等。现将它们简述如下：

1. 光电隔离电路

CAN 控制器与 CAN 收发器之间的信号传输用光电耦合器进行隔离。光电隔离电路虽然能增强系统的抗干扰能力，但也会增加 CAN 总线有效回路信号的传输延迟时间，导致通信速率或距离减少。因此，如果现场传输距离近、电磁干扰小，可以不采用光电隔离，以使系统达到最大的通信速率或距离；并且可以简化接口电路。如果现场环境需要光电隔离，应选用高速光隔离器件，以减少 CAN 总线有效回路信号的传输延迟时间，如高速光电耦合器 6N137，传输延迟时间短，典型值仅为 48ns，已接近 TTL 电路传输延迟时间的水平。

2. 电源隔离

光隔离器件两侧所用电源 V_{DD} 与 V_{CC} 必须完全隔离，否则光电隔离将失去应有的作用，电源的隔离可通过小功率 DC/DC 电源隔离模块实现。

3. 总线阻抗匹配

CAN 总线的 CANH 和 CANL 两端，需要并接终端电阻（120Ω），它们对总线阻抗匹配有着重要的作用，不可省略。否则，将大大降低总线数据通信时的可靠性和抗干扰性，甚至有可能导致无法通信。

4. 适当降低波特率

可以起到抗干扰的作用，波特率下降，CAN 位时间增长，CAN 波形采样时间也相应加长，躲过干扰的可能性也增大了。当然，波特率的降低必须在满足系统快速性的前提下进行。

5. 其他抗干扰措施

为提高接口电路的抗干扰能力，还可考虑以下措施：

1）在 CAN 收发器的 CANH、CANL 端与地之间并联 2 个 30pF 的小电容，以滤除总线上的高频干扰，防止电磁辐射。

2）在 CAN 收发器的 CANH 、CANL 端与 CAN 总线回路中各串接 1 个几 Ω（如 3.3~4.7Ω）的电阻，以限制电流，保护 CAN 收发器免受过电流冲击。

3）在 CAN 收发器、光耦等集成电路的电源端与地之间并接 100nF 的去耦合电容，以降低干扰。

5.6.5　CAN 接口电路的防护方法

与其他差分输入电路（如运算放大器）一样，差分接收器的固有性能表征是共模噪声抑制性能。差分信号在物理上彼此靠近，因此一般都会受到相同噪声源的影响，即每条线路上都有共模噪声。这样就确保了电磁场对每条线路的影响基本相同，双绞线通过使相邻环路的电磁场极性相反来消除磁场耦合带来的差分影响。在 CAN 总线的应用中，各种振幅的噪声都很容易进入类似天线的总线线路。PWM 脉冲控制器、开关电源以及荧光照明等典型的噪声源都会耦合在总线线路上。如果 CAN 收发器在设计与测试时没有考虑抑制耦合噪声，那么它将受到噪声的影响，并把噪声信号误当做总线上的数据，向控制器发送错误的 、毫无意义的数据。ESD 的产生有四种方式：

1）带电体接触的 IC。

2）带电 IC 接触接地平面。

3）带电机器接触 IC。

4）静电场产生很高的电介质感应电压而损坏 IC。

对 CAN 收发器的一个重要要求：它们必须承受得住瞬变电压所产生的很大能量的浪涌，现在有一些其他保护器件，可以承受能量更大的浪涌。利用这些保护器件，CAN 通信系统会更加可靠。例如：在 CAN 总线的 CANH 和 CANL 接入端之间并入了 5.6V 的 TVS（瞬变电压抑制器件）管，当 CAN 总线窜入电压干扰时可通过 TVS 管的短路起到一定的过电压保护作用。在选择此类保护器件时，要考虑到 CAN 的几项指标，包括：最高电源电压、共模电压、最大传输速度、耦合进来的电气干扰以及 ESD 额定值。在供电电压为最大的情况下，保护电路的击穿电压应该高于供电电压，但低于 CAN 收发器的最大输入电压。

举例说明：对于一个 12V 的 CAN 系统，应该选择击穿电压大约为 30V 的 TVS 器件。这样就可以把瞬变电压箝制在安全的电平，在 TVS 器件没有工作的时候又不会衰减原来的信号。击穿电压选为 30V 是考虑到 12V 电池会用 24V 电源充电。在接收节点和发射节点的地之间的电位差别相当大时，存在共模电压。这时在数据线上会产生高于正常电平或者低于正常电平 2.0V 的偏移电压。可以接在数据线上的最大电容决定了最高传输速度。

如果 CANL 和 CANH 两条线上的电容是一样的，那么信号线上允许有一些畸变。但是每只 TVS 器件的电容或者每只电容器的电容很难做到都是一样的，所以，数据线的电容应当尽可能小。数据线和电源线往往是在同一线束当中，所以它们之间存在寄生电容和寄生电感。耦合到数据线上的电气干扰是电源线上感应出来的瞬变噪声引起的，它耦合到数据线上的信号中。CAN 组件要能够承受得住这两种噪声。当一个物体，或者一个人对器件造成静电冲击时，就会出现 ESD。CAN 网络应该容许±8.0kV 的接触放电，±15kV 的非接触空气放电。

TVS 器件可以提高容许的 ESD 额定值，因而提高了保护能力。在解决瞬变噪声方面，一个广泛使用的器件是 TVS 箝位二极管。在出现浪涌时，可以用它们来吸收瞬变能量，起到保护的作用。TVS 二极管的开通时间低于 1.0ns，可以把瞬变电压箝在低于收发器的额定电压。如果共模电压引起信号产生偏移时，TVS 双向二极管可以防止数据线上的信号产生畸变，而且不会将信号箝位。TVS 双向二极管的箝位电压等于反向二极管的击穿电压加上正向偏置二极管上的电压降落。

图 5-58 所示为基于 ADM3053 的 CAN 总线的防护电路图。

CAN 模块应用在恶劣的电力电子现场环境时，需要在 CAN 端口接入保护电路保证模块不被损坏和总线可靠通讯，尤其是容易受到干扰的节点处。另外，在使用屏蔽绞线时需要对屏蔽层可靠接地，建议采用单点接地方式。

表 5-38 所示为 CAN 总线端口防护器件推荐参数。需要说明的是此推荐参数仅为推荐值，需根据实际应用情况选择。建议 R_1 与 R_2 选用 PTC，$VD_1 \sim VD_4$ 选用快恢复二极管。

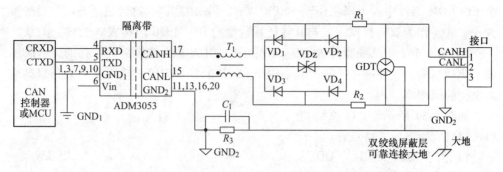

图 5-58　基于 ADM3053 的 CAN 总线的防护电路图

表 5-38　CAN 总线端口防护器件的推荐参数

标号	型号	标号	型号
R_1、R_2	2.7Ω，2W	VD_2	P6KE15CA
R_3	$1M\Omega$，1206	GDT	B3D090L
C_1	102，2kV	T_1	B82793S0513N201
VD_1、VD_2、VD_3、VD_4	1N4007	U_1	ADM3053 模块

5.7　I^2C 通信及其隔离措施

5.7.1　概述

1. I^2C 总线简介

I^2C 总线是由 Philips 公司开发的一种简单、双向二线制同步串行总线。它只需要两根线 SDA（串行数据线）和 SCL（串行时钟线），即可在连接于总线上的器件之间传送信息。主器件用于起动总线传送数据，并产生时钟以开放传送的器件，此时任何被寻址的器件均被认为是从器件。在 I^2C 总线上主和从、发和收的关系不是恒定的，而取决于此时数据传送方向。如果主机要发送数据给从器件，则主机首先寻址从器件，然后主动发送数据至从器件，最后由主机终止数据传送；如果主机要接收从器件的数据，首先由主器件寻址从器件，然后主机接收从器件发送的数据，最后由主机终止接收过程。在这种情况下，主机负责产生定时时钟和终止数据传送。

2. I^2C 总线的基本原理

图 5-59 所示为 I^2C 总线接口的内部示意图。分析得知：

1）SDA 和 SCL 都是双向 I/O 线，接口电路为开漏（Open drain：OD）输出。如图 5-59 所示，需通过上拉电阻 R_1 和 R_2 接电源 V_{CC}。SCL 上升沿将数据输入到每个 EEPROM 器件中；下降沿驱动 EEPROM 器件输出数据，这就是所谓的边沿触发方式。SDA 作为双向数据线，与其他任意数量的 OD 与 OC 门构成"线与"关系。

2）每一个 I^2C 总线器件内部的 SDA、SCL 引脚电路结构都是一样的，引脚的输出驱动与输入缓冲连在一起。其中输出为 OD 的场效应管，输入缓冲为一只高输入阻抗的同相器。

如图 5-59 所示，I^2C 总线接口电路具有以下显著特点：

1）由于 SDA、SCL 为 OD 结构，因此它们必须接有上拉电阻，阻值的大小常为 $1.8k\Omega$、$4.7k\Omega$ 或者 $10k\Omega$。连到总线上的任一器件输出的低电平，都将使总线的信号变低，即各器件的 SDA 及 SCL 都是"线与"关系。

2）引脚在输出信号的同时还将引脚上的电平进行检测，检测是否与刚才输出一致，为"时钟同步"和"总线仲裁"提供了硬件基础。

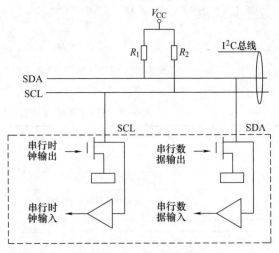

图 5-59 I^2C 总线接口的内部示意图

3）系统中的所有外围器件都具有一个 7 位的"从器件专用地址码"，其中高 4 位为器件类型，由生产厂家制定，低 3 位为器件引脚定义地址，由使用者定义。主控器件通过地址码建立多机通信的机制，因此 I^2C 总线省去了外围器件的片选线，这样无论总线上挂接多少个器件，其系统仍然为简约的二线结构。

图 5-60 所示为具有多主机的 I^2C 总线的系统架构图。分析系统架构图可知：主端主要用来驱动 SCL 线；从设备对主设备产生响应。二者都可以传输数据，但是从设备不能发起传输，且传输是受到主设备控制的。终端挂载在总线上，有主

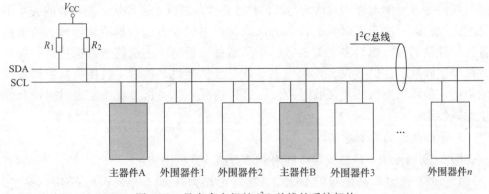

图 5-60 具有多主机的 I^2C 总线的系统架构

端和从端之分，主端必须是带有 CPU 的逻辑模块，在同一总线上同一时刻使能有一个主端，可以有多个从端，从端的数量受地址空间和总线的最大电容 400pF 的限制。

现将 I^2C 总线数据传输的几个关键点简述如下：

（1）字节格式：发送到 SDA 线上的每个字节必须为 8 位，每次传输可以发送的字节数量不受限制。每个字节后必须跟一个响应位。首先传输的是数据的最高位（MSB），如果从机要完成一些其他功能后（例如一个内部中断服务程序）才能接收或发送下一个完整的数据字节，可以使时钟线 SCL 保持低电平，迫使主机进入等待状态，当从机准备好接收下一个数据字节并释放时钟线 SCL 后数据传输继续。需要说明的是，I^2C 总线的 SDA 和 SCL 两条信号线同时处于高电平时，规定为总线的空闲状态。此时各个器件的输出级场效应管均处于截止状态，即释放总线，由两条信号线各自的上拉电阻把电平拉高。当 SCL 为高电平期间，SDA 由高到低的跳变定义为起始信号。起始信号是一种电平跳变时序信号，而不是一个电平信号。当 SCL 为高电平期间，SDA 由低到高的跳变定义为停止信号。停止信号也是一种电平跳变时序信号，而不是一个电平信号。

（2）应答响应：数据传输必须带响应，相关的响应时钟脉冲由主机产生。在响应的时钟脉冲期间发送器释放 SDA 线（高）。在响应的时钟脉冲期间，接收器必须将 SDA 线拉低，使它在这个时钟脉冲的高电平期间保持稳定的低电平。通常被寻址的接收器在接收到的每个字节后，除了用地址开头的数据，必须产生一个响应。当从机不能响应从机地址时（例如它正在执行一些实时函数不能接收或发送），从机必须使数据线保持高电平，然后主机产生一个停止条件终止传输或者产生重复起始条件开始新的传输。如果从机接收器响应了从机地址，但是在传输了一段时间后不能接收更多数据字节，主机必须再一次终止传输。这个情况用从机在第一个字节后没有产生响应来表示。从机使数据线保持高电平，主机产生一个停止或重复起始条件。如果传输中有主机接收器，它必须通过在从机发出的最后一个字节时产生一个响应，向从机发送器通知数据结束。从机发送器必须释放数据线，允许主机产生一个停止或重复起始条件。

（3）时钟同步：所有主机在 SCL 线上产生它们自己的时钟来传输 I^2C 总线上的报文。数据只在时钟的高电平周期有效，因此需要一个确定的时钟进行逐位仲裁。时钟同步通过线与连接 I^2C 接口到 SCL 线来执行，这就是说 SCL 线的高到低切换，会使器件开始数它们的低电平周期，而且一旦器件的时钟变低电平，它会使 SCL 线保持这种状态直到到达时钟的高电平。但是如果另一个时钟仍处于低电平周期，这个时钟的低到高切换不会改变 SCL 线的状态。因此 SCL 线被有最长低电平周期的器件保持低电平。此时低电平周期短的器件会进入高电平的等待状态。当所有有关的器件数完了它们的低电平周期后，时钟线被释放并变成高电平。之后，器件时钟和 SCL 线的状态没有差别，而且所有器件会开始数它们的高电平周期。首先完成高电平周期的器件，会再次将 SCL 线拉低。这样产生的同步 SCL 时钟的低电平周期由低电平时钟周期最长的器件决定，而高电平周期由高电平时钟周期最短的器件决定。

I^2C 总线有三种典型速率：

（1）I^2C 普通模式：100kHz；

（2）快速模式：400kHz；

（3）高速模式：3.4MHz。

需要提醒的是，在电力电子装置中，没有任何必要一定要使用高速 SCL，只要满足使用要求，仅需将 SCL 保持在 100kHz 或以下为宜。

3. I^2C 总线的特征

现将 I^2C 总线的特点概括如下：

1）在硬件方面，I^2C 总线只需要一根数据线（SDA）和一根时钟线（SCL），I^2C 总线接口已经集成在芯片内部，不需要特殊的接口电路，而且片上接口电路的滤波器可以滤去总线数据上的毛刺。因此 I^2C 总线简化了硬件电路 PCB 布线，降低了系统成本，提高了系统可靠性。因为 I^2C 芯片除了这两根线和少量中断线，与系统再没有连接的线，用户常用 IC 可以很容易形成标准化和模块化，便于重复利用。

2）I^2C 总线是一个真正的多主机总线，如果两个或多个主机同时初始化数据传输，可以通过冲突检测和仲裁防止数据破坏，每个连接到总线上的器件都有唯一的地址，任何器件既可以作为主机也可以作为从机，但同一时刻只允许有一个主机。数据传输和地址设定由软件设定，非常灵活。总线上的器件增加和删除不影响其他器件正常工作。

3）I^2C 总线可以通过外部连线进行在线检测，便于系统故障诊断和调试，故障可以立即被寻址，软件也利于标准化和模块化，缩短开发时间。

4）连接到相同 I^2C 总线上的 IC 数量只受总线最大电容的限制，串行的 8 位双向数据传输位速率在标准模式下可达 100kbit/s，快速模式下可达 400kbit/s，高速模式下可达 3.4Mbit/s。

5）I^2C 总线具有极低的电流消耗，具有抗高噪声干扰的能力，增加总线驱动器可以使总线电容扩大 10 倍，传输距离达到 15m；兼容不同电压等级的器件，工作温度范围宽。

5.7.2 I^2C 总线磁隔离器基本原理

1. 概述

由于 ADI 公司的 I^2C 隔离器系列支持完全隔离式 I^2C 接口，它是基于 iCoupler® 芯片级变压器技术。iCoupler 磁隔离技术在功能、性能、尺寸和功耗方面均优于光电耦合器。因此，采用 iCoupler 通道与半导体电路集成技术，可以实现小尺寸完全

隔离式 I^2C 接口。I^2C 隔离器适用于中央交换、联网和以太网供电等不同场合。

几种典型的 I^2C 隔离器件见表 5-39 所示。

表 5-39　几种典型的 I^2C 隔离器件

器件型号	通道数	速率 (max)/(bit/s)	绝缘等级 (有效值)/V	Vs+		封装
				最小值/V	最大值/V	
LTM2810	6	20M	7.5k	1.62	5.5	BGA-36
LTM9100	1	400k	5k	4.5	5.5	BGA-42
LTM2886	6	20M	2.5k	1.62	5.5	BGA-32
LTM2887	6	20M	2.5k	1.62	5.5	BGA-32
ADM3260	2	1M	2.5k	3	5.5	SSOP-20
LTM2892	6	20M	3.5k	1.62	5.5	BGA-24
LTM2883	6	20M	2.5k	1.62	5.5	BGA-32
ADUM2250	1	1M	5k	3	5.5	SO-16/SOW-16
ADUM2251	1	1M	5k	3	5.5	SO-16/SOW-16
ADUM1250	2	1M	2.5k	3	5.5	SO-8
ADUM1251	2	1M	2.5k	3	5.5	SO-8

2. I^2C 隔离器 ADUM125X/ADUM225X

热插拔双向 I^2C 隔离器 ADUM1250 和 ADUM1251 的绝缘等级为：可在 1min 承受 2.5kV（有效值），采用 SO-8 封装；隔离器 ADUM2250 和 ADUM2251 的绝缘等级为：可在 1min 承受 5kV（有效值），采用 SO-16/SOW-16 封装。

图 5-61 所示为隔离器 ADUM1250、ADUM1251、ADUM2250 和 ADUM2251 的原理框图，现分别说明如下：

1）图 5-61a 所示的 ADUM1250 提供两个双向通道，支持完全隔离的 I^2C 接口。

2）图 5-61b 所示的 ADUM1251 提供一个双向通道和一个单向通道，适合不需要双向时钟的应用场合。

3）图 5-61c 所示的 ADUM2250 提供两个双向通道，支持完全隔离的 I^2C 接口。

4）图 5-61d 所示的 ADUM2251 提供一个双向通道和一个单向通道，适合不需要双向时钟的应用场合。

分析 I^2C 隔离器的原理框图得知：

1）隔离器 ADUM1250/ADUM1251、隔离器 ADUM2250/ADUM2251 在每一侧上都与双向 I^2C 信号接口。

2）在内部，I^2C 接口拆分成以相反方向通过各自专用 iCoupler 隔离通道通信的两个单向通道。其中一个通道检测第 1 侧（即隔离器的一次侧）I^2C 引脚的电压状态，并将其状态传送至相应的第 2 侧（即隔离器的二次侧）I^2C 引脚。第 1 侧和第 2 侧 I^2C 引脚设计用来与采用 3.0~5.5V 工作电压范围的 I^2C 总线接口。

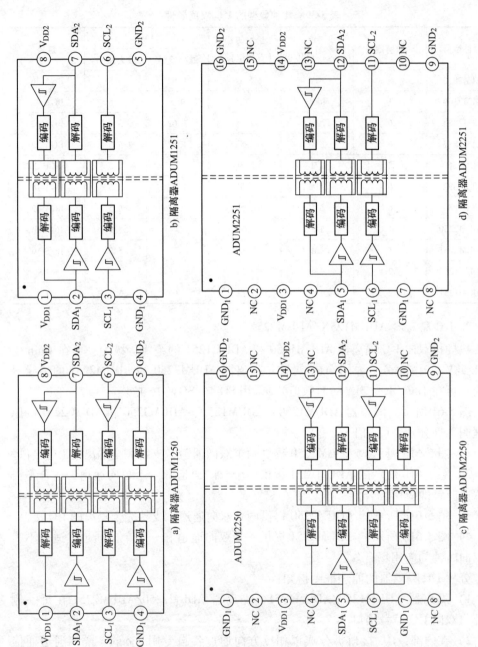

图 5-61　I²C 隔离器的原理框图

a) 隔离器 ADUM1250

b) 隔离器 ADUM1251

c) 隔离器 ADUM2250

d) 隔离器 ADUM2251

3）任一引脚上的逻辑低电平均会导致相对引脚被拉低，足以满足总线上其他 I^2C 设备的逻辑低电平阈值要求。通过保证 SDA_1 或 SCL_1 处的输入低电平阈值，至少比相同引脚处输出低电平信号小 50mV，避免出现 I^2C 总线竞争。于是可防止第 1 侧的输出逻辑低电平被传送回第 2 侧并拉低 I^2C 总线。

4）隔离器 ADUM1250/ADUM1251、隔离器 ADUM2250/ADUM2251，均是无锁存双向传输的 I^2C、SMbus、PMbus 等总线隔离器，支持热插拔，包含与 I^2C 接口兼容的非闩锁、双向通信通道。这样就不需要将 I^2C 信号分成发送信号与接收信号供单独的光电耦合器使用。且它们具有 30mA 吸电流能力、最高工作温度为 125°C、电源电压/逻辑电平范围为 3.0~5.5V 等特点。

图 5-62 所示为隔离器 ADUM1250/1251 的引脚图和实物图。

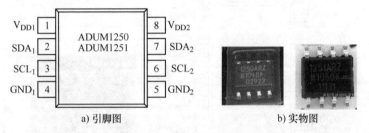

a) 引脚图　　　　　　　　b) 实物图

图 5-62　隔离器 ADUM1250/1251 的引脚图和实物图

表 5-40 所示为隔离器 ADUM1250 的引脚定义及其功能说明。

表 5-40　隔离器 ADUM1250 的引脚定义及其功能说明

引脚号	引脚名称	功 能 说 明
1	V_{DD1}	电源电压（3.0~5.5V）
2	SDA_1	数据输入/输出（第 1 侧）
3	SCL_1	时钟输入/输出（第 1 侧）
4	GND_1	地 1。隔离器第 1 侧的接地基准点
5	GND_2	地 2。隔离器第 2 侧的隔离接地基准点
6	SCL_2	时钟输入/输出（第 2 侧）
7	SDA_2	数据输入/输出（第 2 侧）
8	V_{DD2}	电源电压（3.0~5.5V）

表 5-41 所示为隔离器 ADUM1251 的引脚定义及其功能说明。

表 5-41　隔离器 ADUM1251 的引脚定义及其功能说明

引脚号	引脚名称	功 能 说 明
1	V_{DD1}	电源电压（3.0~5.5V）
2	SDA_1	数据输入/输出（第 1 侧）

（续）

引脚号	引脚名称	功 能 说 明
3	SCL$_1$	时钟输入（第 1 侧）
4	GND$_1$	地 1。隔离器第 1 侧的接地基准点
5	GND$_2$	地 2。隔离器第 2 侧的隔离接地基准点
6	SCL$_2$	时钟输出（第 2 侧）
7	SDA$_2$	数据输入/输出（第 2 侧）
8	V$_{DD2}$	电源电压（3.0~5.5V）

图 5-63 所示为隔离器 ADUM2250/2251 的引脚图和实物图。

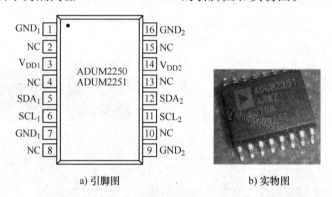

a) 引脚图   b) 实物图

图 5-63 隔离器 ADUM2250/2251 的引脚图和实物图

表 5-42 所示为隔离器 ADUM2250 的引脚定义及其功能说明。

表 **5-42** 隔离器 **ADUM2250** 的引脚定义及其功能说明

引脚号	引脚名称	功 能 说 明
1、7	GND$_1$	地 1。隔离器第 1 侧的接地基准点，引脚 1 和 7 在芯片内部连接
2、4、8、10、13、15	NC	悬空不接
3	V$_{DD1}$	电源电压（3.0~5.5V）
5	SDA$_1$	据输入/输出（第 1 侧）
6	SCL$_1$	时钟输入/输出（第 1 侧）
9、16	GND$_2$	地 2。隔离器第 2 侧的隔离接地基准点，引脚 9 和 16 在芯片内部连接
11	SCL$_2$	时钟输入/输出（第 2 侧）
12	SDA$_2$	数据输入/输出（第 2 侧）
14	V$_{DD2}$	电源电压（3.0~5.5V）

表 5-43 所示为隔离器 ADUM2251 的引脚定义及其功能说明。

表 5-43 隔离器 ADUM2251 的引脚定义及其功能说明

引脚号	引脚名称	功 能 说 明
1、7	GND_1	地 1。隔离器第 1 侧的接地基准点，引脚 1 和 7 在芯片内部连接
2、4、8、10、13、15	NC	悬空不接
3	V_{DD1}	电源电压（3.0~5.5V）
5	SDA_1	据输入/输出（第 1 侧）
6	SCL_1	时钟输入/输出（第 1 侧）
9、16	GND_2	地 2。隔离器第 2 侧的隔离接地基准点，引脚 9 和 16 在芯片内部连接
11	SCL_2	时钟输入/输出（第 2 侧）
12	SDA_2	数据输入/输出（第 2 侧）
14	V_{DD2}	电源电压（3.0~5.5V）

图 5-64 所示为采用 ADUM1250 构建的隔离 I^2C 接口电路图。

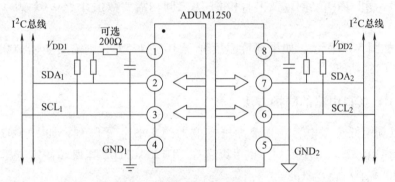

图 5-64 采用 ADUM1250 构建的隔离 I^2C 接口电路图

分析利用 ADUM1250 构建的隔离 I^2C 接口电路得知：

1）第 1 侧（V_{DD1} 和 GND_1）和第 2 侧（V_{DD2} 和 GND_2）总线所需的上拉电阻。第 1 侧和第 2 侧 I^2C 引脚设计用来与采用 3.0~5.5V 工作电压范围的 I^2C 总线接口。

2）V_{DD1} 和 GND_1 之间以及 V_{DD2} 和 GND_2 之间均需要数值介于 0.01~0.1μF 的旁路电容。输出逻辑低电平与 V_{DD1} 和 V_{DD2} 电压无关。

3）第 1 侧的输入逻辑低电平阈值也与 V_{DD1} 无关。不过，第 2 侧的输入逻辑低电平阈值则设计为 $0.3V_{DD2}$，与 I^2C 要求保持一致。第 1 侧和第 2 侧引脚具有 OD 输出，其高电平通过上拉电阻设为相应的电源电压（V_{DD1} 和 V_{DD2}）。

4）如图 5-64 所示，如果环境温度介于 105~125℃，则需要使用图中所示的 200Ω 电阻来提供防闩锁功能。

图 5-65 所示为采用 ADUM2250 构建的隔离 I^2C 接口电路图。

分析利用 ADUM2250 构建的隔离 I^2C 接口电路得知：

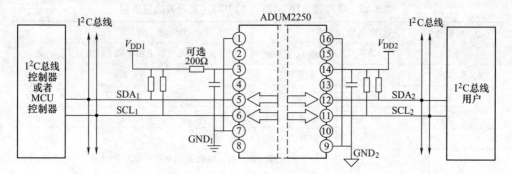

图 5-65 采用 ADUM2250 构建的隔离 I^2C 接口电路图

1）第 1 侧（V_{DD1} 和 GND_1）和第 2 侧（V_{DD2} 和 GND_2）总线所需的上拉电阻。第 1 侧和第 2 侧引脚具有 OD 输出，其高电平通过上拉电阻设为相应的电源电压（V_{DD1} 和 V_{DD2}）。

2）V_{DD1} 和 GND_1 之间以及 V_{DD2} 和 GND_2 之间均需要数值介于 $0.01 \sim 0.1\mu F$ 的旁路电容。

3）如图 5-65 所示，如果环境温度介于 $105 \sim 125℃$，则需要使用 200Ω 电阻，来提供防闩锁功能。

5.7.3 I^2C 接口电路的防护方法

可以利用低负载电容、高浪涌抵御能力的 TVS 管子阵列，如 UDD32CXXL01 系列中的 UDD32C05L01 阵列，也可以选择 UDT23A05L02 阵列（额定电压 5V、峰值功率 400W、C_{JMAX} 为 1pF）。

图 5-66 所示为基于 UDD32C05L01 阵列或者 UDT23A05L02 阵列的 I^2C 端口保护电路原理图。

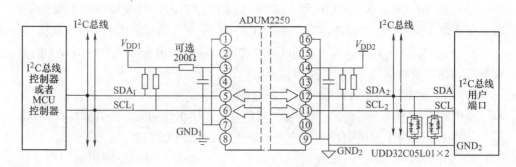

a) UDD32C05L01 阵列

图 5-66 基于 TVS 阵列的 I^2C 端口保护电路原理图

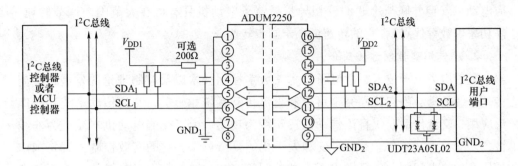

b) UDT23A05L02阵列

图 5-66　基于 TVS 阵列的 I^2C 端口保护电路原理图（续）

5.8　典型综合应用示例

5.8.1　概述

1. 交流电动机简介

交流电动机是一种将交流电的电能转变为机械能的装置，它由一个用以产生磁场的电磁铁绕组或分布的定子绕组和一个旋转电枢或转子组成。交流电动机分为同步交流电动机和感应电动机两种。两种电动机均为定子侧绕组通入交流电产生旋转磁场，但同步交流电动机的转子绕组通常需要激磁机供给直流电（激磁电流），而感应电动机的转子绕组则无须通入电流。

三相交流电动机的定子绕组基本上是三个相互隔开 120° 的线圈，作三角形或星形联结。通入三相电流时，在每个线圈中产生磁场，这三个磁场合成得到一个旋转磁场。电流完成一次全振动，旋转磁场正好旋转一周，交流电机的转速 n 表达式为

$$n = \frac{60f(1-s)}{p} \tag{5-8}$$

式中，f 是定子电源频率；p 为极对数；s 为转差率，其定义为

$$s = \frac{n_0 - n}{n_0} \tag{5-9}$$

式中，n_0 为电动机同步转速。

同步电动机不管负载大小，其转子转速恒与旋转磁场的转速相同，因此把这种转速叫作同步转速，如上所述，它只决定于电源的频率。异步电动机的转速则不是恒定的，它决定于负载的大小和电源电压。三相异步电动机中又有无整流子电动机和有整流子电动机之分。实际应用的异步电动机绝大多数是无整流器的感

应电动机（但并联与串联的三相异步整流子电动机具有可在大范围内调节转速、高功率因数等优点），它的转速恒小于同步转速。

2. 稳态模型控制方法简介

随着电力电子技术、微电子技术、数字控制技术以及控制理论的发展，交流传动系统的动、静态特性完全可以和直流传动系统相媲美，交流传动系统获得广泛应用，交流传动取代直流传动已逐步变为现实。由于交流电动机本质上为非线性、多变量、强耦合、参数时变和大干扰的复杂对象，它的有效控制一直是国内外研究的热点问题，现已提出了多种控制策略与方法。其中经典线性控制不能克服负载、模型参数的大范围变化及非线性因素的影响，控制性能不高；矢量控制、直接转矩控制也存在一些问题；近年来，随着现代控制和智能控制的理论发展，先进控制算法被应用于交流电动机控制，并取得一定成果。

常用的稳态模型控制方法主要有开环恒 v/f 比控制（即电压/频率＝常数）和闭环转差频率控制两种。

（1）开环恒压频比控制：此法是从变压变频基本控制方式出发的且不带速度反馈的开环控制方式。由于在额定频率以下，若电压一定而只降低频率，那么气隙磁通就要过大，造成磁路饱和，严重时烧毁电动机。为了保持气隙磁通不变，采用感应电势与频率之比为常数的方式进行控制。此法优点就是结构简单、工作可靠以及控制运算速度要求不高等。此法存在明显不足，如：开环控制的调速精度和动态性能较差；只控制了气隙磁通，而不能调节转矩，性能不高；由于不含有电流控制，起动时必须具有给定积分环节，以抑制电流冲击；低频时转矩不足，需转矩补偿，以改变低频转矩特性。

（2）闭环转差频率控制：作为一种直接控制转矩的控制方式，在电动机稳定运行时，在转差率很小的变化范围内，只要维持电动机磁链不变，电动机转矩就近似与转差角频率成正比，因此控制转差角频率即可控制电动机转矩。此法具有显著优点，如：基本上控制了电动机转矩，提高了转速调节的动态性能和稳态精度。不过，也存在一些缺点，如：不能真正控制动态过程的转矩，动态性能不理想。

上述两种控制方法基本上解决了电动机平滑调速问题，但系统的控制规律是只依据电动机的稳态数学模型，没有考虑过渡过程，系统在稳定性、起动及低速时转矩动态响应等动态性能不高；转矩和磁链是电压幅值及频率的函数，当仅控制转矩时，由于I/O间的耦合会导致响应速度变慢，即使有很好的控制方案，交流电动机也很难达到直流电动机所能达到的性能。但这两种控制的规律简单，目前仍在一般调速系统中采用，它们适用于动态性能要求不高的交流调速场合，例如风机、水泵等负载。

3. 动态模型控制方法简介

要获得高动态性能，必须依据交流电动机的动态数学模型。它的动态数学模型是非线性多变量的，其输入变量为定子电压和频率，输出变量为转速和磁链。当前最成熟的控制方法有矢量控制和直接转矩控制两种。

（1）矢量控制（Vector Control，VC）：VC 方法是由 Blasehlke F. 在 1971 年提出。根据电动机的动态数学模型，利用矢量变换方法，将异步电动机模拟成直流电动机，从而获得良好的动态调速性能。它可分为转子磁场定向控制和定子磁场定向控制两种，其中转子磁链定向控制以转子磁链为参考坐标，通过静止坐标系到旋转坐标系间的坐标变换，将定子电流分解成产生磁链的励磁分量和产生转矩的转矩分量，并使两分量相互独立而解耦，然后分别对磁链和转矩独立控制。通常的控制策略是保持励磁电流不变，改变转矩电流来控制电动机转矩；定子磁场定向控制是将同步旋转坐标系 d 轴放置在定子磁场方向上，有利于定子磁通观测器的实现，减弱转子回路参数对控制系统的影响，但低速运行时，定子电阻压降不容忽略，反电势测量误差较大，导致定子磁通观测不准，影响系统性能。若采用转子方程实现磁通观测，会增加系统复杂性。此法的优点是：实现了磁链与转矩的解耦，可对它们分别独立控制，明显改善了控制性能。此法的缺点有：对电动机参数的依赖性大，而电动机参数存在时变性，难以达到理想的控制效果；即使电动机参数与磁链能被精确测量，也只有稳态时才能实现解耦，弱磁时耦合仍然存在；需假设电动机中只有基波正序磁势，太理论化，不完全符合实际；若解耦后的控制回路采用普通 PI 调节器，其性能受参数变化及各种不确定性影响严重。

矢量控制已广泛应用于交流电动机控制，且为克服其缺点，它常与其他控制方法相结合来使用。

（2）直接转矩控制（Direct Torque Control，DTC）：DTC 方法是由德国 Depenbrock M. 于 1985 年提出的。该方法摒弃了解耦思想，直接控制电动机转矩，不需要复杂的变换与计算，把电动机和逆变器看成一个整体，采用空间电压矢量分析方法在定子坐标系下分析交流电动机的数学模型，计算定子磁通和转矩，通过 PWM 逆变器的开关状态直接控制转矩。此法具有显著优点，如：控制思路新颖，采用"砰-砰"控制，系统结构简洁，无须对定子电流解耦，静、动态性能优良；采用定子磁链进行磁场定向，只要知道定子电阻就可以把它观测出来，使系统性能对转子参数呈现鲁棒性；可被推广到弱磁调速范围。当然，此法也有缺点，如：功率开关器件存在一定的通、断时间，为防止同一桥臂的两开关发生直通而短路，必须在控制信号中设置死区，但死区会使在各调制周期内引起微小畸变，畸变积累后会使逆变器的输出电流产生畸变，引起转矩脉动，低速时死区效应更明显；低速时定子电阻的变化引起定子电流和磁链的畸变；对逆变器开关频率提高的限制较大；无电流环，不能做电流保护，需加限流控制措施。

DTC 法已逐步大量用于交流电动机控制，且为克服它的缺点，常与其他控制方法相结合。VC 和 DTC 两法表面上不同，控制性能上各有特色，但本质是相同的，都采用转矩、磁链分别控制，其中转矩控制环（或电流的转矩分量环）都处于转速环的内环，可抑制磁链变化对转速子系统的影响，使转速和磁链子系统近似解耦。

5.8.2 电动汽车驱动系统示例分析

1. 简介

图 5-67 所示为电动机驱动控制拓扑图。分析电动机驱动控制拓扑图得知：

1）该驱动系统交流输入滤波器、整流器（含 PFC）、DC-LINK（含缓起动）、三相逆变器、输出滤波器、MCU 控制器（含各个传感器检测信号调理）、控制器电源和通信几个环节。

2）该驱动系统的强电环节，如：交流输入滤波器、整流器（含 PFC）、DC-LINK（含缓起动）、三相逆变器和输出滤波器。

3）该驱动系统的弱电环节，如：MCU 控制器、电源和通信。

4）该驱动系统的中间环节，如：栅极隔离驱动、电压传感器、电流传感器和控制器电源等）。

作为一个总的拓扑图，在工程实践中，针对具体对象的不同适当删减，就可以构成某领域的专用驱动控制器。下面就电动汽车的驱动系统为例进行说明。

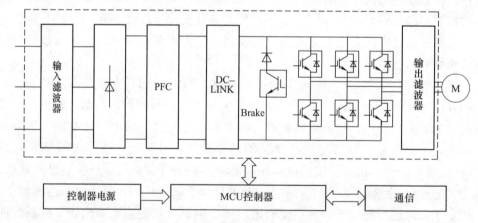

图 5-67　电动机驱动控制拓扑图

图 5-67 中所示的控制器电源，视具体电源容量的需求，可以选择合适的 DC/DC 变换器，如集成式隔离电源产品，可以为设计人员提供紧凑、易于实施和经济高效的方法，同时满足隔离电源和数据要求。

几种典型的隔离式 DC/DC 变换器见表 5-44 所示。

表 5-44　几种典型的隔离式 DC/DC 变换器

器件型号	隔离电压（有效值）等级/kV	最大数据速率/(Mbit/s)	传播延迟/ns	隔离输出电源/mA	隔离输出最小值/V
ADM3260	2.5	1	95	30	4.5
ADUM5000	2.5	—		100	3.3
ADUM5200	2.5	25	60	100	3.3
ADUM5400	2.5	25	60	100	3.3
ADUM6000	5	—		100	3.3
ADUM6200	5	25	60	100	3.3
ADUM6400	5	25	60	100	3.3

2. 驱动系统的基本组成

电动汽车清洁无污染、能量效率高和低噪声的优点，使得电动汽车的产业化势不可挡。在电动汽车的产业化过程中，企业和客户都非常关注电动汽车的可靠性。驱动系统是电动汽车的关键部件之一，其可靠性研究不但能够获得电动汽车电动机驱动系统的可靠性指标，为行业提供经济适用的可靠性考核方法和可靠性考核标准，能够大力促进我国电动汽车的产业化，加快我国电动汽车的快速发展。

如图 5-68 所示，电动汽车的驱动系统作为一个典型电力电子装置系统，主要由电力驱动子系统、电源子系统和辅助子系统组成。

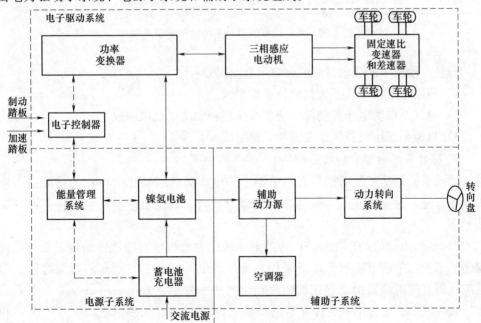

图 5-68　电动汽车的驱动系统典型组成框图

在图 5-68 所示的电动汽车典型组成系统中，实线箭头表示电功率的传输方向，虚线箭头表示控制信号的传输方向。来自加速踏板的信号输入电子控制器，并通过控制功率变化器来调节电动机输出的转矩或转速，电动机输出的转矩通过汽车传动系统驱动车轮转动。充电器通过汽车的充电接口向蓄电池充电。在汽车行驶时，蓄电池经功率变换器向电动机供电。当电动汽车采用电制动时，驱动电动机运行在发电状态，将汽车的部分动能回馈给蓄电池对其充电，并延长电动汽车的续驶里程。

图 5-69 所示为电动汽车的驱动系统的分解示意图。

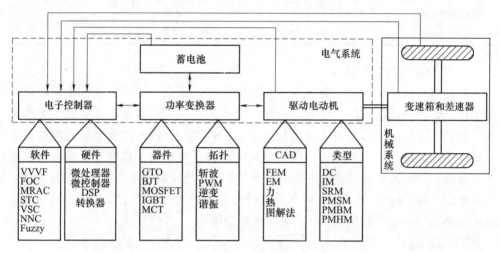

图 5-69　电动汽车的驱动系统的分解示意图

分析电动汽车的驱动系统的分解示意图得知：

1）驱动系统由电气系统和机械系统组成。

2）电气系统由电子控制器、功率变换器和驱动电动机组成。

3）机械系统由机械传动装置和车轮组成。

3. 驱动系统的信号链路分析

驱动系统的功能是将储存在蓄电池中的电能高效地转化为车轮的动能进而推进汽车行驶，并能够在汽车减速制动或者下坡时，实现再生制动。现将其原理简述如下：

1）驱动电动机的作用是将电源的电能转化为机械能，通过传动装置驱动或直接驱动车轮。早期电动汽车广泛采用直流串激电动机，它与汽车的行驶特性非常适应。但直流电动机由于存在换向火花，比功率较小、效率较低以及维护保养工作量大等缺点，正逐渐被直流无刷电动机（BCDM）、开关磁阻电动机（SRM）和交流异步电动机所取代。

2）电子控制器即电动机调速控制装置，它是为电动汽车的变速和方向变换等设置的，其作用是控制电动机的电压或电流，完成电动机的驱动转矩和旋转方向的控制。目前，电动汽车上应用较广泛的是晶闸管斩波调速，通过均匀地改变直流电动机的端电压，控制电动机的电流，来实现电动机的无级调速，在电力电子技术的不断发展中，它也逐渐被其他功率器件（如 GTO、MOSFET、GTR 以及 IGBT 等）组成的斩波调速装置所取代。

3）电动汽车用的功率变换器，主要包括 DC/DC 变换和 DC/AC 变换。DC/DC 变换器用于直流电动机驱动系统。两象限直流斩波器能把蓄电池的直流电压转换为可变的直流电压，并能将再生制动能量进行反向转换。DC/AC 变换器用于交流电动机驱动系统，它将蓄电池的直流电转换为频率和电压均可调的交流电。电动汽车一般只是用电压输入式逆变器，因为其结构简单且又能进行双向能量转换。而且，通常采用的是 SPWM 逆变器。其原理是将正弦调制波与三角载波比较，得到相应的 PWM 脉冲序列。SPWM 的优点在于它的算法简单，而且容易实现。

4）电动汽车传动装置的作用是将电动机的驱动转矩传给汽车的驱动轴。因为电动机可以带负载起动，所以电动汽车上无须传统内燃机汽车的离合器。并且驱动电动机的转向可以通过电路控制来实现变换，因此，电动汽车无须内燃机汽车变速器中的倒档。当采用电动机无级调速控制时，电动汽车可以省去传统汽车的变速器。在采用电动轮驱动时，电动汽车也可以省去传统内燃机汽车传统系统的差速器。

4. 驱动系统信号链路的隔离器选型

承前所述，图 5-70 所示为电动汽车驱动控制系统的典型信号链路图。图中所示虚线框表示驱动系统中控制信号链路的隔离带，它表示外围弱信号与 MCU 控制器之间必须借助隔离器处理，才能进行信息交互，确保驱动系统控制的可靠性与安全性。

分析电动汽车驱动控制系统的信号链路图得知：

（1）MCU 控制器的组成：它由双 CPU 组成，它可以选择 DSP（如 TMS320LF2407），也可以选择 ARM（如 STM32F407/417），由它们构建双 CPU 主控制器，执行电动机逆变控制和汽车行驶的整车控制两大功能。锂电池组附带的电源管理器和车载充电器功能，也由驱动控制系统完成。

（2）基于隔离式 A/D 转换器的电压、电流检测：根据本书第 3 章介绍的方法得知，可以采用隔离式 A/D 转换器（如 AD7401），利用它进行信号变换隔离，再与 MCU 模块之间进行数字信号传输，解决测试现场弱信号与 MCU 之间的电气隔离问题。

举例说明，高性能 AD7403 隔离式 Σ-Δ 转换器可实现更为精确的电流和电压检测反馈。该器件具有更宽的动态范围，支持使用尺寸更小的分流器，改善系统效率和电动机驱动的匹配性。

为方便读者合理选择，几款可用于电动机驱动系统中的隔离式 A/D 转换器见

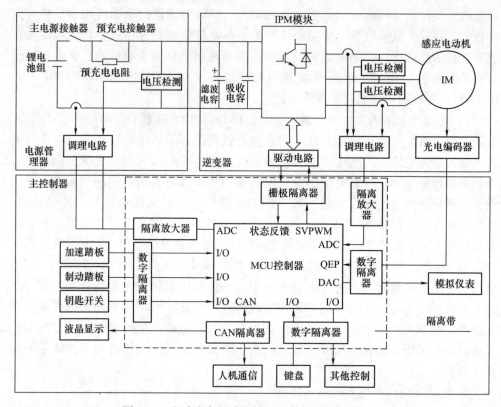

图 5-70　电动汽车驱动控制系统的典型信号链路图

表 5-45 所示。

表 5-45　几款可用于电动机驱动系统中的隔离式 A/D 转换器

器件型号	时钟/MHz	绝缘等级 $V_{IORM}/V_{(峰值)}$	封装
AD7400A	10（内）	891	SO-16
AD7401A	20（外）	891	SOW-16
AD7403	20（外）	1250	SO-8，SO-16
AD7402	10（内）	1250	SO-8
AD7405	20（外）LVDS	1250	SO-16

（3）基于隔离放大器的电压、电流检测：除了基于隔离式 A/D 转换器的电压、电流检测方案之外，也可以利用隔离放大器+常规 A/D 转换器（它内置于 CPU 中）的方案。模拟仪表的显示借助于 MCU 中的 D/A 转换器产生的数字量经由数字隔离器（四通道数字隔离器 ADUM1401）、精密运算放大器等进行关键数据的显示。

在电动机驱动控制系统中，精密运算放大器用做传感器输出信号的信号调理电路，之后再与 A/D 转换器接口电路对接，因而需要高线性度轨到轨输入和输出的精密运算放大器。除此之外，精密运算放大器还能用在旋变数字变换器（Resolver Digital Converter：RDC）和旋转变压器（Rotary Transformer）之间，以高压摆率和高精度提供高电流。带宽更宽的放大器用于检测系统中的快速变化电流。

为读者选择方便起见，几种典型的应用于电动机驱动系统中的精密运算放大器见表 5-46 所示。

表 5-46　应用于电动机驱动系统中的典型精密运算放大器

器件型号	电源电压/V	失调电压最大值/μV	最大 TCV_{OS}/(μV/℃)	短路电流/mA	带宽/MHz	压摆率/V/μs	备注
ADA4077	10~30	25	0.25	22	4	1	通用精度
ADA4096	3~30	300	1	10	0.8	0.4	通用 RRIO
OP279	4.5~12	4000	4	50	5	3	RDC 驱动器
ADA4661	3~18	150	3.1	220	4	2	RDC 驱动器
ADA4666	3~18	2200	3.1	220	4	2	低成本 RDC 驱动器
AD8662	5~16	1000	9	19	4	3.5	RDC 驱动器
ADA4500	2.7~5.5	120	5.5	26	10.1	5.5	RRIO、零交越
AD8602	2.7~5.5	500	2	30	8	5	低成本
AD8515	1.8~5	6000	4（典型值）	20	5	2.7	低成本、封装更小
AD8606	2.7~5.5	65	4.5	80	10	5	低成本、封装更小
ADA4897	3~10	500	0.2（典型值）	135	230	120	高速电流测量
AD8027	2.7~12	800	1.5（典型值）	120	190	90	高速电流测量
ADA4522	4.5~55	5	0.022	22	3	1.4	EMI 增强、零漂移

（4）位置检测方法：位置信号的准确、可靠获取，是电动机控制的关键之一。常常使用光学编码器和旋转变压器作为位置传感器，参见伺服控制变换器的关键性器件选型表。结合数字隔离器（如光耦、磁隔离器等）进行隔离，传送到 MCU 中。很多电动机控制系统采用可变轴旋转速度工作。为了提供最精确的位置信息，需使用分辨率灵活的系统。AD2S1210 是一款旋变数字变换器，可即时改变分辨率。它提供了一种集成式解决方案，包括一个激励振荡器，具有可编程频率、可编程阈值电平、极宽模拟输入范围和检测故障的确切属性的指示信息。AD2S1210 提供以更少的外部元件实现与旋变器接口的高级功能。

为方便读者快速选择，典型的位置编码接口芯片见表 5-47 所示。

表 5-47　典型位置编码接口芯片汇集

器件型号	分辨率/bit	精度（弧分）	最大跟踪速率/（r/s）
AD2S1200	12	11	1000
AD2S1205	12	11	1250
AD2S1210	10~16	2.5	3125

（5）I/O 控制指令的隔离处理：如第 4 章介绍的可选择专用数字隔离器，如三通道数字隔离器 ADUM1310、四通道数字隔离器 ADUM1401 等。利用数字磁隔离器将 I/O 控制指令进行电气隔离，如：加速踏板指令、制动踏板指令、钥匙开关指令和充放电指令等。借助数字隔离器隔离处理后，才能确保 I/O 端口与 MCU 之间顺利进行控制指令的交互作用。

（6）驱动脉冲的隔离处理：要顺利执行 AC/DC（含 PFC）、DC/AC 和充放电控制等功能，需要将 MCU 控制器按照既定策略产生的触发脉冲，经由专用隔离器件，如驱动式光耦、隔离式栅极驱动器等的变换处理，继而传送到上述变换器中，才能确保它们按照给定方式控制功率管依序开通与关断。驱动式光耦、隔离式栅极驱动器具有电气隔离和较强的栅极驱动能力，驱动式光耦、隔离式栅极驱动器，如第 4 章讲述的那样，可以采用的器件较多、选择余地较大，需要根据应用需求，仔细分析、正确选择。

为便于读者灵活选择，应用于该系统的典型隔离式栅极驱动器见表 5-48 所示。

表 5-48　应用于电动机驱动系统的典型隔离式栅极驱动器汇集

器件型号	绝缘电压（有效值）等级/kV	最大工作温度℃	隔离输出	
			最大值/V	最小值/V
ADUM4135	5	125	30	12
ADUM4223	5	125	18	4.5
ADUM3223	3	125	18	4.5
ADUM3221	2.5	125	18	4.5
ADUM3220	2.5	125	18	4.5
ADUM7223	2.5	125	18	4.5
ADUM7234	1	105	18	12

（7）隔离式信息交互：利用通信隔离器，如 CAN、I2C 和 RS-422/485 等总线的专用隔离器，将 MCU 控制器与液晶、人机通信、键盘和仪表等进行信息交互。

举例说明：用于电动机控制中系统间通信的隔离型 RS-485 收发器，可以采用集成 ADI 公司的 iCoupler 技术的专用隔离器，它们这些隔离式收发器，将一个 3 通道隔离器、一个三态差分线路驱动器、一个差分输入接收器和 ADI 公司的 isoPower DC/DC 变换器集成于单封装中。它们采用 5V 或者 3.3V 单电源供电，实现完全集成的信号和电源隔离 RS-485 解决方案。额定温度范围为工业温度范围，提供 16 引脚、宽体 SOIC 高集成度封装，爬电距离和电气间隙大于 8mm。

　　为适应不同应用之需，用于电动机控制中系统间通信的隔离型 RS-485 收发器见表 5-49 所示。

表 5-49　用于电动机控制中系统间通信的隔离型 RS-485 收发器

器件型号	隔离电压（有效值）等级/kV	ESD 保护/kV	数据速率	电源电压（额定值）/V
ADM2682E	5	15	16Mbit/s	3.3、5
ADM2687E	5	15	500kbit/s	3.3、5
ADM2582E	2.5	15	16Mbit/s	3.3、5
ADM2587E	2.5	15	500kbit/s	3.3、5

参 考 文 献

[1] 王兆安, 刘进军. 电力电子技术 [M]. 5 版. 北京: 机械工业出版社, 2009.

[2] 张宏建, 黄志尧, 周洪亮, 等. 自动检测技术与装置 [M]. 3 版. 北京: 化学工业出版社, 2019.

[3] 吴朝霞, 齐世清, 宋爱娟, 等. 现代检测技术 [M]. 4 版. 北京: 北京邮电大学出版社, 2018.

[4] 黄家善, 王延才. 电力电子技术 [M]. 北京: 机械工业出版社, 2010.

[5] 黄冬梅. 电力电子技术 [M]. 北京: 机械工业出版社, 2018.

[6] 翟秀静, 刘奎仁. 新能源技术 [M]. 2 版. 北京: 化学工业出版社, 2010.

[7] 樊尚春. 传感器技术及应用 [M]. 3 版. 北京: 北京航空航天大学出版社, 2016.

[8] 苑会娟. 传感器原理及应用 [M]. 北京: 机械工业出版社, 2017.

[9] 杨贵恒, 张海呈, 张颖超, 等. 太阳能光伏发电系统及其应用 [M]. 2 版. 北京: 化学工业出版社, 2014.

[10] 恩云飞. 电子元器件失效分析技术 [M]. 北京: 电子工业出版社, 2015.

[11] 祁太元. 光伏电站自动化技术及其应用 [M]. 北京: 中国电力出版社, 2017.

[12] 严朝勇. 电动汽车电机控制与驱动技术 [M]. 北京: 机械工业出版社, 2018.

[13] 任志斌, 张文光, 宋莉莉. 基于 STM32 的无刷直流电机控制与实践 [M]. 北京: 中国电力出版社, 2019.